生物光镜与电镜技术

张东升　秦　健　主编

中国林业出版社
CFPH China Forestry Publishing House

图书在版编目(CIP)数据

生物光镜与电镜技术 / 张东升，秦健主编. — 北京：中国林业出版社，2022.12
国家林业和草原局普通高等教育“十四五”规划教材
ISBN 978-7-5219-2015-4

Ⅰ.①生… Ⅱ.①张… ②秦… Ⅲ.①农业生物工程-光学显微术-高等学校-教材②农业生物工程-电子显微术-高等学校-教材 Ⅳ.①S188

中国版本图书馆 CIP 数据核字(2022)第 248622 号

策划编辑：范立鹏
责任编辑：范立鹏
责任校对：苏　梅
封面设计：周周设计局

出版发行：中国林业出版社
(100009，北京市西城区刘海胡同 7 号，电话 83223120)
电子邮箱：cfphzbs@163.com
网址：www.forestry.gov.cn/lycb.html
印刷：北京中科印刷有限公司
版次：2022 年 12 月第 1 版
印次：2022 年 12 月第 1 次
开本：787mm×1092mm　1/16
印张：16.375
字数：418 千字
定价：56.00 元

数字资源

《生物光镜与电镜技术》
编写人员

主　　编： 张东升　秦　健

副 主 编： 王　蒴　孙静娴　石　华

编写人员：（按姓氏笔画排序）

王　蒴（沈阳农业大学）
石　华（大连海洋大学）
孙静娴（大连海洋大学）
李　强（盐城工学院）
张文博（上海海洋大学）
张东升（大连海洋大学）
赵　岩（上海海洋大学）
姚妙兰（上海海洋大学）
秦　健（山西农业大学）

前言

显微镜的发明使人们认识微观世界的能力大幅提高。自简单的复式显微镜发明以来，历经400多年，显微镜由普通光学显微镜，逐步经历相差显微镜、微分干涉显微镜、暗视野显微镜、偏光显微镜、荧光显微镜，发展到今天的激光共聚焦扫描显微镜以及分辨本领更高的各种电子显微镜，这些显微镜具有不同的成像原理和功能，可以观察样本的内部结构、外部形态或运动状态，甚至细胞内超微结构。随着科学技术的发展，各种实验分析仪器也在不断进步，而显微镜依然是科学研究不可或缺的重要工具。

普通光学显微镜仅能观察到200 nm以上的微小物体，有些无色透明物体，即使长度超过200 nm，在普通光学显微镜下也无法看到它们的活体状态；相差显微镜和微分干涉显微镜的相继出现，解决了无色透明物体活体观察问题；暗视野显微镜可以看到4~200 nm的微小透明或非透明颗粒的外部形态和运动方式；荧光显微镜给免疫组化、细胞内染色、原位杂交等研究提供了先进手段；高分辨率电子显微镜的出现，使人们能够看清细胞内细胞器结构等纳米尺度范围内物体表面的微观结构，目前，电子显微镜虽然能够观察到的最小结构大约为0.2 nm，但常规电子显微镜仅能观察固定样本，不能观察活体样本；激光共聚焦显微镜的特点是能得到比普通荧光显微镜清晰度更高的图像，且通过*X*、*Y*、*Z*轴拍摄，可获得样本的三维立体图像，还能在活体状态下进行免疫荧光、组成生长等观察，对样本损伤更小，为原位研究生物体提供了一个先进手段。

鉴于显微镜在科学研究上的重要性以及广泛的应用，本科生和研究生应学习显微镜的使用，全面了解各种显微镜的原理、结构、用途，以利于今后的学习和工作。随着科学技术的进步，新型显微镜不断出现，应将这些新型显微镜纳入教材中，供广大本科生和研究生学习，在此背景下，编写了本书。

在编写过程中，我们重视知识结构的系统性和表述的生动性。本教材共分3篇：上篇介绍了光学显微镜基础知识，该篇内容包括光学和光学元件的基础知识以及几种常见光学显微镜的原理、结构和常规标本制作原理和要求，有些内容是本教材所特有的；中篇内容以常用的透射和扫描电子显微镜为主，介绍了仪器的工作原理、结构、使用程序及不同的样品制备技术，还介绍了电子显微技术的前沿进展；下篇介绍了光镜与电镜实验，包括显微标本制作技术、光学和电子显微镜的使用及应用。此外，本教材还介绍了一些特殊农业和水产生物的电镜制片技术。本书既是高校师生的教材，也是广大科研和其他从业者的显微镜技术参考书。

本教材共分17章，均由具有多年教学和科研工作经验的老师编写。第1、3、4、6章由石华编写；第2、7章由张东升编写；第5章由张文博编写；第8章由姚妙兰编写；第9章由赵岩编写；第10章由孙静娴编写；第11、14章由王蒴编写；第12、13章由秦健编写；第15章由张文博编写；第16章实验4和实验5由李强编写，实验1~3、实验6~8由张东升编写，实验9由姚妙兰编写；第17章电镜实验部分由孙静娴编写。

限于编者水平，书中难免有不足、疏漏与错误，敬请各位读者批评指正。

编 者

2022年7月

目　录

中篇 电子显微镜

下篇 实验篇

上篇

光学显微镜

第 1 章

基础知识

1.1 光

1.1.1 光的本质

简单来说，光是一种电磁波，具有波粒二象性。波分为横波和纵波，横波是质点的振动方向与波的传播方向垂直的波，光波就是横波。在光波中引起人的视觉及底片感光的是电场强度分量，称为光矢量。光的传播可用正弦曲线来表示，用波长 λ、振幅 A、相位 φ、周期 T、频率 ν 等物理量来描述光波的特征。光的波动性可解释光的干涉、衍射和偏振现象。

一束光就是一束以光速运动的粒子流，而这些粒子就是光子。光的粒子性是指光可以看作一个个光子、一份份能量。光子的能量与光的频率有关，频率为 ν 的光，其一个光子具有的能量为 $h\nu$，h 为普朗克常量(6.63×10^{-34} J·s)，频率越高，光子的能量越高。在真空中，光的波长与频率的乘积等于光速，所以光的频率与波长成反比。光的波长越长，其能量就越低。

在图 1-1 中，上部凸起的顶点称为波峰，下部凹陷的最低点称为波谷，光的波长通常是指相邻两个波峰或波谷之间的距离。光的波长常以纳米(nm)为单位，在 10~400 nm 范围内的电磁波为紫外光，400~760 nm 为可见光，800 nm~500 μm 为红外光。可见光为普通光学显微镜、相差显微镜、微分干涉显微镜、暗视野显微镜、偏光显微镜所利用，紫外光为荧光显微镜所利用。可见光透过三棱镜可以呈现红、橙、黄、绿、青、蓝、紫 7 种颜色，不同颜色光的波长范围分别为：红光 640~760 nm，橙光 610~640 nm，黄光 530~610 nm，绿光 505~530 nm，蓝光 470~

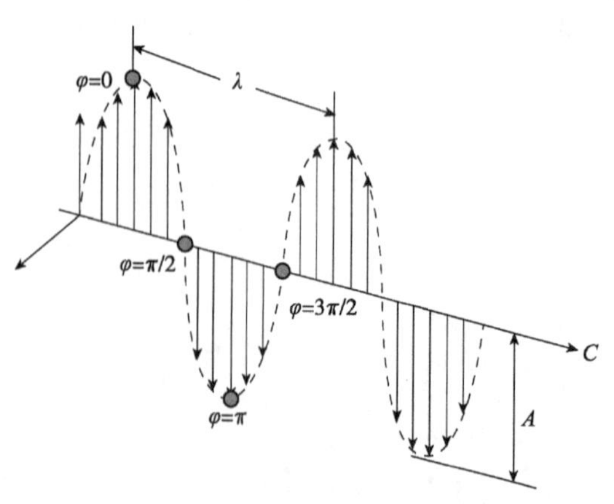

图 1-1　光传播示意(光矢量)

505 nm，紫光 400~470 nm。人眼对不同波长光的相对灵敏度不同，可见光区的中心波长约为 555 nm(黄绿光)，人眼对这种波长光的反应最灵敏。

光的振幅 A 是指光波的振动幅度，表示光波振动的强弱。光强 I 反映光在一个周期内单位时间单位面积接收的光辐射能量。光强与振幅的平方成正比，即振幅越大，光强越强，亮度也越大。

光波与机械波类似，均可用相位反映某一时刻某一个位点的运动状态。在图 1-1 中，正向最大位移处的相位为零，负向最大位移处的相位为 π；在平衡位置的相位为 $\pi/2$ 或者 $-\pi/2$。

光前进一个波长距离所需的时间称为光波的周期，而周期的倒数就是光的频率。

1.1.2 光的直线传播

光在均匀介质里沿直线传播，当光从一种介质射向另一种介质时，会发生反射和折射。

(1)光的反射

当光从一种介质射向另一种介质时，在两者交界面处，一部分光返回原来介质，光的传播方向发生了改变，这种现象称为光的反射。过光与物体表面的接触点作一垂直物体表面的直线，该直线称为法线。光发生反射时，反射光线与法线的夹角称为反射角。光发生反射时，遵循反射定律。

①反射定律。反射光线、入射光线、法线在同一平面内(同平面)；反射光线、入射光线分居法线两侧(居两侧)；反射角等于入射角(角相等，$\angle\theta_1=\angle\theta_2$)，如图 1-2 所示。特殊情况：垂直入射时，入射角和反射角都为零，法线、入射光线、反射光线合为一线。

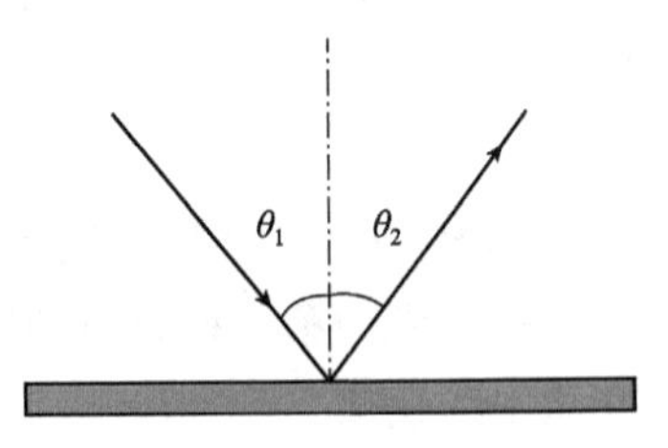

图 1-2 光的反射

②两种反射现象。镜面反射：平行光经界面反射后沿某一方向平行射出，只能在某一方向接收到反射光线，这是因为物体的表面是光滑平面。漫反射：平行光经界面反射后向各个不同的方向反射出去，即在各个不同的方向都能接收到反射光线，这是因为物体的表面是粗糙平面或曲面。

注意：无论是镜面反射，还是漫反射都遵循反射定律，在光的反射中光路可逆。

(2)光的折射

光由一种介质斜射入另一种介质或在同一种不均匀介质中传播时，光的传播方向发生偏折的现象称为光的折射。光发生折射时，折射光线与法线的夹角称为折射角。光发生折射时遵循折射定律。

①折射定律。入射光线、折射光线、法线在同一平面内；折射光线和入射光线分居法线两侧(图 1-3)；入射角正弦值与折射角正弦值的比值对折射率一定的两种介质来说是一个常数；光从折射率为 n_1 的介质射向折射率为 n_2 的介质时，折射定律表示为：

$$n_1 \sin i = n_2 \sin \gamma \tag{1-1}$$

式中，i 为入射角；γ 为折射角。

根据折射定律，光在发生折射时具有如下特征：当光从空气射入其他介质时，入射角

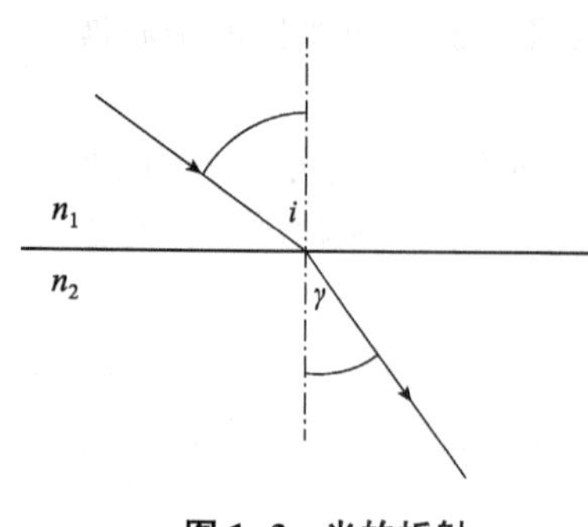

图 1-3　光的折射

大于折射角；当光从其他介质射入空气时，则入射角小于折射角；光垂直入射时，传播方向不变，但光速发生了改变；在光的折射中，光路是可逆的；不同介质对光的折射能力是不同的。

②折射率(n)。分为绝对折射率和相对折射率。

a. 绝对折射率。光在真空中的传播速度 c 与其在介质中的传播速度 v 之比称为该介质的绝对折射率 n，简称折射率，即 $n=c/v$。除此公式以外，当光从真空射入某介质时，折射率也可用入射角与折射角正弦值之比($\sin i/\sin\gamma$)求得。另外，折射率还可用光在真空中的波长 λ' 与其在介质中的波长 λ 之比(λ'/λ)求得。由于光在真空中传播的速度最快，真空的折射率等于 1，故其他介质的折射率都大于 1。同一介质对不同波长的光具有不同的折射率；可见光在透明的介质中传播时，折射率常随波长的减小而增大，即红光的折射率最小，紫光的折射率最大。通常所说某物体的折射率(如水为 1.33，水晶为 1.55，金刚石为 2.42，不同成分的玻璃为 1.5~1.9)是对钠黄光(波长 589.3 nm)而言的。

b. 相对折射率。光从介质 1 射入介质 2 发生折射时，入射角 i 与折射角 γ 的正弦值之比 n_{21} 称为介质 2 相对介质 1 的折射率，即相对折射率。因此，绝对折射率可以看作介质相对真空的折射率。它表示在两种各向同性的介质中光速比值的物理量。相对折射率公式：

$$n_{21}=\sin i/\sin\gamma=n_2/n_1=v_1/v_2 \tag{1-2}$$

式中，n_{21} 称为第 2 种介质对第 1 种介质的相对折射率；i、γ 分别为入射角和折射角；n_2、n_1 分别为第 2 种介质和第 1 种介质的绝对折射率；v_1、v_2 分别为第 1 种介质和第 2 种介质中的光速。

某介质的绝对折射率也等于该介质对真空的相对折射率。

1.1.3　光的干涉与衍射

(1)光的干涉

①波的叠加原理。两列波在同一介质中传播，相向行进而重叠时，相遇区域内质点的振动位移等于各列波所造成位移的矢量和，称为波的叠加原理，光波的叠加也遵循波的叠加原理。

②光的干涉。在满足一定条件下的两列或几列光波在空间相遇时相互叠加，在光波重叠区域，某些位置点的光强大于单列光波的光强，即干涉增强；另一些位置点的光强小于单列光波的光强，即干涉减弱，于是在空间形成强弱相间、稳定的光强分布图样，称为干涉图样，这一现象称为光的干涉现象(图 1-4 至图 1-6)。

③光的干涉条件。不是任意相遇的两列光波都会发生干涉，能发生干涉的两列波是有条件的，只有两列光波的频率相同、振动方向相同、相位差恒定的两束光波相遇时，才能产生光的干涉。光波的这种叠加称为相干叠加，能产生相干叠加的两束光称为相干光。

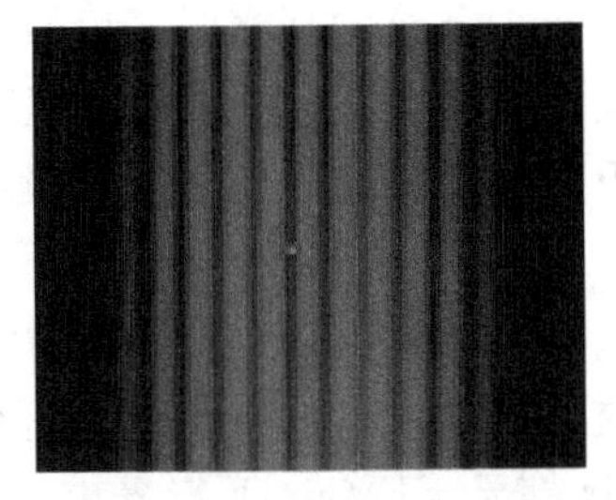

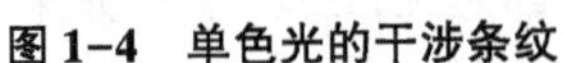

图1-4 单色光的干涉条纹

图1-5 牛顿环干涉

图1-6 白光双缝干涉条纹

两列光波相干叠加，在叠加区域，各个位置处明亮还是黑暗取决于两列光波在该点处的相位差 $\Delta\varphi$，该点的明亮度由光的光强决定，光强可由公式 $I=I_1+I_2+2\sqrt{I_1I_2}\cos\Delta\varphi$ 得出，I_1、I_2分别为两列光波的光强。若两列光波在该点相位相同，即相位差为零($\Delta\varphi=0$)，意味着在该点处两列波都在波峰或都在波谷，彼此加强即干涉相长，光强呈现最大值，为 $I_{max}=I_1+I_2+2\sqrt{I_1I_2}$；若两列光波在该点相位差为 π，意味着该点处一列波位于波峰，另一列波位于波谷，互相抵消即干涉相消，该点处光强最小，其值为 $I_{min}=I_1+I_2-2\sqrt{I_1I_2}$。如果 $I_1=I_2=I_0$，则最大光强为 $4I_0$，最小为0。所以在光波叠加区域，有的地方明亮，有的地方黑暗，有的地方介于二者之间。

④获得相干光的方法。有两种获得相干光的方法：

第一种是分波阵面法，该方法是从光源发出的同一波列的波面上取出两个次波源，如杨氏双缝干涉、洛埃镜、菲涅耳双面镜以及菲涅耳双棱镜均采用该方法获得相干光。图1-4为采用红光进行的双缝干涉实验，获得明暗相间的干涉条纹，这些条纹都是等宽等间距的。条纹间距与入射光波的波长成正比，所以实验中采用红光形成的条纹宽度，要大于紫光的条纹宽度；同时条纹间距与双缝间的距离成反比，双缝间距越小，条纹越宽。

第二种是分振幅法，是将同一波列的波分为两束光波，如薄膜干涉、劈尖干涉、牛顿环和迈克尔逊干涉仪都是采用分振幅法获得相干光。图1-5为牛顿环干涉图样。双光波干涉，即两列的干涉，杨氏双缝干涉、菲涅耳双面(棱)镜干涉及牛顿环等属于此类。双光波干涉形成的明暗条纹都不是细锐的，其特征是光强分布作正弦式的变化。多光波干涉即多于两个成员波的干涉，可形成细锐的条纹。

(2)光的衍射

光遇到透明或不透明的障碍物时，绕过障碍物进行传播，产生偏离直线传播的现象称为光的衍射。衍射时产生的明暗条纹或圆环，即为衍射图样。

①衍射的产生条件。当光遇到的小孔或障碍物的尺寸与波长相近时，才能发生明显的衍射现象。由于可见光波长范围为400~760 nm，所以日常生活中很少见到光的明显衍射现象。任何障碍物都可以使光发生衍射现象，但发生明显衍射现象的条件是苛刻的。当障碍物的尺寸远大于光的波长时，光可看成沿直线传播。

注意：光的直线传播只是一种近似的规律，当光的波长比孔或障碍物小得多时，光可看作沿直线传播；在孔或障碍物可以跟波长相比，甚至比波长还要小时，衍射现象十分明显。

②衍射的类别。根据光源、衍射孔(或障碍物)、用于观察衍射条纹的观察屏三者的相互位置，可把衍射分为菲涅耳衍射和夫琅禾费衍射。当光源或观察屏与衍射孔之间的距离为有限远时，则是菲涅耳衍射；当光源和屏与衍射孔之间的距离为无限远时，则为夫琅禾费衍射。

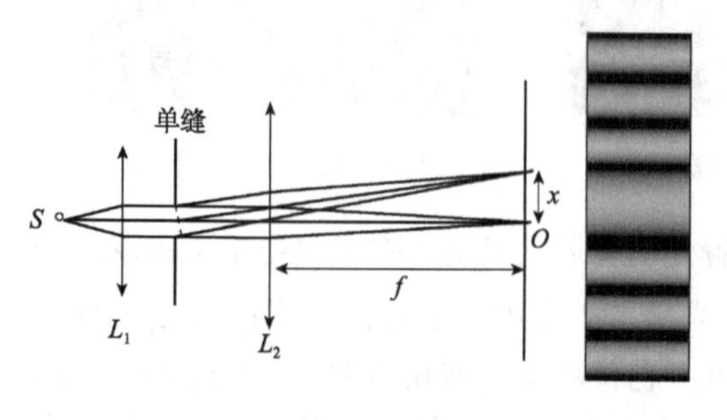

图 1-7　单缝衍射

③单缝衍射。即单缝夫琅禾费衍射(图 1-7)。夫琅禾费在 1821—1822 年研究了观察点和光源距障碍物都是无限远(平行光束)时的衍射现象。所谓光源无限远，实际上是把光源置于第一个透镜 L_1 的焦平面上，通过透镜 L_1，获得平行于光轴的平行光束；所谓观察点无限远，实际上是在第二个透镜 L_2 的焦平面上放置一个屏幕，用来观察衍射图样。经过这种设计，光源 S 发出的光通过透镜 L_1 照射到单缝上，发生了衍射，这些衍射光波又经过透镜 L_2 会聚到屏幕上，相互叠加，形成了明暗相间的衍射条纹。衍射的本质也是光波的叠加。单缝衍射条纹的特征：中央亮纹宽而亮，宽度是其他各级明纹宽度的两倍；两侧条纹具有对称性，且往两侧越来越暗；波长一定时，单缝缝宽越窄，中央明纹及各级条纹越宽(图 1-8)；单缝不变时，入射光的波长越长，条纹越宽；白炽灯的单缝衍射条纹的中央为白色条纹，两侧为彩色条纹，外侧呈红色，内侧呈紫色(图 1-9)。

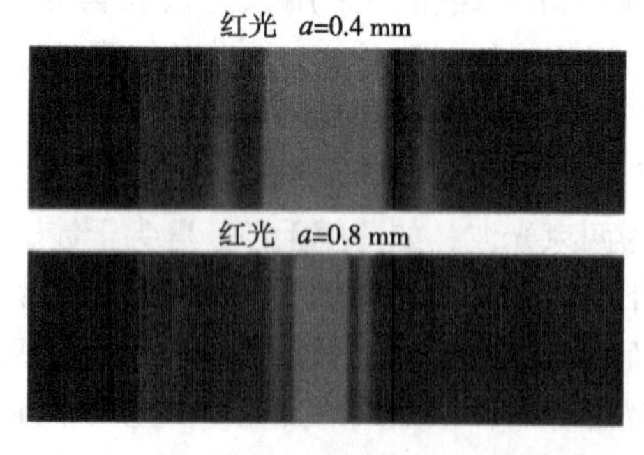

图 1-8　不同缝宽的单色光的衍射条纹

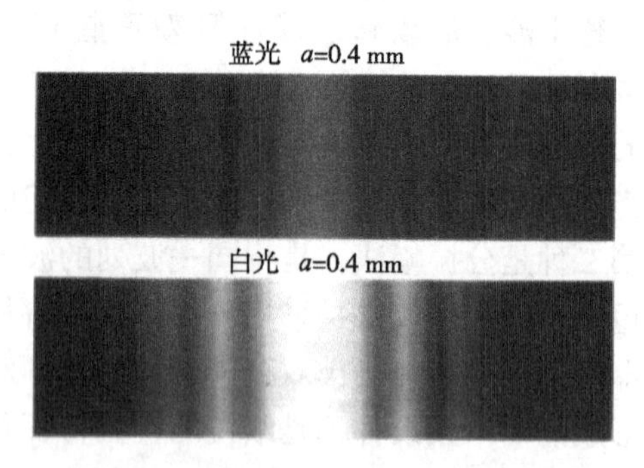

图 1-9　相同缝宽不同色的衍射条纹

④圆孔衍射。如果在观察单缝衍射的装置中，用一小圆孔代替狭缝，位于透镜焦平面的屏幕上可得到圆孔衍射图样。当光经过一个较大的孔时，沿直线传播，阴影区和亮区边界清晰，逐渐减小至圆孔大小；当圆孔减小到一定程度时，出现环状明暗相间的同心圆环衍射图样。圆孔衍射的特征：屏上可见同心圆环，屏沿轴向移动，圆环中心明暗交替变化。圆孔衍射的中央是一个明亮的圆斑，外围是一组明暗相间的同心圆环。中间的亮斑称为艾里斑，它集中了衍射光能量的 84%，图 1-10 为圆孔衍射的实验装置示意。在使用光学仪器的多数情

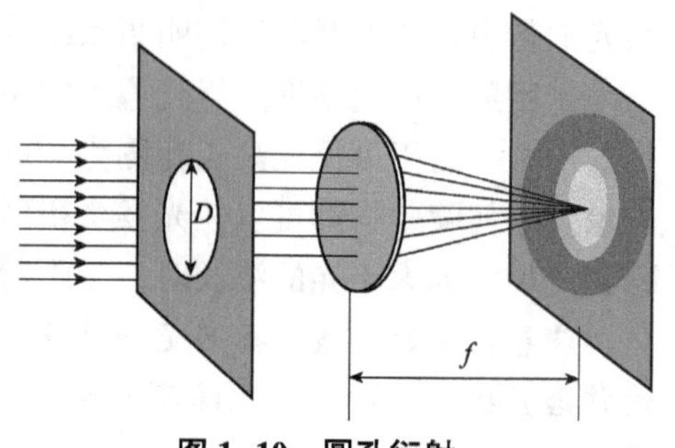

图 1-10　圆孔衍射

况下，光束总是要通过透镜的，因而这种衍射现象会经常遇到，而且由于透镜的会聚作用，衍射图样的光强将比菲涅耳衍射图样大大增加，会引起物像不清晰。

⑤圆屏衍射(泊松亮斑)。在光波传播方向上，垂直放置一不透明的圆屏(图1-11)，当圆屏直径与波长可比拟时，光可以绕过障碍物进入阴影区，在几何照明区内出现明暗相间的圆环，并且在圆心处会出现一个极小的亮斑，这个亮斑被称为泊松亮斑，这类衍射称为菲涅耳圆屏衍射，简称圆屏衍射(图1-12)。圆屏衍射的特征：屏上可见同心圆环，屏沿轴向移动，圆环中心永远是亮点。

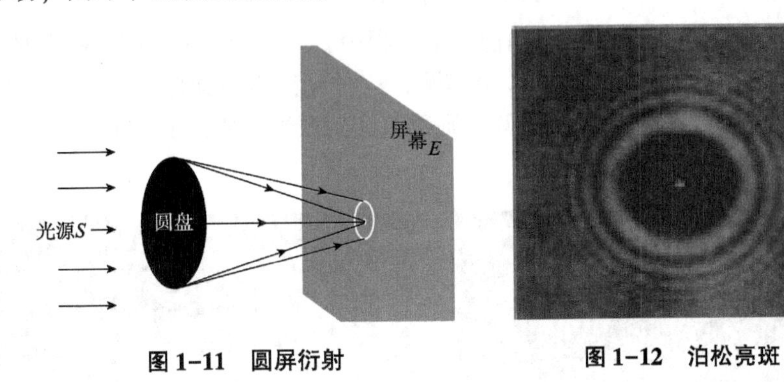

图1-11　圆屏衍射　　图1-12　泊松亮斑

1.1.4　光的偏振

(1)自然光与偏振光

①自然光。一般光源发出的光中包含各个方向的光矢量E(即光的振动方向)，没有哪一个方向占优势，即在所有可能的振动方向上，E的振幅都相等，这样的光称为自然光[图1-13(a)]。在任意时刻，我们可以把各个光矢量分解成互相垂直的两个光矢量分量[图1-13(b)]，为了简明地表示光的传播，常用和传播方向垂直的短线表示与纸面平行的光振动，而用点子表示和纸面垂直的光振动，如图1-13(c)所示。对自然光，点子和短线作等距分布，表示没有哪一个方向的光振动占优势，其实，我们生活中常见的太阳、灯管、灯泡直接发出的光都是自然光。

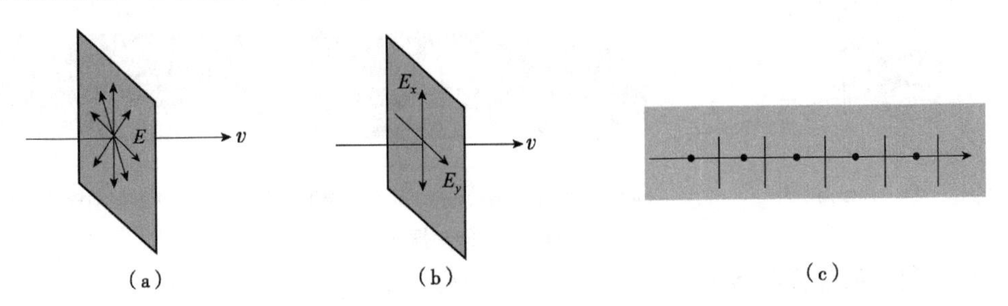

图1-13　自然光的光传播和振动

②偏振光。包括线偏振光、椭圆偏振光和部分偏振光。

a. 线偏振光。在光的传播过程中，如果光振动矢量始终保持在一个确定的平面内，这样的光称为平面偏振光，这个确定的振动平面称为偏振面。在偏振平面内，平面偏振光的光矢量沿着一条直线的方向振动，因此也称为线偏振光或完全偏振光，如图1-14所示。

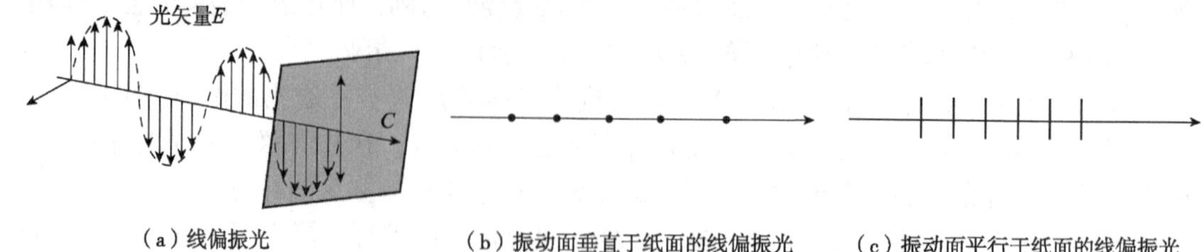

（a）线偏振光　（b）振动面垂直于纸面的线偏振光　（c）振动面平行于纸面的线偏振光

图 1–14　线偏振光

b. 椭圆偏振光(圆偏振光)。在光向前传播过程中，如果光矢量的端点不断地旋转(左旋或右旋)，并且光矢量端点的轨迹是一个椭圆，这种光称为椭圆偏振光，如图 1–15(a)所示。而如果光矢量端点的轨迹是一个圆，则称为圆偏振光，如图 1–15(b)所示。圆偏振光是椭圆偏振光在一定条件下的特例。

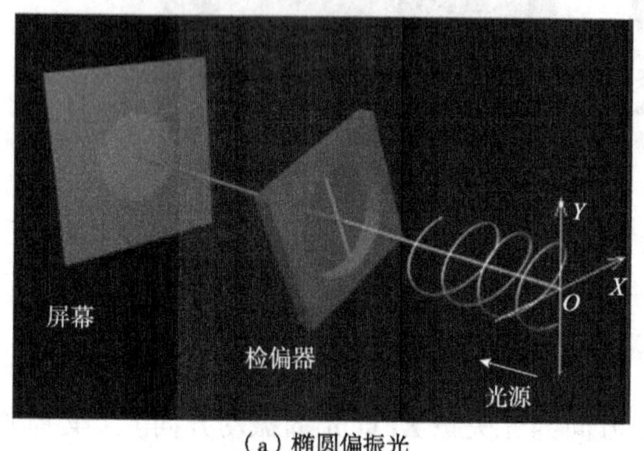

（a）椭圆偏振光

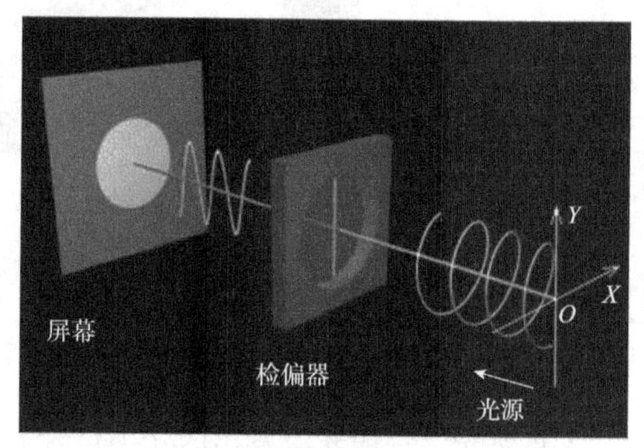

（b）圆偏振光

图 1–15　椭圆偏振光

c. 部分偏振光。偏振光(包括线偏振光、圆偏振光及椭圆偏振光)和自然光的混合光称为部分偏振光。部分偏振光在某些方向上的光矢量振动强，而在某些方向上的光矢量振动弱，如图 1–16 所示。

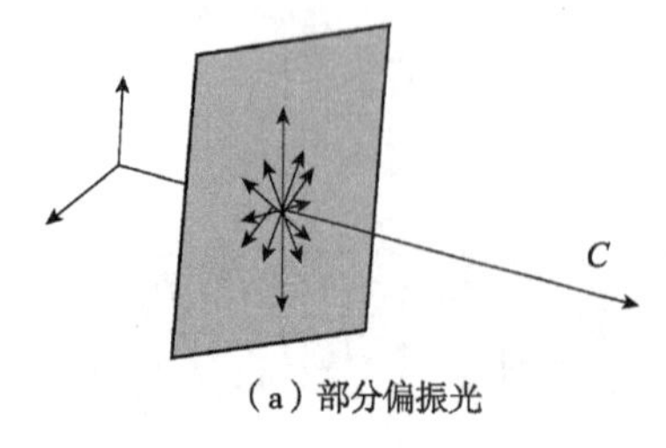

（a）部分偏振光　（b）平行于纸面振动较强的部分偏振光

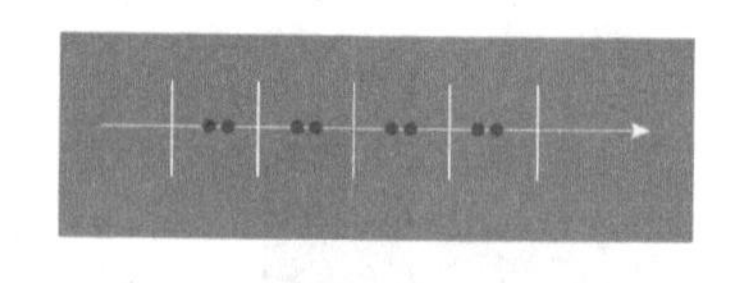

（c）垂直于纸面振动较强的部分偏振光

图 1–16　部分偏振光

(2)偏振片的起偏与检偏

从自然光获得线偏振光的过程称为起偏，获得线偏振光的器件或装置称为起偏器。人们常用偏振片作为起偏器获得偏振光。偏振片只能透过某个特定方向的光振动，而不能透过与该方向垂直的光振动，这个透光方向称为偏振片的偏振化方向，如图 1–17 所示。自然光通过偏振片后，透射光即变为线偏振光。由偏振片的特性可知，它既可用作起偏器，也可用作检偏器，检验向它入射的光是否为线偏振光。

在我们的生活中存在着大量的偏振光，如反射光、折射光都是偏振光。如果在这些偏振光的前方使设置一个偏振片，使这个偏振片的偏振化方向与光振动方向相互垂直，那么这些偏振光就会被吸收掉。拍照或摄像时，可以在镜头前加偏振片，从视窗中去观察，不断地旋转偏振片，当偏振片的偏振化方向与反射光的振动方向垂直时，反射光就会被吸收掉，此时拍出的就是滤掉反射光的理想效果，如图 1-18 所示。除此之外，偏振片在立体电影、液晶显示屏、立体显微镜、旋光仪等仪器中都发挥着重要的作用。

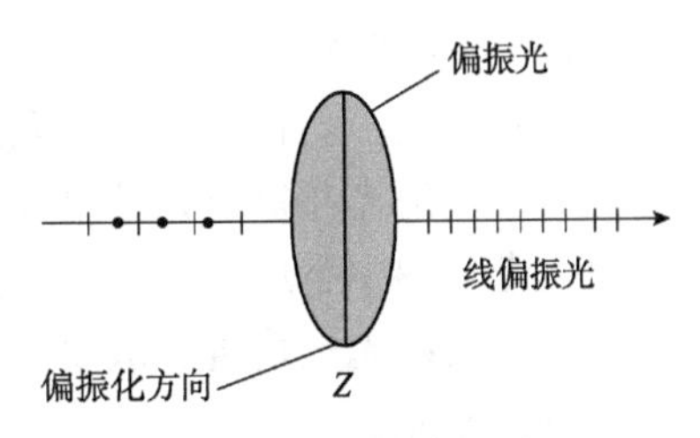

图 1-17　偏振片的起偏

（a）未添加偏振片

（b）添加偏振片

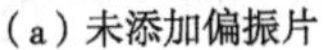

图 1-18　偏振片效果对比

(3) 马吕斯定律

马吕斯研究线偏振光透过检偏器后的透射光的光强，他发现如果入射的线偏振光光强为 I_0，透过检偏器后，透射光的光强（不计检偏器对光的吸收）为 I，则 $I=I_0\cos^2\alpha$，式中 α 是线偏振光的光矢量振动方向与检偏器偏振化方向之间的夹角（图 1-19）。

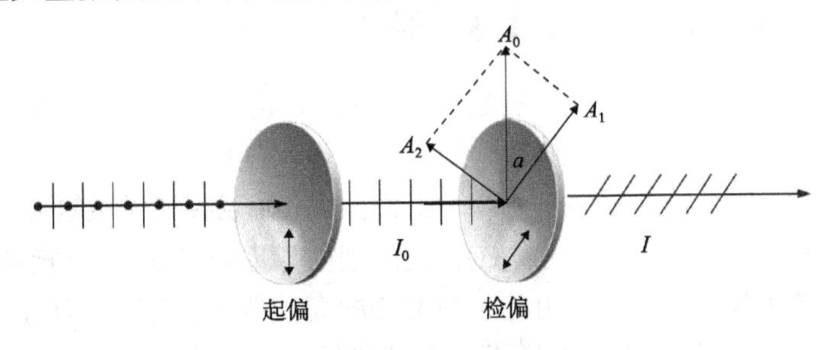

图 1-19　马吕斯定律

当两个偏振片偏振化方向相平行时，由第一个偏振片出射的线偏振光，与第二个偏振片的偏振化方向相同，即 $\alpha=0°$，由马吕斯定律可知，从第二个偏振片出射的光强最大 $I=I_0$。当两个偏振片偏振化方向相垂直的时候，即 $\alpha=\frac{\pi}{2}$ 或 $\frac{3\pi}{2}$ 时，由马吕斯定律得出，由第二个偏振片出射的光强为零，如图 1-20 所示。

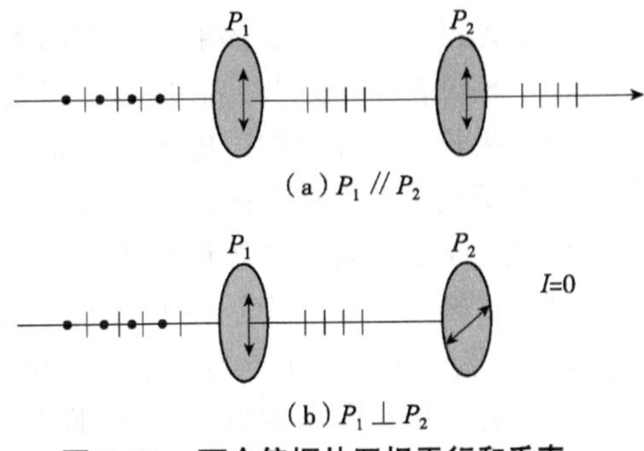

（a）$P_1 // P_2$

（b）$P_1 \perp P_2$

图 1-20　两个偏振片互相平行和垂直

(4) 布儒斯特定律

实验表明，当自然光入射到折射率分别为 n_1 和 n_2 的两种介质(如空气和玻璃)的分界面上时，反射光和折射光都是部分偏振光。图 1-21 中，i 为入射角，γ 为折射角，入射光为自然光。图中小点表示振动方向垂直于纸面的光振动，短线表示振动方向平行于纸面的光振动。反射光是垂直于纸面振动较强的部分偏振光，而折射光则是平行于纸面振动较强的部分偏振光。

当入射角 i 改变时，反射光的偏振化程度也随之改变，当入射角 i 满足 $\tan i_b = n_2/n_1$ 时，反射光成为线偏振光，且只有垂直于纸面的光振动，而无平行于纸面的光振动，但是折射光仍然为部分偏振光，如图 1-22 所示。这一定律是由布儒斯特(D. Brewster)于 1815 年通过实验得出的，称为布儒斯特定律，i_b 称为起偏角或布儒斯特角。当入射角等于布儒斯特角时，反射光与折射光互相垂直。

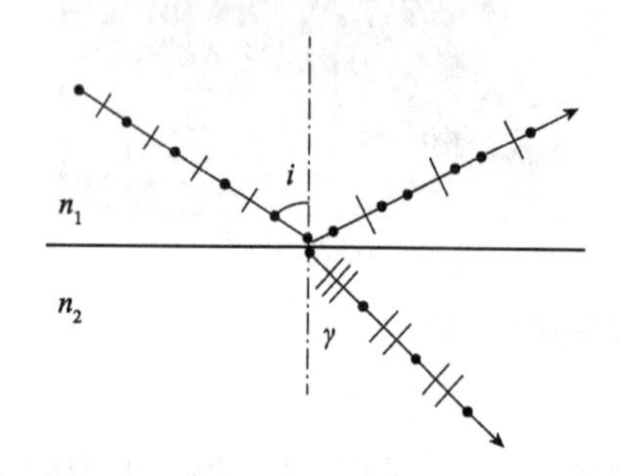

图 1-21　自然光经反射和折射产生部分偏振光

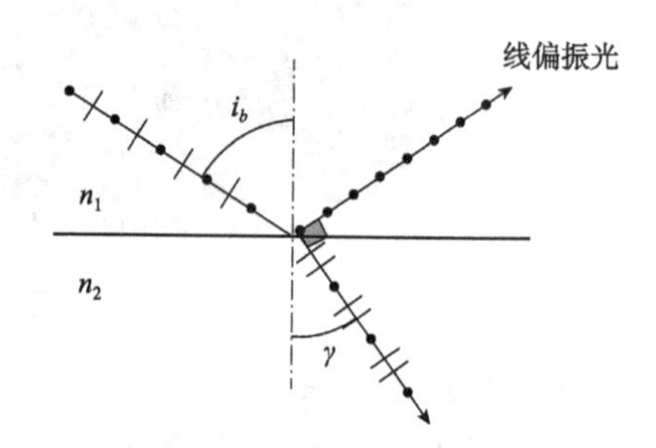

图 1-22　入射角为布儒斯特角

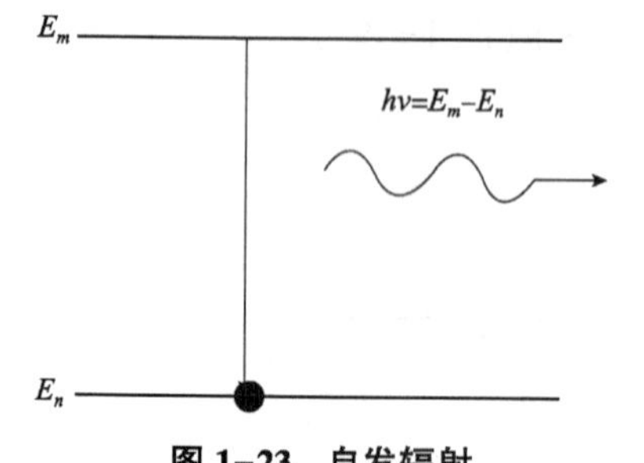

图 1-23　自发辐射

1.1.5　激光

激光技术是 20 世纪 60 年代初发展起来的，这里简要介绍激光原理及其特性。

(1) 自发辐射、光吸收和受激辐射

①自发辐射。原子在无外界干扰的情况下，电子由处于激发态的高能级 E_m 自动跃迁至 E_n 低能级，这种跃迁称为自发跃迁。这种由自发跃迁而引起的光辐射称为自发辐射(图 1-23)。自发辐射中，发出光子的频率为$\nu=(E_m-E_n)/h$(h 为普朗克常量)。白炽灯、日光灯等普通光源，它们的发光过程属于自发辐射。光源的各个原子在进行自发辐射时，所发出光的频率、振动方向、相位都不一定相同。所以，自发辐射所发出的光不是相干光。

②光吸收。当原子中的电子处于较低能级 E_n 时，如果外来一个光子的能量为 $h\nu$，该值恰好等于电子处于激发态的高能级 E_m 与低能级 E_n 的能量差，即 $h\nu=E_m-E_n$，那么原子就会吸收光子的能量，从较低能级 E_n，跃迁到高能级 E_m，这一过程称为光吸收。

③受激辐射。除了上述两种情况，原子还有受激辐射。当原子中的电子处于高能级 E_m 时，如果外来一个光子的频率恰好满足 $h\nu=E_m-E_n$，则原子中处于高能级 E_m 的电子，会在外来光子的诱发下向低能级 E_n 跃迁，并发出一个与外来光子特征相同的光子，这就是受激辐射(图 1-24)。受激辐射产生的光子与外来光子具有相同的频率、相位和偏振方

向。在受激辐射中，一个光子的作用会产生两个特征完全相同的光子，如果这两个光子再致使其他原子产生受激辐射，会得到更多的具有相同特征的光子，这一现象称为光放大。在受激辐射中，各原子所发出的具有相同的频率、相位和偏振态的光称为激光。

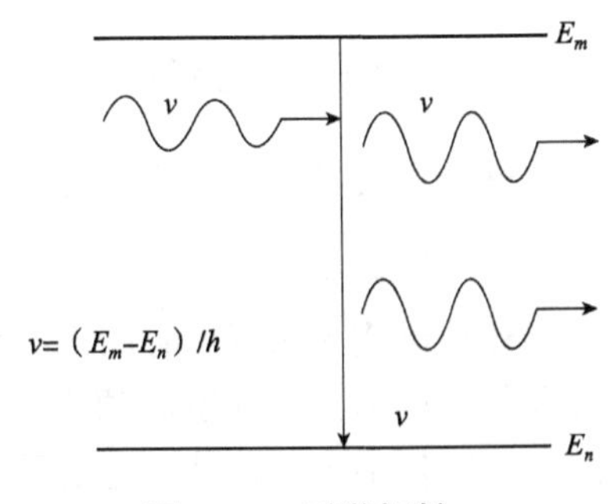

图 1-24　受激辐射

(2) 激光的特性和应用

①方向性好。激光的方向性很好。例如，一根氦氖激光管发出的光是一条笔直、细亮、很少发散的激光束，几乎是一束平行光。激光光束传播 200 km 后的扩散直径小于 1 m。

②单色性好。例如，氦氖气体激光器发出红光的频率为 4.74×10^{14} Hz，其频率宽度只有 9×10^{-2} Hz。光纤传输就是利用激光单色性好的特性以减少信号损耗。

③能量集中。普通光源发出的光能量分散，向四面八方出射，而激光有很好的方向性，能量可以在空间实现高度集中，可以实现对金属或非金属材料进行切割、打孔等。医学上的激光手术刀，也是利用激光的这一特点。

④相干性好。普通光源的发光过程是自发辐射，发出的不是相干光。激光器的发光过程是受激辐射，它发出的光是相干光，具有很好的相干性。

1.2　光学透镜

透镜是一种将光线聚合或分散的设备，通常是由一片玻璃构成，是组成显微镜物镜、目镜、聚光器的重要光学元件。

1.2.1　透镜的种类

根据透镜的形状，透镜通常分两大类：凸透镜和凹透镜。中间厚边缘薄的称为凸透镜(positive lens)，中间薄边缘厚的称为凹透镜(negative lens)。凸透镜又分为双凸透镜(透镜的两面都是凸起的)、平凸透镜(一个表面是平坦的，另一表面是凸起的)、凹凸透镜(一个表面凸起，另一个表面凹陷，且透镜的凸度大于凹度)；凹透镜又分为双凹透镜(两面都是凹陷的)、平凹透镜(一个表面是平坦的，另一个表面是凹陷的)、凸凹透镜(透镜的凹度大于凸度)(图 1-25)。

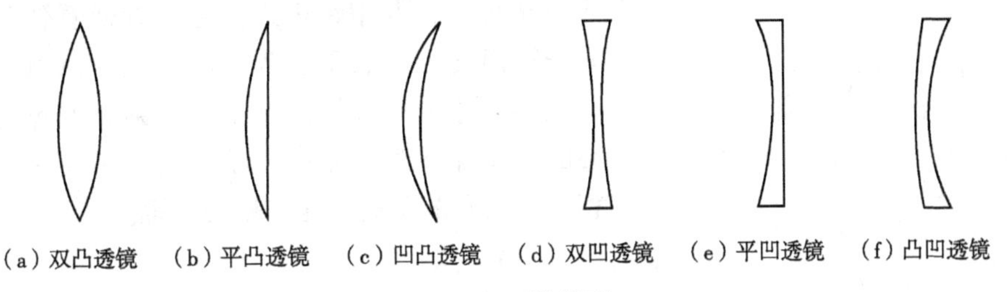

图 1-25　透镜类型

1.2.2 透镜相关参数

透镜相关参数包括主光轴、光心、焦点、焦距、物距、像距和共轭关系等。

(1)主光轴

连接透镜中两侧球心的直线称为透镜的主光轴(图 1-26)，简称主轴。主光轴与透镜表面的交点称为该透镜的顶点。位于透镜左侧的称为前顶点，位于透镜右侧的称为后顶点。透镜除了主光轴外，还有副光轴，凡是通过光心的其他任一直线都称为透镜的副光轴。一个透镜的主光轴只有一个，而副光轴却有无数个(图 1-27)。

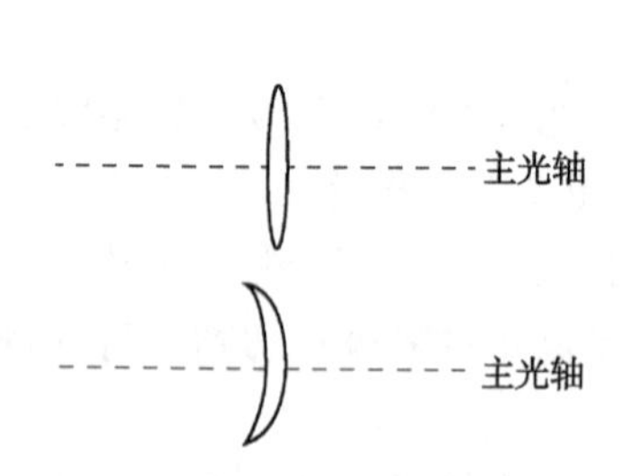

图 1-26 透镜的主光轴

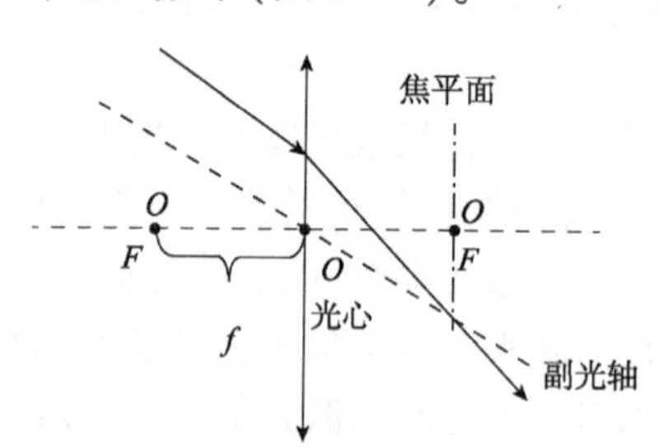

图 1-27 透镜的光心、副光轴

(2)光心

光心是透镜的光学中心。在透镜主轴上有一个特殊点，光线在透镜内行进的路径(或行进路径的延长线)通过这一点时，光线不因透镜的存在而改变其最初入射的方向，即射出透镜的光和射入透镜的光互相平行，这一特殊点称为透镜的光心(图 1-27)。光心的位置是由透镜两个折射面的曲率半径决定的。单个透镜光心位置的方法：设透镜两个折射面的球半径各为 R_1 和 R_2，两个球面的球心分别为 C_1 或 C_2，从球心 C_1 任意引半径 C_1B，再从另一球心 C_2 引半径 C_2D，使 $C_2D /\!/ C_1B$，连接 B、D 和 C_1、C_2，它们相交于 O 点，这 O 点就是透镜的光心(图 1-28)。

光心并不一定在透镜的中心，只有当双凸透镜或双凹透镜的两球面的半径相同时，光心的位置才在透镜的中心。除此之外，光心则因不同的具体条件而位于主轴上的不同位置。

根据透镜两球面之间的距离，透镜还分为薄透镜和厚透镜。最常用的是光轴与两球面相交点之间的距离比球面的曲率半径足够小的透镜，称为薄透镜。对于薄透镜来说，由于两个球面中心点相距很近，可以近似看作是两球面与光轴相交的两点重合为一点，这个点就是薄透镜的光心。光线不管从什么方向入射，通过薄透镜光心的光线都不改变方向。厚透镜是指光轴与两球面相交点之间的距离不能忽略的透镜。

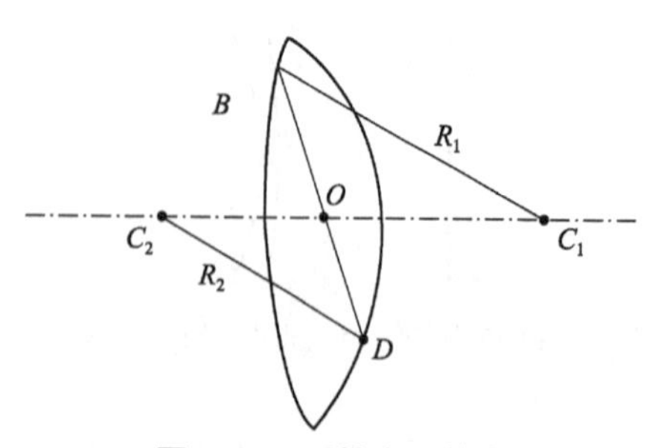

图 1-28 透镜光心的求法

(3)焦点

当一束平行于光轴的光通过凸透镜后相交于一点，这个点称为焦点(图 1-29)，通过交点并垂直光

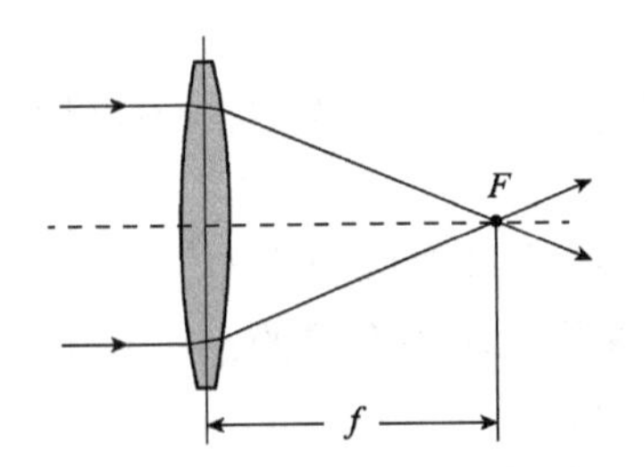

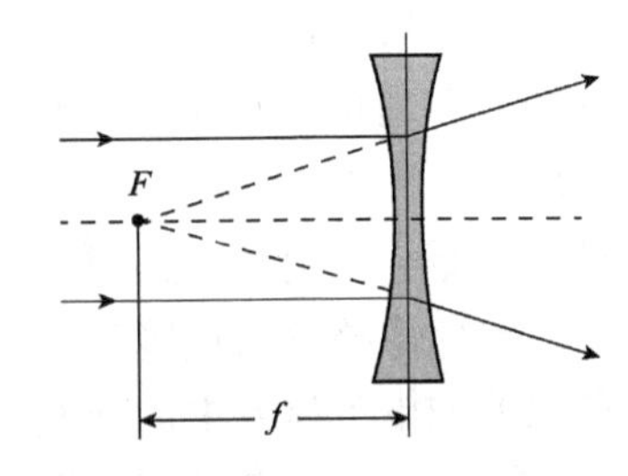

图 1-29　光线通过凸透镜和凹透镜

轴的平面，称为焦平面。焦点有两个，在物方空间的焦点称为物方焦点，该处的焦平面称为物方焦平面；在像方空间的焦点称为像方焦点，该处的焦平面称为像方焦平面。光通过凹透镜后，在物方成正立虚像；光通过凸透镜后，则成倒立实像。实像可在屏幕上显现，而虚像不能显现(图 1-29)。

(4) 焦距、物距、像距

焦距指由透镜的光心至主焦点的距离。会聚透镜(如凸透镜)的焦距是正值，当一束平行光通过凸透镜时，出射的光会聚在焦点上，焦点到透镜光心的距离即为凸透镜的焦距。发散透镜(如凹透镜)的焦距是负值，平行光在通过凹透镜之后光线发散，发散的折射光其反向延长线会聚在物方的焦点上，该点到透镜光心的距离即为凹透镜的焦距。物距指物点(要拍摄的主体)到透镜光心的距离。像距指像点(透镜的成像)到透镜光心的距离。

(5) 共轭关系

在透镜成像过程中，物方的每一个物点在像方都有相对应的一个像点，每一条入射直线都有一条相对应的折射直线，每一个平面都有一个相对应的平面，物与像之间的这种相互关联的对应关系就是共轭关系。相互对应的点称为共轭点，相互对应的线称为共轭线，相互对应的面称为共轭面。根据共轭关系，物体距离透镜远时，像距离透镜近；物体距离透镜近时，像距离透镜远，而且物与像的位置是可以互相置换的。

1.2.3　透镜像差

由于物理条件的限制，单片普通透镜所成的像往往模糊不清或发生畸变，在实际成像中出现的所有缺陷和偏差都称为像差。透镜像差一般分为两大类：色像差和单色像差。

(1) 色像差

色像差是指由复合光作为光源照射物体成像时而形成的像差，也称复色像差或色差(图 1-30)。色像差实质上是由于透镜对不同波长光的折射率不同而引起的。色像差是透镜成像的一个严重缺陷，白光由红、橙、黄、绿、青、蓝、紫 7 种颜色的光组成，各种光的波长不同，所以在通过透镜时的折射率不同，这样物方一个点，在像方则可能形成一个色斑。色像差仅发生在以复色光为光源的情况下，单色光不产生色差。按照理想像平面上像差的大小与物高的关系，色像差可区分为纵向色差和横向色差。

①纵向色差。又称位置色差，此像差与物高无关，即不同波长的光经由透镜后会聚在不同的焦点，纵向色差使像在任何位置观察都带有色斑或晕环，使像模糊不清。

②横向色差。又称倍率色差或放大率色差，此像差与物高的一次方成正比，它使不同波长光的像高不同，在理想像平面上，物点的像成为一条小光谱，而使像带有彩色边缘。

(2)单色像差

单色像差是指由单色光作为光源照射物体成像时造成的像差，包括球差、彗差、像散、场曲和畸变。单色像差是由透镜中央和边缘厚薄不一造成的，对显微镜成像影响最大的 3 种像差为色像差和单色像差中的球差、场曲。

①球差(球面像差)。由主轴上某一物点向透镜发出的单色圆锥形光束，该光束经透镜折射后，若原光束不同孔径角的各光线不能交于主轴上的同一位置，以致在主轴上的理想像平面处形成一弥散光斑(俗称模糊圈)，则此光学系统的成像误差称为球差(图 1-31)。球差的校正常利用透镜组合来消除，由于凸、凹透镜的球差是相反的，可选配不同材料的凸、凹透镜胶合起来予以消除。物镜的球差没有完全校正的显微镜，应与相应的补偿目镜配合，才能达到校正效果。一般新型显微镜的球差完全由物镜消除。

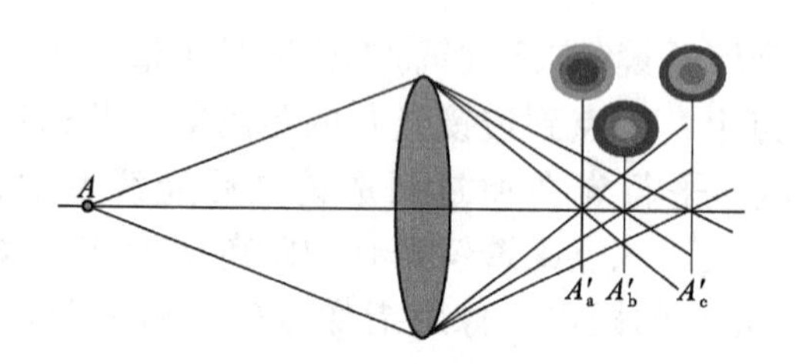

图 1-30　色像差

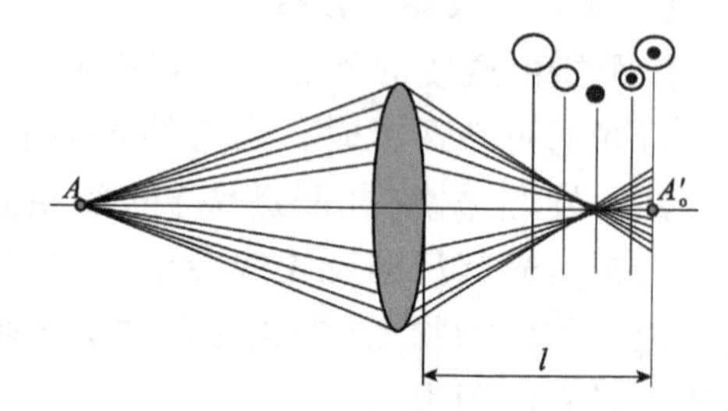

图 1-31　球差

②彗差(彗形像差)。慧差属光轴外点的单色像差，光轴外物点以大孔径光束成像时，发出的光束通过透镜后，不再相交一点，而一光点的像会得到一逗点状，形如彗星，故称彗差(图 1-32)。

③像散。也是影响清晰度的轴外点单色像差。当视场很大时，边缘上的物点离光轴远，光束倾斜大，经透镜后则引起像散。像散使原来的物点在成像后变成两个分离并且相互垂直的短线，在理想像平面上综合后，形成一个椭圆形的斑点(图 1-33)。像散需通过复杂的透镜组合来消除。

④场曲(像场弯曲)。当透镜存在场曲时，整个光束的交点不与理想像点重合，虽然在

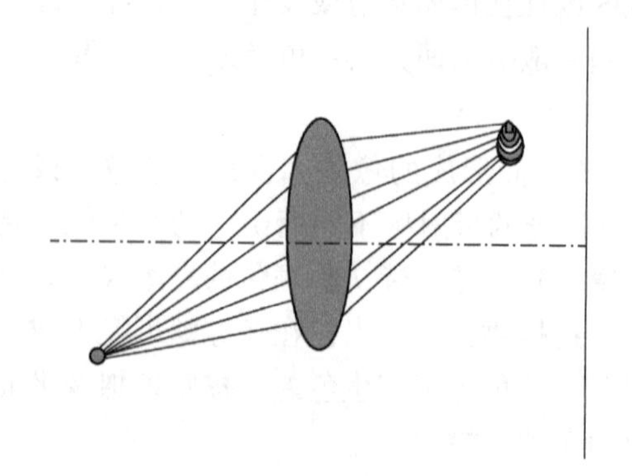

图 1-32　慧差

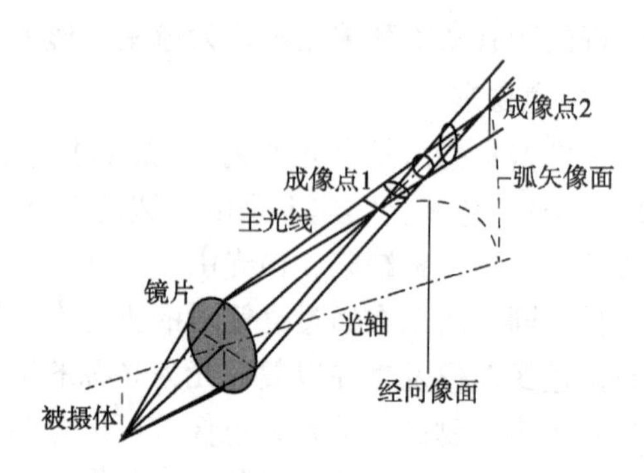

图 1-33　像散

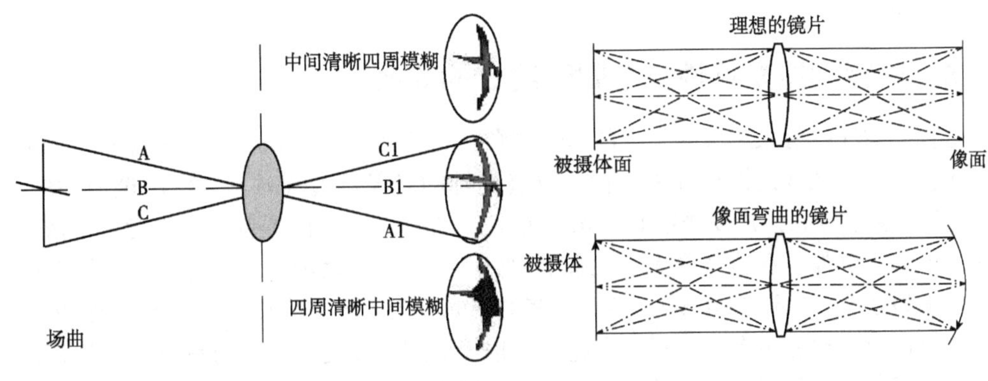

图1-34　场曲

每个特定点都能得到清晰的像点，但整个像平面是一个曲面(图1-34)。这样在镜检时不能同时看清整个像面，给观察和照相造成困难。因此，研究用显微镜的物镜一般都是平场物镜，这种物镜已经校正了场曲。前面所说各种像差除场曲外，都影响像的清晰度。

⑤畸变。是另一种性质的像差，光束的同心性不受破坏，因此，不影响像的清晰度，但使像在形状上失真(图1-35)。

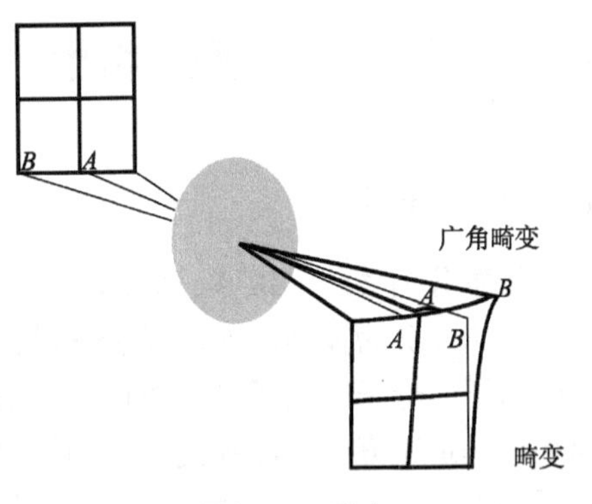

图1-35　畸变

1.2.4　凸透镜成像规律

当物体位于透镜物方2倍焦距(2*f*)以外时，则在像方二倍焦距以内、焦点以外形成缩小的倒立实像[图1-36(a)]；当物体位于透镜物方2倍焦距上时，则在像方2倍焦距处形成同样大小的倒立实像[图1-36(b)]；当物体位于透镜物方2倍焦距以内、焦点以外时，则在像方2倍焦距以外形成放大的倒立实像[图1-36(c)]；当物体位于透镜物方焦点上时，则像方不能成像；当物体位于透镜物方焦点以内时，则像方无像的形成，而在透镜物方的同侧比物体远的位置形成放大的直立虚像[图1-36(d)]。

显微镜的成像原理就是利用上述规律把物体放大的。当物体处在物镜前*f*~2*f*(*f*为物方焦距)之间，则在物镜像方的2倍焦距以外形成放大的倒立实像。在显微镜的设计上，将此像落在目镜的1倍焦距之内，使物镜所放大的第一次像(中间像)，又被目镜再一次放大，最终在目镜的物方(中间像的同侧)、人眼的明视距离(250 mm)处形成放大的直立(相对中间像而言)虚像。因此，当在镜检时，通过目镜(不另加转换棱镜)看到的像与原物体

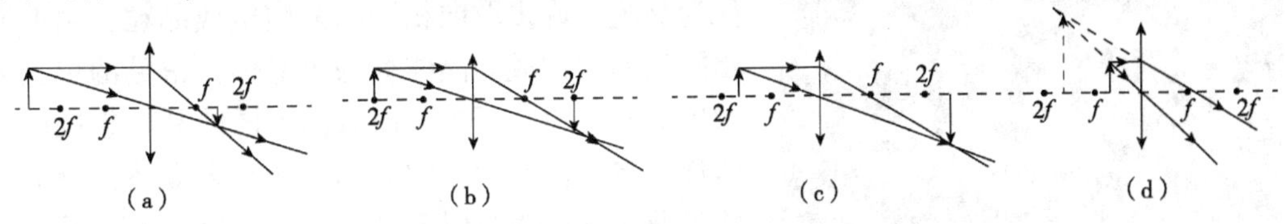

图1-36　透镜成像规律

的像方向相反。

1.2.5　透镜的屈光特性及与眼睛度数的关系

光线从空气中射入透镜时发生的折射现象，也称透镜的屈光现象。透镜屈光的能力用屈光度表示。屈光度是指空气中平行于透镜光轴的光经过透镜时，会聚在透镜的焦点上，且透镜的焦距为 1 m，则该透镜的屈光度为 1D。在空气中，凸透镜的屈光度为正数，凹透镜的屈光度为负数，在屈光度大小之前分别用“+”和“-”表示，后面加上 D，如某凸透镜的屈光度为 0.5，表示为+0.5D，某凹透镜的屈光度为 1.5，表示为-1.5D。透镜的屈光度与透镜的折射率和焦距有关，折射率越大，透镜的屈光度越大，折射率越小，透镜的屈光度越小；同一种材料制作的透镜，焦距越长，屈光度越小，焦距越短，屈光度越大。

眼睛里的晶体相当于一个凸透镜，外界物体通过该晶体成像在眼睛的视网膜上，因此，眼睛具有屈光能力，眼睛的屈光能力通常用度数表示。眼睛的度数为屈光度的 100 倍，如某人的眼睛屈光度为+0.5D，则该人的眼睛近视度数为 50 度。

1.3　晶体及其透光特性

1.3.1　晶体

物质分为气体、液体、固体 3 种基本形式。气体和液体在一定条件下可转化为固体。

固体又分为晶体、非晶体和准晶体三大类。晶体通常呈现规则的几何形状，其物质内部的原子、分子或离子具有规律性、周期性的排列。如果把晶体中任意一个原子沿某一方向平移一定距离，必能找到一个同样的原子。而玻璃、珍珠、沥青、塑料等非晶体，内部原子的排列则是杂乱无章的。准晶体是一类新物质，其内部原子排列既不同于晶体，也不同于非晶体。仅从外观上，用肉眼很难区分晶体、非晶体与准晶体。那么，如何才能快速鉴定出它们呢？最常用的技术是 X 光技术。用 X 光对固体进行结构分析，晶体、非晶体和准晶体是截然不同的三类固体。

(1) 晶体的构造

为了描述晶体的结构，我们把构成晶体的原子当成一个点，再用假想的线段将这些代表原子的各点连接起来，就绘成了图 1-37 所示的格架式空间结构。这种用来描述原子在晶体中排列的几何空间格架称为晶格。由于晶体中原子的排列是有规律的，可以从晶格中拿出一个完全能够表达晶格结构的最小单元，这个最小单元就称为晶胞。许多取向相同的晶胞组成晶粒，由取向相同的晶粒构成的晶体称为单晶体，常见的单晶体如单晶硅、单晶石英；由取向不同的晶粒组成的物体称为多晶体。常见的晶体一般是多晶体，绝大多数工业用的金属材料不是只由一个巨大的单晶所构成，而是由大量小块晶体组成，即多晶体。

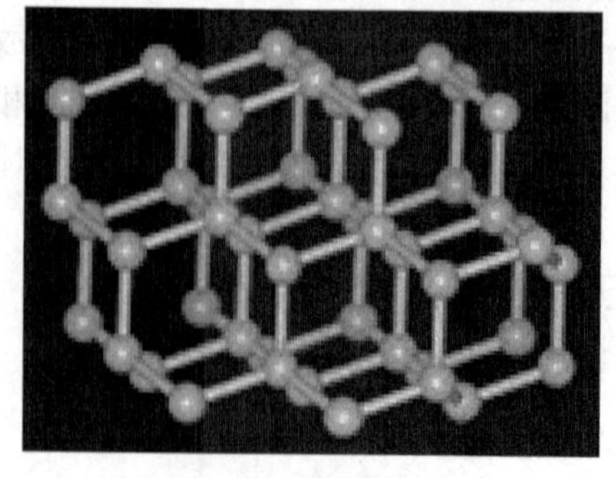

图 1-37　晶体结构

(2) 晶体的特性

①自范性。自然凝结的、不受外界干扰而形成的晶体拥有整齐规则的几何外形。

②对称性。晶体中的相同部分(如外形上的相同晶面、晶棱、内部结构中的相同网面、行列上的原子、离子等)，能够在不同的方向或位置上有规律地重复出现。所有晶体都是对称的，晶体的对称性不但表现在外形上，其内部构造也是对称的。

③固定的熔点。晶体拥有固定的熔点，在熔化过程中，温度始终保持不变。

④各向异性。晶体结构中质点排列的方式和间距，在不同方向表现一定的差异，从不同方向观察，其性质表现一定的差异，这就是晶体的各向异性。单晶体具有各向异性，多晶体各个方向上是各向同性的。因为单晶体排列有规律，各方向上由于原子的排列方式(晶胞)方向不同，性质也不同；而多晶体是各种金属晶胞的混合排列，故有各向同性。

⑤均匀性。晶体内部各个部分的宏观性质是相同的。

⑥最小内能与稳定性。晶体与同种物质的非晶体、液体、气体比较，具有最小的内能。晶体是具有格子构造的固体，其内部质点作规律排列。这种规律排列的质点是质点间的引力与斥力达到平衡，使晶体的各个部分处于内能最小的结果，内能最小，其稳定性最高。

(3) 晶体的种类

根据晶体质点之间的作用力不同，晶体分为离子晶体、原子晶体、分子晶体和金属晶体。

①离子晶体。由阳离子和阴离子通过离子键结合而成的晶体。常见离子晶体有强碱、活泼(碱)金属氧化物、大部分的盐类($AlCl_3$除外，它是分子晶体)。

②原子晶体。晶体中所有原子都是通过共价键结合的空间网状结构。特点：由于共价键键能大，所以原子晶体一般具有很高的熔(沸)点和很大的硬度，一般不导电，不溶于常见溶剂。常见原子晶体有金刚石、单晶硅、碳化硅(金刚砂)、二氧化硅、氮化硼等。

③分子晶体。分子通过分子间作用力构成的固态物质。由于分子间作用力较弱，分子晶体一般硬度较小，熔点较低。多数非金属单质元素组成的无机化合物以及绝大多数有机化合物形成的晶体都属于分子晶体。

④金属晶体。金属阳离子与自由电子以金属键结合而成的晶体。如金属单质与合金。

1.3.2　晶体的双折射现象及常见的晶体光学器件

光学晶体(optical crystal)是用作光学介质材料的晶体材料，主要用于制作紫外和红外区域窗口、透镜和棱镜。按晶体结构分为单晶材料和多晶材料，由于单晶材料具有高的晶体完整性和光透过率，以及低的插入损耗，因此常用的光学晶体以单晶材料为主。

方解石($CaCO_3$)是透镜常用的光学材料。无色透明的方解石又称为冰洲石，因能发生双折射现象，常被制作偏光棱镜。以一定的方式切割成柱状，可作为显微镜的棱镜。

(1) 晶体的双折射现象

当光射入一些透明晶体时，会产生两束传播方向不同的折射光(图1-38)，晶体的这种现象称双折射现象。双折射现象的产生是由晶体的各向异性造成的，折射光中一束遵循折射定律，这束光称为寻常光(o光)，另一束不遵循光的折射定律，即$n_1\sin i \neq n_2\sin \gamma$($n_1$

为入射光所在介质的折射率，n_2 为折射光所在介质的折射率，i 为光的入射角，γ 为光的折射角)，这束光称为非寻常光(*e* 光)。光通过晶体后形成的双折射现象，为微分干涉显微镜的制造奠定了物质基础。

下面介绍晶体的光轴、主平面、主截面 3 个概念。

①光轴。当光在晶体内沿某个特殊方向传播时，不发生双折射现象，这个方向称为晶体的光轴(图 1-39)。光轴不是一个特殊的线而是一个方向，晶体内所有平行此方向的直线都是光轴。例如，方解石晶体，过 3 个 102°钝角对应的顶点作一条直线(图中虚线方向)，该线与此顶点的 3 条棱边呈相同的角度，这条直线方向就是方解石晶体的光轴。

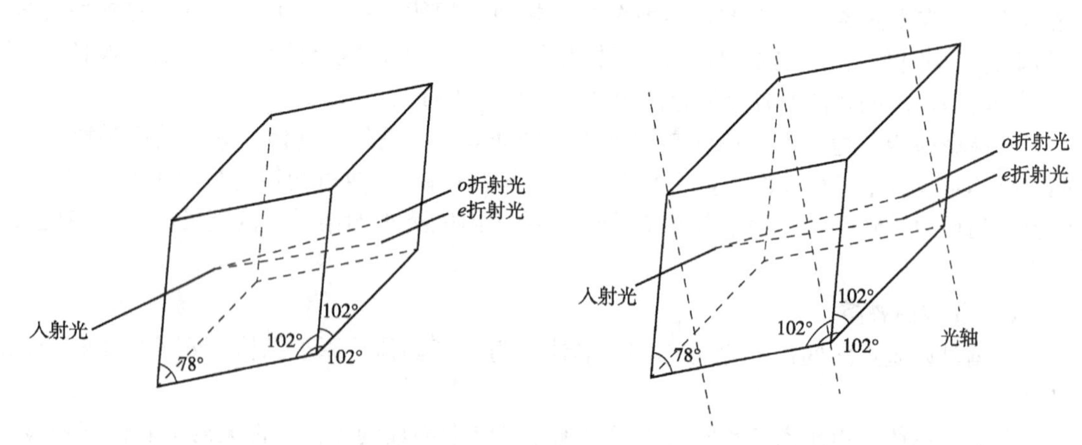

图 1-38 光的双折射现象

图 1-39 方解石光轴

不同的晶体由于分子组成不同，具有数量不等的光轴，例如，单轴晶体(方解石、石英、红宝石等)只有一个光轴；双轴晶体(如云母、硫黄、蓝宝石等)有两个光轴。

②主平面。在晶体中，折射光线与光轴组成的面称为主平面(图 1-40)。单轴晶体中，对应有 *o* 光、*e* 光主平面，*o* 光和 *e* 光都是线偏振光，其中 *o* 光的光振动垂直于 *o* 光的主平面，*e* 光的光振动在 *e* 光的主平面内。

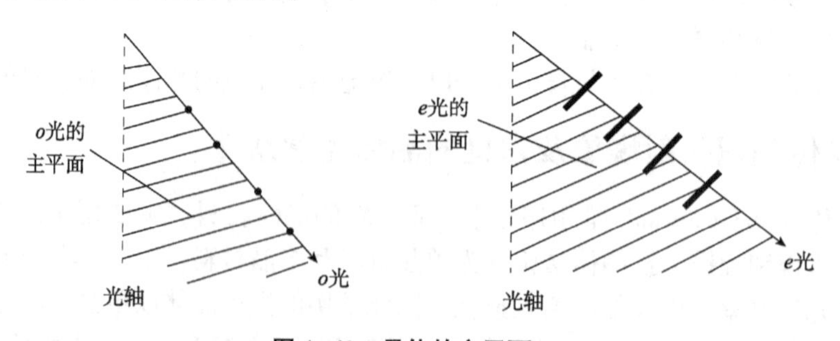

图 1-40 晶体的主平面

③主截面。晶体表面的法线与晶体光轴构成的平面称为主截面。该平面与晶体相关，与入射光线无关。

注意：*o* 光、*e* 光的主平面不一定相同；主平面、主截面不一定相同。

(2) 常见的晶体光学器件

①晶体的二向色性偏振器。某些双折射晶体对振动方向互相垂直的 *o* 光和 *e* 光有不同

的吸收，这种特性称为晶体的二向色性（图 1-41），例如，电气石对 *o* 光有强烈的吸收，对 *e* 光吸收很弱，白色的自然光通过 1 mm 电气石片，*o* 光几乎全部被吸收，而 *e* 光只略微被吸收，出射的是略带黄绿色的偏振光。利用晶体的二向色性可以从自然光获得偏振光。常见的人造偏振片就是人工制成的具有二向色性的晶片。

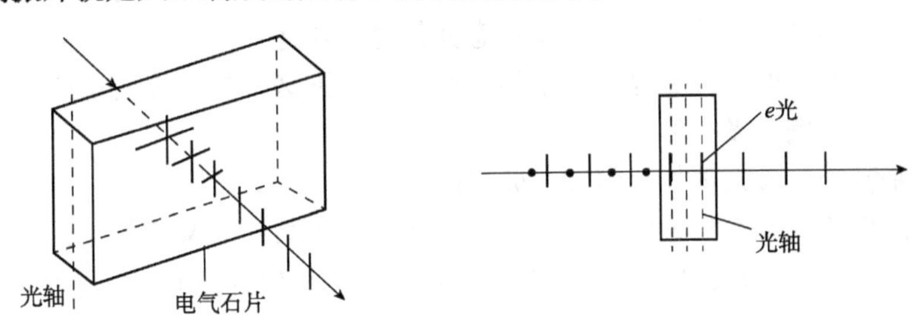

图 1-41　晶体的二向色性

②偏振棱镜。偏振棱镜有如下几种：

a. 尼科尔棱镜。将两块方解石按一定角度切割后，用加拿大树胶黏合在一起，这种树胶的折射率能使 *o* 光全反射，从尼科尔另一端出射的是一束不遵循折射定律的偏振光（*e* 光），如图 1-42 所示。选择的加拿大树胶折射率是 1. 55，小于 *o* 光的折射率 1. 658，大于 *e* 光的折射率 1. 486。当入射光到达中间分界面时，对于 *o* 光而言，树胶的折射率小于 *o* 光的折射率，大于临界角，*o* 光发生全反射；而对于 *e* 光，情况恰好相反，*e* 光可透过树胶层射出。自然光通过尼科尔棱镜就成了偏振光。尼科尔棱镜的实际作用类似于偏振器。

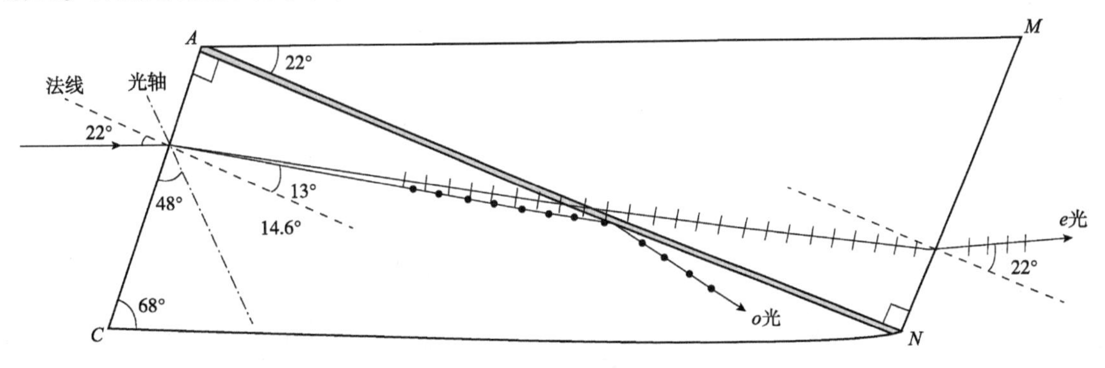

图 1-42　尼科尔棱镜

b. 渥拉斯顿棱镜。把切割成 45°角的两块光轴互相垂直的方解石直角棱镜胶合在一起，制成渥拉斯顿棱镜，如图 1-43 所示。自然光入射渥拉斯顿棱镜后，可获得两束分离的、振动方向互相垂直的线偏振光，它是组成微分干涉显微镜的构件之一。渥拉斯顿棱镜的作用相当于两个偏振化方向互相垂直的起偏器。

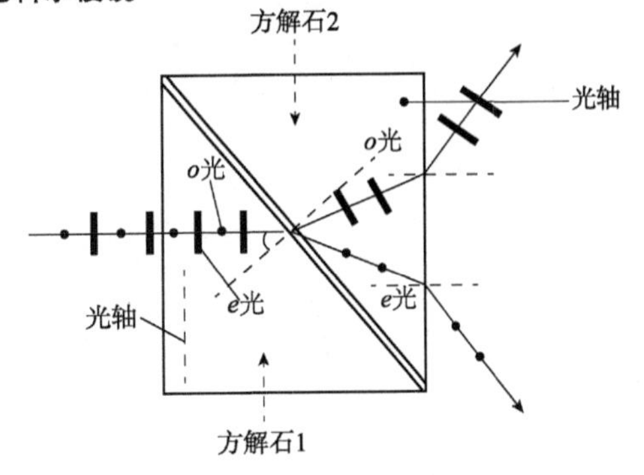

图 1-43　渥拉斯顿棱镜

复习思考题

1. 描述光波传播的常见物理量有哪些？光的颜色和亮度由光波的哪个物理量决定？
2. 光波运动到某一个位点时的运动状态如何进行描述？
3. 什么是光的衍射？什么是光的干涉？光发生干涉必须具备哪些条件？
4. 自然光和线偏振光有哪些区别？
5. 什么是激光？激光可作为何种显微镜的光源？
6. 透镜的像差有哪些类型？对显微镜成像影响最大的 3 种像差是什么？
7. 为什么单晶体具有各向异性？多晶体各个方向上是各向同性的吗？

第 2 章

普通光学显微镜

显微镜是生物科学研究的重要仪器，能帮助人类观察到肉眼看不见的微小物体。目前，显微镜分为光学显微镜和电子显微镜两大类，光学显微镜的发明早于电子显微镜300 年。早在 1610 年，伽利略(Galileo)发明了第一台复式显微镜，经开普勒(Johanns Kepler)和舒纳(Scheiner)的改进，显微镜结构具有了现代显微镜的雏型，但利用其观察仍然看不见细胞结构。17 世纪下半叶，显微镜发展迅速。1665 年，罗伯特·胡克(Robert Hooke)制造了一台放大倍率为 140 倍的显微镜，在此显微镜下，能够观察到木质细胞结构，至此奠定了显微镜的基础；随后，列文虎克(Antonj van Leeuwenhoek)，发明了一台放大倍数为 270 倍的显微镜；1684 年，惠更斯(Huygens)制造了双透镜目镜；19 世纪中叶，恩斯特·阿贝(Ernst Abbe)发明了油浸系物镜并提出了显微镜的放大理论，使显微镜的性能又上了一个新的高度。19 世纪末期 20 世纪上半叶，欧洲科学家又制造了反射镜、消色差物镜、大数值孔径物镜、萤石玻璃制造的复消色差物镜、暗视野聚光镜、偏光附件、补偿目镜等光学部件，使显微镜的性能得到了很大的提高(施心路，2002)，这些光学部件几乎是现代光学显微镜装备。1935 年之后，又先后出现了相差、微分干涉、荧光、共聚焦等特殊用途的显微镜，这些显微镜都是在普通光学显微镜的基础上添加一些附件构成的，因此，只有学好普通光学显微镜的基础知识，才能更好地理解特殊显微镜的工作原理、组成和使用技术。

普通光学显微镜主要由 3 部分组成：光学放大器件、照明器件和机械器件。

2.1 光学放大器件

光学放大器件包括物镜、目镜，物镜和目镜都由透镜组成。

2.1.1 物镜

物镜是由若干个透镜组合而成的透镜组，是显微镜最先对实际物体成像的光学放大器件。透镜组合使用的目的是消除单个透镜成像时的缺陷，提高物镜的光学性能，显微镜的放大能力主要取决于物镜，物镜的光学性能直接影响显微镜的成像质量，它是决定显微镜分辨率和成像清晰程度的主要部件，决定了显微镜的性能。

2.1.1.1 物镜的种类

物镜的分类方法很多，以下列举几个常用的分类方法：

(1)根据放大倍数划分

低倍物镜(1×、2×、4×、10×)、中倍物镜(20×、40×)和高倍物镜(100×)。

(2)根据物镜与盖玻片之间的浸液介质划分

干燥系物镜(1×、2×、4×、10×、20×、40×)、油浸系物镜(100×)。

(3)根据像差校正程度划分

为了消除单个透镜成像的色像差和单色像差，物镜都是由不同曲度的透镜组合而成，根据组合透镜消除像差的程度，物镜分为以下几种：

①消色差物镜(achromatic objective)。是常见的物镜，外壳上常标有"Ach"字样。这类物镜仅能校正轴上点的纵向色差(红光、蓝光)和球差(黄绿光)以及消除近轴点慧差，不能校正其他色光的色差和球差，且场曲很大，也就是说，只能得到视场中间范围清晰的像。使用时宜以黄绿光作照明光源或在光路中插入黄绿色滤光片，此类物镜结构简单、经济实用，最早的消色差物镜是由德国蔡司公司制造的。

②复消色差物镜(apochromatic objective，Apo)。由多组特殊光学玻璃和萤石制成的高级透镜组合而成，校正了红光、蓝光、黄光的轴上色差，消除了二级光谱，因此像质很好，但镜片多、加工和装校都较困难，色差的校正在可见光的全部波区，若加入蓝色或黄色滤光片效果更佳，它是显微镜中最优良的物镜，对球差、色差都有较好的校正效果，适用于高倍放大，但仍需与补偿目镜配合使用，以消除残余色差。

③半复消色差物镜(halfapochromatic objective，FL)。部分镜片用萤石制成，故又称萤石物镜，性能比消色差物镜好，价格比复消色差物镜低，校正像差程度介于消色差物镜与复消色差物镜之间，但其他光学性质都与后者相近，价格低廉，最好与补偿目镜配合使用。

④平场物镜(plan objective)。外壳上一般标有"Plan"字样，在物镜的透镜系统中增加了一块半月形的厚透镜，以达到校正场曲的目的。平场物镜的视场平坦，更适于镜检和显微照相。

⑤平场消色差物镜(plan achromatic objective，A-Plan)。采用多镜片组合的复杂透镜组，能够较好地校正像散和场曲，使整个视场都能显示清晰，适用于显微摄影。该物镜对球差和色差的校正仅限于黄绿波区且还存在剩余色差。

⑥平场复消色差物镜(plan apochromat objective，PF)。除进一步校正场曲外，其他像差校正程度均与复消色差物镜相同，使用该物镜，视野内的像都会清晰显示，且整个视野平坦，但该物镜结构复杂、制造困难。

(4)根据物镜的功能划分

①相差物镜(phase contrast objective，PL或PN)。这种物镜是相差(相衬)镜检术的专用物镜，其特点是在物镜的后焦点平面处装有相位板，用来观察无色透明的标本或活细胞，倒置显微镜上广泛使用。

②微分干涉物镜（differential interference objective）。一般要求为半复消色差或复消色差物镜，用于微分干涉显微镜（DIC）镜检，观察无色样品或细胞，图像呈现立体感。

③HMC 物镜。标有"HMC"标志，一种类似于相差物镜的物镜，观察效果有立体感，用于霍夫曼调制相差系统观察，也可以用于普通显微镜观察，但不能用于荧光观察。霍夫曼调制相差显微镜是介于相差显微镜与微分干涉显微镜之间的一种显微镜，物镜要求特制的 HMC 物镜，在物镜后焦点平面上，安装相位调制板，而在聚光器与光源之间安装两个偏振片，其成像原理既不同于相差显微镜，也不同于微分干涉显微镜，霍夫曼调制相差显微镜将来自光源的自然光变成偏振光，偏振光照射标本，根据标本厚度、密度、折射率的不同，出射光线相位发生了改变，而在物镜调制板的不同部位形成图像，从而看见透明标本，标本呈立体感且无周围亮环，但目前这种显微镜应用较少。

④无应变物镜（strainfree objective）。又称偏光物镜，物镜外壳标有"PO"或"POL"字样，在透镜组装配中消除了透镜应力的存在，是专门进行偏光观察的物镜。

⑤荧光物镜（non-fluorescing objective）。这种物镜的荧光透过率非常高，透镜材料本身并不发荧光，而普通物镜透镜在激发光照射下会发出荧光，影响标本的观察，视场平直足可以使用 CCD 照相，通常该物镜在物镜类别地方标有"UVFL"字样。

⑥TIRF 专用物镜。是全内反射荧光显微镜（total internal reflection fluorescence microscope）观察要求的荧光物镜，该物镜的特点是数值孔径（N. A.）大，N. A. 一般为 1.45～1.65。如日本尼康公司的 Apo TIRF 60×/100×、N. A. 1.49 物镜，目前该显微镜应用较少。

⑦多功能物镜。有的厂家生产一些多功能物镜，可以同时用于相差、DIC 等观察。如日本奥林巴斯公司的 UOLANFLN（万能平场半复消色差）物镜和德国蔡司公司的 EC-Plan-Neofluar（高衬度平场新荧光）系列物镜。

（5）根据物镜特殊用途划分

①带校正环的物镜（correction collar objective）。在物镜内的下部装有调节环，当转动调节环时，可调节物镜内透镜组之间的距离，从而校正由盖玻片厚度不标准引起的覆盖差。物镜外壳的调节环上标有数字 0.11～0.23，表明可校正厚度 0.11～0.23 mm 的盖玻片造成的误差。

②带虹彩光阑的物镜（iris diaphragm objective）。在物镜内的下部装有虹彩光阑，外部也有可旋转的调节环，转动时可调节物镜孔径光阑的大小，这种结构的物镜通常是高级油浸系物镜，常用于暗视野观察和荧光显微观察，在暗视野和荧光镜检时，往往由于某些原因而使照明光线进入物镜，使视场背景不够黑暗，造成镜检质量下降，这时通过调节环调节物镜光阑，使背景变黑、被检物体更明亮，增强镜检效果。

③无罩物镜（no cover objective）。有些被检物体（如涂抹制片等）上面不能加用盖玻片，在镜检时应使用无罩物镜，否则图像质量会明显下降，特别是在高倍镜检时更为明显。这种物镜的外壳上常标有"NC"字样，同时在标记盖玻片厚度的位置上没有"0.17"的字样，而标有"0"。

（6）根据工作距离划分

①普通物镜。工作距离小，可以观察切片标本，但不能观察培养皿中的标本。

②长工作距离物镜。一般在物镜的外壳上标有“LD”标志，是倒置显微镜的专用物镜，这种物镜是为了满足组织培养、悬浮液等材料的镜检而设计制造的。由于这类被检物体都是放置在培养皿或培养瓶中，必须要求物镜的工作距离长才能达到镜检的要求。在物镜倍数相同时，其工作距离较普通显微镜物镜工作距离大很多。

2.1.1.2　物镜参数

物镜参数包括放大倍数、数值孔径和工作距离。

(1)放大倍数

放大倍数是指物镜将标本长度放大的倍数，而不是标本面积的放大倍数。例如，放大倍数为100×，指的是长度是1 μm的标本，放大后像的长度是100 μm，若以面积计算，则放大了10 000倍。

(2)数值孔径

数值孔径也称镜口率，简写N. A. 或A，表征物镜的聚光能力，是物镜的重要参数，也是聚光器的主要参数。物镜的数值孔径决定物镜的分辨能力及有效放大倍数，数值孔径与显微镜的分辨力成正比。根据理论推导得出：

$$\mathrm{N.\ A.} = n\sin\theta \quad (2-1)$$

式中，N. A. 为数值孔径；n为介质的折射率；θ为物镜孔径半角。

物镜的孔径角是指光轴上的标本点与物镜前透镜的有效直径所形成的夹角(图2-1)，该夹角的1/2即为物镜的孔径半角。

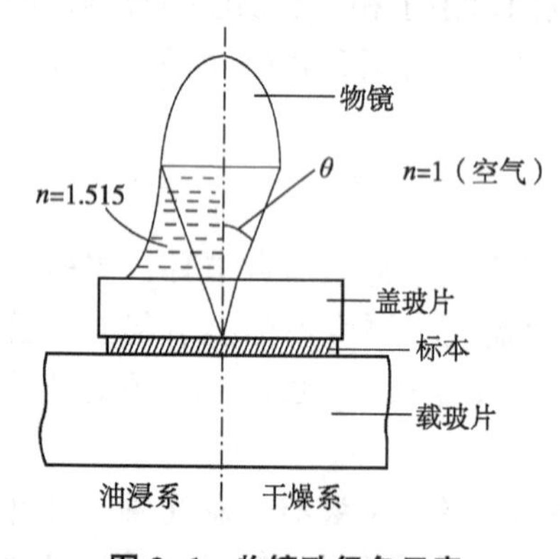

图2-1　物镜孔径角示意

从该公式可知，增大物镜的数值孔径有两个途径：一是通过增大物镜的直径或减小物镜的焦距，即短焦距物镜，以增大孔径半角θ，但此法会导致像差增大及制造困难，一般不采用，实际上$\sin\theta$的最大值只能达0.95；二是通过增大物镜与观察物之间的折射率n。低倍、干燥系物镜是以空气为介质的，折射率$n=1$，数值孔径变化范围为0.05~0.95；油浸系物镜常以松柏油($n=1.515$)、1-溴代萘($n=1.658$)为介质，其数值孔径最高可达1.40~1.60，其放大倍数可达100~140倍，可见通过增大物镜与观察物之间介质的折射率来提高物镜的数值孔径，但目前用作物镜与标本之间高折射率的物质，除上述两种物质外，尚未发现折射率更高的物质。目前利用增大孔径半角和物镜与标本之间介质的折射率，从而提高物镜数值孔径的可能性较小。

(3)工作距离

工作距离也称物距，指物镜前透镜表面到被检物体之间的距离。数值孔径大的物镜其工作距离通常很小，例如，40×物镜的工作距离不超过0.6 mm，100×油镜的工作距离不足0.2 mm。在使用高倍物镜时，常会因调焦不当而压碎标本片，物镜也会受到损害，为有效保护镜头，研究用显微镜的物镜前透镜多带有弹簧装置，显微镜的机械器件也装有限位装置。

近年来生产的长工作距离物镜可以满足组织培养、悬浮液的镜检需要。倒置显微镜的工作距离达 14 mm，体视显微镜的工作距离可达 200 mm。

2. 1. 1. 3　物镜外壳上的标记

物镜外壳上通常有 3 行标记，第 1 行通常表示物镜类别和物镜放大倍数，第 2 行表示物镜的数值孔径，第 3 行表示物镜的镜筒长度和盖玻片厚度。如图 2-2 所示，第 1 行 Splan 20PL 表示物镜的种类为宽视场平场相差物镜和物镜放大倍数为 20 倍，第 2 行 0. 46 表示物镜的数值孔径，第 3 行 160/0. 17 表示镜筒长度为 160 mm、盖玻片厚度为 0. 17 mm，有些物镜第 3 行为 160/0 表示机械镜筒长度为 160 mm、无盖玻片，有些物镜第 3 行写为 160/-，表示机械镜筒长度为 160 mm，“-”表示该物镜使用盖玻片或不使用盖玻片，都可以使标本清晰，这类物镜主要是指低倍物镜。

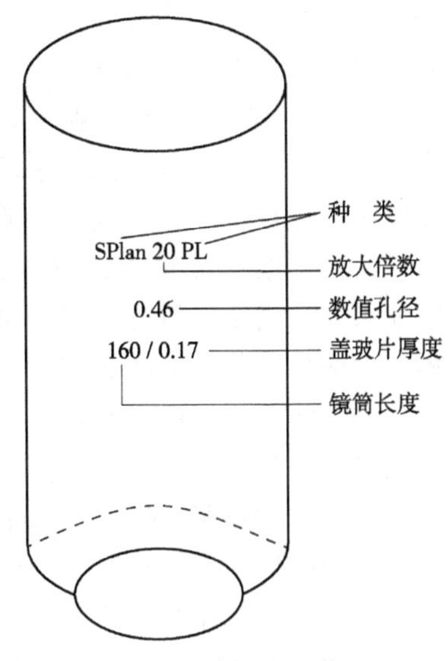

图 2-2　物镜外壳上的标记

2. 1. 2　目镜

由于目镜安装在镜筒的上端，靠近观察者的眼睛，因此也称接目镜。目镜的孔径角很小，故其本身的分辨率很低，因此，目镜不具备将物镜辨别不清的标本细微结构进一步辨别清楚的能力，仅能将物镜分辨清晰的实像进一步放大，并把物像映入观察者的眼中，达到人眼能容易分辨清楚的程度，可见，目镜就相当于一个放大镜。常用目镜的放大倍数为 3. 3～16. 0 倍。

2. 1. 2. 1　目镜的结构

目镜由上下两组透镜组成，上面的透镜称接目透镜，起放大作用，下面的透镜称会聚透镜或场镜，其作用是使整个目镜视野内亮度均匀，上下透镜之间或场镜下面装有一个光阑(它的大小决定了显微镜视场的大小)，因为物镜将标本成像在目镜的光阑上，可在这个光阑上粘一小段毛发作为指针，用来指示具有某个特点的目标，也可在其上放置目镜测微尺，用来测量标本的尺寸。

组成目镜的透镜比组成物镜的透镜简单得多，因为从物镜射过来的光束接近平行状态，所以目镜形成的球差及纵向(轴向)色差不严重，设计时只考虑横向色差(放大色差)。目镜的焦距越短，放大倍数越大(因目镜的放大倍数与目镜的焦距成反比)。从目镜中透射出的光线，在接目镜上方相交，这个焦点称为眼点，观察者的眼睛应处在该位置，如果观察者的眼睛位于眼点的上方或下方，就不能看到整个视场。

2. 1. 2. 2　目镜的种类

按照目镜的结构，目镜分为正型目镜系和负型目镜系两类。正型目镜的主焦点在场透镜以外，虽然由两个或两个以上的透镜组合而成，但整个光学系统可视为单一的凸透镜，故在适当情况下可单独作为放大镜使用；负型目镜的主焦点在场透镜与接目透镜两个透镜之间，显然不能单独作为放大镜使用。

①惠更斯目镜(Huygens eyepiece，H 式或 HW 式目镜)。以发明人惠更斯的名字命名。该目镜为负型目镜，也称福根目镜，接目透镜和场透镜由两块平凸透镜构成，它们的凸面都朝向物镜一端，物镜成的像经过场透镜之后位于两透镜中间；当像位于接目透镜焦点之内时成放大虚像，可以进行显微观察；当像位于接目透镜焦点之外时成放大实像，可进行显微摄影。惠更斯目镜能够有效消除彗差、倍率色差，像散也很小，但不能显著降低球差和位置色差，只适合与低、中倍消色差物镜配合使用。惠更斯目镜还存在场曲，向眼睛一端突出，视场很小，眼点位置低，在 3 mm 左右，它的放大倍数一般不超过 15 倍。

②拉姆斯登目镜(Ramsden eyepiece，R 式目镜或 SR 式目镜)。以发明人拉姆斯登的名字命名。拉姆斯登目镜为正型目镜，也是由两片焦距相同的平凸透镜组成场透镜和接目透镜，但两片平凸透镜凸面相对，该目镜能够消除畸变和色差，有效地降低球差，缺点是倍率色差无法校正，可以安装十字丝或分划板作为测微目镜，但视场不大。该目镜的眼点较高，12 mm 左右，适合观察，尤其适合戴眼镜者观察。

③凯尔勒目镜(Kellner eyepiece)。为正型目镜，是在拉姆斯登目镜基础上发展起来的，主要改进是将单片的接目透镜改为双胶合消色差透镜，成像质量和视场优于拉姆斯登目镜，减少了色差和提高了边缘像质。

④无畸变目镜(OR 式目镜)。为 4 片 2 组结构，其中场镜由 3 组透镜组成，接目透镜为单一平凸透镜，该目镜消除了色差和球差外，还消除了畸变和场曲，它还具有较大的视场和较高的眼点，各倍率表现良好，一直被广泛采用。

⑤广视场目镜(wild field eyepiece)。该目镜的特点是视场大且平坦，由多片(一般 5 片)透镜组合而成，由于边缘存在像散，所以不太适合高倍设计，其在低倍时的表现良好，该目镜眼点较高，可达 12 mm。

⑥对称目镜。有的称普罗素目镜，由完全相同的两组双胶合消色差透镜组成，垂轴色差和轴向色差都能得到很好的校正，出瞳距离较大，具有较小的场曲，是中等视场的目镜中像质较好的一种，眼点较高，是应用最为广泛的目镜。

⑦补偿目镜(C 或 K)。具有过度校正放大色差的特性，以补偿平场复消色差、平场半复消色差物镜、平场消色差物镜的残余色差。由于该目镜具有一定的垂轴色差及其放大倍数较高(高达 30 倍)，尽管补偿目镜效果较好，但不宜与普通消色差物镜配合使用，因为有“过正”产生，会使像产生负向色差。

2.1.2.3　目镜参数

目镜参数很多，如焦距、焦平面等，但在实际使用中，放大倍数(amplification)、视场数(filed number)、适眼距(eye relief)为重要参数。

(1)放大倍数

与物镜的放大倍数类似，目镜的放大倍数是指目镜将物镜放大的实体像线性放大的倍数，而不是面积放大的倍数。

(2)视场数

由目镜所看到的明亮圆形范围称为视场，它的大小是由目镜里的视场光阑决定的，其大小通常用目镜观察到的圆形范围直径表示，称为视场数，单位是 mm，是描述目镜的参数，物镜无此参数，目镜的视场数有 18、20、22、25 等，通常标记在目镜放大倍数的后

图 2-3　目镜标记

面，如 10×/22，前面的 10×表示目镜的放大倍数为 10 倍，22 表示该目镜的视场数是 22 mm，或在目镜的外表面直接标记 F. N. =22。

(3) 适眼距

适眼距指使用者在目镜的上方能清楚看见影像时，所允许的眼睛与接目透镜表面中心点间的最大距离。

2.1.2.4　目镜外壳上的标记

目镜外壳上通常标有目镜种类、放大倍数、目镜视场数。如图 2-3所示，“W”指广视场，“H”指高眼点，“K”指补偿目镜，高眼点指的是眼睛不用紧挨着目镜同样可以达到很好的观察效果(如戴眼镜观察)；10×指目镜的放大倍数为 10 倍，20 指目镜的视场数为 20 mm。

2.1.2.5　目镜与物镜的关系

物镜是将标本的细微结构分辨清楚并加以放大，仅能形成倒立实像，放大倍数较小，人眼无法识别；目镜仅能将物镜放大的标本进一步放大，达到人眼能够识别的目的，而不具有将物镜没有分辨清楚的细节再次辨别清楚的能力，两者是互补关系。

2.2　照明器件

光学显微镜的照明器件包括聚光器、光源和附属部件。

2.2.1　聚光器

聚光器是现代光学显微镜的重要光学部件，其作用是协助物镜功能完全实现。聚光器的初始作用是将发散的光会聚成束，使视野更加明亮，但随科技的进步，各种显微镜的出现，伴随聚光器结构的变动，赋予了聚光器越来越多的功能，只有掌握了聚光器的基本结构和功能，才能更好地理解其他特殊聚光器的结构及功能，本节介绍普通聚光器的结构、种类、功能及使用方法。

2.2.1.1　聚光器的结构

聚光器位于载物台的下方，通常由两部分组成：透镜和孔径光阑(图 2-4)。

①透镜。是由一片或数片透镜组成，相当于一个凸透镜，具有会聚光线、增强光强、使发散光线变成平行光的作用。

②孔径光阑。位于聚光镜之下的焦点平面处，由数片光栅组成，可以闭合和开启，具有控制光强的作用。

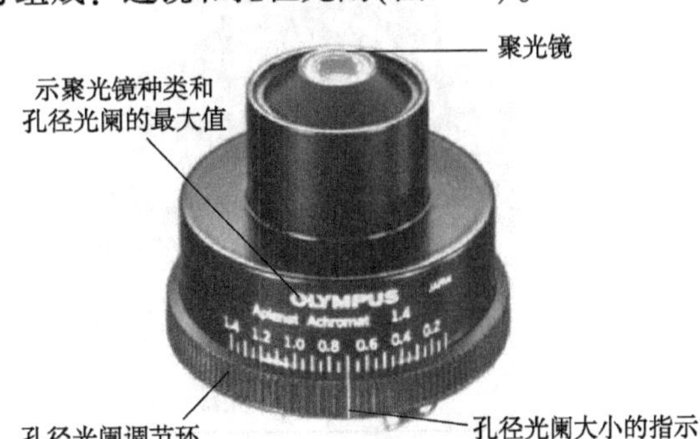

图 2-4　聚光器结构及外标意义

2.2.1.2　聚光器的种类

根据视野的明亮程度，聚光器可分为两大类：明视野聚光器和暗视野聚光器。

(1) 明视野聚光器

明视野聚光器造成目镜内视野明亮，标本黑暗，明视野聚光器会聚的光为透射式照明方式的中心照明方式，是大部分光学显微镜的聚光器，如普通光学显微镜、相差显微镜、微分干涉显微镜配置的聚光器都是明视场聚光器，常见的明视野聚光器种类如下：

①阿贝聚光器(Abbe condenser)。是最早最简单的明视野聚光器，阿贝聚光器由两个光学透镜构成了上面的聚光镜，有较好的聚光能力，但在物镜数值孔径高于 0.60 时，不能消除色差、球差，因此，阿贝聚光器仅适合普通的低倍物镜，大多数显微镜制造商默认提供阿贝聚光器作为必配的聚光器[图 2-5(a)]。

②消色差聚光器(achromatic condenser)。能消除红光和蓝光色差，但不能消除球差，通常由 3~4 个透镜元件构成，数值孔径最大可达 0.95，仅适用于干燥系物镜[图 2-5(b)]。

③消球差聚光器(aplanatic condenser)。能够很好地校正绿光球差，但不能校正色差，典型消球差聚光镜的最大数值孔径可达 1.40，该聚光镜有 5 个透镜元件，并且能够将光聚焦在一个平面上，一般与放大倍数和数值孔径大的物镜配合使用，如图 2-5(c)所示。

④消色差和消球差聚光器(achromatic/aplanatic condenser)。能同时消除色差和球差的聚光器，数值孔径为 1.35，由 8 片透镜组成的 4 个单透镜构成(如奥林巴斯)，可用于白光观察和照相，如图 2-5(d)所示，是明视场镜检中质量最好的聚光器，但它不适于 4 倍以下的物镜。

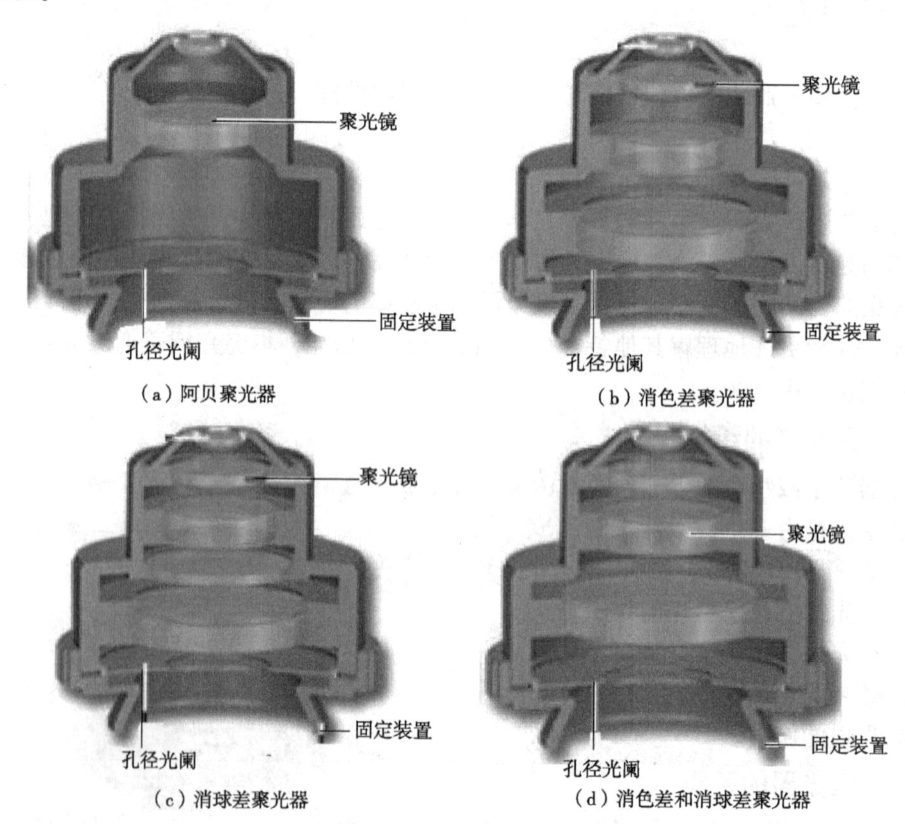

图 2-5 阿贝和消色差、消球差物镜

(2) 暗视野聚光器

暗视野聚光器是暗视野显微镜使用的一种聚光器，其特点是目镜内视野是暗的，标本是明亮的，暗视野聚光器出射的光为斜射照明的一种。

(3) 其他聚光器

除上面结构简单的聚光器以外，根据结构和功能不同，还有一些具有特殊功能的聚光器。

①摇出式聚光器。透镜是由分开的两个透镜组组成(图 2-6)，上透镜组可从光路中摇出，满足低倍物镜(4×)、大视场照明的需要，不摇出时，可用于高倍物镜。

②特殊用聚光器。有些显微镜所用的聚光器也是由透镜和下面的光阑组成，但孔径光阑被替代，如相差显微镜和微分干涉显微镜所使用的聚光器。

③转盘式聚光器。一般是指将具有不同功能的组件和聚光器安装在一个转盘上，该聚光器的结构一般是上面一个固定盘，下面连接一个转盘，固定盘在显微镜的前面有一个长方形的凹进去的显示框，用以显示位于光路上的聚光器类型；转盘式聚光器里面的转盘外缘标有不同颜色的数字，通过转动转盘使不同颜色的数字位于固定盘前面的显示框里，根据显微镜的结构说明，可确定所选择使用的聚光器，一般“0”代表的是明视野聚光器(图 2-7)。

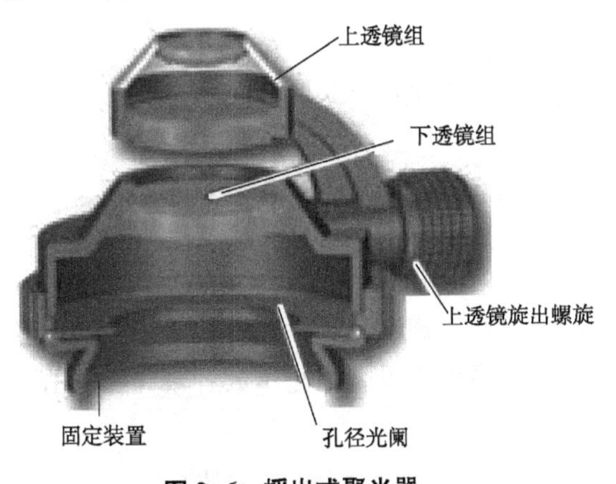

图 2-6　摇出式聚光器

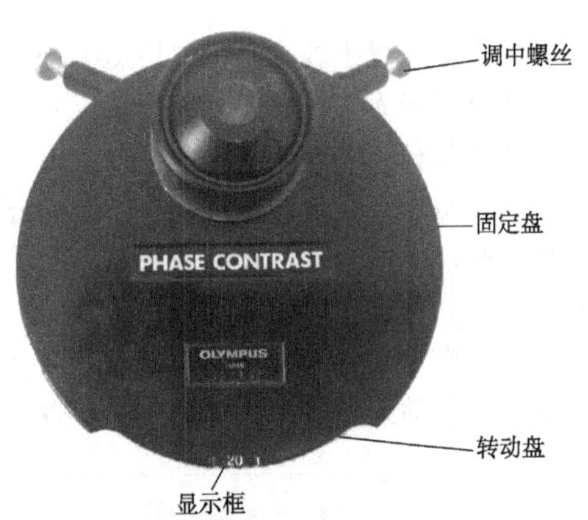

图 2-7　转盘式聚光器

2.2.1.3　聚光器的功能

聚光器的基本功能是将光源发射的光线聚焦于样品上，以使标本处得到最强的照明。除此以外，在使用过程中，可通过调节聚光器的高低和孔径光阑的大小来控制光强、标本的清晰度和反差，因而聚光器对于观察效果具有重要作用。

(1) 调节光强

现代显微镜除了通过调节电压控制显微镜的照明亮度以外，也可利用聚光器调节照明亮度，利用聚光器调节视野亮度的方法如下：

①利用聚光镜改变光强。一般在粗(微)调焦螺旋旋钮前面有一个聚光器升降调节旋钮，它可以使聚光器升降，用于调节光强，旋钮下降时，照明亮度降低，旋钮上升时，照明亮度增强。

②利用孔径光阑改变光强。缩小孔径光阑的光圈，降低光强；扩大孔径光阑的光圈，增强光强。

(2)提高反差和分辨率

缩小孔径光阑的光圈会提高标本反差，但会降低物镜分辨率。通常情况下，当聚光器下面孔径光阑的像面积为视野面积的70%时，物镜分辨率最大。提高标本反差往往与降低物镜分辨率是联系在一起的，提高标本反差，物镜的分辨率就会降低，这时就要根据观察者的实际需求来决定是否缩小孔径光阑。

2.2.1.4　聚光器中心的调中

有些显微镜的聚光器可进行拆卸，以清洁或更换功能不同的聚光器。聚光器拆装后，其中心会发生偏移，此时，由聚光器出射的光线仅能照射视场的一部分，造成视野亮度不均，相差显微镜、微分干涉显微镜、暗视野显微镜、透射式荧光显微镜观察效果差，有时看不见标本，因此需要调整聚光器的中心与显微镜的光轴重合。

聚光器调中步骤(图2-8)：

①如果是转盘式聚光器，转动转动盘，使上面的数字“0”从固定转盘的显示框上显现；如果不是转盘式聚光器，省略此步，并通过聚光器升降旋钮将聚光器升至最高，拧松聚光器的固定螺丝。

②将标本置于载物台上，用10×物镜调焦。

③有视场光阑的显微镜，将视场光阑调至最大(无视场光阑的显微镜，省略此步)。

④将孔径光阑调至最小。

⑤拔出一个目镜，通过镜筒可见视野里有一个明亮多边形，如果没看见多边形，可适当放大孔径光阑，直至看见多边形为止，如果多边形边界不清，可通过聚光器升降旋钮下降聚光器，直至多边形清晰为止。

⑥如果多变形中心与视野中心不重合，一边从镜筒里观察，一边调节聚光器两边的调中螺丝，移动聚光器，直至视野里多边形的中心与视野中心重合为止，放开聚光器中心调节螺丝。

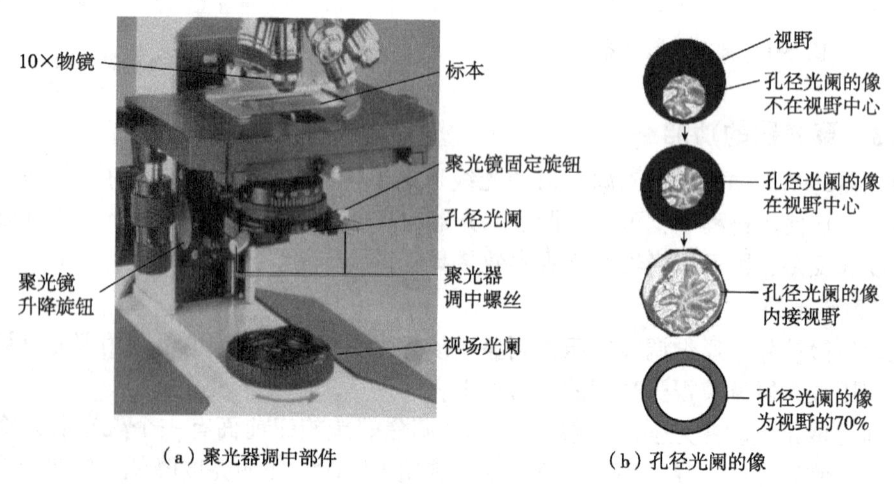

(a) 聚光器调中部件　　(b) 孔径光阑的像

图2-8　聚光器调中部件和调中

⑦一边通过孔径光阑大小调节钮，放大孔径光阑，视野中见到孔径光阑的像内接视野，如果此时，多边形与视野完全重合，无须再调节聚光器调中螺丝。如果孔径光阑的像与视野重合不好，需微调聚光器调中螺丝，直至孔径光阑的像与视野完全重合为止。然后，调节孔径光阑的大小使其像为视野的70%。

⑧安装目镜，通过聚光器固定旋钮固定聚光器，聚光器的中心调节完毕。

2.2.2 光源

光源是现代显微镜的重要器件，没有光源，物体将不能成像，而不同功能的显微镜，其光源种类不同。目前，光学显微镜所用的光源有钨丝灯、卤素灯、氙灯、汞灯、LED 灯等。

①钨丝灯(白炽灯)。灯丝由钨丝组成，玻璃灯里充满惰性气体(氩气)，常用的有 6 V 15 W、12 V 30 W 钨丝灯。低压钨丝灯适用于中、高端级的金相显微镜，在显微拍摄时，特别是高倍拍摄时，曝光时间会有所延迟，但它价格低廉、寿命长，用户可自行采购，所以为显微镜普遍使用。

②卤素灯。灯丝由钨丝组成，玻璃灯泡里充满卤素(通常是碘)，该灯常常比钨丝灯的亮度要高出很多，它的光谱更接近于日光，灯泡寿命更长、更经济，色温随时间的变化较小，可以制造更小的尺寸，照度均匀，发热少，单位面积的发光亮度高出普通钨丝灯，又称冷光源，对显微摄影、投影更适用，常用的有 6 V 12 W、12 V 50 W、12 V 100 W，常用于大多数生物显微镜，如普通光学显微镜、相差显微镜、微分干涉显微镜、暗视野显微镜。

③氙灯。是用包裹在石英管内的高压氙气替代传统的钨丝，采用高压电流激活氙气而形成的一束电弧光作为光源。显微镜常用的灯泡直径为小于 10 mm 的短弧氙灯，其光谱接近日光，高亮度，光色质量优良，色温约 6000 K，但光谱中紫外线的成分不及汞灯强，但有紫外加强型的氙灯，此灯在紫外区的能量是连续分布的，并不像汞灯只有某几个特征峰的线光谱。氙灯的优点是操作方便，启动立即点燃，点燃后即使立即熄灭，也不会损坏灯泡，寿命很长，发光过程中，弧光稳定，色温不变；其缺点是需专用的低压直流电源箱，灯的温度极高，价格比汞灯更为昂贵。氙灯也是荧光显微镜选择的一种光源。

④汞灯。利用气态汞作为发光材料，一般需要超高压才能点亮，因此需启动装置。汞灯是点光源，发射光谱为线光谱，光谱主要位于紫外和紫光的短波区域，是荧光显微镜的光源，常用的有 HBO 100 W、HBO 200 W 两种型号。

⑤LED 灯。即发光二极管，发光二极管的核心部分是由 P 型半导体和 N 型半导体组成的晶片，LED 光源的光谱范围比太阳光谱窄，主要是在其特定的单色光波长范围内，光谱波长由短到长依次呈现蓝光、绿光、黄绿光、黄光、黄橙光、红光，常见几种颜色的典型峰值波长分别为：紫外光 365 nm、蓝光 475 nm、蓝绿光 500 nm、绿光 525 nm、黄光 590 nm、橙光 610 nm、红光 625 nm。相对于氙灯、汞灯，LED 光源具有单色性好、冷光源、长寿命、节能(无热量产生)、环保(无汞)、启动快等优点。

氙灯、汞灯、LED 灯都可以作为荧光显微镜的光源，但因汞灯发射的是短波长广谱光，荧光显微镜应用较多。

2.2.3　附属部件

为配合显微镜更好地使用，在光源与聚光器之间还设有一些附属部件，如会聚透镜、滤光片、视场光阑。

①会聚透镜。位于光源与聚光器之间，能够将发散的光源光会聚成平行于光轴的光。

②滤光片。在会聚透镜与聚光器之间有不同作用的滤光片，如吸热滤光片、波长选择滤光片等，用于降低灯光强度或用于荧光显微镜使用时选择激发光波长等。

③视场光阑。一般情况下位于镜座，安装于光源与孔径光阑之间，用以控制光线的照射范围和光强，在聚光器调中时也会用到。

2.3　机械器件

显微镜的机械器件是显微镜的重要组成部分，其作用是固定与调节镜头转换、固定与移动标本等，主要有镜座、镜臂、载物台、镜筒、物镜转换器(旋物器)、调焦装置等(图 2-9)。

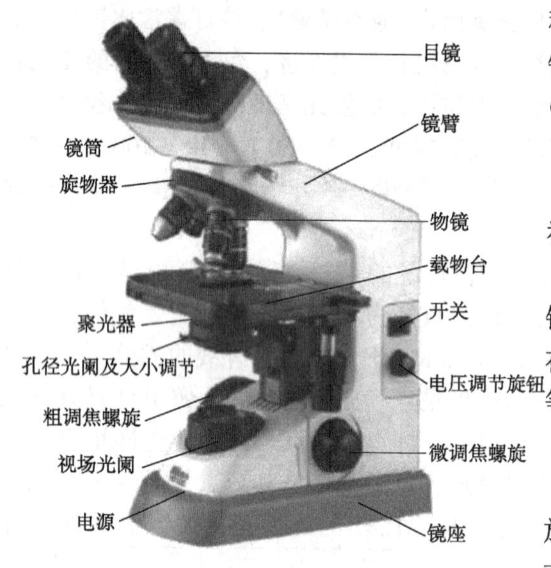

图 2-9　显微镜的结构

(1)镜座和镜臂

镜座用来支撑整个显微镜，装有光源、视场光阑、滤光片等。

镜臂用来连接整个显微镜，上面连接镜筒，下面连接镜座，中间安装载物台，在镜臂的下端，还安置有粗(微)调焦螺旋等部件，保持整个显微镜的完整性。

(2)载物台

载物台又称工作台、镜台，作用是安放载玻片，有圆形和方形两种形状，其中方形的规格为 120 mm×110 mm。中心有一个通光孔，通光孔后方和右侧或左侧有一个安装压片夹用的固定夹，固定固定夹的是游标尺，游标尺一般精度为 0.1 mm，游标尺可用来测定标本的大小，也可用来对被检部分做标记。载物台分为固定式与移动式两种。

(3)镜筒

镜筒上端放置目镜，下端连接物镜转换器，分为固定式和可调节式两种。机械筒长(是指物镜的后焦点平面到目镜的后焦点平面之间的距离)不变的称为固定式镜筒，可变的称为调节式镜筒，新式显微镜大多采用固定式镜筒，国产显微镜大多采用固定式镜筒，显微镜的机械筒长通常为 160 mm。

安装目镜的镜筒分为两种：单筒和双筒。单筒又可分为直立式和倾斜式，双筒则都是倾斜式，其中双筒显微镜，两眼可同时观察以减轻眼睛的疲劳，双筒之间的距离(眼间距)可以调节(图 2-10)，而且目镜外有屈光度调节环，即视力调节装置(图 2-11)，便于两眼视力不同的观察者使用。

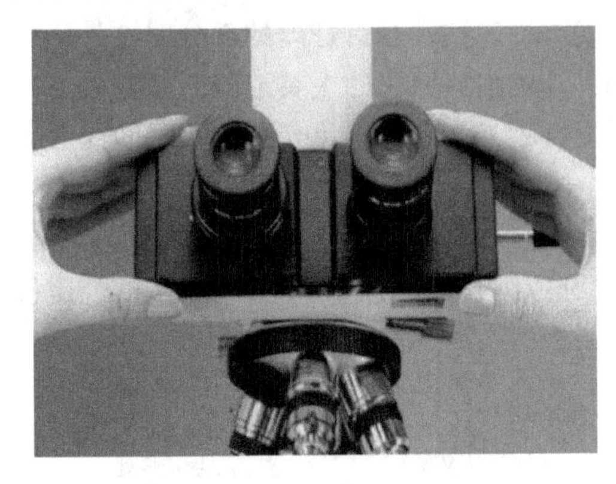

图 2-10　眼间距调节

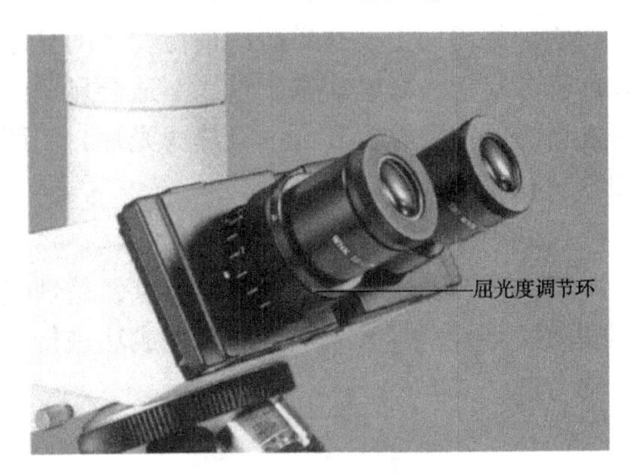

图 2-11　屈光度调节

(4)物镜转换器

物镜转换器(旋物器)固定在镜筒下端，有 4~6 个物镜接口，物镜应按放大倍数高低顺序安装。更换物镜倍数时应用手指捏住并旋转旋物器，不要用手指推动物镜更换物镜倍数，长时间直接转动物镜容易使光轴歪斜，使成像质量变差。

(5)调焦装置

显微镜上装有粗调焦螺旋和微调焦螺旋，两者装在同一轴上，直径大的为粗调焦螺旋，直径小的为微调焦螺旋；粗调焦螺旋转动一周，镜筒上升或下降 10 mm，微调焦螺旋转动一周，镜筒升降值为 0. 1 mm。微调焦螺旋调焦范围不小于 1. 8 mm。

2. 4　显微镜的照明方式

显微镜的照明方式分为两大类：透射式照明和落射式照明。透射式照明是指光通过聚光器后照射标本，由透过标本的直射光和绕过标本的衍射光或仅由绕过标本的衍射光再经过物镜后成像，适用于透明或半透明的被检物体，绝大多数生物显微镜属于此类照明方式；落射式照明是指光经过物镜后照射标本，由标本反射或产生荧光的光再经过物镜后成像，适用于非透明的被检物体或产荧光物质的透明物体，光源来自上方，又称反射式照明，主要应用于金相显微镜、暗视野显微镜和落射荧光显微镜。

2. 4. 1　透射式照明

透射式照明分为中心照明和斜射照明两种方式。

2. 4. 1. 1　中心照明

这是最常用的透射式照明方式，其特点是照明光束的中轴与显微镜的光轴在同一条直线上，它又分为临界照明和柯勒照明两种方式。

(1) 临界照明

临界照明是显微镜最原始的一种照明方式[图 2-12(a)]。光源光经聚光器会聚后，以非平行光线照射在被检物体上，这种照明方式的优点是光束狭而强，但光源的灯丝像落在被检物体的平面上，这样造成被检物体的亮度呈现不均匀性，在有灯丝的部分明亮，无灯丝的部分暗淡，影响成像质量，不适合显微照相，这是临界照明的主要缺陷，其补救方法是在光源的前方放置乳白色吸热滤光片，使照明变得较为均匀，避免光源的长时间照射而损伤被检物体。

(2) 柯勒照明

柯勒照明克服了临界照明的缺点，是现代显微镜常用的照明方式[图 2-12(b)]，这种照明方式不仅观察效果好，而且是成功进行显微照相所必需的一种照明方式。

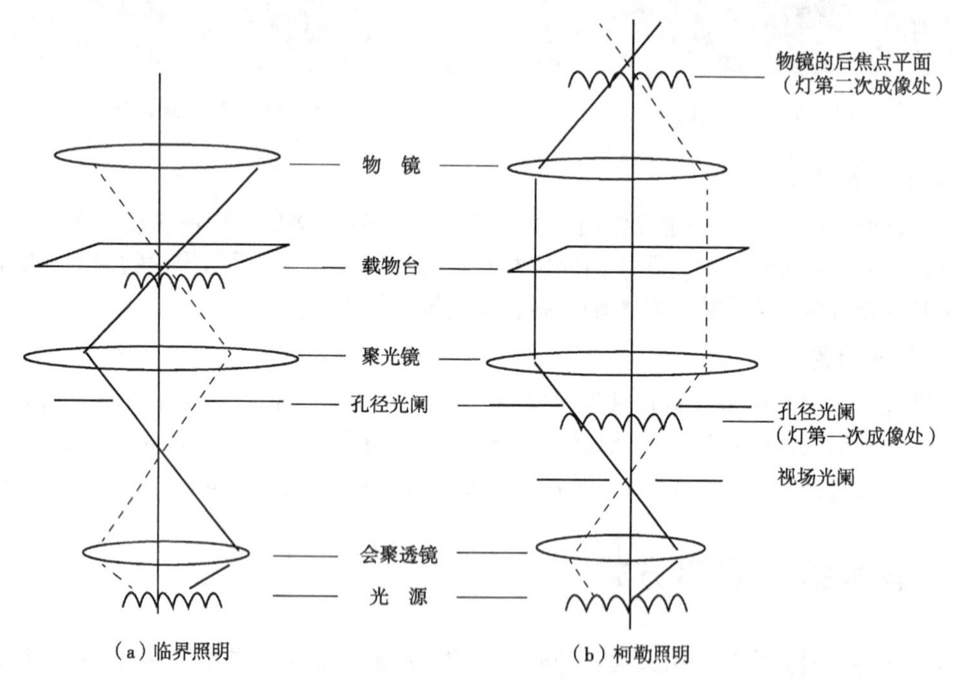

图 2-12 透射式中心照明光路

柯勒照明的特点：一是光源的灯丝经光源前的第一个会聚透镜及视场光阑后，灯丝像第一次落在聚光镜孔径光阑的平面处，聚光镜又将该处的像成像在物镜的后焦点平面处，形成第二次灯丝像；二是从聚光器射出的光线与光轴平行的照射被检物体，在被检物体的平面处没有灯丝像的形成，物体被均匀照亮。观察时，通过改变聚光器孔径光阑的大小，使聚光器的数值孔径与物镜的数值孔径相匹配，使光充满不同物镜的入射光瞳，同时聚光器又将视场光阑成像在被检物体的平面处，改变视场光阑的大小可控制照明范围。此外，这种照明的热焦点不在被检物体的平面处，即使长时间照明，也不致损伤被检物体。

2.4.1.2 斜射照明

通过聚光器后的照明光束与显微镜的光轴不平行，而是与光轴形成一定的角度斜射在物体上，因此称为斜射照明。斜射照明又可分明场斜射照明和暗场斜射照明两种方式：明场斜射照明是照明光束经聚光器斜射通过被检物体后进入物镜；暗场斜射照明的照明光束以更大的倾斜度射向被检物体后不再进入物镜，而由物体表面反射和衍射的光进入物镜。这两种照明方法分别用于相差显微镜和暗视野显微镜照明。

2.4.2　落射式照明

落射式照明也称反射式照明或垂直式照明，其特点是照明光束通过物镜后照射到被检物体上，光束不经过聚光镜。采用这种照明方式的显微镜，物镜既起聚光镜作用，又起放大作用。落射式照明，物体成像的光不是直射光而是散射光和衍射光，图 2-13 所示为落射式柯勒照明光路，光路上有两个成像系统，3 个成像位置，第一个成像系统是光源经过会聚透镜 1 后，成像在孔径光阑处，再经过会聚透镜 2 后成像在物镜后焦点平面处；第二个成像系统为视场光阑经过会聚透镜 2 和物镜后，成像于标本平面处。落射式照明除了用于观察透明物体以外，也适用于观察非透明物体，如金属、矿物等。

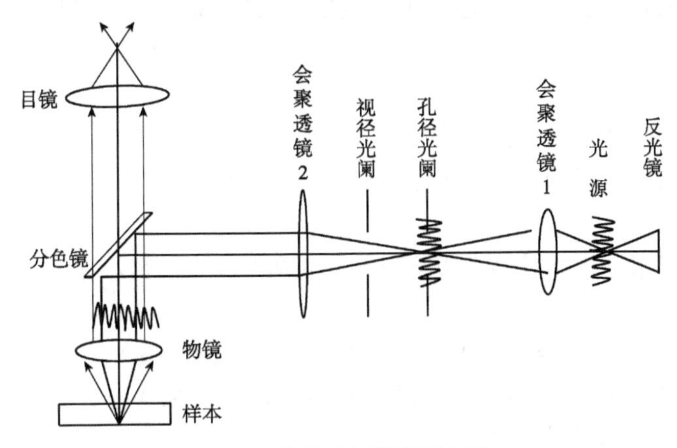

图 2-13　落射式柯勒照明光路

2.5　显微镜的光轴调中

显微镜的光轴是指光源中心、聚光器透镜中心、物镜和目镜透镜中心共轭时的连线。光轴调中是指将这些光学元件的中心调到光轴上，所以又称为合轴调节或中心调节。如果上述各光学元件中心未在光轴上，会使像差增大、分辨率和清晰度下降，对相差显微镜、微分干涉显微镜观察影响严重，使暗视野显微镜和荧光显微镜无法看到标本。目镜和物镜都是固定的，其中心在制造时已与光轴合轴，不必再调。光轴调节的对象主要是调节光源中心和聚光器中心。

(1) 光源中心的调中

普通显微镜卤素灯的位置已经进行了定心设计，不需要调整，带有其他附件的显微镜，如附件为汞灯光源，需要安装或更换，更换后的光源中心需要进行调整，因目前显微镜光源中心的调整仅在荧光显微镜中存在，因此光源中心的调中过程参见荧光显微镜使用部分。

(2)聚光器中心的调中

实际上，显微镜光轴调整的重点是聚光镜中心的调中，特别在显微照相、相差显微镜、微分干涉显微镜、暗视野显微镜、荧光显微镜使用时，这是最关键的一步，否则，影响照相或观察效果，聚光器中心的调中参见 2.2.1.4 小节。

2.6 显微镜的光学参数

在显微镜检时，人们总希望能获得清晰而明亮的理想像，这就需要显微镜的各项光学技术参数达到一定的标准，并且要求在使用时，必须根据镜检的目的和实际情况来协调各参数的关系，只有这样才能充分发挥显微镜应有的性能，得到满意的镜检效果。

显微镜的光学技术参数包括：数值孔径、分辨率、放大率、焦深、视场宽度、覆盖差、工作距离等。这些参数并不都是越高越好，它们之间既相互联系又相互制约，在使用时，应根据镜检的目的和实际情况来协调参数之间的关系，应以保证显微镜的分辨率为首要考虑。

(1)数值孔径(N. A.)

数值孔径即物镜和聚光器的数值孔径。数值孔径与分辨率、放大率成正比，与焦深成反比。数值孔径增大，视场宽度与工作距离都会相应地变小。

(2)分辨率

显微镜的分辨率是指能被显微镜清晰区分的两个物点的最小距离，又称鉴别率，表达式为：

$$\sigma = 1.22\lambda / [\text{N. A. (Obj)} + \text{N. A. (Cond)}] \tag{2-2}$$

式中，σ 为最小分辨距离；λ 为照射光线的波长；N. A. (Obj)为物镜的数值孔径；N. A. (Cond)为聚光器的数值孔径。

由式(2-2)可知，物镜的分辨率由物镜的数值孔径、聚光器的数值孔径和照明光源的波长 3 个因素决定。

(3)放大率和有效放大率

经过物镜和目镜的两次放大，显微镜总的放大率=物镜放大率×目镜放大率。显微镜总的放大率仅反映显微镜在指定目镜和物镜放大率的情况下，物体被放大的倍数。然而，显微镜的放大率并非越大越好，也并非越大越能分辨清楚物体的细节。分辨清楚两个物点的能力取决于物镜的数值孔径，而与显微镜的总放大率无关，因此，在使用显微镜时不必一味追求显微镜的总放大倍数，而应保证在能清楚观察标本的基础上，选择合适的总放大倍数。显微镜总放大倍数主要取决于物镜的数值孔径，两者之间的关系：500 N. A. (Obj)<显微镜的最适放大率<1000 N. A. (Obj)。

如果显微镜的放大倍数超过 1000 N. A. (Obj)，得到的也只是一个轮廓虽大但细节不清的图像，称为无效放大倍率。如果显微镜的放大倍数低于 500 N. A. (Obj)，即分辨率已满足要求而放大倍率不足，则显微镜虽已具备分辨能力，但因图像太小而仍然不能被人眼清晰分辨，所以为了充分发挥显微镜的分辨能力，应使数值孔径与显微镜总放大倍率合理匹配，这种匹配的主要目的是选择合适的目镜，目镜的放大倍数不能太大，这是在选购显微镜时要注意的问题。另外，标本拍照形成的像也不要随意放大，否则会造成像的无效放大，而使最终的图像不清。

(4)焦深

焦深为焦点深度的简称，即在显微镜使用时，当物镜的焦点对准某一物点时，不仅位于该物点平面上的各点都可以被清楚地看到，而且在此平面上下一定厚度内的标本也能被清楚地看到，这个被清楚看到的标本厚度就是焦深(图 2-14)。焦深大，可以看到被检物体的全层；焦深小，则只能看到被检物体的一薄层。

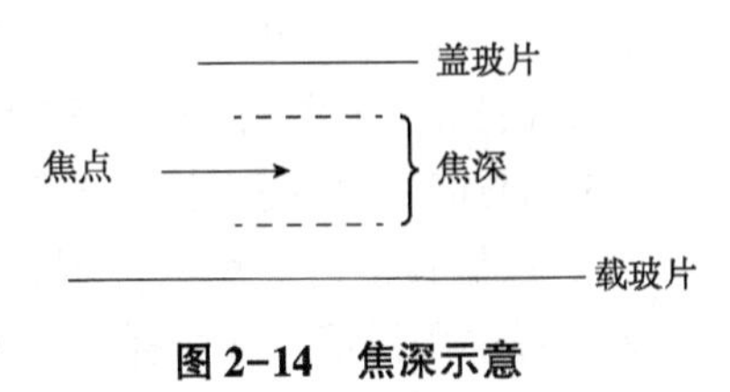

图 2-14　焦深示意

焦深与显微镜其他光学参数的关系：焦深与总放大倍数及物镜的数值孔径成反比；焦深大，分辨率降低。

(5)视场(野)直径

视场直径也称视场宽度，是指在显微镜下所能看到的圆形视场内所能容纳被检物体的实际范围，也称物方视场范围，视场直径越大，越便于观察。

$$视场直径(R)=目镜视场数(F.N.)/物镜倍率(W_{ob}) \quad (2-3)$$

可见目镜视场数越大，视场直径越大；而物镜倍率越大，视场直径越小。选用目镜视场数大的目镜有利于观察。

(6)覆盖差

由于盖玻片的厚度不标准，光从盖玻片进入空气产生折射后的光路发生了改变，从而产生像差，即覆盖差。覆盖差的产生影响成像质量。

国际上规定，盖玻片的标准厚度为 0.17 mm，许可范围为 0.16～0.18 mm，在物镜制造时已将此厚度范围的像差计算在内。物镜外壳上标的 0.17，即表明该物镜所要求的盖玻片厚度为 0.17 mm。

由于制作技术等原因，盖玻片的厚度可能在 0.16 mm 以下或在 0.18 mm 以上，因而会产生覆盖差。盖玻片太厚，不应进入物镜的光线会进入物镜；盖玻片太薄，应进入物镜的光线却不能进入。

放大倍率越大，数值孔径越大，要求盖玻片厚度越严格，否则覆盖差就会越大，尤以盖玻片厚，覆盖差更为严重。

消除覆盖差的理想办法是使用带校正环的物镜，这种物镜常为 40×干燥系物镜。油浸系物镜不存在覆盖差问题，这是由于油和盖玻片的折射率都在 1.52 左右，但是在使用油浸系物镜时，盖玻片太厚，超过了工作距离，则无法调焦，甚至看不到图像。

在物镜外壳标记的第 3 行，有的物镜上标有“-”符号，一般为低倍物镜(0.5×、0.75×、1×、2×)、其数值孔径很小，不受盖玻片的影响，这种物镜可不加盖玻片，有的物镜上标有“0”符号，为不能加盖玻片物镜，称为无罩物镜。

(7)工作距离(WD)

这个概念与物镜参数是一致的，在此不再多述。

复习思考题

1. 显微镜由几部分构成？决定显微镜分辨能力的是什么部件？

2. 根据物镜透镜的校正程度，物镜划分为几种类型？

3. 简述物镜外壳上标记的意义。

4. 根据目镜的主焦点位置，目镜分为哪几类？据此分类的目镜，什么样的目镜作为显微镜观察用目镜？什么样的目镜作为显微照相用目镜？

5. 简述目镜外壳上标记的意义。

6. 根据目镜视野的明暗，聚光器分为几类？聚光器中心的调中为什么重要？

7. 简述显微镜的照明方式及特点。

8. 显微镜为什么要进行光轴调中？光轴调中主要调节哪些部件的中心？

第 3 章

相差显微镜

相差显微镜是由荷兰科学家塞尔尼克(Zernike)于 1935 年发明的，是一种将光线通过透明标本细节时所产生的光程差(即相位差)转化为光强差的特种显微镜，用于观察无色透明标本。

3.1 相差显微镜的成像原理

人眼能够看见物体，是因为物体与周围环境有颜色和亮度的差异。物体的颜色是由光照射到物体后，由物体反射光或透射光的波长所决定；物体的亮度是由物体反射光或透射光的振幅所决定。在显微镜下，当光通过样本时，如波长和振幅发生显著变化，而通过样本周围介质的光的波长和振幅无变化，样本通过物镜和目镜成像后，人眼才能将其与周围介质区分开，从而看见样本；而生物样本通常是无色透明的，当光照射样本，并通过物镜和目镜成像后，像的颜色和亮度与周围介质并没有显著差异。因此，在普通光学显微镜下，即使标本长度超过 200 nm，人眼也无法看见无色透明的样本，如果想要看见无色透明的样本，通常采用染色方法，染色后的样本成像，像的颜色和亮度都与周围介质差异显著，人眼才能看见样本，这就是普通光学显微镜下能够观察到染色样本的原理。但样本经过染色，样本的形态或多或少地发生改变，且经过处理后的样本，已经死亡，无法观察到其运动方式。为实现在普通光学显微镜下观察无色透明活体样本的实际形态和运动方式，显微镜学家先后发明了相差显微镜和微分干涉显微镜。本节介绍相差显微镜。

当光照射无色透明样本后，一部分光透过样本，到达物镜透镜，这种光称为直射光，一部分光绕过样本，到达物镜透镜，这种光称为衍射光；光源来的同一束光照射无色透明样本后，形成的直射光和衍射光的波长相同，但振幅和相位不同，衍射光的振幅略低于直射光的振幅，相位比直射光落后 1/4λ[图 3-1(a)]；直射光和衍射光经过物镜、目镜后，使样本和周围介质成像，样本像的颜色和亮度是由直射光和衍射光合成光的波长和振幅决定，而周围介质像的颜色和亮度仅由直射光的波长和振幅决定，合成光的波长与直射光的波长相同，但两束光的振幅略有差异，导致样本像与周围介质像的颜色无区别，亮度也很小，人眼无法识别，如果将直射光的相位滞后 1/4λ[图 3-1(b)]或将衍射光的相位滞后

1/4λ[图 3-1(c)],形成物体像的亮度分别比周围介质像的亮度显著高或低，从而看见了样本的像，而相差显微镜的结构和组成能把透过样本的直射光和衍射光分开，并能改变直射光或衍射光的相位，再利用光的衍射和干涉现象，把相位差变成振幅差(明暗差)，同时它还吸收部分直射光线，以增大其明暗的反差[图 3-1(c)]，这就是相差显微镜的成像原理。因此，相差显微镜可用来观察活细胞或未染色标本。

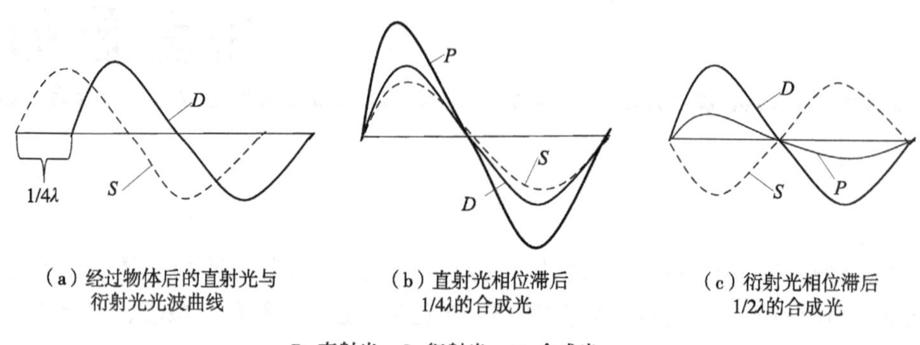

(a) 经过物体后的直射光与衍射光光波曲线　(b) 直射光相位滞后1/4λ的合成光　(c) 衍射光相位滞后1/2λ的合成光

D. 直射光；*S*. 衍射光；*P*. 合成光。

图 3-1　相位差变成振幅差的原理

3.2　相差显微镜的结构

为了实现相差显微镜将相位差变成振幅差的目的，相差显微镜在结构上与普通显微镜的不同之处在于：用转盘式聚光器代替普通聚光器，用相差物镜(通常物镜外壳上标有 PL 或 PN 标记)[图 3-2(a)]代替普通物镜，并带有一个合轴调焦望远镜[图 3-2(b)]和一片绿色滤光片[图 3-2(c)]。

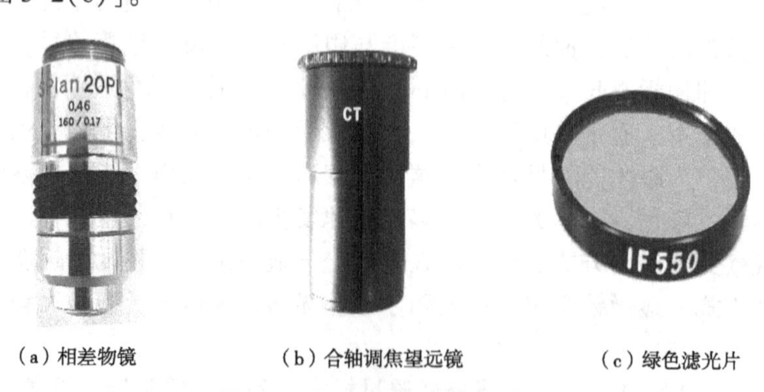

(a) 相差物镜　(b) 合轴调焦望远镜　(c) 绿色滤光片

图 3-2　相差显微镜特殊构件

(1)转盘式聚光器

转盘式聚光器由大小不同的环状孔形成的光阑(环状光阑)加上一个明视场光阑(孔状光阑)镶嵌在同一个圆盘上(图 3-3)，位于聚光器的前焦点平面处，与聚光器一起组成转盘式聚光器。转盘式聚光器内环状光阑的内直径和孔宽与不同物镜放大倍数后焦点平面处的相板相匹配，在使用时只要把与物镜相匹配的光阑转到光路即可。转盘式聚光器的作用是通过环状光阑获得相差显微镜所需要的直射光。

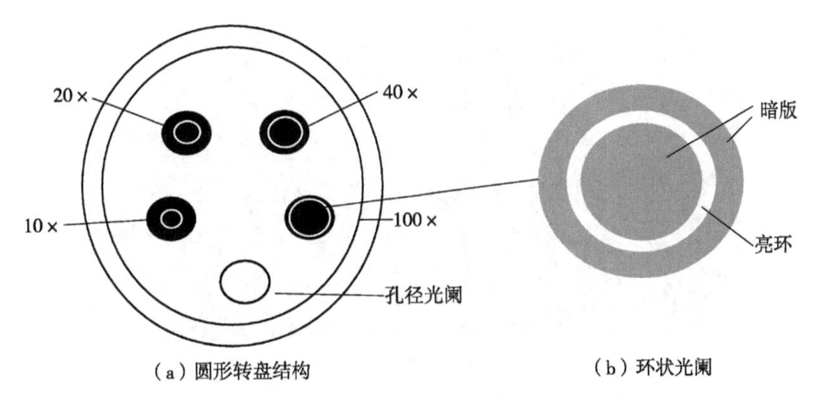

（a）圆形转盘结构　　（b）环状光阑

图 3-3　转盘式聚光器上面的圆形转盘结构

（2）相差物镜

相差物镜与普通物镜的区别在于物镜的后焦点平面处安装一相板[图 3-4(a)]，相板分为共轭环(暗环)和补偿环(明亮的中心圆和边环)[图 3-4(b)]。理论上，透过样本进入物镜前透镜的直射光通过相板的共轭环部分；直射光绕过样本形成的衍射光进入物镜后，通过相板的补偿环部分。相板的作用是降低直射光的光强，并推迟直射光或衍射光相位。

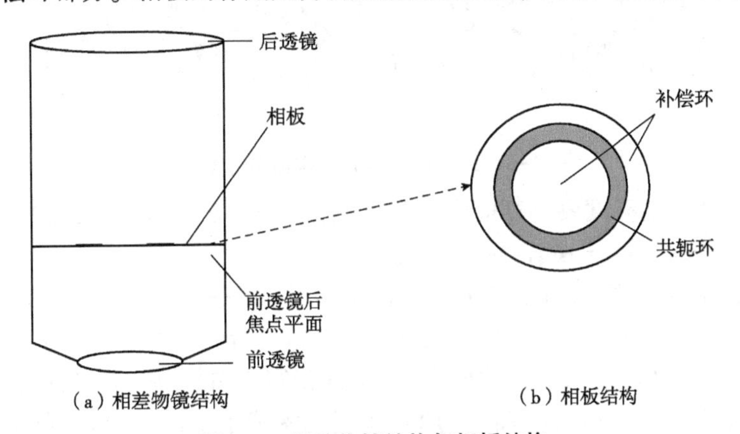

（a）相差物镜结构　　（b）相板结构

图 3-4　相差物镜结构与相板结构

相板上镀有两种不同的金属膜：吸收膜和相位膜。吸收膜常为铬、银等金属在真空中蒸发而镀成的薄膜，它能把通过的光线吸收掉 60%～93%；相位膜为氟化镁等在真空中蒸发镀成，它能把光线的相位推迟 1/4λ。

根据需要，两种膜有不同的镀法，从而制造出不同类型的相差物镜。如果吸收膜和相位膜都镀在共轭面上，通过共轭面的直射光不但振幅减小，而且相位也被推迟 1/4λ，因通过物体时衍射光相位也被推迟 1/4λ，这样就使直射光与衍射光维持在同一个相位上，根据相长干涉原理，合成光的振幅等于直射光与衍射光振幅之和，因背景只有直射光的照明，所以被检物体形成像的亮度就比背景明亮，镜检效果是暗中之明[图 3-5(a)]，安装这样相板的物镜称为负相差物镜(negative contrast)。如果吸收膜镀在共轭面，相位膜镀在补偿面上，直射光仅被吸收，振幅减小，但相位未被推迟，而通过补偿面的衍射光的相位，则被推迟了 1/4λ，因此衍射光的相位比直射光相位共落后 1/2λ，根据相消干涉原理，

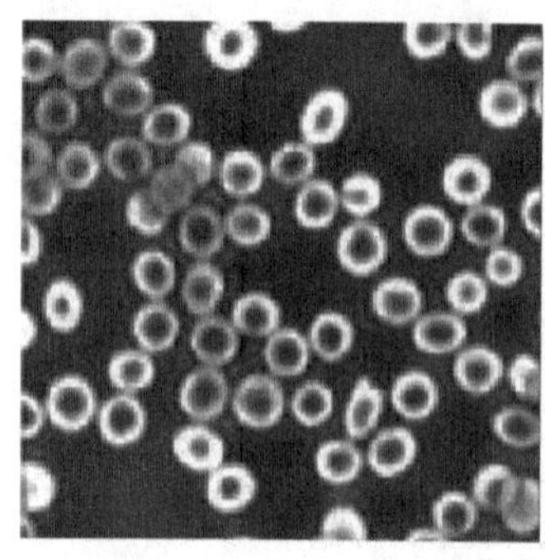
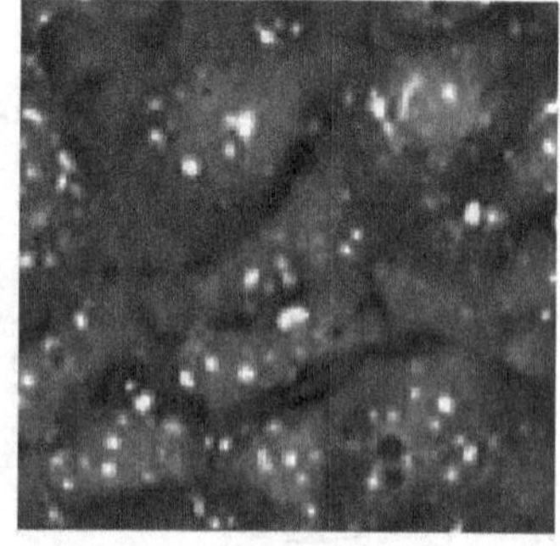

（a）负相差图片

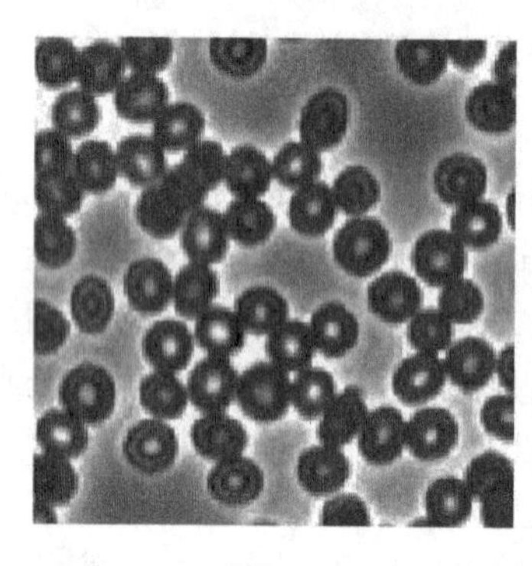
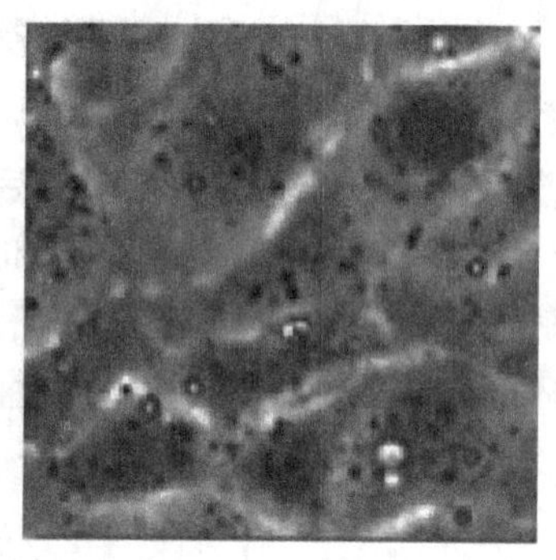

（b）正相差图片

图 3-5 正、负相差显微镜拍摄的图片

这样被检物体形成像的亮度要比背景暗，镜检效果是明中之暗[图 3-5(b)]，安装这样相板的物镜称为正相差物镜(positive contrast)。

负相差物镜用字母“N”表示，正相差物镜用字母“P”表示，由于吸收膜对通过它的光线的透过率不同，可分为高、中、低及低低，如奥林巴斯相差物镜，光的透过率分为 4 个等级：7%、15%、20%、40%，因此分为高(High 简写为 H)、中(Medium 简写为 M)、低(Low 简写为 L)及低低(Low-Low 简写为 LL)4 类，构成了负高(NH)、负中(NM)、正低(PL)和正低低(PLL)4 种类型相差物镜，这些字母都标在相差物镜的外壳上，可根据被检物体的特性来选择使用不同类型的相差物镜

(3)合轴调焦望远镜

合轴调焦望远镜是相差显微镜一个极为重要的组件[图 3-2(b)]，相差显微镜在使用时，环状光阑的像必须与相板共轭面完全吻合，才能将直射光与衍射光分开，才能通过相板的共轭面和补偿面降低直射光的光强，推迟直射光或衍射光的相位，否则无相差效果。由于环状光阑需与物镜相匹配，但因环状聚光器是相差显微镜的附件，后安装的环状光阑的中心与相板中心常不同轴，为此，相差显微镜配备一个合轴调焦望远镜(在镜的外壳上标有“CT”字样)，用于合轴调节。

(4)绿色滤光片

由于白光是由多种波长的单色光组成的，波长不同，光波的相位也不同。相板上一定厚度的镀膜很难将所有波长的相位都准确推迟 1/4λ，为了获得良好的相差效果，相差显

微镜使用要求波长范围比较窄的单色光，通常选用绿光作为相差显微镜的观察光，用绿色滤光片放于光源与聚光器之间，就可获得绿光。日本奥林巴斯公司生产的相差显微镜在镜检时要使用该厂规定的 IF550 绿色滤光片作为配件[图 3-2(c)]。

3.3　相差显微镜光路图

在相差显微镜聚光器里的环状光阑的中心和物镜上的相板中心合轴调整后，环状光阑射出的直射光完全通过相板的共轭环部分，衍射光通过相板的补偿环部分(图 3-6)，这样就使直射光与衍射光分开，便于对直射光或衍射光的相位或光强进行处理，最后直射光与衍射光通过目镜后，在像的平面处发生干涉，因样本厚度及密度的不同，形成像的亮度也不同。

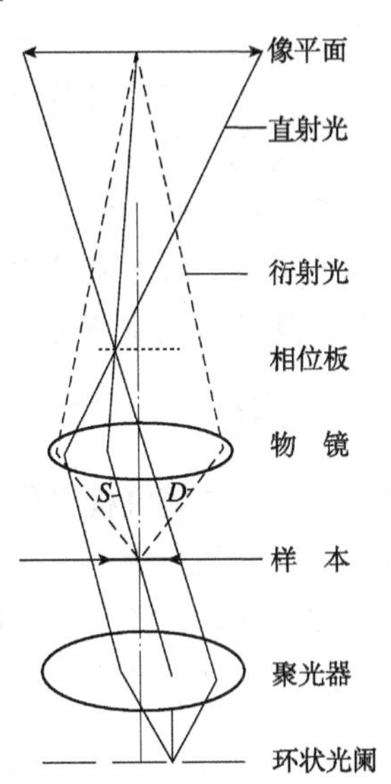

图 3-6　相差显微镜光路示意

3.4　相差显微镜的使用

相差显微镜能观察到透明样品的细节，适用于观察活体细胞生活状态下的生长、运动、增殖情况及细微结构，因此，是微生物学、细胞生物学、细胞和组织培养、细胞工程、杂交瘤技术等现代生物学研究的必备工具，特别适用于观察微小的透明物体。

相差显微镜附件替代普通显微镜上的相应部分，就成为相差显微镜，因此相差显微镜的使用通常包括相差显微镜附件安装、调试和镜检 3 步。

3.4.1　附件安装

卸下普通显微镜的物镜和普通聚光器，在相应的位置安装相差物镜和转盘式聚光器，在镜座透光处安装绿色滤光片。

3.4.2　调试

相差附件安装完后，需对有些附件(如聚光器)的中心以及环状光阑的中心和物镜相板的中心进行调中。

(1)聚光器中心的调中

参见本书 2.2.1.4 小节。

(2)暗环与亮环中心的合轴调整

①标本调焦。置标本于载物台上，用 10×相差物镜进行调焦。

②环状光阑的选择。转动环状聚光器上的转盘，使转盘上的数字 10 与环状聚光器固定盘上的白点或凹陷对齐。

③环状亮环的中心与物镜相板中心的合轴调节。拔出一只目镜，插入调焦望远镜，用左手固定调焦望远镜的外筒，同时眼睛观察调焦望远镜里面，用右手转动调焦望远镜内筒

使其上升，当看清镜筒内的环状光阑的亮环和相板的暗环后，用聚光器升降旋钮升降聚光器，使亮环的大小与暗环一致。如果此时亮环与暗环不重合，再调节环状聚光器两边的调中螺丝，使亮环与暗环完全重合；如果亮环比暗环小而位于内侧时，应降低聚光器，使亮环放大，反之，则应升高聚光器，使亮环缩小；如果聚光器升到最高位置仍不能完全重合，则可能归因于载玻片过厚，应更换载玻片。

④重复①~③步，使 20×、40×、100×物镜相板的暗环与环状光阑形成的亮环重合。

⑤拔出调焦望远镜，安装目镜，准备进行相差显微镜的观察。

注意：在更换不同倍率的相差物镜时，每一次都要使用相匹配的环状光阑进行重新合轴调节，使用油浸系物镜时，在载玻片与镜头之间要滴加香柏油。

3.4.3 镜检

与普通显微镜镜检操作方法相同，先从低倍观察开始，然后进行高倍观察，但一定要注意：所用环状光阑的大小必须与物镜相匹配，光源与聚光器之间安装绿色滤光片。在相差显微镜下观察活细胞，可清楚地分辨细胞的形态、细胞核、核仁以及胞质中存在的颗粒状结构。图 3-7 所示为相差显微镜和普通显微镜下的藻类鞭毛。

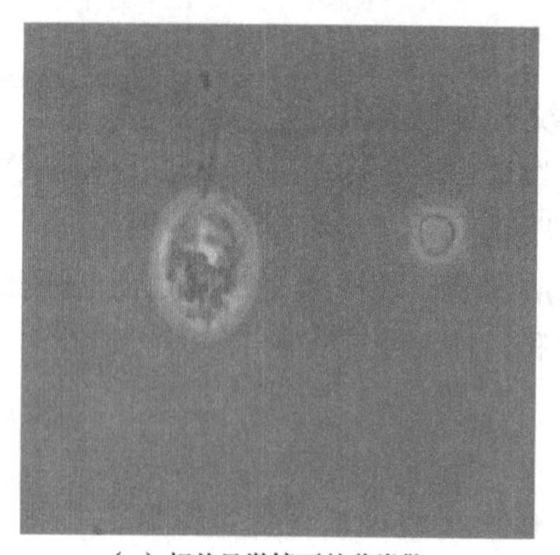

（a）相差显微镜下的藻类鞭毛

（b）普通显微镜下的藻类鞭毛

图 3-7 相差显微镜和普通显微镜下的藻类鞭毛

在进行相差镜检时应注意以下事项：

①视场光阑与聚光器的孔径光阑必须全部开至最大，而且光源要强，这是因为环状光阑遮掉大部分光，物镜相板上共轭面又吸收大部分光。

②不同型号的光学组件不能互换使用，如短焦物镜不能换成长焦物镜。

③载玻片、盖玻片的厚度应遵循标准，不能过薄或过厚。

④切片不能太厚，一般以 5~10 μm 为宜，否则会引起其他光学现象，影响成像质量。

复习思考题

1. 普通显微镜下能观察到藻类鞭毛吗？在你所使用的相差显微镜下，鞭毛是黑色的还是白色的？为什么？

2. 相差显微镜在观察大的样本时有什么缺点？
3. 简述相差显微镜成像原理。
4. 相差显微镜由哪些附件组成？简述各附件的作用。
5. 简述相差显微镜使用的步骤。
6. 简述相差显微镜使用注意事项。

第 4 章

微分干涉显微镜

1952 年，G. Nomarski 在相差显微镜的基础上，发明了微分干涉显微镜（differential-interference microscope），又称 Nomarski 相差显微镜。相差显微镜在观察无色透明样本时，像周围存在亮环，当样本浓度大或样本个体较大时，浓度较大的样本之间或个体较大的样本内部颗粒之间相互干扰，难以看清样本外部形态或样本内部结构，而微分干涉显微镜避免了相差显微镜的缺点，能够观察大的无色透明样本，样本表面呈现浮雕状的立体感。

4.1 微分干涉显微镜的成像原理

微分干涉显微镜是观察无色透明物体的另一类显微镜，在设计理念上与相差显微镜相同，都是将人眼无法感受的光波相位差变成人眼可分辨的明暗差，但采用的技术手段不同。微分干涉显微镜不利用衍射光成像，仅利用直射光成像，因为衍射光成像时，像的周围会产生亮环，邻近样本或细胞内部相邻颗粒部分互相干扰，像不清晰。微分干涉显微镜的成像原理是利用一些附件，将光源来的自然光变成平面偏振光，再将平面偏振光转换成振动方向互相垂直的两束偏振光，微分干涉显微镜是利用这两束偏振光通过标本时的厚度、密度不同，使标本的相位差变成振幅差。

4.2 微分干涉显微镜的结构

4.2.1 特殊光学元件

微分干涉显微镜利用的是双光束偏振光干涉原理，技术设计要比相差显微镜复杂得多，为达到观察无色样本的目的，微分干涉显微镜在普通光学显微镜的基础上，增加了 5 个特殊光学组件：起偏器、DIC 棱镜、DIC 滑行器、检偏器和调焦望远镜。

①起偏器。一般直接安装在光源与聚光器之间，使光源来的自然光产生平面线偏振光。

②DIC 棱镜。是由石英渥拉斯顿棱镜组成，安装在起偏振器的后面，因此也称第一个

DIC 棱镜，此棱镜可将平面线偏振光变为两束振动方向互相垂直的线偏振光(*o* 光和 *e* 光)，二者振动面呈一小夹角。

注意：该 DIC 棱镜与物镜放大倍数相匹配，即不同放大倍数的物镜对应不同的 DIC 棱镜，其结构与 DIC 滑行器不同。

③DIC 滑行器。安装在物镜的后焦点平面处，也是由渥拉斯顿棱镜组成，通常称 DIC 滑行器为第二个 DIC 棱镜。DIC 滑行器中的渥拉斯顿棱镜组合结构与 DIC 棱镜中的渥拉斯顿棱镜组合结构不同，其作用也不同，DIC 滑行器把从样本和物镜前透镜射出的两束线偏振光合并在一条光路上，但此时的两束平面线偏振光的偏振面仍然存在一定角度，但不一定垂直。

④检偏器。安装在 DIC 滑行器的后面，其光轴方向与起偏器的光轴方向垂直。检偏器将来自 DIC 的两束偏振光振动面有一定角度的平面线偏振光变成具有相同偏振面的两束线偏振光，从而使两束线偏振光发生干涉。

⑤调焦望远镜。微分干涉显微镜在使用时，将调焦望远镜安装在目镜处，调节检偏器和起偏器的光轴呈垂直状态。

4.2.2 附件

一般微分干涉显微镜将检偏器和第一个 DIC 棱镜组合在一起，称为微分干涉附件 1，将第二个 DIC 棱镜(滑板)与检偏器组合在一起，称为微分干涉附件 2，下面按照这个名称介绍微分干涉显微镜的附件组成。

(1)微分干涉显微镜附件 1

奥林巴斯公司生产的 BH2 微分干涉显微镜附件 1 是由结构不同的第一个 DIC 棱镜与普通聚光器组合在一起，形成一个转盘，起偏器与空孔单独组合在一起，镶嵌在渥拉斯顿棱镜和聚光器转盘的下方。起偏器和渥拉斯顿棱镜位于光路上时，为微分干涉显微镜；空孔和孔径光阑位于光路上时，为普通物镜所使用(图 4-1)。

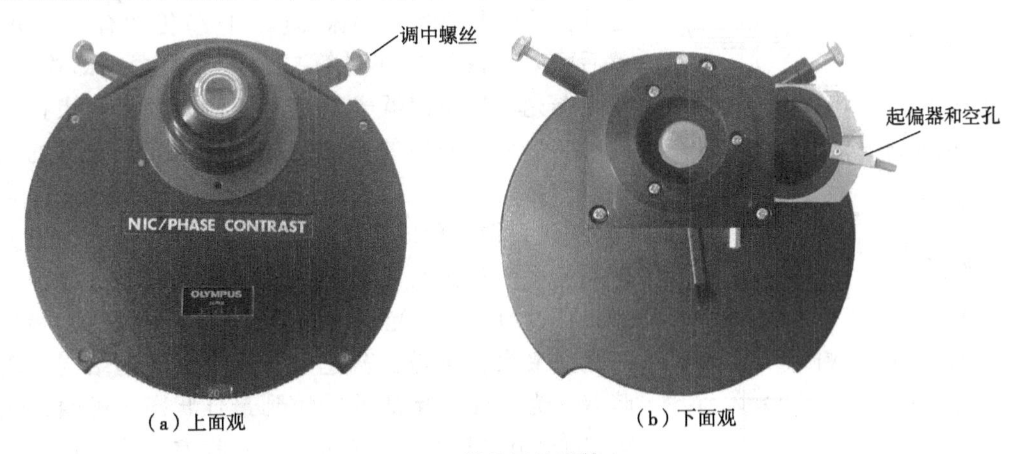

(a) 上面观　　(b) 下面观

图 4-1　微分干涉附件 1

(2)微分干涉显微镜附件 2

奥林巴斯 BH2 型显微镜微分干涉附件 2 与其他微分干涉显微镜附件 2 结构相同，都是

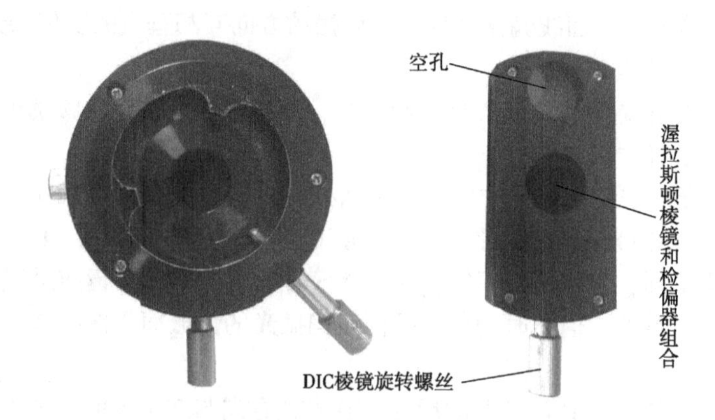

图 4-2　微分干涉附件 2

将检偏器和第二个 DIC 棱镜组合在一起，附件 2 的检偏器位于上面，第二个 DIC 棱镜位于检偏器下方，与微分干涉附件 1 正好相反，其结构如图 4-2 所示。

4.3　微分干涉显微镜光路图

微分干涉显微镜的光路如图 4-3 所示。光源来的自然光通过起偏器后，自然光转变成只有一个振动方向的平面线偏振光，平面线偏振光通过第一个 DIC 棱镜后，变成振动方向相互垂直的两束平面线偏振光，这两束线偏振光一束是 *o* 光，另一束是 *e* 光。两束平面线偏振光通过聚光器后，两束线偏振光的传播方向与光轴平行，此时的两束线偏振光相位一致，在穿过标本相邻的区域后，由于标本的厚度和折射率不同，引起了两束线偏振光产生了光程差(即两束线偏振光的相位不一致了)，且两束线偏振光振动面不再垂直。两束线偏振光经过物镜后焦点平面处的第二个 DIC 棱镜后，传播光路有一定距离的两束线偏振光光轴合并，这时两束光的偏振面(X 和 Y)仍然有一定角度，然后两束线偏振光穿过第二个偏振装置，即检偏器，检偏器光轴与起偏器光轴垂直，检偏器将两束振动方向不在一个平面内的光波变成具有相同偏振面的两束线偏振光，从而使二束光发生干涉，干涉光(即合成光)通过目镜，形成样本的像。*o* 光和 *e* 光光波的光程差决定可以通过检偏器的光量，当光程差为零时，没有光穿过检偏器；光程差值等于 $1/2\lambda$ 时，透过检偏器的光量最大，于是在灰色的背景上，样本结构呈现明暗差。为了使影像的反差达到最佳状态，可通过调节第二个 DIC 棱镜的位置来改变光程差，从而可改变影像的亮度，并使样本的细微结构呈现正或负的影像，通常是一侧亮，另一侧暗，这便造成了样本的人为三维立体感，类似浮雕。

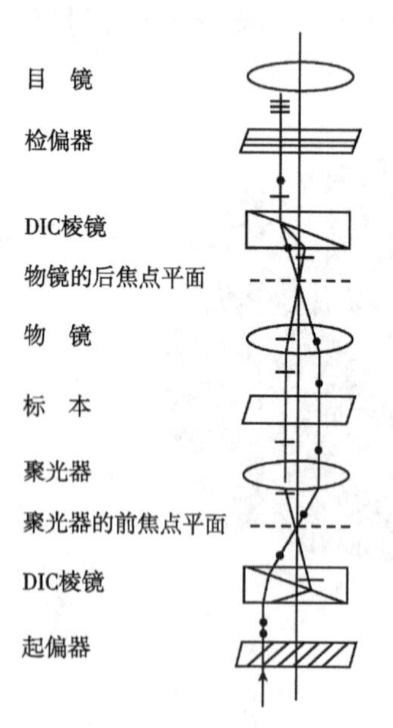

图 4-3　微分干涉显微镜光路示意

4.4　微分干涉显微镜的使用

微分干涉显微镜在使用时，需将附件安装在显微镜的相应位置，然后调试显微镜，再行样本观察。因不同厂家生产的微分干涉显微镜，或同一厂家生产的不同型号的微分干涉显微镜，其附件结构不同，调试方法、观察使用方法略有不同，但总体思路是一致的。下面以奥林巴斯 BH2 型微分干涉显微镜为例，介绍微分干涉显微镜附件的安装、调试及使用。

4.4.1　附件安装

(1) 微分干涉附件 1 的安装

将附件 1 替换普通显微镜聚光器，并将转盘式聚光器上面的“0”对准聚光器固定圆盘前面的标记(一般为一凹陷)，此时，意味着在光路上的仅是普通聚光器，棱镜 DIC 并不在光路上，安装好后，将转盘下面的起偏器拉出，使空孔位于光路上，既安装附件 1 后，光路上是普通聚光器，同时将孔径光阑放至最大。

(2) 微分干涉附件 2 的安装

附件 2 安装在镜筒下方、旋物器的上方，安装固定后，将微分干涉附件 1 上的螺旋右转到底。

4.4.2　调试

微分干涉显微镜附件安装完成后需要进行调试，调试的目的是让起偏器光轴与检偏器光轴垂直，即当一束自然光通过附件 1 里的起偏器后，产生与起偏器光轴方向相同的平面线偏振光，如果偏振光通过载物台时，并没有遇到样本，该偏振光通过物镜和第二个 DIC 棱镜后，将不会通过检偏器，目的是使观察视野中的背景最暗，下面介绍微分干涉显微镜的调试过程：

①样本调焦。打开光源，将一样本放于载物台上，用 10×物镜调焦。

②起偏器进入光路。将附件 1 的起偏器推进光路，拧松起偏器的固定螺丝。

③起偏器和检偏器光轴垂直的调节。拔出一个目镜，插入调焦望远镜于该目镜镜筒里，调节调焦望远镜至从调焦望远镜里看清物镜后焦点平面处的黑色条纹(图 4-4)为止，如果此时黑色条纹不位于视野中心，再旋转微分干涉附件 2 上 DIC 棱镜调节旋钮，使里面的黑色条纹位于视野中央；如果黑色条纹不清晰，再调节微分干涉附件 1 上的起偏器调节旋钮，使视野里面的黑色条纹清晰，拔出调焦望远镜，安上目镜，调试完毕。调试后，固定附件 1 上的起偏器按钮。

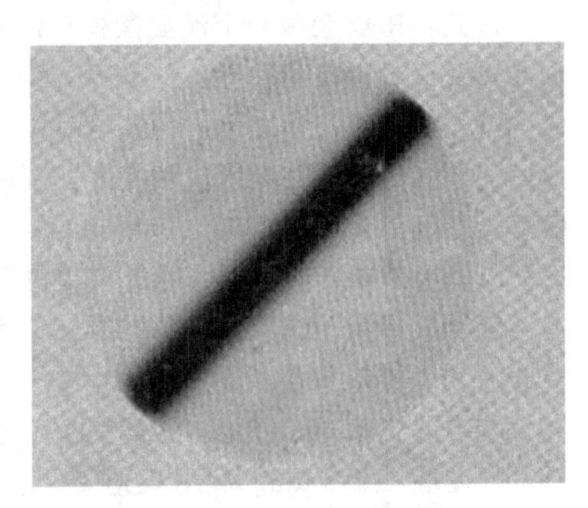

图 4-4　视野里面的黑色条纹

调试注意事项：

①调试仅需在 10×物镜下调节起偏器与检偏器的光轴呈垂直状态，不需要在每个放大倍数物镜下进行调节，此时，转盘上的“0”对准固定盘前面的凹处，而不是数字“10”，即不需要附件 1 上的数字与物镜的放大倍数相一致。

②由于附件 2 仅有 1 个 DIC 棱镜和检偏器组合，而附件 1 里面的棱镜变化较大，是与物镜放大倍数相匹配的不同 DIC 棱镜镶嵌在转盘式聚光器上，但在调试起偏器和检偏器光轴时，一定要仅使起偏器位于光路上，与起偏器连一起的 DIC 棱镜不能位于光路上，此时，显微镜转盘式聚光器的“0”一定要对准转盘上面的标记，即孔状光阑一定要在光路上。

4.4.3 使用镜检

利用微分干涉显微镜观察样本同普通光学显微镜类似，先进行低倍调焦、观察，然后再转换物镜的放大倍数，进行调焦后再进行观察。

微分干涉显微镜观察步骤如下：

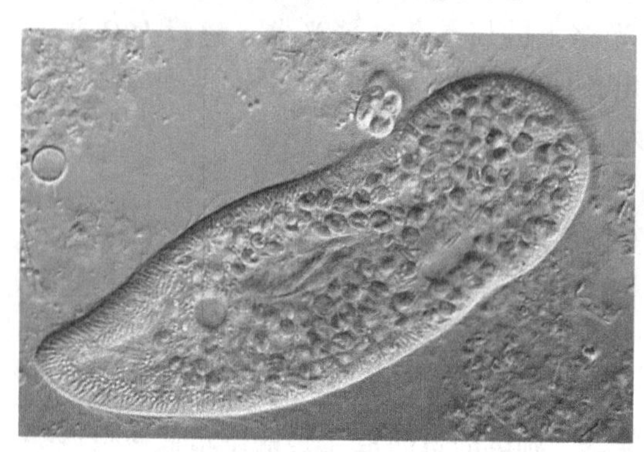

图 4-5 微分干涉显微镜下的纤毛虫

①样本调焦。将样本放于载物台上，用 10×物镜调焦。

②第一个 DIC 棱镜的选择。转动聚光器上的转盘，使附件 1 上的数字 10 位于转盘式聚光器的最前面，可以从固定盘前面的凹陷处看见。

③观察。转动附件 2 上面的 DIC 棱镜，视野里出现从黑色到不同彩色的底色，根据样本与背景的反差，选择最佳效果的背景即可，此时，样本的像呈现立体感，可看见样本表面的凸凹感和细胞内颗粒结构(图 4-5)。

④改变物镜放大倍数。如果在 10×物镜下样本不清晰，可以提高物镜的放大倍数，要注意物镜放大倍数的改变，一定要置与物镜放大倍数一致的附件 1 上的数字位于固定盘前面的凹陷处，选择好物镜放大倍数后，可以再调节附件 2 上的 DIC 棱镜，使背景与样本反差最大为好。

注意：BH2 型微分干涉显微镜附件 1 上的数字通过转动转盘式聚光器，使其数据位于固定盘前面的凹陷处即可。

使用微分干涉显微镜进行镜检时应注意以下事项：

①因微分干涉显微镜灵敏度高，制片表面不能有污物和灰尘，调试和观察时不需要安装其他任何滤光片。

②具有双折射性物质，不能获得微分干涉对比镜检效果。

③倒置显微镜应用微分干涉时，不能用塑料培养皿。

④利用相差显微镜观察样品时，样品或样品内部结构周围会伴随有光晕，光晕会影响相邻样本或细胞内相邻结构的观察，且相差显微镜要求样品或组织切片厚度要小，原则上样品厚度应小于 5 μm。利用双光束干涉原理设计的微分干涉显微镜，此种显微镜所成的像周围无光晕，样品厚度可适当放大。

复习思考题

1. 观察藻类鞭毛应选用哪种显微镜？
2. 观察较大透明物体应选用哪种显微镜？
3. 微分干涉显微镜观察的物体有什么特点？
4. 微分干涉显微镜与相差显微镜在观察样本时有哪些异同点？
5. 简述微分干涉显微镜的成像原理。
6. 微分干涉显微镜附件 1 与附件 2 在结构上有什么区别？

第 5 章

偏光显微镜

偏光显微镜(polarizing microscope)是鉴定物质细微结构光学性质的一种显微镜。偏光显微镜的特点是将普通光改变为偏振光进行镜检，以鉴别某一物质是单折射性(各向同性)还是双折射性(各向异性)。双折射性是晶体的基本特征，因此，偏光显微镜被广泛用于矿物、高分子、纤维、玻璃、半导体、化学等领域的研究。某些生物组织和细胞内颗粒也具有各向异性特性，如肌肉纤维、骨骼和牙齿等，细胞内颗粒如淀粉粒、染色体和纺锤体等的双折射性可以通过偏光显微镜进行辨别。在植物上，病菌的入侵常引起组织化学性质的改变，将组织转变成各向异性物质而具有双折射性，可以利用偏光显微术进行鉴别。偏光显微镜分辨率可达 0.04 μm。

5.1 偏光显微镜的成像原理

偏光显微镜的光路如图 5-1 所示。从光源来的自然光经起偏器变成线偏振光，线偏振光经聚光器变成平行的线偏振光，一束线偏振光照射在双折射标本后，变成振动方向垂直的两束线偏振光，这两束线偏振光经过物镜后，再经过检偏器变成在同一路径上传播的振动方向垂直的线偏振光，经过目镜合成图像。当起偏器与检偏器的光轴正交时，视场是黑暗的，如果被检物体在光学上表现为各向同性(单折射体)，无论怎样旋转载物台，视场仍为黑暗，这是起偏镜所形成的线偏振光的振动方向没变化，仍然与检偏镜的振动方向互相垂直的缘故。若被检物体具有双折射特性或含有具双折射特性的物质，则具双折射特性的地方视场变亮，这是因为从起偏镜射出的直线偏振光进入双折射体后，产生振动方向不同的两种线偏振光，当这两种线偏振光通过检偏镜时，由于另一束光与检偏镜偏振方向非正交，可透过检偏镜，人眼就会看到明亮的像。光线通过双折射体时，所形成两种线偏振光的振动方向依物体的种类而不同。

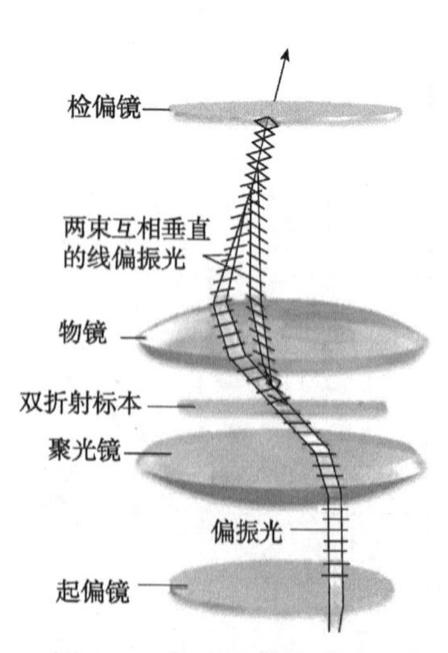

图 5-1 偏光显微镜光路示意

在起偏器与检偏器的光轴正交的情况下，旋转载物台时，双折射体的像在 360°的旋转中有 4 次明暗变化，每隔 90°变暗一次。变暗的位置是双折射体的两个振动方向与两个偏振镜的振动方向相一致的位置，称为消光位置，从消光位置旋转 45°，被检物体变为最亮，这就是对角位置，这是因为偏离 45°时，偏振光到达该物体时，分解出部分光线可以通过检偏镜，故而明亮。根据上述原理，利用偏光显微镜可鉴别各向同性(单折射体)和各向异性(双折射体)物质。如果存在各向异性(双折射体)物质，那就会存在 4 次明暗变化的现象。

干涉色：在正交检偏位情况下，用各种不同波长的混合光作为光源观察双折射体，在旋转载物台时，视场中不仅出现最亮的对角位置，而且还会看到颜色，这主要是由光的干涉造成(当然也可能被检物体本身并非无色透明)。干涉色的分布特点不仅与双折射体的种类和厚度有关，而且与不同颜色光的波长有关，如果被检物体的某个区域的厚度与另一区域的厚度不同，则透过检偏镜光的颜色也就不同，标本就会形成五颜六色的像。

5.2　偏光显微镜的结构

偏光显微镜是在普通光学显微镜基础上添加某些附件和一些特殊物镜、目镜构成的，附件为偏光装置，特殊物镜为无应力消色差物镜，特殊目镜为十字线目镜，聚光器为摇出式聚光镜。

(1)偏光装置

偏光显微镜的偏光装置包括起偏器和检偏器，过去两者均由尼科尔棱镜组成，它是由天然方解石制作而成，但由于受到晶体体积较大的限制，难以取得较大面积的偏振光，现有的偏光显微镜多采用人造偏振镜来代替尼科尔棱镜。人造偏振镜是以硫酸喹啉晶体制作而成，呈绿橄榄色。当普通光通过它后，能获得只在一个平面上振动的线偏振光。

安装在光源与聚光器之间的偏振镜称为起偏镜，安装在物镜与目镜之间的偏振镜称检偏镜，可以通过镜筒外的手柄转动检偏镜，手柄上有旋转角的刻度。从光源射出的光线通过两个偏振镜时，如果起偏镜与检偏镜的光轴方向互相平行，即处于平行检偏位的情况下，则视场最为明亮，反之，若两者的光轴方向互相垂直，即处于正交校偏位的情况下，则视场完全黑暗，如果两者的光轴夹角小于 90°或大于 90°而小于 180°时，则视野表现中等强度的亮度(图 5-2)。由此可知，起偏镜所形成的线偏振光，如其振动方向与检偏镜的光轴方向平行，则偏振光能完全通过；如果其振动方向与检偏器的光轴不平行、也不垂直的情况下，则偏振光只通过一部分；如偏振光的振动方向与检偏器的光轴垂直，则偏振光完全不能通过。因此，在采用偏光显微镜检时，原则上要在起偏镜与检偏镜处于正交检偏位的状态下进行。

(2)无应力消色差物镜

偏光显微镜应使用无应力消色差物镜，因复消色差物镜和半复消色差物镜本身常产生偏振光。应力是指物体由于受外因(受力、湿度、温度变化等)而发生变形时，在物体内各部分之间产生相互作用的内力，以抵抗这种外因的作用，并试图使物体从变形后的位置恢复到变形前的位置。物体因应力的存在，会在一定条件下产生开裂、翘曲及变形。透镜本身在安装时因挤压等原因而存在应力，造成透镜本身产生双折射或偏折射，影响样本观

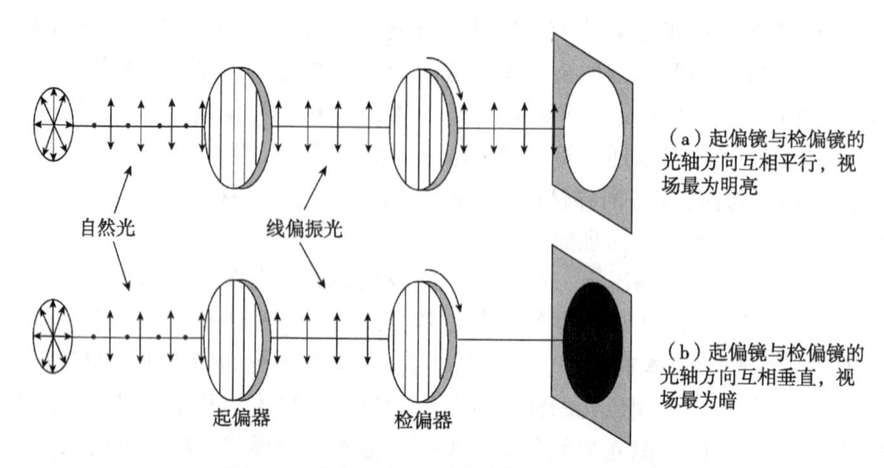

图 5-2 光轴平行和垂直的起偏器和检偏器

察，造成无双折射的样本被鉴定出有双折射性。因此，偏振光显微镜，必须使用无应力物镜。

(3) 十字线目镜

偏光显微镜使用时需要使用带十字线的目镜，以便对偏光显微镜目镜十字丝进行检测，确认目镜十字丝是否正交，以及是否与上、下偏振镜光轴方向一致，同时选一块解理清晰的黑云母，移至目镜十字丝的中心，将解理缝平行于十字丝的一根丝，记下载物台的刻度，再转动载物台使解理缝平行于另一十字丝，记下载物台的刻度。当两个刻度之差为90°时，说明十字丝正交。

(4) 偏光聚光镜

为了取得平行偏振光，应使用能摇出式聚光镜。

(5) 伯特兰透镜

这是把物体所有造成的初级相放大为次级相的辅助透镜，位于检偏镜与目镜之间。

5.3 偏光显微镜的使用

5.3.1 调试

在普通显微镜模式下，即偏振装置置于光路外，调节显微镜的聚光器中心、目镜屈光度和眼间距、载物台中心。

(1) 偏光显微镜聚光器中心的调中

其调节方法同普通聚光器中心的调中(见 2. 2. 1. 4 小节)。

(2) 目镜屈光度和眼间距调节

其调节方法同普通显微镜屈光度和眼间距的调节(见第 15 章实验 1)。

(3) 偏光显微镜载物台中心的调节

①把标本放到偏光显微镜载物台上，利用带有十字线的目镜和 10×物镜观察样本。

②定位视场内某一目标点，移动标本使目标点与视场中心重合。

③旋转载物台，如果载物台中心没有调中，目标点会以圆周轨迹旋转。

④适当调节载物台调中螺丝，使轨迹中心靠近视场中心，载物台的调中就完成了。

⑤其他倍数的物镜如果不在中心，可以调节物镜调中螺丝把物镜调至光轴的中心。

⑥用载物台上的固定螺丝拧紧载物台，使其不能旋转。

(4) 偏光显微镜的落射观察时灯的调中

①落射照明器上接近灯箱的是孔径光阑，它的大小改变可引起像的衬度变化。

②落射照明器的调中。先将一张白纸放到载物台上，再将任一物镜从转换器上取出，旋转转换器，使无物镜的空孔置于光路之中。打开电源，调节亮度调节旋钮，获得足够的照明亮度。白纸上会出现灯丝的像，如果灯丝的像没有对中，关小孔径光阑，调节灯泡竖直方向调节旋钮和灯泡横向调节旋钮使灯丝像对中，直到获得清晰的灯丝像为止。

③重新安装偏光显微镜物镜。

④调焦使成像清晰，若视场亮度不均匀，可适量调节灯泡竖直方向调节旋钮或调节聚光镜调节旋钮。

⑤若视场光阑不对中，先把视场光阑关小，然后用专用工具插入调节视场光阑调中螺丝，使视场光阑中心与视场中心重合，然后打开视场光阑即可进行观察。

⑥滤光片转盘里包含绿色、黄色、蓝色滤光片和磨砂玻璃。可根据需要转入，以获得满意的衬底。

5.3.2　镜检

①打开显微镜的电源开关和落射/透射照明切换开关，将开关置到透射照明开关位置，调节灯的亮度。

②标本的调焦，通过显微镜支架下方的粗(微)调螺旋调节样本的清晰度，操作方法同普通显微镜。

③推入检偏振器到工作位置，偏光显微镜处于偏光观察工作状态。转动检偏振器和起偏振器至“0”位置，此时起偏器和检偏器为正交状态。即起偏器光轴方向为东西向，检偏器光轴方向为南北向。

④光源。偏光显微镜的光源最好采用单色光，因为光的波长不同，光的传播速度、折射率不同，采用复色光，样本的颜色混乱。一般镜检可采用 LED 光源照明，特定的 LED 光源发出的光波长稳定一致，且成像清晰明亮、对比度高、视野广阔。

⑤可根据需要插入 λ 补偿器，$\lambda/4$ 补偿器和石英楔补偿器进行光程差补偿并形成干涉图案。λ 指显微镜光源的波长。λ 补偿器为全波长补偿器(石膏试板，光程差 530 nm)，即使在观察色彩微弱的样本时，也能产生明显的色彩变化。$\lambda/4$ 补偿器为 1/4 波长补偿器(云母试板，光程差 137 nm)，用来在线性偏光和环形偏光之间转换。石英楔补偿器可连续产生Ⅰ~Ⅳ级干涉色，用来粗略测量延迟的水平，如晶体大分子等。

注意：在进行透射观察时，如果之前聚光镜调整过，可能要重新调整起偏器，把检偏器推入光路，并把检偏器和起偏器都调到“0”，松开聚光镜锁紧螺丝，慢慢旋转聚光镜使观察到的视场最黑，然后重新锁紧聚光镜锁紧螺丝。

⑥偏光显微镜锥光观察。推入勃氏镜到工作位置，偏光显微镜处于锥光观察工作状

态。通过目镜和10×物镜观察干涉图。

图5-3为偏光显微镜下观察到的DNA偏光图像，图5-4为偏光显微镜下的淀粉颗粒图像。

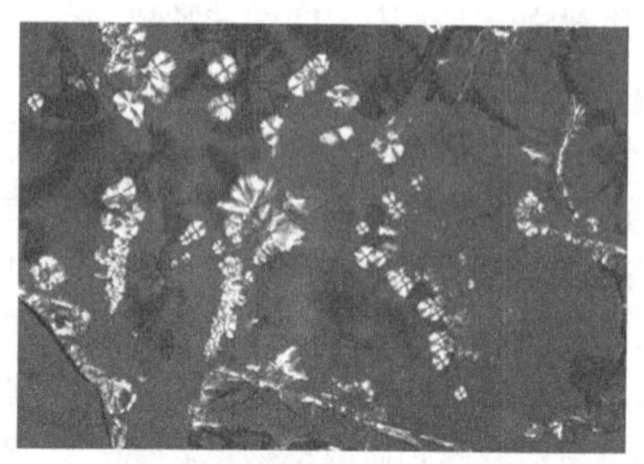

图5-3 偏光显微镜下DNA所形成的液晶态结构

（李晓燕，2018）

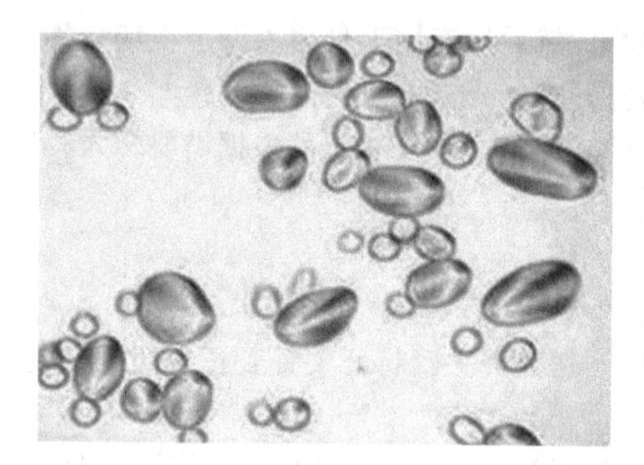
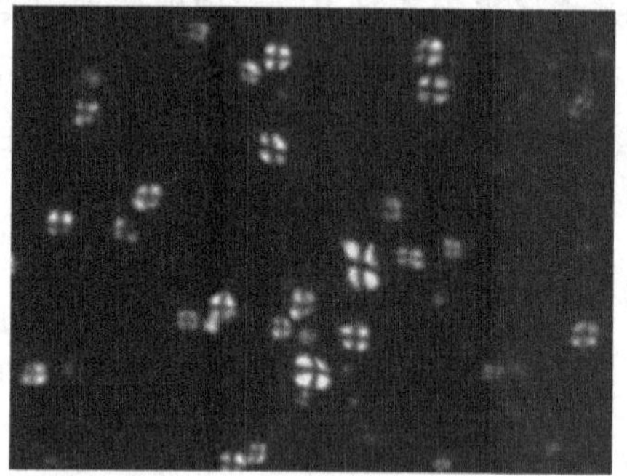

图5-4 偏光显微镜下的淀粉颗粒

（王雨生等，2021）

复习思考题

1. 在日常生活中有哪些偏光光学装置或设备？
2. 偏光显微镜适用于哪些生物样品的观察？
3. 偏光显微镜观察到的光线是直接从光源发出的吗？

第 6 章

暗视野显微镜

暗视野显微镜是光学显微镜的一种，也称为超显微镜(ultramicroscope)。暗视野显微镜观察样本时，视野是暗的，物体是亮的。暗视野显微镜不具备观察物体内部细微结构的功能，除了可以看见普通显微镜下看见的标本外，还可以看见非透明标本的外部形态，也可以看见 4~200 nm 以内微粒物体的外部形态及运动状况，分辨率比普通光学显微镜高 50 倍，因此，用暗视场显微镜可观察到目前物镜分辨极限以下的质点，但不适用于观察染色的标本。暗视场显微镜的检测能力取决于入射光的强度和视场的反差，后者又随微粒及其背景的折射率差别的加大而增加。暗视场显微镜主要用于观察与结构和折射率变化有关的物体，如硅藻、放射虫类、细菌等，以及用于观察具有规律结构的单细胞生物以及细胞中的线状结构，如鞭毛、纤维等。

6.1 暗视野显微镜的成像原理

暗视野显微镜的基本原理是利用丁达尔效应。当一束光线透过黑暗的房间，从垂直于入射光的方向观察到空气里出现一条光亮的灰尘“通路”，观察到的灰尘是由灰尘的反射光和散射光在眼睛里成像形成的，这种现象称为丁达尔效应。

使用特殊聚光器将光源来的照明光线通过聚光器后，光线不再与光轴平衡，而与光轴成一角度，与光轴成角度的光斜射照明样本后，不再射入物镜，此时样本表面会形成散射光和反射光，散射光和反射光进入物镜，最终在目镜像面形成样本像，样本像是由被检样品的衍射光形成，而整个视野因无直射光进入，所以背景是暗的，标本是亮的。暗视野照明法是斜射照明法的一种(图 6-1)。

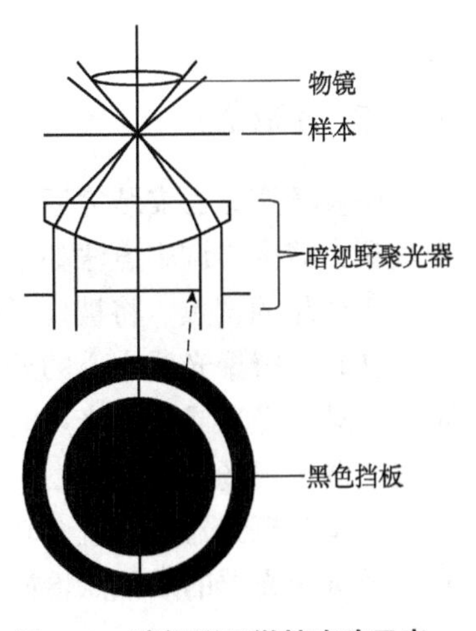

图 6-1　暗视野显微镜光路示意

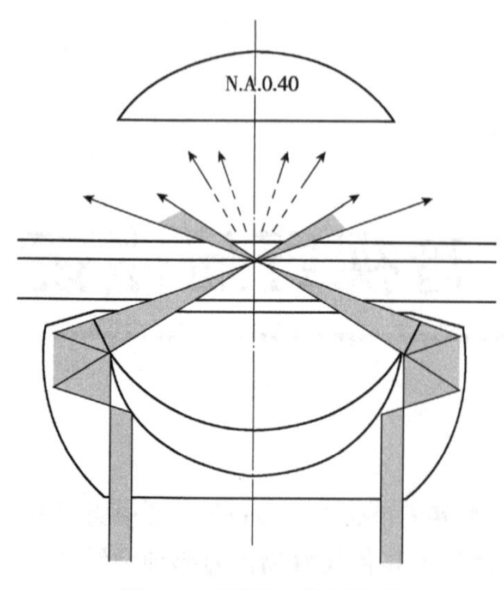

图 6-2 暗视野聚光器结构

6.2 暗视野聚光器的结构

暗视野显微镜的组成基本与明视野显微镜相同，但暗视野聚光器与普通明视野聚光器结构不同。普通聚光器由凸透镜和下面的孔径光阑组成，暗视野聚光器由凸透镜和下方类似于相差显微镜的环状光阑组成，但暗视野聚光器的凸透镜与普通聚光器的凸透镜不同，不同之处在于暗视野聚光器内的凸透镜在设计时会把光源来的照明光全反射到凸透镜边缘的一个平面镜上，平面镜会把这些光线以一定的角度再次反射到凸透镜，并通过聚光器斜射到载物台的样本处，但这些斜射光不再进入物镜，进入物镜的是斜射光在标本上形成的衍射光和反射光(图 6-2)。

6.3 暗视野显微镜的使用

同相差显微镜和微分干涉显微镜类似，暗视野显微镜也是在普通显微镜的基础上安装一些附件形成，在使用时，要进行安装、调试和观察步骤。

6.3.1 安装

从聚光器座架上卸下明视场聚光器，将暗视场聚光器安装到明视野聚光器处，并固紧。

6.3.2 调试

暗视场聚光器安装完后，需调节暗视场聚光器的中心，使其与显微镜的光轴重合。暗视场聚光器中心调中方法如下：

①样品的调焦。将被检样品的玻片标本置于载物台上，先用低倍物镜(10×)调焦。

②暗视野聚光器中心的调中。用聚光器升降螺旋调节聚光器的高度，当在暗视场中清晰地看见一光环或圆形光点时，停止升降聚光器，用聚光器调中螺杆移动聚光器，使光环或光点调至视场中心位置。

③调节聚光器的位置。转动聚光器升降螺旋，使视场中的光环调成一最小的圆形光点，此刻聚光器的后焦点恰好位于样品处。

6.3.3 镜检

根据样本的大小和观察的需要更换不同放大倍数的物镜，以获得最佳观察效果。

暗视野显微镜使用注意事项：

①使用暗视场显微镜时，照明光源的照明强度要强，否则样品的反射光强度不够，影响观察效果。

②若视场中样品与背景明暗反差不强，可以调节聚光器上下的位置，使视场内的反差提高。

③载玻片和盖玻片应清洁无痕，物镜前透镜也必须清洁无尘，否则照明光线会在裂痕或污点处发生漫反射而影响暗视场的照明效果。

④载玻片的厚度要适宜，照明光束经暗视场聚光器后，产生空心照明光锥，即中心为暗区，而聚光器的焦点在聚光器的透镜表面之上很短的距离。因此，载玻片的适宜厚度为 0. 8～1. 2 mm，不宜太厚。

⑤物镜的数值孔径必须小于聚光器的数值孔径，否则会因物镜的孔径角大于暗视场聚光器所形成的照明光束中心暗区的角度，致使部分照明光线射入物镜，破坏或降低了暗视场的照明。

⑥暗视野显微镜镜检时室内要暗，如果没有这样的条件，应尽可能使用遮光装置，以阻止目镜周围的光线射入。

⑦在进行油浸系物镜镜检时，由于油内杂质和气泡产生的漫反射，会妨碍暗视野显微镜镜检效果，应尽可能除掉油内的杂质和气泡；使用油镜头时，由于物镜的工作距离很短，甚至无法调焦，从而看不到或看不清被检物体。

⑧需用油浸的暗视场聚光器，要在聚光器上透镜与载玻片之间滴加香柏油，使之密接；不需要油浸的聚光器，不用在聚光器和载玻片之间滴加香柏油。

复习思考题

1. 为什么在使用暗视野显微镜时要调节聚光器的中心？
2. 暗视野聚光器与明视野聚光器的结构有哪些区别？
3. 简述暗视野显微镜的成像原理。

第 7 章

荧光显微镜

7.1　荧光的概念及种类

物质(或称光源)发光，实质是组成物质的原子内部电子跃迁的结果。引起原子内电子跃迁而发光的方式很多，如电流发光(卤素灯、汞灯、紫外灯)、燃气发光(酒精灯、天然气灯)、化学发光(磷光、萤火虫发光)、光致发光(激光、荧光)。

荧光是物质被短波长的紫外光照射后发出长波长的可见光现象，其特性是随着激发光的照射而产生，激发光一旦停止照射，荧光现象也随即消失。自然界中不是所有的物质都能产生荧光，有些物质含有某种化合物，这种化合物经过短波长的激发光照射后，能产生荧光，这种荧光称为自发荧光，如藻类细胞内的叶绿素、血红素等化合物经紫外光照射后，产生红色的自发荧光；还有些物质不含产生荧光的化合物，这些物质必须被荧光染料染色后，在激发光照射下，才能产生荧光，这种荧光称为二次荧光或诱发荧光。在科学研究中，自发荧光利用的较少，主要是利用诱发荧光。

7.2　荧光染料

7.2.1　荧光染料的种类

许多物质都可产生荧光现象，但并非都可用作荧光染料，只有那些能产生明显荧光并能作为染料使用的有机化合物才能称为荧光染料或荧光色素。根据荧光染料标记对象的不同，常用的荧光染料有以下两大类：

7.2.1.1　标记蛋白的荧光染料

(1)异硫氰酸荧光素

异硫氰酸荧光素(fluorescein isothiocyanate，FITC)为黄色或橙黄色结晶粉末，在冷暗干燥处可保存多年，易溶于水和乙醇，微溶于丙酮、乙醚和石油醚。FITC 有两种异构体，其中异构体 I 型在荧光产生效率、稳定性及与蛋白质结合力等方面都更优良。该荧光染料的激发光波长为 490~495 nm，激发后产生波长为 520~530 nm 的荧光。该荧光呈现明亮的黄绿色，因人眼对黄绿光敏感，且产生绿色荧光的荧光染料少于产生红色荧光的荧光染料，因此该荧光染料是检测组织细胞内蛋白质常用的荧光探针。FITC 还能与各种抗体蛋白结合，结合后的抗体不丧失与一定抗原结合的特异性，并在碱性溶液中发出强烈的绿色荧光，加酸后析出沉淀，荧光消失。该染料的缺点是在光照下易淬灭。

(2) 四乙基罗丹明

四乙基罗丹明(rhodamine B)是一种人工合成的绿色结晶或红紫色粉末状碱性荧光染料，别名：玫瑰红 B、碱性紫 10、玫瑰精 B、碱性玫瑰精 B、盐基玫瑰精 B、碱性紫 10、罗丹明 B，溶于水和乙醇为红色溶液(带强烈的荧光)，微溶于丙酮，极溶于乙二醇、乙醚，性质稳定，可长期保存。该荧光染料的激发光波长为 570 nm，被激发后产生的荧光波长为 595~600 nm，荧光呈橘红色。

(3) 四甲基异硫氰酸罗丹明

四甲基异硫氰酸罗丹明(tetramethyl rhodamine isothiocynate，TRITC)为罗丹明的衍生物，呈紫红色粉末，性质较稳定。该荧光染料的激发光波长为 550 nm，被激发后产生波长为 620 nm 的荧光，荧光呈橙红色，与 FITC 的黄绿色荧光形成鲜明的对比，两者可配合用于双重标记或对比染色，因其荧光淬灭慢，也可用于单独标记染色，其异硫氰基可与蛋白质结合，但荧光效率较低。

(4) 藻红蛋白

藻红蛋白(phycoerythrin，PE)是在红藻中发现的一种可进行光合作用的自然荧光色素蛋白。因其具有强烈的荧光，在可见光谱区有很宽的激发及发射范围，所以在免疫荧光、免疫组化、流式细胞术等抗体的荧光标记和活体成像中有着广泛的应用。本品为无定形褐红色粉末，不溶于水，易溶于乙醇和丙酮，性质稳定，可长期保存。该荧光染料的激发光波长为 565 nm，被激发后产生波长为 578 nm 的荧光，荧光呈明亮的橙色，与 FITC 的黄绿色荧光对比鲜明，故被广泛用于对比染色或用于两种不同颜色的荧光抗体双重染色。

该荧光染料除上述特性以外，还具有如下特性：①在较宽的 pH 值范围内具有较宽的吸收光谱，比较容易选择合适的激发光波长，从而得到高效的荧光，且被激发时能产生特异波长的荧光；②吸光度和荧光量子产率很高，荧光强而稳定，灵敏度高；③具有较小的荧光背景，不易淬灭，荧光保存期较长；④水溶性极佳，易与其他分子交联结合，非特异性吸附少；⑤纯天然海洋生物提取，无任何毒副作用，不含放射性，操作使用非常安全；⑥易与抗体、生物素、亲和素、免疫蛋白等物质结合，制成荧光探针。

(5) 花青素染料

花青素(anthocyanidin)又称花色素，在自然界广泛存在于植物中，是一种水溶性天然色素，是花色苷水解而得的有颜色的苷元，常作为食品着色剂，但有些花青素可以产生明亮的荧光且易与蛋白质结合，而成为荧光染料。常用的花青素荧光染料有 Cy3、Cy5，水溶性比较低，易溶于氯仿，甲醇，四氢呋喃(THF)，乙腈等常规有机溶剂，非常适用有机合成反应，对 pH 值等环境不敏感，荧光量子产量较低，常用于多重染色，能与细胞内蛋白质结合，也能与抗体结合，用来标记抗体。Cy3 的激发光波长为 550~555 nm，被激发后产生波长为 564~570 nm 的荧光，荧光呈绿色，但被绿色激发光激发，也可产生红色荧光。Cy5 的激发光波长为 640 nm 或 649 nm，被激发后产生的荧光波长为 664 nm 或 672 nm。由于人眼很难观察到 670 nm 左右波长的光，所以利用普通荧光显微镜进行观察时，通常使用 Cy3 荧光染料，而不使用 Cy5 染料，Cy5 染料通常用作激光共聚焦显微镜观察时的荧光染料。

7.2.1.2 标记 DNA 或 RAN 的荧光染料

(1)吖啶橙

吖啶橙(acridine orange，AO)为橙色粉末，溶于水和乙醇，溶液为橙黄色带绿色荧光。在不同 pH 值条件下，吖啶橙的激发光光谱和被激发后产生的荧光光谱不同。在中性 pH 下，激发光的波长为 488 nm，被激发后产生波长为 515 nm 的荧光。该荧光物质与细胞中 DNA 和 RNA 结合量存在差别，可发出不同颜色的荧光，与双链 DNA 结合，被激发后多数情况下产生绿色荧光，与单链 DNA 和 RNA 结合，被激发后多数情况下产生橘黄色或橘红色荧光。该染料具有膜通透性，能透过细胞膜使核 DNA 和 RNA 染色，因此，在荧光显微镜下观察，吖啶橙可透过正常细胞膜，使细胞核呈绿色或黄绿色均匀荧光，而在凋亡细胞中，因染色质固缩或断裂为大小不等的片段，形成凋亡小体，被吖啶橙染色后，形成致密浓染的黄绿色荧光或黄绿色碎片颗粒，而坏死细胞荧光减弱甚至消失。吖啶橙常与溴化乙锭(EB)合用双重染色，因溴化乙锭只染死细胞使之产生橘黄色荧光，由此可区分正常细胞、凋亡细胞及坏死细胞。吖啶橙有毒，操作时要戴手套，需避光。

(2)DAPI

DAPI 即 4′,6-二脒基-2-苯基吲哚(4′,6-diamidino-2-phenylindole)，为黄色粉末，在 2~8℃避光条件下可以保存 3 年。DAPI 是一种能够与 DNA 强力结合的荧光染料，DAPI 自身的激发光波长和被激发后产生的荧光波长分别为 340 nm 和 488 nm。当 DAPI 与双链 DNA 结合时，其激发光波长和被激发后产生的荧光波长分别为 358 nm 和 461 nm，产生的荧光波长范围涵盖蓝色至青绿色，荧光强度比 DAPI 自身强 20 多倍，DAPI 也可以与 RNA 结合，但产生的荧光强度仅为与 DNA 结合产生的荧光强度的 1/5，其产生的荧光波长约为 500 nm。

DAPI 的荧光为蓝色，其波长与绿色荧光蛋白(green fluorescent protein，GFP)或 Texas Red 染剂(红色荧光染剂)的荧光波长仅有少部分重叠，可以利用这项特性在单一的样品上进行多重荧光染色。

因为 DAPI 可以透过完整的细胞膜，快速进入活细胞与 DNA 结合，因此可被用于活细胞和固定细胞的染色。而对生物体而言，DAPI 则被视为一种毒性物质与致癌物，使用过程中应注意操作与抛弃的处理。

(3)赫斯特

赫斯特(Hoechst)是一种人工合成染料，为双苯甲亚胺(bisbenzimide)化合物，溶于水和有机溶剂，能通过活细胞膜，Hoechst 系列染料中主要有 Hoechst 33342 和 Hoechst 33258 等，Hoechst 33342 的膜通透性比 Hoechst 33258 略好，对细胞毒性更小，更适合活细胞标记，主要用于 DNA 染色，而 Hoechst 33258 更多用于固定细胞标记。Hoechst 33342 自身的激发光和发射光波长分别为 346 nm 和 460 nm，Hoechst 33342 与双链 DNA 结合后，激发光和产生的荧光波长分别为 350 nm 和 461 nm，为蓝靛色荧光，适合于多色标记实验。

Hoechst 染料自身的荧光强度随着溶液 pH 值升高而增强，有着复杂的 pH 值依赖光谱，在 pH 值为 5.0 时的荧光产量要比 pH 值为 8.0 时高得多，此外，SDS 等表面活性剂能增强该染料的荧光强度。赫斯特染料是潜在的突变源，处置上需要较为小心。

(4)SYTO 系列染料

SYTO 系列染料是一种细胞膜通透性的核酸染料，可以自由进入活细胞，并与细胞内的 DNA 或 RNA 结合。SYTO 染料本身发射荧光信号的能力很弱，与核酸结合后发射荧光信号的能力很强。

根据 SYTO 染料需要的激发光和产生荧光波长的不同，分为红、橙、绿、蓝四大类。

①SYTO 红色荧光染料。该染料在与核酸结合后，发出明亮的红色荧光。根据该染料需要的激发光和产生荧光波长的不同，目前 SYTO 红色荧光染料分为 7 种：SYTO17、SYTO59、SYTO60、SYTO61、SYTO62、SYTO63、SYTO64(表 7-1)。

表 7-1　红色荧光染料 SYTO 的种类及激发光和产生荧光的波长　nm

染料种类	激发光波长	产生的荧光波长
SYTO 17	621	634
SYTO 59	622	645
SYTO 60	652	678
SYTO 61	628	645
SYTO 62	652	676
SYTO 63	657	673
SYTO 64	599	619

②SYTO 橙色荧光染料。该染料与核酸结合后，发出明亮的橙色荧光。根据该染料需要的激发光和产生荧光波长的不同，目前，SYTO 橙色荧光染料分为 6 种：SYTO 80、SYTO81、SYTO82、SYTO83、SYTO84、SYTO85(表 7-2)。

表 7-2　橙色荧光染料 SYTO 的种类及激发光和产生荧光的波长　nm

染料种类	激发光波长	产生的荧光波长
SYTO 80	531	545
SYTO 81	530	544
SYTO 82	541	560
SYTO 83	543	559
SYTO 84	567	582
SYTO 85	567	583

③SYTO 绿色荧光染料。该染料与核酸结合后，发出明亮的绿色荧光，目前是 SYTO 染料中种类最多的一类染料。根据激发光和产生荧光波长的不同，目前 SYTO 绿色荧光染料分为 8 种：SYTO9、SYTO11、SYTO12、SYTO13、SYTO14、SYTO16、SYTO21、SYTO24，与其他荧光染料不同的是，同一种绿色 SYTO 染料与细胞内 DNA 和 RNA 结合时，需要不同波长的激发光和产生不同波长的荧光(表 7-3)。

表 7-3　SYTO 绿色荧光染料种类及激发光和产生荧光的波长

染料种类	激发光波长(nm)		产生的荧光波长(nm)		荧光量子产率	
	DNA	RNA	DNA	RNA	DNA	RNA
SYTO 9	485	486	498	501	0.58	ND
SYTO 11	508	510	527	530	0.49	0.39
SYTO 12	499	500	522	519	0.09	0.13
SYTO 13	488	491	509	514	0.40	0.40
SYTO 14	517	521	549	547	0.08	0.12
SYTO 16	488	494	518	525	0.65	0.24
SYTO 18	494	ND	517	ND	0.50	ND
SYTO 21	490	ND	515	ND	0.76	ND
SYTO 24	485	487	500	504	ND	ND

注：荧光量子产率为 SYTO 染料在 DNA 或 RNA 存在下的荧光量子产量与 pH 9.0 的缓冲液中荧光染料的荧光量子产量的比。ND=未确定。

④SYTO 蓝色荧光染料。该染料与核酸结合后，发出明亮的蓝色荧光。目前，蓝色荧光染料 SYTO 仅有 SYTO 41，其需要的激发光波长和产生的荧光波长分别为 430 nm 和 454 nm。目前 SYTO 荧光染料价格较高，一般购置的都是配制好的溶液，可根据该染料的保存条件和使用条件进行保存和使用。

(5)碘化丙啶

碘化丙啶(propidium iodide，PI)是一种溴化乙锭的类似物，为深红色结晶性粉末，4℃避光保存至少稳定 1 年。PI 溶解在水中时，激发光和发射光波长分别为 493 nm 和 636 nm，当 PI 与双链 DNA 结合后，形成 PI-DNA 复合物，激发光和发射光波长分别为 535 nm和 615 nm，此时荧光增强 20~30 倍，为红色荧光。PI 也能与 RNA 结合，因此必须用核酸酶处理以区分 RNA 和 DNA 染色。PI 经常被用来与钙黄绿素乙酰氧基甲酯(钙黄绿素 AM，Calcein-AM)或 FDA 等荧光探针一起使用，能同时对活细胞和死细胞染色，PI 不能单独通过活细胞膜，但能穿过破损的细胞膜而对核染色，因此可根据膜完整性区分坏死、凋亡和健康的细胞，评估细胞活力或 DNA 含量，因此，PI 被广泛用于荧光显微镜、共聚焦激光扫描显微镜检查，以及流式细胞分析和荧光测定。

(6)SYTOX 系列染料

SYTOX 系列染料仅能穿过受损的细胞膜进入细胞，不能穿过健康的细胞膜进入活的细胞和凋亡细胞，因此称为死细胞染料。该系列染料经常与能穿透健康细胞膜的荧光染料并用，鉴别活细胞、凋亡细胞和死细胞。该染料单独存在时，本身并不产生荧光或荧光微弱，但对核酸具有较高的亲和力，与 DNA 结合后产生的荧光强度是自身染料荧光强度的 100~500 倍，因此，该系列荧光染料使用起来较简单，染色后，不用洗涤，直接在荧光显微镜下观察即可。该染料既可以染色真核细胞也可染色原核细菌。目前该荧光染料分为红、橙、绿、蓝四大类，这四大类染料与 DNA 结合时需要的激发光波长和产生的荧光波长以及用共聚焦显微镜观察时需要的激光波长见表 7-4。

表 7-4　SYTOX 死细胞染色的激发光和产生的荧光波长　nm

SYTOX 系细胞染色剂	激发光波长	产生的荧光波长	共聚焦荧光显微镜激光波长
SYTOX AADvanced	546	647	488
SYTOX Blue	444	480	405
SYTOX Green	504	523	488
SYTOX Orange	547	570	532 或 488
SYTOX Red	640	658	633/635

目前，SYTOX 荧光染料价格较高，一般购置的都是配制好的溶液，可根据该染料的保存条件和使用条件进行保存和使用。

7.2.2　影响荧光染料荧光强度的因素

影响荧光染料荧光强度的环境因素有很多，主要因素如下：

(1) 染液的 pH 值

荧光染料是否产生荧光以及产生何种荧光与它们在溶液中的存在状态有关。荧光染料均含有酸性或碱性助色团，溶液的酸碱性对它们的电离有影响，每种荧光染料有其最适宜的 pH 值。一些荧光染料在 pH 值 8.5～9.5 时，产生较强的荧光；一些荧光染料在 pH 值 6.4～7.4 时，产生强烈的荧光；当 pH 值低于 6.4 时，则不产生荧光。

(2) 温度

荧光染料的荧光量子产率和荧光强度通常随溶液温度的降低而增大，如荧光染料的乙醇溶液在 0℃ 以下每降低 10℃，荧光量子产率增大 3%，降至-80℃时，荧光量子产率接近 100%，反之则减弱，甚至导致荧光淬灭，但一般荧光染料在 20℃ 以下时，荧光量子产率随温度变化不明显。因此，进行荧光染色时，要注意控制温度，也有些荧光染色如荧光抗体染色，在 37℃时，温度对异硫氰酸荧光染料的荧光效率无明显影响，因此，温度的控制还要考虑荧光染料的特性，根据使用的荧光染料性质确定染色温度和使用温度。

(3) 溶剂性质

溶剂性质对荧光染料的荧光强度有明显影响，同种荧光染料在不同溶剂中，其荧光光谱的位置和强度均有差别，因此荧光染料在配制和使用时，要选择该荧光染料最佳的溶剂。

(4) 荧光染料的使用浓度

荧光染料浓度对荧光强度的影响更明显，在稀溶液中，荧光强度与荧光染料浓度呈线性关系，荧光染料浓度增加到一定程度时，荧光强度保持恒定，即使再增加浓度，荧光强度也不会发生变化，若浓度继续增加，超过一定限度后，由于荧光染料分子间的相互作用，引起自身荧光淬灭现象，使荧光强度随着浓度的增加而减弱。荧光染料染色的使用浓度一般为 10^{-5}～10^{-3} mol/L。

由此可见，在进行荧光染色时，应注意合适的 pH 值、温度、溶剂和荧光染料使用浓度等条件，另外，染色液最好新鲜配制，先配高浓度储存液，临用前再稀释，避免因储存时间过长而失效。

7.3 荧光显微镜的成像原理

荧光显微镜是利用一个高发光效率的点光源，经过滤色系统发出一定波长的光(如紫外光 365 nm 或紫蓝光 420 nm 等)作为激发光，激发样本内的荧光物质发射各种不同颜色的荧光后，再通过物镜和目镜的放大进行观察，这样在强烈的暗背景下，即使荧光很微弱也易辨认，敏感性高，主要用于细胞结构、功能以及化学成分等方面的研究。

7.4 荧光显微镜的结构

荧光显微镜是在普通光学显微镜的基础上加上一些附件构成的，这些附件包括荧光光源、滤色系统、荧光物镜、调中荧屏、无荧光镜头油等。

(1) 荧光光源

荧光光源一般采用超高压汞灯，超高压汞灯的发光功率一般为 50~200 W，它可发出各种波长的光，现在多采用 200 W 的超高压汞灯作为光源。超高压汞灯由石英玻璃作为外面的灯罩，中间呈球形[图 7-1(a)]，内充一定数量的汞，工作时由两个相对的电极放电，引起汞蒸发，球内压力迅速升高，当汞完全蒸发时，可达 50~70 个标准大气压，这一过程一般需 5~15 min。超高压汞灯的发光是电极间放电使汞分子不断解离和还原过程中发射光量子的结果，它发射很强的紫外光和蓝紫光，足以激发各类荧光物质，因此，为荧光显微镜普遍采用。

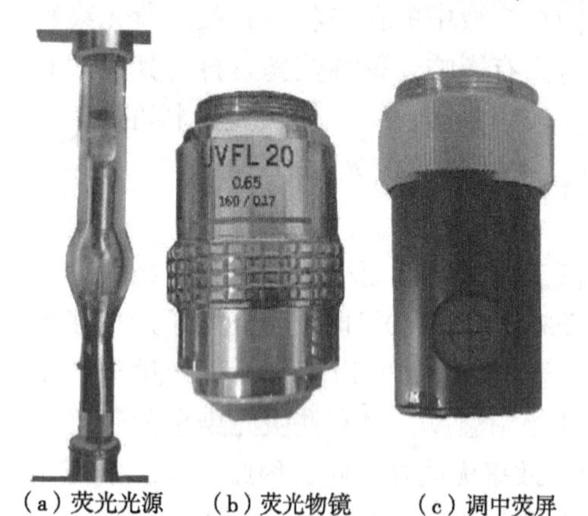

(a) 荧光光源　(b) 荧光物镜　(c) 调中荧屏

图 7-1　荧光显微镜的主要附件

超高压汞灯也散发大量热能。因此，灯室必须有良好的散热条件，工作环境温度不宜太高。

新型超高压汞灯在使用初期不需高电压即可引燃，使用一些时间后，则需要高压启动(约 380 V)，启动后，维持工作电压一般为 50~60 V，工作电流约 4 A。200 W 超高压汞灯的平均寿命在每次使用 2 h 的情况下约 200 h，启动一次工作时间越短，其寿命越短，如启动一次只工作 20 min，则寿命降低 50%，因此，使用时尽量减少启动次数。灯泡在使用过程中，其光效是逐渐降低的。灯熄灭后要等待冷却才能重新启动；点燃灯泡后不可立即关闭，以免汞蒸发不完全而损坏电极，一般需要 15 min 后再关闭。由于超高压汞灯压力很高，紫外线强烈，因此灯泡必须置于灯室中方可点燃，以免操作时伤害眼睛和发生爆炸。

(2) 滤色系统

滤色系统是荧光显微镜的重要组成部分，由激发滤色镜和吸收滤色镜组成。每种荧光物质产生荧光都需要一定波长的激发光，所以，在荧光光源与标本之间需加装激发滤光片(一般有紫外、紫色、蓝色和绿色激发滤光片，在滤光片边缘或滤色镜的保护套上分别标有 U、V、B、G 字样)，以便使样本发出最强的荧光。滤光镜仅使一定波长的光通过，而将其他光吸收或反射回去。荧光物质被激发光照射后，在极短时间内发射较照射波长更长的可见荧光。荧光具有专一性，一般都比激发光弱，为能观察到专一荧光，在物镜后面需加装吸收(或阻断)滤光镜(片)，吸收滤光片有两种作用：一是吸收和阻挡激发光进入目镜，以免干扰荧光和损伤眼睛；二是选择并使特异的荧光透过，表现专一的荧光色彩，激发滤光片和吸收滤光片必须选择配合使用。

各厂家滤色镜的型号名称常不统一。滤色镜一般都以基本色调命名，前面字母代表色调，后面字母代表玻璃，数字代表型号特点(表 7-5)。如德国产品(Schott)BG12，就是种蓝色玻璃滤色镜，B 是英文蓝色的第 1 个字母，G 是英文玻璃的第 1 个字母；我国的产品名称已统一用拼音表示，如相当于 BG12 的蓝色滤色镜名为 QB24，Q 是青色(蓝色)拼音的第 1 个字母，B 是玻璃拼音的第 1 个字母。不过有的滤色镜是以透光波长命名的，如 K530，就是表示波长 530 nm 以下的光不能通过，而 530 nm 以上的光可以通过，还有的滤色镜完全以数字命名，如美国康宁(Corning)公司的 NO：5-58，即相当于 BG12，所以，购买显微镜之前，一定要了解各厂家滤色镜型号名称编制方法。

表 7-5　常用激发滤光片及产生的激发光和荧光波长　　nm

激发滤光片	激发光波长	荧光波长	应用例子
U	330~380	>420	赫斯特(Hoechst) 荧光抗体(FITC)染色 DAPI
V	395~415	>455	单胺(monoamine) 儿茶酚胺、5-羟色胺(catecholamine，serotomin 5-HT)
B	380~490	>515	自发荧光 荧光抗体(FITC)染色 金胺(auramine) 四环素(tetracycline) 奎纳克林芥(quinacrine mustard) 吖啶橙、吖啶黄
G	465~550	>590	抗体荧光(tritc)染色 福尔根(Feulgen)染色 溴化乙锭(ethidium bromide)

(3) 荧光物镜

荧光物镜与普通物镜的透镜材料不同，普通物镜在短波长的照射下，会产生荧光，而制造荧光物镜透镜的材料不会产生荧光，如石英玻璃[图 7-1(b)]，被短波长的光照射后，不产生荧光。

(4) 调中荧屏

调中荧屏用来调节荧光灯的中心[图 7-1(c)]。

(5) 无荧光镜头油

荧光显微镜观察到的图像是由样本产生的荧光形成的，其亮度较低，需要在暗视野条件下进行观察，而普通显微镜镜头油在短波长的照射下会发出荧光，致使背景较亮，为避免视野背景明亮，荧光显微镜油浸系物镜观察时，需要特殊的、不产生荧光的镜头油，称为无荧光镜头油(no fluorescent lens oil)。

7.5　荧光显微镜的种类

荧光显微镜按其光路可划分为以下两种类型：

(1)透射式荧光显微镜

激发光通过聚光器照射样本来激发荧光的荧光显微镜为透射式荧光显微镜，该种荧光显微镜常用暗视野聚光器，其优点是低倍物镜时荧光强，缺点是随物镜放大倍数的增加，样本荧光减弱，所以适合观察较大的样本。其光路如图 7-2 所示。

(2)落射式荧光显微镜

这是近代发展起来的新式荧光显微镜，与透射式荧光显微镜的不同之处是激发光来自物镜透镜，射向样本，即用物镜同时作为照明聚光器和收集荧光的物镜。从激发滤光片到物镜的光路中有一个双色束分离器，它与显微镜光轴呈 45°角，将滤色镜产生的激发光反射到物镜中，并聚集在样品上，样品产生的荧光以及由物镜透镜表面、盖玻片表面反射的激发光同时进入物镜并返回双色束分离器。双色束分离器使荧光通过，通过的荧光进入吸收滤光片，再进入目镜，而使激发光反射回物镜或反射回激发光滤光片处，也有部分被吸收，透过双色束分离器的残余激发光再被吸收滤光片吸收掉。落射式荧光显微镜通常把激发滤光片、双色束分类器与吸收滤光片组合在一起，形成一个组合插件，有的显微镜仅把双色束分离器与吸收滤光片组合在一起，但同时与激发滤光片通过一个连接柄连在一起，在使用不同的荧光染料染色样本观察时，可以同时更换激发滤光片、双色束分离器和吸收滤光片，此种荧光显微镜的优点是视野照明均匀、成像清晰、物镜放大倍数越大荧光越强。其光路如图 7-3 所示。

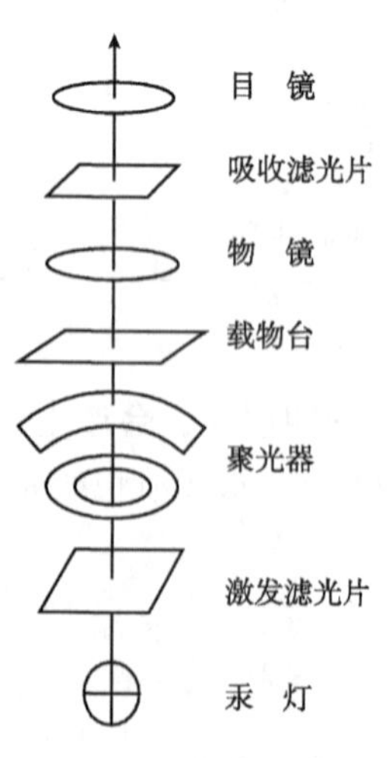

图 7-2　透射式荧光显微镜光路示意

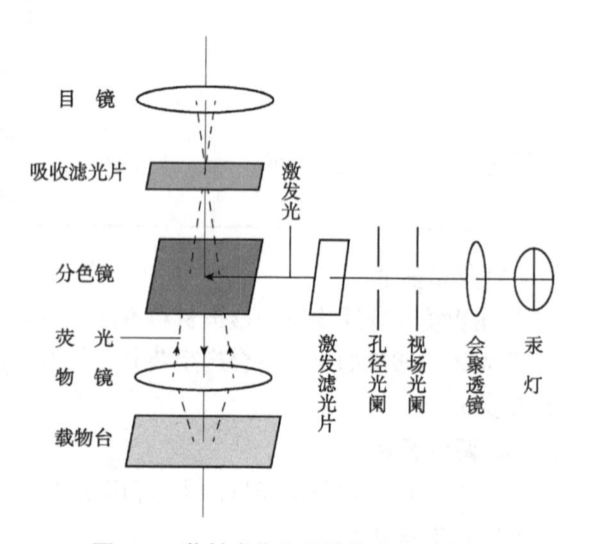

图 7-3　落射式荧光显微镜光路示意

7.6　荧光显微镜的使用

荧光显微镜的使用包括荧光显微镜的附件安装、汞灯中心的调中、荧光观察3个步骤。

7.6.1　附件安装

荧光显微镜在使用之前需将附件安装在显微镜的相应部位，安装方法：将汞灯安装在相应的位置。透射式荧光显微镜需在灯源与聚光器之间安装所要求的激发滤光片，在物镜的后面安装相应的吸收滤光片。落射式荧光显微镜需在光路的插槽中插入所要求的激发滤光片、双色束分离器、吸收滤光片的插块。在物镜旋转器上，安装无荧光物镜(UVFL)和荧光调中荧屏。

7.6.2　汞灯中心的调中

汞灯是荧光显微镜的附件，使用时需对其中心进行调中，否则视野内看不见样本。汞灯中心的调中实际上是将汞灯的中心调到显微镜的光路上。调中步骤：打开灯源，超高压汞灯要预热几分钟才能达到最亮点；阻断紫外光(不同的荧光显微镜，阻断光源短波长紫外光的方法不同，有些是手动拉上挡板，有些是按Shut按钮等)，将B激发光置于光路上；将调中荧屏置于光路上，撤出挡板或再按一次Shut按钮，调整光源中心，使其位于整个照明光斑的中央。

7.6.3　荧光观察

在汞灯中心调中后，对样本进行观察，观察步骤如下：

①样本调焦。置含有样本的载玻片于载物台上，先用10×物镜在普通光下调焦。

②关掉或用挡板阻断普通光。

③选择最适的滤光片。每种滤光片只能允许一定波长的光通过，其他波长的光反射回来或被吸收，而每种荧光染料也只能在吸收一定波长的激发光时才能发射出最明亮的荧光，所以，荧光观察时激发滤光片的选择非常重要。激发滤光片要根据样本染色的荧光染料特点进行选择；吸收滤光片也要根据使用的荧光染料进行选择，荧光染料与目标样本结合后，在最适的激发光下发射一定波长的荧光，同时载玻片上也含有其他杂质与荧光染料结合，而发出杂荧光，目标荧光与杂荧光及部分激发光会一同进入物镜，为避免其他杂荧光和激发光通过目镜，对目标标本成像造成影响，必须选择合适的吸收滤光片，以便仅使目标荧光通过目镜成像，而使杂荧光和激发光被反射回去或被吸收；通常在购买显微镜时，激发滤光片和吸收滤光片是配套的，根据荧光染料选择配套的激发滤光片和吸收滤光片使用即可。

④滤光片选择完成后，即可进行荧光观察，荧光观察时，焦距和普通光下的焦距略有不同，可用微调调焦。

目前，许多新兴生物研究领域都应用荧光显微镜，如基因原位杂交(FISH)、免疫荧光观察等。在荧光显微镜使用时，要注意以下事项：

①严格按照荧光显微镜厂家说明书要求进行操作，不要随意改变程序。

②观察对象必须是可自发荧光或已被荧光染料染色的样本。

③应在暗室中进行检查。进入暗室后，接上电源，点燃超高压汞灯 5～15 min，待光源稳定发出强光后，眼睛完全适应暗室，再开始观察样本。

④载玻片、盖玻片及镜头油应不含自发荧光杂质，载玻片的厚度应为 0.8～1.2 mm，太厚将吸收较多的激发光，并且不能使激发光在标本平面上聚焦。载玻片必须光洁，厚度均匀，无油渍或划痕，无明显自发荧光，有时需用石英玻璃载玻片，盖玻片厚度应在 0.17 mm 左右。

⑤在调整光源时应戴上防护眼镜，以防止紫外线对眼睛的损害。

⑥选用效果最好的滤光片组。

⑦检查时间每次以 1～2 h 为宜，超过 90 min，超高压汞灯发光强度逐渐下降，荧光减弱，样本受紫外线照射 3～5 min 后，荧光也明显减弱，所以，最长不得超过 2 h。

⑧荧光样本若持续长时间照射(尤其是紫外线)，易很快褪色。因此，如有条件则应先照相存档，再仔细观察样本。若暂不观察样本时，可拉过挡光板或按下 Shut 按钮阻挡光线。这样，既可避免对样本不必要的长时间照射，又减少了开闭汞灯的次数。

⑨荧光显微镜光源寿命有限，启动高压汞灯后，不得在 15 min 内将其关闭，一经关闭，必须待汞灯冷却后方可再开启。严禁频繁开闭，否则，会大大降低汞灯的寿命。样本应集中检查，以节省时间、保护光源。天热时，应加电扇散热降温。新换灯泡应从开始就记录使用时间，一天中应避免数次点燃光源。

⑩荧光样本一般不能长久保存，因此，样本染色后应立即观察，因时间过长荧光会逐渐减弱。若将样本放在聚乙烯塑料袋中 4℃保存，可延缓荧光减弱时间，防止封裱剂蒸发。

⑪荧光亮度的判断标准一般分为四级：“-”表示无或可见微弱荧光；“+”表示仅能见明确可见的荧光；“++”表示可见有明亮的荧光；“+++”表示可见耀眼的荧光。

⑫较长时间观察荧光样本时，一定要佩戴能阻挡紫外线的护目镜，加强对眼睛的保护。在未加入阻断滤光片前不要用眼直接观察光源产生的光，否则会损伤眼睛。

⑬电源最好安装稳压器，否则电压不稳不仅会减少汞灯的寿命，也会影响镜检的效果。

7.7 荧光标本制作

①载玻片和盖玻片应不含自发荧光杂质，载玻片的厚度应为 0.8～1.2 mm，盖玻片厚度应在 0.17 mm 左右。

②标本。组织切片或其他标本不能太厚，太厚的标本下部会消耗大部分激发光，而物镜直接观察到的标本上部并没有被充分激发。另外，细胞重叠或杂质掩盖，影响判断。

③封裱剂。常用甘油作封裱剂，封裱剂必须无自发荧光，无色透明，荧光的亮度在 pH 值 8.5～9.5 时较亮，不会很快褪去。所以，常用甘油和 0.5 mol/L pH 值 9.0～9.5 的碳酸盐缓冲液等量混合液作封裱剂。

④镜头油。一般用暗视野荧光显微镜和油镜观察标本时，必须使用镜头油，最好使用特制的无荧光镜头油，也可用上述甘油代替，液体石蜡也可用，只是折光率较低，对图像质量略有影响。

7.8　荧光图像的记录方法

荧光显微镜所看到的荧光图像，一是具有形态学特征，二是具有荧光颜色和亮度特征，在判断结果时，必须将二者结合起来综合判断。结果记录根据主观指标，即凭工作者眼力进行一般定性观察。随着科学技术的发展，在不同程度上采用客观指标记录判断结果，如用细胞分光光度计、图像分析仪等仪器，但这些仪器记录的结果也必须结合主观判断。

荧光显微镜摄影技术对于记录荧光图像十分必要，由于荧光易褪色减弱，要及时摄影记录结果。摄影方法与普通显微摄影技术基本相同，只是需要采用高速感光胶片，如ASA200 以上。因紫外光对荧光淬灭作用大，如 FITC 的标记物，在紫外光下照射 30 s，荧光亮度降低 50%，所以，若曝光速度太慢，就不能将荧光图像拍摄下来。一般研究型荧光显微镜都有半自动或全自动显微摄影系统装置。

随着科技的进步，目前已经出现不用胶卷记录荧光图像的摄影装置，该装置对荧光敏感，能够拍摄到人眼无法识别的荧光图像，如日本生产的 CCD，该摄影装置拍摄的图片质量好、图像明亮、反差好。

复习思考题

1. 何为荧光？荧光分几种？哪种最常用？
2. 荧光染料有哪些性质？
3. 荧光显微镜有哪些附件？
4. 荧光显微镜分几种？哪种最常用？为什么？
5. 荧光显微镜使用前必须进行哪些调试？
6. 荧光标本制片时需要注意哪些问题？
7. 荧光观察时需要注意哪些问题？

第 8 章

激光共聚焦显微镜

激光共聚焦扫描显微镜(laser scanning confocal microscope, LSCM)是以高端光学显微镜为核心，配置激光光源、精密扫描装置、共轭聚焦装置和多种检测系统形成的共聚焦显微分析仪器，是 20 世纪 80 年代发展起来的一项新技术。第一台实用激光共聚焦扫描显微镜诞生于 1984 年，它与普通光学显微镜相比优势明显，分辨率、灵敏度、放大率和荧光检测信噪比等技术指标都大为提高。激光共聚焦扫描显微技术的出现革新了分子及细胞水平的研究方式。它除了具有高分辨率、高灵敏度、高放大率等特点外，还可用于观察动态和静态标本与组织的深层内部微细结构等。目前，在传统激光共聚焦扫描显微镜的基础上，已发展出活细胞共聚焦显微镜、双光子共聚焦显微镜、超分辨共聚焦显微镜等多种新的显微成像系统，以满足不同的功能需求。

8.1 激光共聚焦显微镜的基本结构

激光共聚焦显微镜是对荧光显微镜观察方法的改进，它是在荧光显微镜的基础上，以激光作为光源，结合光学共聚焦原理，采用点照明和点聚焦的方式，逐点扫描样本，使用感光灵敏度极高的光电倍增管采集光信号并转换为数字图像至计算机显示屏。整套系统主要由光学显微镜、扫描装置、激光光源和检测系统 4 部分组成(图 8-1)，各部件之间的操

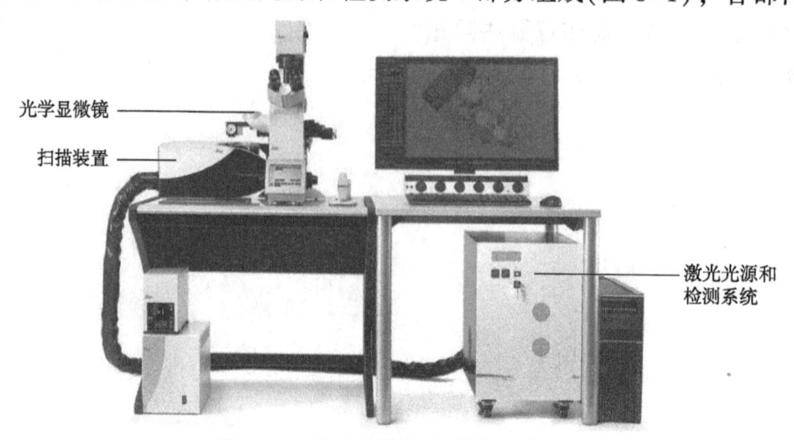

图 8-1　激光共聚焦显微镜系统

作切换均在计算机操作平台界面中方便灵活地进行。

(1) 光学显微镜

光学显微镜是激光共聚焦显微镜最基本且核心的部分，主要为荧光显微镜。在普通荧光显微镜基础上，加装可接入激光光路的通道。在实际使用中，通常先在荧光显微镜中用荧光观察，找到目标样本并调整好后，切换光源，关闭荧光(高压汞灯)光源，打开激光(激光器)光源，在计算机显示屏上查看目标样本的激光共聚焦图像。在活细胞观察中倒置显微镜使用更为广泛。

(2) 扫描装置

扫描装置是激光共聚焦扫描显微镜的重要组成部分，它关系仪器的信噪比、分辨率等。常见的扫描装置有两种类型：台扫描和镜扫描，均由计算机自动控制。台扫描为通过移动载物台进行扫描，利用精确度和精细度都较好的步进式马达来移动载物台，位移精度较高，但是图像采集速度较慢。镜扫描为通过通转镜的偏转进行扫描。利用通转镜的角度转动来实现对样品的扫描，通转镜只需偏转很小角度就能覆盖很大的扫描范围，使图像采集速度大大提高，但是光路略有偏转会对通光效率和像差有影响，造成图像的失真或变形。

(3) 激光光源

激光光源具有高度单色性、发散小、亮度高、平面偏振激发等独特的优点，是目前扫描共聚焦显微镜中最理想的光源。激光器因工作的介质不同有气体、固体、液体、染料和半导体等种类。气体激光器的类型最多，谱线最丰富、在科学研究中应用最广泛。激光共聚焦显微镜常用氩离子激光器、氪氩离子激光器和氦氖激光器(分别产生 351～364 nm、422 nm、488 nm、514 nm、633 nm 等波长的激光)作为激光光源。在选择激光光源时，一方面要满足研究工作对波长的需求，另一方面要考虑到激光光源的寿命。

(4) 检测系统

检测系统的主要作用是将光信号转换成电信号，再处理形成电子图像。激光共聚焦显微镜通常采用多通道荧光采集系统。普遍使用的检测器为感光灵敏度极高的光电倍增管(PMT)。每个光电倍增管前设置单独的针孔，由计算机软件调节针孔大小。将光电倍增管采集到的信号转换为数字信号再处理，最后通过计算机系统输出图像，可以实时观察和保存图像。

8.2　激光共聚焦显微镜的成像原理

激光共聚焦显微镜采用激光作为光源，以单点光源(激光束)照射样本，激光束由照明针孔进入光路，经由分光镜反射至物镜，并聚焦于样本上。样本中可被激发的荧光物质受到激光束激发后发出的荧光经原来入射光路直接反向回到分光镜，荧光通过分光镜后，到达探测针孔时先聚焦，聚焦后的光被光电倍增管探测收集，并将信号输送到计算机，通过移动载物台(台扫描)或偏转转通镜(镜扫描)，对样本焦平面上逐点进行扫描，采集信息处理后最终在屏幕上聚合成清晰的整个焦平面的共聚焦图像。在这个光路中，只有在焦平面的光才能穿过探测针孔，焦平面以外区域射来的光线在探测针孔平面是离焦的，不能通

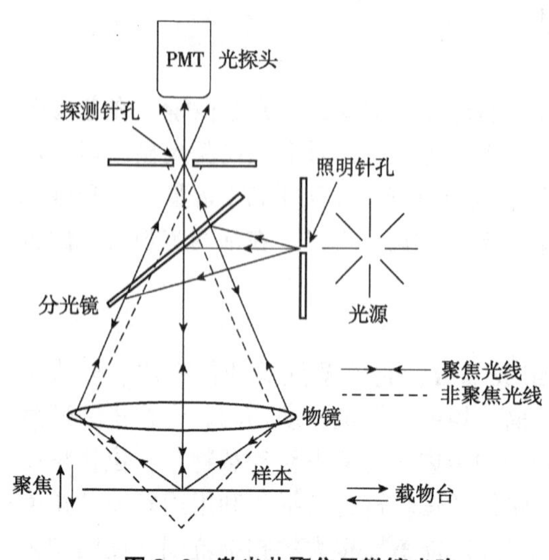

图 8-2 激光共聚焦显微镜光路

过小孔(探测针孔像一个空间滤波器，将焦点以外的波过滤)，因此，非观察点的背景呈黑色，反差增大，由于照明针孔与探测针孔相对于物镜焦平面是共轭的(即焦平面上的光点到照明针孔与探测针孔的距离是一样的，焦平面上的点同时聚焦于照明针孔和探测针孔)，焦平面上的光点通过一系列的透镜，最终可同时聚焦于照明针孔与探测针孔，而焦平面以外的点都被挡在探测针孔之外而不能成像。以激光作光源并对样品进行扫描，在此过程中两次聚焦，故称为激光扫描共聚焦显微镜(图 8-2)。

在扫描过程中，每一幅焦平面(*X—Y* 平面)图像实际上是样本的光学横切面，又称为光学切片。由于焦点处的光强远大于非焦点处的光强，并且非焦平面光被针孔滤除，因此共聚焦系统的景深近似为零，沿 *Z* 轴方向的扫描可以实现光学断层扫描(*X—Y* 轴是焦平面上样本的长和宽的方向，激光是点射光，在焦平面上是沿着 *X—Y* 的方向以点成线，以线成面逐行扫描的，完成焦平面这一层扫描之后，可以沿着 *Z* 轴，也就是样本的厚度方向，逐一从样品最下层到最上层调整为焦平面，每一层都扫描，然后图像叠加，获得三维图像)。把焦平面扫描与 *Z* 轴(光轴)扫描相结合，通过累加连续层次的二维图像，经过计算机软件处理，可以获得样本的三维图像。

8.3 激光共聚焦显微镜的特点

激光共聚焦显微镜是在荧光显微镜的基础上发展而来的，它是以激光作为光源来激发生物样本中的荧光物质，通过观察荧光的方式来对样本进行观察。激光共聚集显微镜与普通显微镜照明的区别：激光点(肉眼不可见)照射，以点成线，以线成面，每一点光被光电倍增管探测后收集，记录，最后在计算机屏幕上合成的图像，是不能从目镜中直接观察到图像的。成像方式为共聚焦、逐点扫描、逐点成像，结果为数字化图像，可以进行图像处理和定量分析。激光共聚焦显微镜的优点突出体现在以下方面：

①消除了焦平面以外的荧光信号干扰，因此成像清晰，可以得到比普通荧光显微镜更高对比度、高解析度的图像。

②可以对样本不同层面进行连续逐层扫描，再由计算机将这些图像重组为三维图像，图像清晰度高、层次分明、立体感更强。

③可对细胞某个选定结构进行长度和体积的测量，在分析细胞空间结构和某些物质的胞内精确定位方面具有明显的优势。

④可在同一样本上同时进行多重物质标记，同时观察，实现多重指标的检测。

⑤对细胞检测无损伤、精确、可靠且重复性好，数据图像可及时输出或长期储存。

⑥可活体观察，对样本的损伤更小。

8.4　激光共聚焦显微镜的应用

目前，激光共聚焦显微镜的应用涉及细胞生物学、生物化学、药理学、生理学、遗传和组织胚胎学、神经生物学、微生物学、寄生虫学和病理学等学科，几乎涵盖整个生物领域的定位、定量、定时、定性相关的研究。例如，在细胞生物学方面，主要用于细胞增殖、细胞分化、细胞凋亡、细胞衰老、干细胞研究及细胞结构、细胞骨架、细胞膜结构、细胞器结构等的分布变化的研究；在生物化学方面，主要用于酶、核酸、荧光原位杂交(FISH)、细胞溶酶体、线粒体、内质网、细胞骨架、结构性蛋白质和受体分子等细胞内特异结构的含量、组分及分布的研究；在药理学方面，主要用于药物对细胞的作用及其动力学研究，中药性状鉴定与成分分析，也广泛应用于抗肿瘤药物的作用及机制等方面的研究；在生理学方面，主要用于膜受体、离子通道、离子含量、分布、动态以及生理功能的改变等研究，如对胞内的 Ca^{2+}、Mg^{2+}、Na^{+} 的分布、含量进行测定及动态观察的研究等。激光共聚焦显微技术已成为生命科学研究的重要常规手段。

复习思考题

1. 激光共聚焦显微镜观察是对什么观察方法的改进？它有哪些优势？
2. 为什么激光共聚焦显微镜能够得到高清晰度的图像？

第 9 章

光镜切片标本制备——石蜡切片法

9.1 石蜡切片法概述

石蜡切片法是以石蜡作包埋剂，用旋转切片机将材料切成薄片，经一系列处理制成永久制片的经典切片技术，冰冻切片法和超薄切片法等都是在石蜡切片法基础上发展起来的。石蜡切片法可实现从细胞和亚细胞水平直观观察动植物的显微结构，因具有操作简单、耗材成本低、实用性强、可永久保存等特点，被广泛应用于动植物组织学、病理学等多个研究领域。苏木素与伊红对比染色法(简称 HE 染色法)是组织切片最常用的染色方法。

石蜡切片技术的应用已有 300 多年的历史，随着科学技术的进步，石蜡切片技术也在不断地发展，其用途也在不断地更新和丰富。在传统石蜡切片技术中，许多方法、试剂或过程都是以人名或现象来进行命名的，带有明显的个人色彩和主观因素。1665 年，英国人胡克首次用自制的复式显微镜观察了软木及其他植物组织的薄片，胡克用来制作薄片的小刀可以称为最早的组织切片机。一个世纪之后，英国植物学家约翰 · 希尔(John Hill)设计了世界上第一台真正意义上的切片机，虽然这台切片机精度不高，但这一发明彻底改变了徒手制备生物组织切片的历史，1883 年，剑桥大学制造了第一台轮转式切片机，这种切片机能切出足够薄的连续切片供显微镜观察。10 年之后，Rudolf Jung 开发了第一台滑动式切片机，能重复制作出薄且平整的切片，此后，大量精确而易于操作的切片机不断问世，标志着组织学的发展进入了一个新时代。随着科学技术和机械制造技术进步，如今，生物切片机已发展成为五大系列(即轮转式切片机、平推式切片机、恒温冷冻切片机、振动切片机和超薄切片机)上百个品种。

石蜡切片法的主要步骤包括取材、固定、冲洗、脱水、透明、浸蜡与包埋、切片、染料与染色、封藏，每一步骤都会直接影响下一步的质量，因此，传统石蜡切片制作对操作人员的技能要求较高。

9.2 取材

根据不同的实验目的，选择相应的材料，材料要求新鲜、准确、完整，要避免挤压、挫伤、干枯。材料采集后应立即放入固定剂并编号，注明采集时间、地点、名称、组织部位，所取组织块要大小适当，既要考虑能说明问题，又要考虑固定剂的穿透能力。一般组织学研究取材稍大，细胞学研究取材稍小，植物组织研究取材稍小，动物组织研究取材要稍大。

9.2.1　动物的麻醉和杀死

从活的动物体上采取材料不像采集植物材料那么容易，因为在不施加麻醉的情况下，有的动物会收缩(如蚯蚓、水蛭)，有的会骚动(如蛙、鼠)，使操作无法下手，但制片所需的材料又要求越新鲜越好，尤其是细胞学方面的研究对材料的新鲜程度要求更高，因此，一般情况下，割取生活着的动物组织就要对动物施行麻醉，然后割取材料用于固定，但是，麻醉药品的选取必须以不影响细胞结构为原则。

9.2.2　动物组织块的取材

割取动物组织块时需注意以下几点：第一，要考虑所取的材料应包括各脏器的重要结构或全部结构，如消化管应包括黏膜、黏膜下层、肌层和外膜 4 层结构。若所取的器官太大不易全部制片时，则可切取能代表该器官的部分材料，如狗的肾脏，可切取包括皮质、髓质和肾盂的一部分作为材料。第二，应注意切割方向，如在管状器官(肠等)取材时，一般是取其横切面制片，但要观察小肠的环形皱壁时，就应取其纵切面制片。第三，组织块必须切得小而薄，细胞学制片的组织块不超过 2 mm，一般组织块的大小以 5 mm×5 mm×2 mm为宜。柔软组织不易切小，可先取稍大的组织块固定 2~3 h，等组织稍硬后再切成薄的小块继续固定。

9.2.3　植物材料的取材

为保证材料能被迅速地固定，使各细胞立刻停止生命活动，而不使原生质有崩解的现象。植物样品取材时，要注意以下问题：一是取材尽量小(最小块、最小段、最小片)，以达到立刻杀生与固定的目的，这是因为普通使用的固定液穿透植物体外表面的角质、木栓质等材质时很慢，但对于被切割的植物材料表面，穿透速率却很快。二是石蜡块体积不能太大，一般为 5~6 mm。三是注意取材的切割面。切割面一般分为两类：横切面，刀的切向与根、茎横断面平行的切面，横切片可观察材料自外向内的各种组织；纵切面，刀的切向与根、茎的长轴方向平行的切面，这种切面又分为两种：半径切面，以刀穿过中心点沿半径切，这种切面可观察到茎中各种组织纵向的情形及髓的排列、厚度等；切线切面，以刀沿植物体的表面与其半径成直角所切的切面。

9.3　固定

固定是制片极为关键的一个步骤，制片质量的优劣除与材料的新鲜程度有关外，还取决于最初的固定是否适当和完全。新鲜组织被割取后，由于细胞内酶的作用和细菌的繁殖，可引起组织的自溶和腐败，因此，割取组织块后，应立即进行固定，以便将组织尽可能保持原有的形态结构，且有利于保存和适于制片，这一步骤称为固定。

9.3.1　固定的目的

固定的主要目的在于保存细胞和组织的原有形态结构。固定的作用：①固定剂会防止组织自溶和腐败，使细胞内的蛋白质、糖、脂肪等各种成分稳定保存下来；②使细胞内不同的成分产生不同的折光率，造成光学上的差别，进而使原来在生活情况下看不清楚的结构变得清晰易见；③有的固定剂还有助染作用(如醋酸、苦味酸)，从而使细胞各部易于染色；④固定剂还兼有硬化作用，使柔软组织硬化而不易变形，有利于操作。

9.3.2　固定的方法

固定有物理方法和化学方法两种。物理方法固定有干燥、高热和低温骤冷等，如干燥固定的血液涂片；加热固定的细菌涂片；许多组织化学反应的制片是通过低温骤冷进行固定的。化学方法固定就是通过化学试剂配制成固定液进行固定。

9.3.3　固定液的要求

良好的固定剂应具备以下条件：能迅速渗入组织，杀死原生质体，在短时间内，组织内外完全固定；尽可能避免组织膨胀或收缩，并且软硬适合于切片；增加细胞内含物的折光程度，易于鉴别，同时增加媒染作用和染色能力；固定液同时是防腐液，使材料不致变质腐败。

9.3.4　固定液的种类

固定液的种类很多，可分为两大类：简单固定液和混合固定液。简单固定液又称单纯固定液，是用一种化学试剂作为固定液，如无水乙醇、甲醛溶液、醋酸等，它们仅对细胞的某种成分固定得较好，而不能将细胞所有成分都保存下来，如升汞固定蛋白质、醋酸固定核蛋白、无水乙醇固定糖原等，单纯固定液是有局限性的。混合固定液是用几种化学药品按一定比例混合配制而成，由于各种药品的优缺点互相弥补，因此可产生较好的固定效果。

9.3.4.1　简单固定液

简单固定液按固定的方式将固定液分为凝结型固定液和非凝结型固定液两类。凝结型固定液能使蛋白质凝固，形成悬浮颗粒液，如苦味酸、升汞、铬酸、碘，它们均能使胞质蛋白和核蛋白凝固；醋酸不能凝固胞质蛋白，但能凝固核蛋白。非凝结型固定液不能使蛋白质凝固，形成透明的凝胶，如甲醛、锇酸、重铬酸钾。

(1)凝结型固定液

常见的凝结型固定液如下：

①乙醇(alcohol)。作为常见的固定剂，具有如下特点：其穿透样本的速率快；可沉淀白蛋白、球蛋白和核蛋白，前两者所生成的沉淀不溶于水，核蛋白所生成的沉淀溶于水，所以经乙醇固定的标本对核的染色不良，不适于对染色体的固定；浓度50%以上的乙醇溶液可溶解脂肪和类脂体，溶解血色素，破坏其他多种色素，所以不能用于膜结构的研究和

脂肪、类脂类和色素的固定，一般用于组织学观察；乙醇可使糖原沉淀，但能溶于水；乙醇是还原剂，在混合固定液中，不能与氧化固定液混用，如铬酸、锇酸、重铬酸钾等；乙醇可使材料硬化，使用后组织收缩明显；乙醇固定材料的适宜浓度为70%~100%，固定后不需冲洗，70%的乙醇溶液可用于长期保存样品，若长期保存材料可与甘油等量混合后使用。

②醋酸(acetic acid，乙酸)。穿透速率极快；能固定核蛋白，对胞质也存在固定作用，对核蛋白是凝结型固定液，对胞质是非凝结型固定液，对染色质和染色体的固定和染色均很好，因此所有固定染色体的固定液中几乎都含有醋酸；对脂类和糖类无固定作用；对酸性材料不但不能硬化还有软化作用，对细胞无收缩作用，稍有膨胀作用，可防止其他药剂(如乙醇、甲醛、铬酸等)引起组织收缩；固定后不需冲洗，可直接投入70%的乙醇溶液中保存；固定材料适宜浓度为0.3%~5.0%。

③铬酸(chromic acid)。穿透速率缓慢；能沉淀所有蛋白质，凝固核酸，增强核的着色能力，能固定高尔基体及线粒体，常用于细胞学观察；只有铬酸能真正固定肝糖原，使之不溶于水，对脂类无影响；铬酸是氧化剂，不能与乙醇混用，固定后投入乙醇前必须用流水冲洗，直至组织中不含铬酸为止，如冲洗不干净或直接投入乙醇溶液中，被还原成绿色的氧化铬并发生沉淀，使染色困难，铬酸能使组织硬化，细胞收缩；铬酸常配成2%或10%的水溶液作为储备液，用来固定的适宜浓度为0.5%~1.0%。

④苦味酸(picric acid)。即苦味酸饱和液或三硝基苯酚饱和液。干燥的三硝基苯酚易爆炸，因此不能以结晶而要以饱和溶液存放。苦味酸穿透速率中等，可沉淀一切蛋白质，对脂类无影响，对糖类无固定作用，造成的细胞收缩程度较大，材料硬化程度较小，固定后不需冲洗，可直接投入70%的乙醇溶液中洗去黄色，固定材料的适宜浓度为饱和溶液，即0.9%~1.2%。

(2)非凝结型固定液

常见的非凝结型固定液如下：

①锇酸(OsO_4)。穿透速率很慢，材料要切得小一些，约1 mm^3；能与蛋白质形成交联，稳定蛋白质的各种成分而不产生沉淀，所以用锇酸固定的蛋白质能保持生活时的均匀性；是脂肪和类脂类的固定剂；是强氧化剂，易挥发，毒性大，对视网膜固定效果好，使用时要保护好眼睛，价格贵；不使细胞收缩，对细胞质固定好，固定组织柔软；固定后流水冲洗12~24 h，使其完全洗净，否则遇乙醇就发生沉淀；固定材料适宜浓度为0.5%~2.0%。锇酸的配制：用重蒸水配成浓度为2%的母液，使用时，用pH 7.0的0.2 mol/L磷酸缓冲液稀释一倍到浓度1%。

②戊二醛。穿透速率很快；可固定微管蛋白，因此是微管的固定液；用pH 6.8~7.0的0.2 mol/L磷酸缓冲液配成浓度为25%的母液，用来固定材料的适宜浓度为3%~6%。

③丙烯酸。固定蛋白、核酸和聚多糖；其固定材料的适宜浓度为10%，用pH 6.5的磷酸缓冲液配制。

④甲醛。其水溶液称为福尔马林(Fomalin)(不用于电镜制片)。其穿透速率快；可与蛋白质化合形成不溶性的化合物而固定，固定脂肪和类脂类化合物；是还原剂，不能与氧化剂混用；用甲醛固定时，组织硬化程度显著，收缩小，但仅仅经乙醇脱水后，收缩显

著；固定后不需水洗，可直接投入70%的乙醇溶液，但经长期固定的材料，需流水冲洗1~2 d，否则影响染色；市售产品为37%~40%甲醛水溶液，固定和保存材料的适宜浓度为10%。

9.3.4.2 混合固定液

混合固定液是由几种试剂适量配制而成的，左配制过程中，应注意优缺点互补，膨胀与收缩相互平衡，强氧化剂与还原剂应分别配置。常用的混合固定液有 Bouin 固定液、卡诺(Carnoy)固定液、福尔马林-醋酸-乙醇混合固定液、铬酸-醋酸固定液、纳瓦兴固定液。

①Bouin 固定液。其配方为：苦味酸饱和水溶液 75 mL、福尔马林 25 mL、醋酸 5 mL。此液是常用的良好固定液，广泛应用于一般动物组织、昆虫组织、无脊椎动物的卵和幼虫，以及胚胎学材料的固定，也适用于裸子植物的雌配子体和被子植物的胚囊的固定。此液穿透迅速而均匀，使组织收缩小，不使组织变硬变脆，着色良好。一般动物组织固定12~24 h，小块组织数小时即可，固定后直接入70%的乙醇溶液中洗去黄色，但留一点黄色对染色并无影响，植物材料的固定时间为12~48 h。

②卡诺(Carnoy)固定液。其配方为：无水乙醇：醋酸=3：1。此液适于固定一般动物组织和肝糖原以及植物组织(多用于细胞学研究)，穿透速率快。为防止组织硬化，固定时间不要超过24 h，时间以材料的不同而有所区别，例如，根尖15 min，花药1 h，糖原在3~5℃下固定4 h，小白鼠睾丸30~50 min。固定后的组织可转入70%的乙醇溶液中保存，也可直接经95%的乙醇溶液、无水乙醇脱水。

③福尔马林-醋酸-乙醇混合固定液(formalin acetic alcohol，FAA)。其配方为：50%或70%乙醇溶液 90 mL、醋酸 5 mL、福尔马林 5 mL。FAA 是一种良好的固定液和保存液，一般植物组织和器官都适用。广泛适用于根、茎、叶、花药、子房的组织切片，所以又称为万能固定液。一般固定时间不低于24 h，该固定液优点是在较低温度下(10℃左右)适用于材料的长期保存，可兼作保存液，并且固定的材料，不影响染色，但用于细胞学观察材料的固定效果较差。福尔马林及醋酸的含量经常根据材料而略加改变，一般容易引起收缩的材料应多加醋酸而减少福尔马林，坚硬的材料可略减少醋酸而增加福尔马林，乙醇浓度的应用原则是：柔弱幼嫩的材料用低浓度乙醇溶液，老年或坚硬材料用70%的乙醇溶液，如用作植物胚胎材料则其配方可改为：50%的乙醇溶液 89 mL、醋酸 6 mL、福尔马林 5 mL。

④铬酸-醋酸固定液。其配方为：10%铬酸水溶液 7 mL、10%醋酸水溶液 10 mL、蒸馏水加至 100 mL。此液用于固定根尖、小的子房及分离出来的胚珠等植物组织，固定时间一般12~24 h，不能长期保存材料，固定后流水冲洗12~24 h。

⑤纳瓦兴固定液。纳瓦兴(Navaschjn's)固定液首创于1912年，适用于细胞学与组织学研究的切片观察，渗透慢，不能长期保存，主要用于显示细胞有丝分裂过程中的染色体、纺锤丝等。配制时，先分别配制甲液和乙液，临用时再混合，配置方法见表9-1。固定时间为24~48 h，如固定液呈暗绿色，表示固定能力已经消失，其中铬酸被还原，仅有保存作用，固定后用70%的乙醇溶液冲洗，再脱水。柔嫩而含水多的材料，可选用Ⅰ或Ⅱ固定，坚韧而成熟的材料，可用高浓度的Ⅳ或Ⅴ，一般材料多用Ⅲ。Ⅰ、Ⅱ固定后用水冲洗，Ⅲ、Ⅳ固定后可用35%的乙醇溶液冲洗，Ⅴ固定后可用70%的乙醇溶液冲洗。

表 9-1　纳瓦兴固定液配置方法　mL

组分	常备液	纳瓦兴固定液	Ⅰ	Ⅱ	Ⅲ	Ⅳ	Ⅴ
甲液	1%铬酸	15	40	40	60	8	10
	10%铬酸	10	15	20	40	60	70
	10%醋酸	75	45	40		32	20
乙液	福尔马林	40	10	10	20	20	30
	蒸馏水	60	90	90	80	80	70

9.3.5　固定注意事项

固定的材料越新鲜越好，因此，采集或割取样品后须立即投入固定液中进行固定，切勿耽误；材料大小以直径不超过 5 mm 为宜，材料与固定液的比例为 1∶20；根据材料的性质和制片的目的选择固定液；若固定的植物材料表面有茸毛或其他不易穿透的物质，可用含有乙醇的固定液固定；含有气泡的材料投入固定液后，材料不会下沉，故需将气泡抽出使材料下沉。简易的抽气方法是将材料和固定液一并放入 10 mL 的注射器中，抽动几次，也可用抽气装置进行抽气。固定时，要防止材料变形，对于外有被膜而内部结构又极易松散的器官，应将整个器官投入固定液 2 h 后再将其修成小块材料继续固定；含黏液、污物或血液的材料需用生理盐水洗净后再行固定；材料投入固定液后需经常摇晃；容器外需贴标签。

9.4　冲洗

冲洗是指用洗涤剂渗透到材料中，把固定液洗掉。

9.4.1　冲洗的目的

由于某些残留的固定液会妨碍染色，或发生沉淀或结晶而影响观察或继续发生作用而破坏材料，因此需要冲洗。

9.4.2　冲洗的原则与方法

(1) 冲洗原则

常用的洗涤剂是水和低浓度的乙醇溶液，有时也会用到低浓度乙醇溶液，常见的几种情况如下：固定液用水配的，就用水或流水来冲洗，不需流水冲洗的材料，放在小瓶内，固定 1~2 h，进行换水，换水数次；用乙醇配的，就要用与固定液相近浓度的乙醇溶液冲洗，按材料∶乙醇溶液 = 1∶10 的体积比进行冲洗或冲泡；用福尔马林固定的不用水洗，但长期固定的，应充分水洗，否则影响染色；用铬酸、重铬酸钾等固定的材料用流水冲洗。

(2) 冲洗方法

将材料放在广口瓶内，瓶口用纱布扎起，橡皮管一端接在水龙头上，另一端插入瓶底，调节水的流量，使瓶内的水不断更新。水流不要太猛，以免损坏材料。冲洗时间应与固定时间相同或更久；冲洗时间要根据固定液及材料的性质、大小而定，一般为1~6 h。

9.5 脱水

脱水是指用一种药剂把材料中的水分全部代替。

(1)脱水目的

组织固定和水洗后含有大量水分，而水不能与石蜡包埋剂混合，组织内极少量的水分都会妨碍包埋剂的渗入，所以需要进行脱水处理。脱水分两次进行：第一次脱水是为引入包埋剂做准备；第二次切片脱水是为引入封藏剂做准备。

(2)脱水结果

只有去除材料中的水分才能使透明剂、包埋剂、封藏剂渗透到组织中，有利于组织的透明和透蜡，使材料变硬，形状更加稳定，利于组织永久保存。

(3)脱水方法

脱水应逐步进行(梯度脱水)而不能骤然进行，否则会引起组织的强烈收缩而变形。一般把脱水剂配成各种浓度，材料自低浓度到高浓度依次经过各级脱水剂，所含水分逐渐被脱水剂取代。

(4)脱水剂特性

脱水剂必须是亲水性的，能与水以任何比例混合；必须能与其他有机溶剂相互混合和取代，既能与水又能与透明液混合。

(5)脱水剂分类

非石蜡溶剂的脱水剂：如乙醇、丙酮等，组织脱水后必须经二甲苯透明才可浸蜡。

石蜡溶剂的脱水剂：如正丁醇、二氧六环等，组织脱水后即可直接透蜡，不需经过二甲苯之类的中间溶剂。

(6)常用脱水剂

①乙醇。乙醇脱水剂分为7种浓度：15%、35%、50%、70%、83%、95%、100%，脱水时由低浓度往高浓度依次进行(15%→35%→50%→70%→83%→95%→100%→100%)。脱水注意事项：脱水必须要在有盖子的瓶中进行，否则高浓度乙醇溶液很容易吸收空气中的水分；组织由低浓度向高浓度乙醇溶液转移时，要用吸水纸吸干余液，以免将水分带入；可加入无水硫酸铜以吸取无水乙醇中残留的水分。各级(浓度)脱水停留的时间不同：第一次脱水(引入包埋剂)视材料的性质、大小而定，体积为2 mm^3的一般每级脱水需1~4 h；第二次切片脱水(引入封藏剂)每级只需3~10 min；在低浓度乙醇溶液中，每级停留的时间不宜过长，否则易使组织变软，助长材料解体。从95%到100%乙醇后，时间不能太长，否则材料将变硬变脆，影响切片。为使乙醇溶液脱水彻底，应更换两次100%乙醇。如需过夜应停留在70%的乙醇溶液中。

②丙酮。为很好的脱水剂，可以代替乙醇，其作用和用法与乙醇相似，不过其脱水力和收缩力都比乙醇强。丙酮能使蛋白沉淀，组织硬化，不能溶解石蜡，所以仍需经过二甲苯或其他透明剂，然后才能进行浸蜡和包埋。

③正丁醇。此剂易挥发，可与水和乙醇混合，也是石蜡溶剂，可不经透明剂直接浸

蜡，但在应用上还未能完全替代乙醇。正丁醇多与乙醇按一定比例混合作脱水之用，但最后需经纯正丁醇方可浸蜡(表 9-2)，很少引起组织块的收缩变脆。

④叔丁醇。可与水、乙醇及二甲苯等试剂混合(可套用表 9-2)使用，也可单独使用，是一种应用很广的脱水剂。此液不会使组织收缩或变硬，不必经过透明，可直接浸蜡。应用此剂可以简化脱水、透明等步骤，因此已逐渐代替乙醇，但价格较贵。

表 9-2　各级浓度的正丁醇　mL

试 剂	Ⅰ	Ⅱ	Ⅲ	Ⅳ	Ⅴ	Ⅵ
蒸馏水	40	30	15	0	0	0
乙 醇	50	50	50	50	25	0
正丁醇	10	20	35	50	75	100

⑤甘油。是一种良好的脱水剂，尤其对细小柔软的材料更适合。用甘油脱水可以避免原生质收缩，但脱水前必须洗净固定剂，以免影响包埋和染色。利用甘油脱水，可以从 50%浓度开始至纯甘油，再换纯乙醇。

⑥二氧六环。为无色液体，易挥发燃烧且有毒，应尽力避免吸入它的蒸汽。二氧六环能与水和乙醇在任何比例下混合，为石蜡溶剂的脱水剂，脱水至纯二氧六环后，即可进行包埋。浓度梯度设计为：30%→50%→70%→90%→100%→100%→100%，每级时间为 1~6 h。

9.6　透明

材料经脱水剂除去水分后，还要经过一种既能与脱水剂混合，又能与包埋剂混合的溶剂——透明剂来处理，以便于包埋剂的深入或封藏。在制片过程中有两次透明：第一次是组织块的透明，为了引入包埋剂；第二次是染色以后切片的透明，为了引入封藏剂。

常用的透明剂都是石蜡的溶剂，绝大多数不能与水混合，最常用的透明剂有二甲苯、苯、甲苯、氯仿、冬青油等。

①二甲苯。目前应用最广，易溶于乙醇，能够溶解石蜡、加拿大树胶，透明力强，作用较快。其缺点是容易变硬变脆，材料必须脱尽水分再透明，否则发生乳状浑浊。在材料放入二甲苯前，为了减小材料收缩，材料先经过 1/2 二甲苯+1/2 无水乙醇→二甲苯(Ⅰ)→二甲苯(Ⅱ)→1/2 二甲苯+1/2 石蜡。材料在二甲苯中时间不宜过长，否则材料收缩变硬、变脆。一般组织块透明总时间 1~3 h，每级 30 min 左右，染色后的切片透明每级 5~10 min。

②甲苯。性质同二甲苯，可作为二甲苯的替代品，但甲苯的透明较慢，一般需 12~24 h,材料不变脆，故此点优于二甲苯。

③苯。性质近似二甲苯，挥发较快且易爆炸，人吸入苯能引起中毒，但组织收缩较小，长久浸泡也不像二甲苯那样会使组织产生脆硬现象。

④氯仿。是一种很好的透明剂，组织透明时收缩不明显，不变脆，易挥发，浸透力比二甲苯、苯慢，透明时间应比二甲苯延长 2~3 倍。氯仿适用透明大块组织、火棉胶切片和植物石蜡切片。

9.7　浸蜡与包埋

组织经过透明后要使石蜡等包埋剂透入内部使它变硬，并将组织包埋进去，把软组织变为适当硬度的蜡块，以利于切片和观察，这个过程称为浸蜡和包埋。

(1) 常用的包埋剂

常用的包埋剂如下：

①石蜡。不同种类石蜡的熔点不同，多为50~60℃，石蜡的选用与组织硬度、切片厚薄、室内温度有关。选用原则：选用与组织硬度相近硬度的石蜡，组织较硬时，用硬的石蜡，反之用软的石蜡；一般动物材料选用熔点为52~56℃的石蜡，植物材料选用熔点为54~58℃石蜡；切片较薄时(4 μm以下)，选用熔点为58~60℃的石蜡；最重要的是要视室内温度而定，通常在夏天选用熔点高的石蜡——硬蜡，冬天用熔点低的石蜡——软蜡。石蜡太硬，切片时容易破碎，不易切成蜡带，太软时，蜡带容易皱缩。

②火棉胶。为固体胶片，市售有胶片或已配成6%或4%的溶液。取6 g或4 g火棉胶片溶于100 mL乙醚与乙醇的等量混合液中。配制时，先将火棉胶浸于乙醇中，12~24 h后在加入等量乙醚。

(2) 浸蜡

将完成透明的组织块浸入透明剂与石蜡的混合液中，不断提高石蜡的比例，直至用石蜡完全置换组织块中的透明剂。石蜡有液态与固态两种状态，浸蜡要在恒定温箱(60℃)中进行，以保证石蜡处于液态。

操作步骤：材料经透明后，向盛放材料的容器(蜡杯)内倒入二甲苯，再在上面倒入60℃的石蜡，使石蜡∶二甲苯=3∶2，放在35~37℃的恒温箱中浸蜡1~2 d，将温箱升至60℃，将石蜡和二甲苯倒出，换纯石蜡两次，每次1 h。

(3) 包埋

样品经石蜡渗透后，其内部间隙已完全被石蜡占据，此时还需要用同种硬度的石蜡包埋成蜡块以利于切片。包埋可用相同的器具，也可折叠成纸盒(图9-1)。

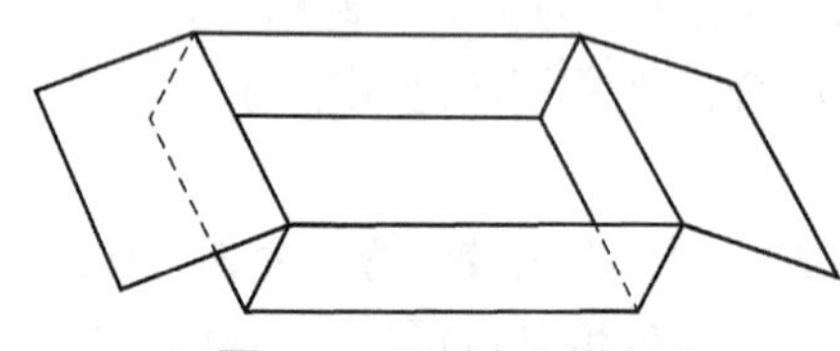

图9-1　用于包埋的纸盒

操作步骤：准备烫板、纸盒、盛冰水的盆、酒精灯和解剖针。包埋时，将纸盒放在已经加热的烫板上，从温箱中取出盛放纯石蜡的蜡杯，将纯石蜡倒入包埋用的纸盒中，取出存放材料的蜡杯，将材料平放于纸盒底部，再用解剖针拨动材料，使之排列整齐，将纸盒平放在冰水盆里，使盒中包埋块迅速凝固，待石蜡完全凝固后即可取出备用(图9-2)。

至此，一块组织已完成前处理过程，可以进行下一步切片。可以看出，水与乙醇相溶，乙醇与二甲苯相溶，二甲苯与石蜡可以相溶，因为以上相邻步骤所使用的液体均可以互溶，所以保证每一步骤液体能置换完全。由于水与二甲苯不相溶，乙醇与石蜡不相溶，所以如果有一个步骤的处理不彻底，残留的液体带到下一个步骤将不能互溶，最终带到渗蜡步骤中，成为细小的孔洞，以至不能成为质地致密的石蜡块，也就切不成良好的切片。

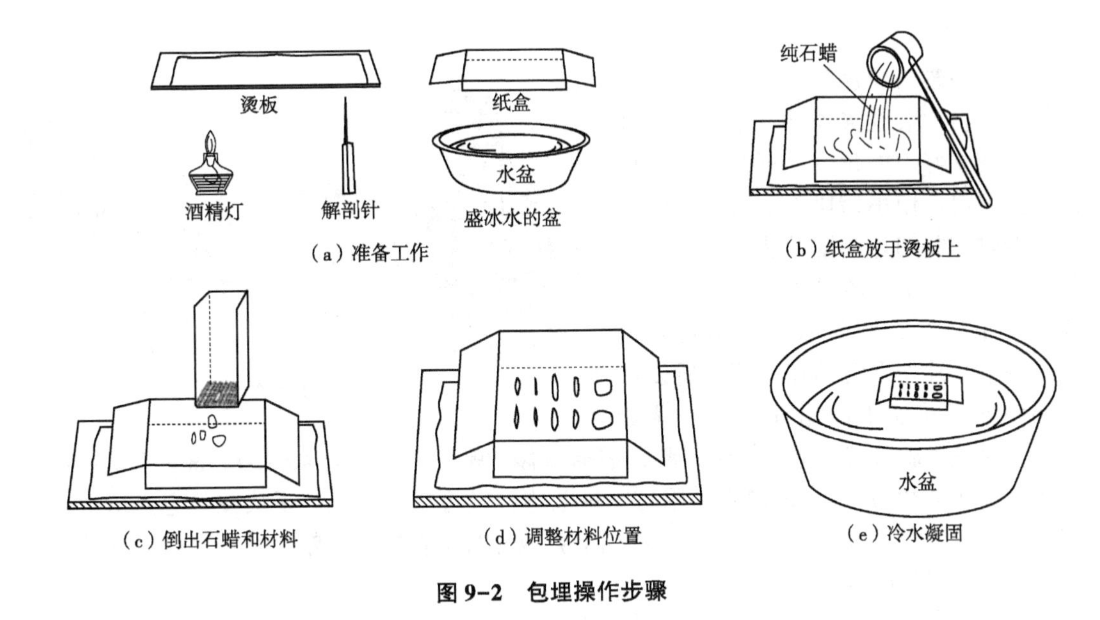

图 9-2　包埋操作步骤

9.8　切片

由于生物样品太厚，不能直接用光镜观察，需切成 1~10 μm的薄片(图 9-3)。

(1) 切片的主要步骤

①修块。即将包埋好的一大块蜡块切开，使每一小块都含有一块组织。

②固着。将修好的蜡块粘在大小适宜的样品台上，以便于固定在切片机上。

③切片。一手持毛笔，另一手转动切片机，切片的蜡片连成一长条蜡带，切下的蜡带放在干净的黑电光纸上。

④贴片。根据需要用小刀将蜡带切成数段，分别用粘片剂贴在干净载玻片上，在恒温展片台上展平、烘干。

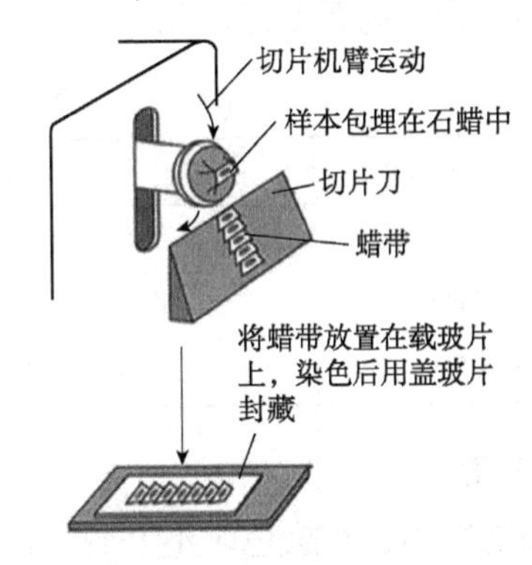

图 9-3　切片原理

(2) 修块、固着的步骤

将材料从包埋的石蜡块中切割下来；确定切面的方位，用刀片将石蜡块的四面做初步的整修，使切面的上、下边平行；将解剖刀在酒精灯上加热后，立即放在台木与石蜡块之间，两面的石蜡都熔化后将解剖刀抽出，石蜡块迅速压在台木上；修整石蜡块使其上、下面平行，切成的蜡带呈直线、不弯曲(图 9-4)。

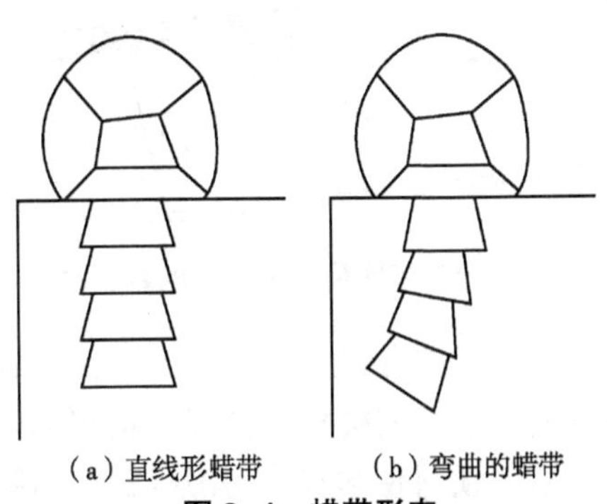

图 9-4　蜡带形态

(3) 切片

准备毛笔、黑色亮光纸等用具；将石蜡块和台木装在夹物部分；安装切片刀，并调整好刀的角度；石蜡块的表面刚贴近刀口，使小蜡块的下边与刀锋平行；调整控制切片厚度的装置；开始切片时，右手握旋转轮的手柄，摇动一转就可切下一片，切下的蜡片粘在刀口上，待第二片切下时粘在一起，所以连续摇动就可将切下的蜡片连成一条蜡带。这时左手就可持毛笔将蜡带提起，边摇边移动蜡带，转速以 40~50 r/min 为宜；切成的蜡带到 20~30 cm 时，即以右手用另一只毛笔轻轻将蜡带挑起，平放在黑电光纸上，靠刀的一面较光滑，应向下，较皱的一面向上；应先行检查切下的蜡片是否良好；切片工作结束后，将刀片用具擦拭干净(图 9-5)。

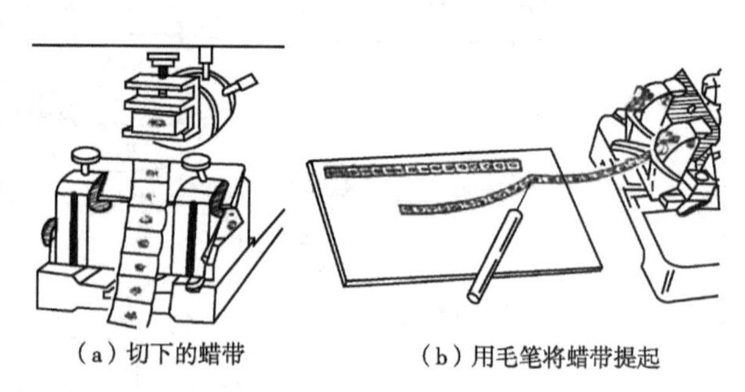

（a）切下的蜡带　（b）用毛笔将蜡带提起

图 9-5　切片方法

切片注意事项：切片质量与技术熟练程度和切片机、切片刀的好坏有关；切片机的各个零件和螺丝应旋紧，否则将会产生振动；在摇动切片机时，用力要求均匀一致，不宜过重过猛，否则造成切片厚薄不均或空洞现象；在夏秋季节进行切片时，应使用冰块加强冷却，可保持石蜡的硬度，减少切片的褶皱。

切片常见问题及原因见表 9-3。

表 9-3　切片常见问题及原因

常见问题	原　因	常见问题	原　因
蜡带纵裂	组织过硬、刀口钝	材料破碎	脱水不净
蜡带弯曲	切片上、下边不齐	蜡带横纹	刀口钝
蜡带厚薄不均	刀口钝刀、样品未夹紧	蜡带卷曲	刀口钝、切片太厚

(4) 贴片

贴附牢固，在染色时不易脱落，使皱褶的蜡片伸展平整。

①用具。载玻片、粘片剂、解剖刀、蒸馏水、展片机和烤片机。

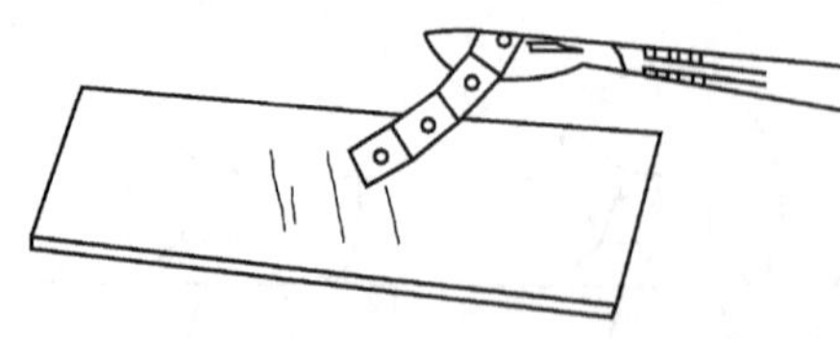

图 9-6　将蜡带转移到涂有水的载玻片上

②贴片方法。将展片机温度调至 35℃；在载玻片中央滴一滴甘油粘片剂，然后用洗净的手指加以涂抹，使成均匀薄层；将涂粘片剂的载玻片放在展片机上，滴加数滴蒸馏水，此时若发现水不均匀分散而聚成滴状，即表示载玻片不清洁，可能残留油脂等物，则需更换新的载玻片或将载玻片清洗后再使用；用解剖刀将蜡带切成小段；将蜡带轻轻移到涂有水的载玻片上，蜡片光面应向下贴在载玻片上，依次排列整齐，留出右端贴标签处(图 9-6)；材料展平后，从展片机上取下，稍稍倾斜使多余的水分流出，用吸水纸吸干背面及周围多余的水分，放于烤片机

(35℃)上烤干。

9.9　染料与染色

9.9.1　染料

染料又称为染色剂，其作用是使无色组织切片着色，增加对比度，以便于镜下观察。

9.9.1.1　染料分类

染料种类较多，但没一种染料能使细胞全部结构同时着色。根据不同的标准，染料分类如下：

(1)根据来源分类

①天然染料。是从动植物体中提取的，为天然产物，产量少。目前常用的有洋红、地衣红、靛青、苏木精。

②人工合成染料。是使用化学方法合成的芳香环或具有芳香环的杂环化合物，除这两类外，在生物染色中还使用一些无机化合物，如硝酸银、氯化金、锇酸等。

(2)根据主要用途分类

①胞核染料。苏木精、胭脂红、甲苯胺蓝、美蓝、孔雀绿等。

②胞浆染料。伊红、淡绿、橘黄G、酸性品红、苦味酸等。

③脂质染料。苏丹Ⅲ、苏丹Ⅳ、苏丹黑、硫酸尼罗蓝、油红等。

(3)根据化学反应分类

染料在溶液中电离成酸性或碱性染料。

①酸性染料。是指能够产生氢离子(H^+)或其他阳离子(如Na^+)，而其本身带负电荷。这类染料一般用于染细胞浆，如伊红、苦味酸、橘黄等。

②碱性染料。是指能产生氢氧根离子(OH^-)或其他负离子(如Cl^-)，而其本身带正电荷。这类染料常用于染细胞核，如苏木精、碱性品红等。

③中性染料。是酸性染料与碱性染料的复合物，又称为复合染料，是由碱性染料(色碱的盐)和酸性染料(色酸的盐)配制而成。其中染料的分子很大，所以往往在水中的溶解度较低，需用乙醇溶液作为溶剂。血液涂片经常使用的瑞氏染料和姬姆萨染料就是这种混合染料。其中的各种不同成分可分别使核、胞浆和颗粒着色。

9.9.1.2　常用的染料

生物制片应用的染料约200种，下面介绍一些常用染料的性能、配方和染色方法。

(1)天然染料

①苏木精。是从苏木(热带豆科植物)干枝中用乙醚浸提出来的一种色素，是最常用的染料之一。苏木精是一种淡黄色或浅褐色粉末状结晶，易溶于乙醇，微溶于水和甘油。苏木精不能直接染色，必须经过氧化成为氧化苏木精或苏木素后才能应用。这个氧化过程称为成熟。有两种氧化方法：一种是暴露于空气中自然氧化(需时间较长)，但此液放置时间越久染色能力越强；另一种是在配制时加入氧化剂，使其快速氧化，但不宜久置。苏木精

为弱酸性，对组织亲和力小，不能单独使用，必须与媒染剂一起使用才能达到染色目的，常用的媒染剂有硫酸铝铵、钾明矾和铁明矾等。苏木精不仅是很好的核染剂，还有明显的多色性，统一标本只要经过适宜的分色作用就能得到蓝红的色调，经酸性溶液（如用盐酸乙醇溶液）分色后呈红色，但经水洗后，仍可恢复青蓝色；碱性溶液（如氨水）分色后为蓝色，水洗后呈蓝黑色。

常用的埃利希苏木精配方如下：苏木精 1 g、95%乙醇 50 mL、醋酸 5 mL、甘油50 mL、钾矾（硫酸铝钾）1.5 g、蒸馏水 50 mL。配置时，将苏木精放入乙醇中溶解，再加蒸馏水、甘油、钾矾和醋酸，搅拌均匀，倒入广口瓶中，混合呈淡红色。瓶口覆盖 4 层纱布，放置两个月使其氧化，颜色变为深棕红色时即为成熟，就可长期使用。

此染料氧化越彻底，染色效果越好。若想快速使用，加 0.2 g 碘酸钠可立即成熟，但使用时间不长。此染料可用于整体染色，使用前需稀释 10 倍后使用，即埃利希苏木精稀释液。用埃利希苏木精染色后，用水冲洗直至变蓝。

②洋红。又称胭脂红或卡红。一种热带产的雌性胭脂虫干燥后，磨成粉末，提取虫红，再用明矾处理，除去其中杂质，就制成洋红。单纯的洋红不能染色，要经酸性或碱性溶液溶解后才能染色。常用的酸性溶液有醋酸、苦味酸，碱性溶液有氨水、硼砂等。洋红是细胞核的优良染料，染色的样本不易褪色。用作切片或组织块染色都适用，尤其适用于小型材料的整体染色。用洋红配成的溶液染色后能保持几年。洋红溶液出现浑浊时要过滤后再用。

（2）人工染料

①酸性品红。酸性染料，呈红色粉末状，能溶于水，略溶于乙醇（0.3%）。酸性品红是良好的细胞质染料，在动物制片上应用很广，在植物制片上用来染皮层、髓部等薄壁细胞和纤维素壁。与甲基绿同染，能显示线粒体。组织切片在染色前先浸在酸性的水中，可增强它的染色力。

②刚果红。酸性染料，呈枣红色粉末状，能溶于水和乙醇，遇酸呈蓝色，能作染料，也用作指示剂。在植物制片中常作为苏木精或其他细胞染料的衬垫剂。用它来染细胞质时，能把胶质或纤维素染成红色。在动物组织制片中用来染神经轴、弹性纤维、胚胎材料等。刚果红可与苏木精作二重染色，也用作类淀粉染色，洗涤和脱水处理要迅速。

③甲基蓝。弱酸性染料，能溶于水和乙醇。甲基蓝在动植物的制片方面应用极广，其与伊红合用能染神经细胞，也是细菌制片中不可缺少的染料。它的水溶液是原生动物的活体染色剂。甲基蓝极易氧化，因此用其染色后不能长久保存。

④固绿。酸性染料，能溶于水（溶解度为 4%）和乙醇（溶解度为 9%）。固绿是一种含有浆质的纤维素细胞组织染料，在染细胞和植物组织上应用极广。其与苏木精、番红并列为植物组织学上 3 种最常用的染料。

⑤苏丹Ⅲ。弱酸性染料，呈红色粉末状，易溶于脂肪和乙醇（溶解度为 0.15%）。苏丹Ⅲ是脂肪染色剂。

⑥伊红。常用的伊红是酸性染料，呈红色带蓝的小结晶或棕色粉末状，溶于水（15℃时溶解度达 44%）和乙醇（溶于无水乙醇的溶解度为 2%）。伊红在动物制片中应用广泛，是很好的细胞质染料，常用作苏木精的衬染剂。

⑦碱性品(复)红。碱性染料，呈暗红色粉末或结晶状，能溶于水(溶解度为1%)和乙醇(溶解度为8%)。碱性品红在生物学制片中用途很广，可用来染色胶原纤维、弹性纤维、嗜复红性颗粒和中枢神经组织的核质、维管束植物的木质化壁，还可作为原球藻、轮藻的整体染色。在细菌学制片中，常用来鉴别结核杆菌。在福尔根反应中用作组织化学试剂，用于检查脱氧核糖核酸。

⑧结晶紫。碱性染料，能溶于水(溶解度为9%)和乙醇(溶解度为8.75%)。结晶紫在细胞学、组织学和细菌学等方面应用极广，是一种优良的染色剂。结晶紫常用于细胞核染色，用来显示染色体的中心体，并可染淀粉、纤维蛋白、神经胶质等。凡是用番红和苏木精或其他染料染细胞核不能成功时，用它能得到良好的效果。用番红和结晶紫作染色体的二重染色，染色体染成红色，纺锤丝染成紫色，所以也是一种显示细胞分裂的优良染色剂。用结晶紫染纤毛，效果也很好。结晶紫染色的缺点是不易长久保存。

⑨龙胆紫。混合的碱性染料，主要是结晶紫和甲基紫的混合物。在必要时，龙胆紫能与结晶紫互相替用。医疗用的紫药水，主要成分是甲基紫，需要时能代替龙胆紫和结晶紫。

⑩中性红。弱碱性染料，呈红色粉末状，能溶于水(溶解度为4%)和乙醇(溶解度为1.8%)。它在碱性溶液中呈现黄色，在强碱性溶液中呈蓝色，而在弱酸性溶液中呈红色，所以能用作指示剂。中性红无毒，常用于活体染色，用来染原生动物和显示动植物组织中活细胞的内含物等。久放的中性红水溶液，常用作显示尼尔体的染料。

⑪番红。碱性染料，能溶于水和乙醇。番红是细胞学和动植物组织学常用的染料，能染细胞核、染色体和植物蛋白质，显示维管束植物木质化、木栓化和角质化的组织，还能染孢子囊。

⑫亚甲蓝。碱性染料，呈蓝色粉末状，能溶于水(溶解度为9.5%)和乙醇(溶解度为6%)。亚甲蓝是动物学和细胞学染色上重要的细胞核染料，其优点是染色不会过深。

⑬甲基绿。甲基绿是碱性染料。它是绿色粉末状，能溶于水(溶解度为8%)和乙醇(溶解度为3%)。甲基绿是最有价值的细胞染色剂，细胞学上常用来染染色质，跟酸性品红一起可作植物木质部的染色。

⑭苯胺蓝。是一种混合性的酸性染料，为深蓝色粉末，也是一类染色剂的混合物，而不是一个简单的染色剂，有水溶性和醇溶性两种。水溶性苯胺蓝用于动物组织的对比染色，能显示细胞质，对神经细胞和软骨染色特别好。水溶性苯胺蓝常配成1%的溶液。醇溶性苯胺蓝在植物制片中，常与番红做对比染色。苯胺蓝可染植物细胞壁，也可显示鞭毛及非木质化组织，常用95%的乙醇配成1%的乙醇溶液使用。

9.9.2　媒染剂与促染剂

(1)媒染剂

某些染料若不用媒染剂染色能力弱，经过媒染剂的作用后，染料便易与组织染色，因为媒染剂既能与染料结合，又能与组织结合，所以凡是本身能与染料和组织发生结合，促进染色和生成色淀的含金属离子的盐称为媒染剂；凡是能与金属离子作用生成色淀的染料称为媒染染料。天然染料往往需用媒染剂。常见的媒染染料有氧化苏木精、茜素红等。媒染剂的种类很多，一般是一种二价或三价金属盐或氢氧化物，常用的是铝盐、铁盐及明矾。

(2) 促染剂

它能使染料对组织容易着色，而其本身并不参与染色反应。常用的促染剂有硼砂、石炭酸。

9.9.3 染色原理

目前，染色理论是一个未完全清楚的复杂问题，一般是从物理和化学的作用来解释各种组织或细胞的染色现象。

(1) 染色的物理作用

此理论认为组织细胞的染色是以物理作用为基础的，主要依靠以下3种物理作用的一种或全部，使染料进入组织或细胞内：①毛细管作用及渗透作用；②吸收作用，又称溶解学说，认为染色主要是吸收作用所致；③吸附作用，是固体物质的特性，即较大的物体能从周围溶液(染液)中吸附一些小颗粒(化合物或离子)的特性。

(2) 染色的化学作用

化学作用的主要理论根据是染色剂的性质可分为酸性、碱性和中性，而动植物细胞内一般也可区分为酸性(阴离子)和碱性(阳离子)部分。当碱性染料溶液中的有色部分成为阳离子时，就能与细胞的阴离子(酸性部分)较牢固地结合，当酸性染料溶液中的有色部分成为阴离子时，就能与细胞中的阳离子(碱性部分)较牢固地结合。

例如，细胞核尤其是核内的染色质主要由核酸组成，是酸性成分，故与碱性染料(苏木精)的亲和力很强，易于着色。细胞质含碱性物质，故与酸性染料(曙红)的亲和力很强，易于着色。

9.9.4 染色

(1) 染色方法

根据染色对象，染色方法可分为：

①整体染色法。一般微小的生物体经固定、冲洗后，其整体直接投入染液染色。

②组织块染色法。将固定的组织块冲洗后直接投入染液染色。

③蜡带染色法。组织经石蜡切片后，进一步染色时多用此法，此法又可分为3种：一是单染色法，用一种染料染色的方法。二是复染色法(对比染色法)，是用两种不同性质的染料进行染色的方法，如苏木精伊红染色(HE 染色)、番红固绿染色。复染注意事项：酸碱对染时，先碱后酸。三是多重染色法，选用两种以上染料进行染色的方法，如 Mallory 三色染色法染结缔组织。

根据所用染料的浓淡程度和是否用媒染剂，染色方法可分为：

①渐进法与后退法。渐进法是将组织放入稀染色液中，使组织某部分由浅入深渐渐着色，其他组织并不着色，染至所需程度即停止染色。后退法是将组织先行浓染后再褪色，而极易染色的某一构造不受影响，其他部分则褪至近无色。

②直接法与间接法。不需媒染剂的作用称为直接法。某些染料染色能力弱，不能与组

织直接作用，必须经过媒染剂的作用，此为间接法。

③特殊染色方法。除 HE 染色外，还有许多种染色方法，能特异性地显示某种细胞、细胞外基质成分、细胞内某种结构。如用硝酸银将神经细胞染为黑色(镀银染色法)，用醛复红将弹性纤维和肥大细胞的分泌颗粒染成紫色。这些染色方法习惯统称为特殊染色。另外，在取动物组织材料之前，为显示某种细胞，还可进行活体染色，即将无毒或毒性小的染料经静脉注入后，再取材制成切片观察。如注入的台盼蓝(trypan blue)被肝、脾等器官内的巨噬细胞吞噬，这些细胞内含有了大量蓝色颗粒而易于辨认。

(2)染色过程

组织切片 HE 染色步骤和结果如图 9-7 和图 9-8 所示。

二甲苯Ⅰ —3 min→ 二甲苯Ⅱ —3 min→ 无水乙醇Ⅰ —2 min→ 无水乙醇Ⅱ —2 min→ 95%乙醇Ⅰ —1 min→ 95%乙醇Ⅱ —1 min→ 90%乙醇 —1 min→ 80%乙醇 —2 min→ 70%乙醇 —1 min→ 95%乙醇 —1 min→ 蒸馏水 —30 s→ 苏木精染液 —5 min→ 流水冲洗 —30 s→ 50%乙醇 —2 min→ 1%盐酸乙醇 —快→ 70%乙醇 —30 s→ 碱乙醇 —1 min→ 80%乙醇 —2 min→ 90%乙醇 —2 min→ 伊红染液 —1 min→ 95%乙醇Ⅰ —30 s→ 95%乙醇Ⅱ —30 s→ 95%乙醇Ⅲ —30 s→ 无水乙醇Ⅰ —2 min→ 无水乙醇Ⅱ —2 min→ 二甲苯Ⅰ —2 min→ 二甲苯Ⅱ —2 min→ 树胶盖玻片封片 ——→ 切片观察

图 9-7　组织切片 HE 染色步骤

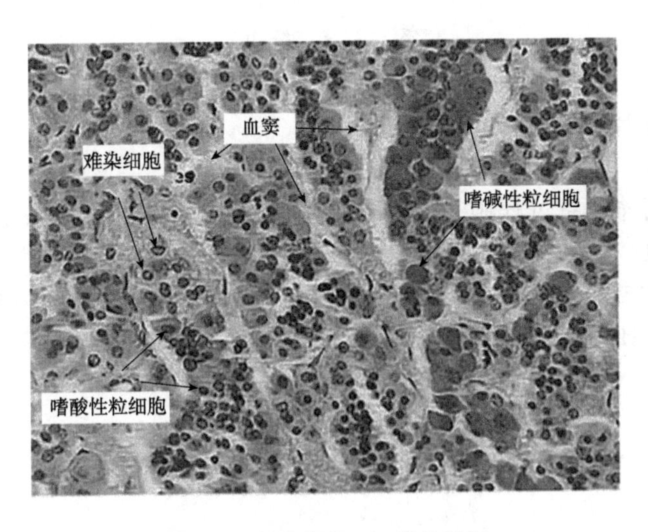

图 9-8　组织切片 HE 染色结果

(注：碱乙醇，即 1%氨水乙醇，可由 99 mL 70%的乙醇溶液加 1 mL 浓氨水配制)

9.10 封藏

(1) 封藏目的

将切片封藏于中性树胶中，使材料能在显微镜下清晰显示并能长期保存。封藏剂必须是能与透明剂相互混合，对染色剂无影响，折光率与玻片相似且具很强黏性的物质。

(2) 常用封藏剂

树胶是使用最广泛的封藏剂，种类很多，可溶于二甲苯、苯、氯仿，溶于二甲苯后折光率为 1.52，接近玻璃，透明度很好，用于封片几乎无色，干后坚硬牢固，可长期保存。

(3) 封片技术

准备好盖玻片、载玻片、镊子、树胶、酒精灯。将有样本的玻片自二甲苯中取出；用纱布擦去样本周围的二甲苯；如果封藏剂带有气泡，可将载玻片置于酒精灯火焰上来回烤 2~3 次，以除去气泡；将盖玻片一端先与树胶接触，然后盖玻片缓缓下降，最后抽取镊子（图 9-9）。

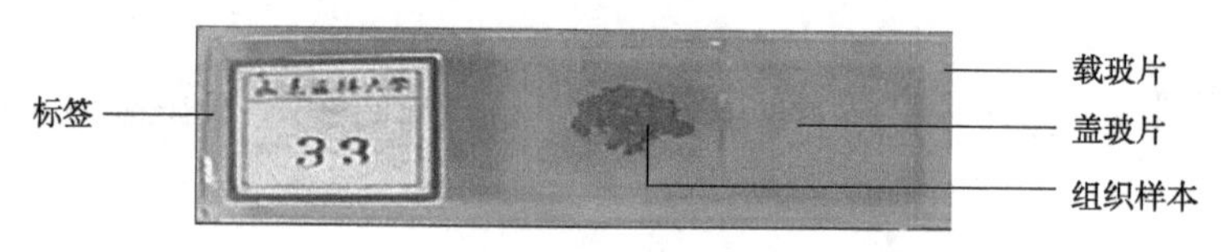

HE染色、封固后的切片

图 9-9　经 HE 染色、封藏后的切片

复习思考题

1. 制作石蜡切片的主要操作步骤有哪些？
2. 取材和固定组织时应注意哪些问题？
3. 石蜡切片标本制备过程哪些步骤需要脱水？为什么采用逐级脱水的方式？脱水过程有哪些注意事项？
4. 切片过程中材料破碎可能是由什么原因造成的？如何避免此类问题？
5. HE 染色后细胞核呈红色、棕色可能是由于什么原因造成的？如何解决此类问题？

中篇

电子显微镜

第 10 章

电子显微镜基础

电子显微镜(electron microscope，EM)简称电镜，由德国物理学家恩斯特·鲁斯卡(Ernst Ruska)发明，是一种具有原子级超高空间分辨率和放大功能的大型科学研究仪器，是研究物体微观结构最常见的、不可缺少的重要工具。发展至今，电镜已被广泛地应用于自然科学的许多学科研究之中，并且极大地推动了相关学科与技术的发展。在电镜发明和运用上，已获得了3次诺贝尔奖：1982年，英国化学家克卢格(Aaron Klug)因研究病毒及其他由核酸与蛋白质组合而成的粒子的立体结构而获得诺贝尔化学奖，他利用自己发展的晶体学电子显微技术拍摄了一系列不同角度的电子显微照片，将其组合后获得了粒子的立体影像；1986年，鲁斯卡因发明电子显微镜获得了诺贝尔物理学奖；2017年，诺贝尔化学奖颁给了杜波切特(Jacques Dubochet)、弗兰克(Joachim Frank)和亨德森(Richard Henderson)，表彰他们发展了冷冻电子显微镜技术，以很高的分辨率确定了溶液里的生物分子的结构。本质上，电子显微镜与光学显微镜都是帮助我们探索微观世界的助视仪。

10.1 电子显微镜的发展历程

我们用眼睛来看物体，由于生理结构的限制，人眼无法看清长度小于0.2 mm的物体。光学显微镜的发明为人类打开了微观世界的大门，帮助人们看清了细胞、细菌等微小物体。但是，当人们借助光学显微镜向更微小的世界探索时，发现它已经无能为力了。虽然理论上可以通过增加透镜的数量提高光学显微镜的总放大倍数，但结果表明，超过一定倍数的放大无法给出更多的细节。究其原因，是因为光学显微镜的分辨率达到了极限。200 nm是光学显微镜能够有效分辨的最小细节，即为光学显微镜的极限分辨率。把显微镜的极限分辨率放大到人眼(或感光胶片、CCD等其他接收器)的分辨能力所需的最小放大倍数称为有效放大。在此基础上，更高的放大只会使已有的细节更大而不会得到更清晰的细节，称为空放大。即0.2 mm是肉眼可以轻易发现的物体细节，而将小于200 nm的微小细节放大到大于0.2 mm(即放大倍数超过1000倍)是没有意义的。空放大不会提高显微镜的分辨率，反而会引入额外的像差，降低分辨率。

在显微学中，光学系统的分辨能力称为分辨本领(resolving power)，用 r 表示，其定义为通过显微镜可以清楚地分辨两个点的最短距离，是反映显微系统性能的重要的指标。分辨本领是由成像原理、制造工艺等因素决定的，每一台光学仪器制造出来后，它的分辨本领就已确定。由光学系统成像放大得到的图像中能分辨的两点间的实际最小距离称为分辨率。分辨率是用来表示图像清晰程度的，在样品观察过程中使用同一台仪器时，不同的操作者、不同的观察条件和不同的样品制备方法，拍摄得到的图像分辨率会有不同，但一般都会低于仪器的分辨率。有时我们会用观察到的最佳图像分辨率(又称为极限分辨率)的概念来代替光学系统的分辨本领。

光学显微镜的主要不足(分辨率极限)是由光的衍射引起的。即使显微镜的所有透镜都是完美的，没有对图像造成扭曲，分辨率仍然会受到衍射的限制。根据衍射理论推导出的光学显微镜分辨率极限的公式——阿贝(Abbe)公式：

$$r=d/2=0.61\,\lambda/n\sin\alpha \tag{10-1}$$

式中，λ 为光在真空中的波长；α 为物镜孔径半角(透镜对物点张角的 1/2，显微镜的光阑限定了光波的入射孔径半角)；n 为物镜与物体之间介质的折射系数(折射率)；d 为像点衍射光斑(Airy 斑)直径；$n\sin\alpha$ 为数值孔径 N. A. 。

式(10-1)可写成：

$$r=0.61\,\lambda/\text{N. A.} \tag{10-2}$$

经推导得出，光学显微镜的理论极限分辨率主要取决于照明源波长，是可见光波长的 1/2。根据可见光的波长范围(390~760 nm)，得到以可见光作为光源的光学显微镜的极限分辨率为 200~250 nm。因此，光波的波长限制了光学显微镜的分辨本领，唯有找到波长更短的照明源才能提高显微镜的分辨本领。

1924 年，法国物理学家德布罗意(Louis de Broglie)提出了电子的波动性假说。1926 年，德国物理学家布施(Hans Walter Hugo Bush)指出，轴对称分布的电磁场对电子束具有玻璃透镜似的聚焦作用，建立了几何电子光学理论，认为电子透镜和光学透镜具有相似性，解决了使电子束聚焦成像的问题。这两个发现奠定了电子显微镜的理论基础，打开了电子光学的大门。1931 年，鲁斯卡基于上述两个发现，制作了第一台电子显微镜——一台经过改进的阴极射线示波器，其加速电压为 70 kV、初始放大倍数仅为 12 倍，首次获得了放大 12 倍铜网的电子图像[图 10-1(a)]。尽管放大率微不足道，但它却证实了使用电子束和磁透镜可形成与光学图像相同的电子图像。1933 年，经过不断改进，鲁斯卡研制了二级放大的电子显微镜，获得了金属箔和纤维的 1 万倍的放大像。1937 年，应德国西门子公司的邀请，鲁斯卡建立了超显微镜学实验室。1938 年，鲁斯卡终于成功研制了世界上第一

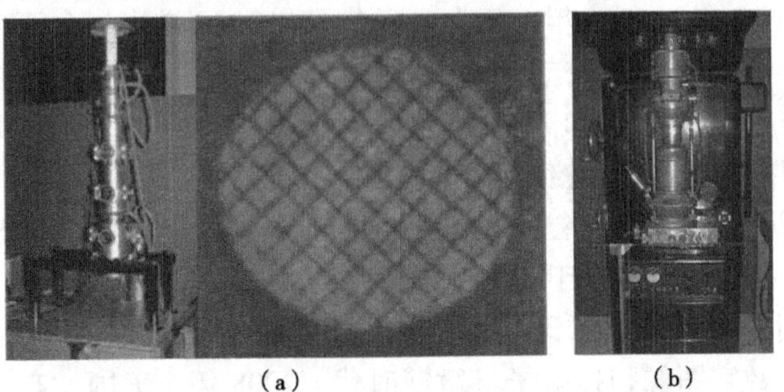

(a)　(b)

图 10-1　改进的阴极射线示波器及拍摄的放大 12 倍的铜网(a)、**全球第一台电子显微镜**(b)

台真正的电子显微镜，放大倍数为1200倍，分辨率达50 nm[图10-1(b)]。因此，鲁斯卡被誉为电子显微镜之父，电子显微镜的发明也被誉为20世纪最重要的发明之一。

20世纪30年代电子显微镜的出现，使人们能在超微观或原子尺度上观察研究物体的结构，看到了多种细胞器、病毒及蛋白质、核酸等生物大分子的形态和构型，甚至单个原子的结构，人们的观察从宏观世界进入了微观世界。1939年，德国西门子公司研制成功世界上第一台商品透射电子显微镜，分辨率优于10 nm，但其体积庞大，无法进一步推广。在同一年，科学家首次在电子显微镜下观察到了烟草花叶病毒，确认其为亚微观杆状颗粒。1949年，可以使电子束穿过的薄金属样品出现，透射电镜开始被用来直接观察试样，接着电子衍射理论得到了发展，这些为电子显微镜在材料学的应用打下了基础。1954年，进一步研制成功的著名的西门子Elmiskop I型透射电子显微镜，分辨率优于10 Å(1 nm)。从20世纪50年代初到60年代末，电子显微镜发展很快，从性能到构造都得到很大的改进，加速电压越来越高，透视物质的厚度不断增加，特别是分辨率得到了大幅提高，已接近1 Å，观察精度已经达到了原子级，超高压透射电镜的分辨率更达到了0.05 Å。在这段时期，借鉴材料学中的重金属染色技术，电子显微镜在生物领域的应用普遍开展起来，促使生物学从细胞水平进入分子水平，成为生物学、医学、农林等学科研究工作中极为重要的手段。2005年，FEI公司推出Titan Krios 300 kV场发射高分辨低温透射电镜(冷冻电镜)，配有场发射电子枪及三级聚光镜照明系统，点分辨率为0.25 nm，信息分辨率为0.14 nm。使用冷冻电镜进行生物大分子结构与功能的亚原子级研究，为结构生物学的发展带来了从平面到立体的跃迁，有助于进一步揭示生命的现象与本质。

电子显微镜发展的最初形态是透射电镜，并得到了优先发展。经过一段时间，在解决了一些关键技术问题之后，扫描电镜重新受到关注并迅速发展，目前已经成为产量最高的一种电子显微镜。早在1935年，鲁斯卡的老师——德国科学家诺尔(Max Knoll)设计了一台仪器，他把一个阴极射线管改装，以便放入样品，从另一个阴极射线管中获得图像(两个阴极射线管用一个扫描发生器同步扫描，用二次电子信号调制另一台显示器)。装置虽然简单且没有实用价值，但从原理上勾画出了扫描电子显微镜的轮廓。1938年，德国学者阿登纳(von Ardenne)通过在透射电镜上加装扫描线圈，制成了一台扫描透射电子显微镜(STEM)。但这台扫描透射电子显微镜不能获得高分辨率的样品表面电子图像，只能在电子探针X射线微区分析仪中作为一种辅助的成像装置。

1965年，英国剑桥科学仪器公司研制成功第一台商用扫描电子显微镜——Mark I“Stereoscan”，分辨率为10 nm。1966年，日本电子公司(JEOL)推出一台商用扫描电子显微镜(JSM-1)。1968年，诺尔在美国芝加哥大学成功研制了场发射电子枪，并应用于扫描电子显微镜，使其分辨率大大提高。1975年，美国Amray公司将微型计算机引入扫描电子显微镜中，用程序调控加速电压、控制放大倍数和磁透镜焦距的关系，其二次电子图像分辨率可达6 nm。20世纪80年代，在扫描电镜中开始加入EDS/WDS等分析装备，围绕扫描电镜发展的各种商品化探测器趋于成熟，很大程度上拓展了扫描电子显微镜的应用范围。1985年，德国蔡司公司率先推出计算机控制的带有帧存器的数字图像扫描电子显微镜。1990年，全面进入数字图像扫描电子显微镜时代。2005年，美国发布全球第一台具有超高分辨率的带有低真空模式的场发射扫描电子显微镜，分辨率为1 nm。2010年，冷场扫描电子显微镜将分辨率提升到 0. 4 nm。

由此脉络可以清晰地看出，透射电子显微镜(transmission electron microscope，TEM)和扫描电子显微镜(scanning electron microscope，SEM)是电子显微镜的两种基本类型。随着科技的发展，透射电子显微镜的分辨率已达到了原子水平，扫描电子显微镜的分辨率也在逐渐提高。透射电子显微镜探究固态物体的内部，帮助我们获得人眼不熟悉的微观和超微观结构。扫描电子显微镜能够直接观察物体的表面，并提供立体感很强的微观形貌图像，这非常类似于人眼观察所看到的图像。场发射电子枪、数字图像在电子显微镜中的应用和各种分析设备的加装，以及冷冻电子显微镜技术的应用，这些都使电子显微镜具有更多优越的性能，成为应用范围广泛的一种分析仪器。

目前，世界上研制生产电镜的厂家主要有美国赛默飞世尔公司(原称为 FEI 公司，由荷兰飞利浦电子集团电子光学公司 PEO 和美国 FEI 公司于 1997 年合并而成，2016 年被赛默飞世尔公司 Thermo Fisher 收购)、日本的日立公司(Hitachi)、日本电子株式会社(Jeol)，此外还有德国的蔡司(Zeiss)公司、捷克的泰斯肯(Tescan)公司等。

10. 2　电子显微镜的成像原理

10. 2. 1　电子波

如前所述，光波的波长限制了光学显微镜的分辨率，唯有找到波长更短的照明源才能提高显微镜的分辨率。德布罗意提出一切微观粒子都具有波粒二相性，并给出了物质波波长公式：

$$\lambda = h/mv \tag{10-3}$$

式中，h 为普朗克常数，$h=6.63\times10^{-34}$ J · s；m 为微观粒子质量；v 为微观粒子运动速度。

根据式(10-3)，高速运动的粒子具有波的特性。这一理论在 1927 年被实验验证，用一束电子束作为粒子束，因为其具有波的属性(一种电磁波)，得到了电子衍射图案(类似于光的衍射图案)。电子波的波长 λ 取决于电子的质量 m 和电子的运动速度 v，它与加速电压 U 之间存在如下关系：

$$\frac{1}{2}mv^2=eU \qquad v=\sqrt{\frac{2eU}{m}} \tag{10-4}$$

式中，e 为电子所带电荷，$e=-1.6\times10^{-19}$C。

根据这个原理，电子在加速电压为 U 的电场力作用下，以速度 v 做加速运动，这时可以推导出电子波的波长 λ，波长由加速电压决定(表 10-1)。加速电压越高，电子运动速度越高，它的波长就越短。

可见，电子波的波长比可见光的波长短了约 10^5 倍。用电子束代替光就可以大大提高

表 10-1　不同加速电压下的电子波波长

加速电压 U(kV)	50	100	200	300	1000
电子波长 λ(nm)	0. 0055	0. 0037	0. 0025	0. 001 97	0. 000 87

显微镜的分辨本领。

10.2.2 电磁透镜

在光学显微镜系统中，由于玻璃透镜能够可控地聚焦可见光，具有放大成像的作用。当找到了波长短、分辨率高的可替代光波的光源——电子波后，人们面临一个新的问题：如何将电子束会聚起来？1924 年，英国物理学家盖博(Dennis Gabor)制造了一个短焦距线圈，能够将电子束会聚起来，但他却无法解释这一现象。1926 年，薛定谔(Erwin Schrödinger)提出微观粒子运动满足的波动方程，即薛定谔方程。薛定谔方程是量子力学描述微观粒子运动状态的基本定律，在微观物理学中得到了广泛的应用。新的理论指出，物质波在波动力学过程中的作用与光波在光学过程中的作用一样。那么，既然光波可以经玻璃透镜聚焦，电子束应该也可以在电磁场内被聚焦，这为电磁透镜的产生提供了理论支持。1926 年德国物理学家布施发现旋转对称，不均匀的电磁场对电子束具有玻璃透镜似的聚焦作用。这一发现解决了电子束聚焦成像的问题，很好地解释了盖博的电磁线圈对电子束的聚焦现象。鲁斯卡基于高速运动的电子的波动性和电磁场对电子束的透镜作用，发明了以电子束作为照明光源，用电磁场会聚电子束达到放大物体目的的电子显微镜。

由电磁学理论可知，带电粒子在电场或磁场的作用下会发生偏转，即沿光轴呈旋转对称的电磁场能使从轴上一点发出的电子重新会聚在中心轴的另一点上。这个过程类似于光学玻璃凸透镜对光的会聚作用。该电磁场对电子呈现透镜的作用，称为电子透镜。电子透镜分为静电透镜和电磁透镜。静电透镜像差大，电压高，易击穿。电子显微镜中的透镜以电磁透镜为主，静电透镜只用于电子枪，这里只介绍电磁透镜。

通电螺线管就是一个简单的电磁透镜，根据安培定则判断内部磁场 B 的方向(图 10-2)。沿着中轴线 Z 入射的初始速度为 v 的电子作为带电粒子在磁场中运动会受到洛伦兹力 F 的作用，洛伦兹力的作用方向遵循左手定则。

$$F=-evB \tag{10-5}$$

电子在磁场中的运动会出现 3 种情况：

①如果 v 与 B 同向，F 为零，则电子在磁场中仍以 v 做匀速直线运动，不受磁场影响。

②如果 v 与 B 垂直，如图 10-3 所示(图中“×”表示磁场方向垂直于纸面向内)，电子受到洛伦兹力作用，电子速度不变，方向改变，电子做匀速圆周运动，顺着磁场方向观察，电子做顺时针方向运动，洛伦兹力起向心力作用。

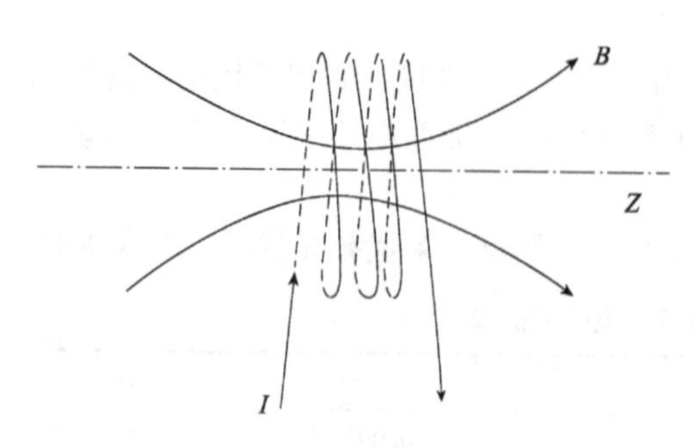

图 10-2 通电螺线圈

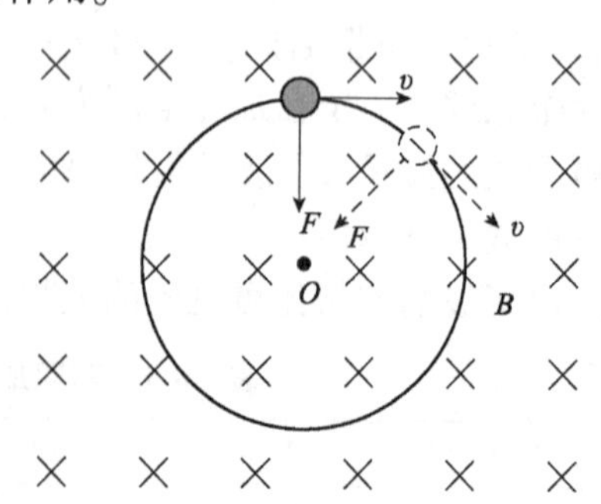

图 10-3 洛伦兹力使带电粒子做匀速圆周运动

③速度 v 的电子平行进入电磁透镜(图 10-4)，我们可以把磁场强度 B 分解为水平和垂直两个分量，B_z 和 B_r。电子在 I 点受 B_r 的作用，产生切向力 F_t 而获得切向速度 v_t，在 B_z 分量的作用下，形成使电子向主轴靠近的径向力 F_r，而使电子做螺旋近轴运动。这种综合作用使电子沿着透镜呈螺旋状运动。随着磁场方向的变化，最终进入透镜的平行电子束会聚到一点，就像光被玻璃透镜聚焦一样，只是电子在电磁透镜中的旋转运动方式不同于光在玻璃透镜中的直线运动(图 10-5)。电子的这种螺旋旋转会引起电镜图像的旋转，但不会影响图像质量，现代电镜中使用组合透镜来抵消图像旋转。

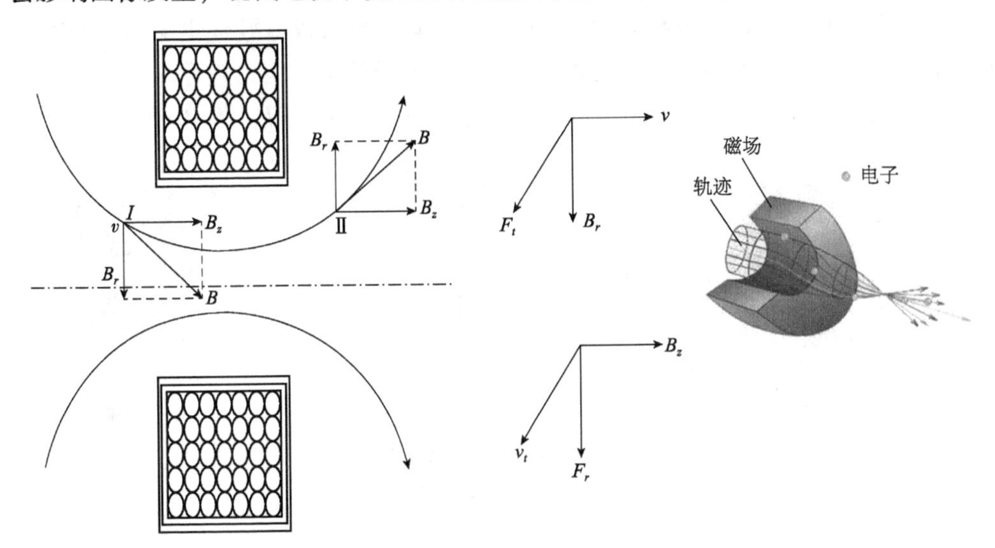

v. 电子运动速度；v_t. 电子运动切向速度；B. 磁场强度；B_r. 磁场强度垂直方向分量；
B_z. 磁场强度水平方向分量；F_t. 电子在磁场中受到的切向力；F_r. 电子在磁场中受到的径向力。

图 10-4　电子在电磁场中的运动轨迹

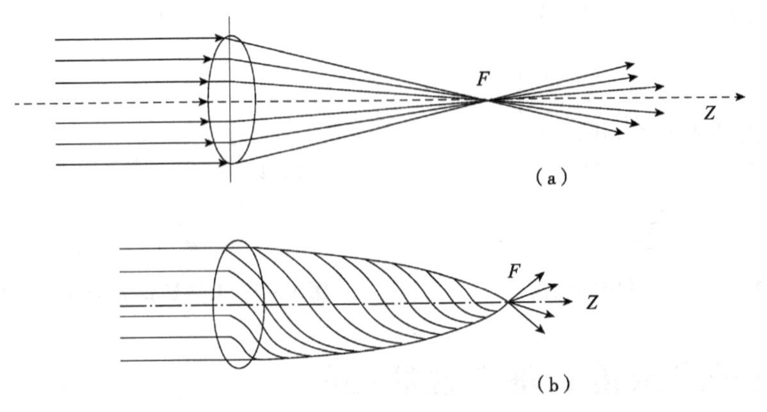

图 10-5　玻璃透镜对光的会聚(a)和电磁透镜对电子的会聚(b)

根据轴上磁场分布的延伸大小不同(即焦点长短不同)，电磁透镜在构造上可分为 3 类：螺线管线圈、包壳透镜、极靴透镜(图 10-6)。螺线管线圈(电磁线圈)通电后产生电磁场，磁感应强度较弱。在螺线管线圈外包裹软铁壳即为包壳透镜。包裹软铁壳能够提高磁力线的密集程度，从而提高磁感应强度，增强对电子的折射能力。若在此基础上进一步改进，则可得到磁感应强度更大、对电子的折射能力更强的极靴透镜。为了获得强度、大小和形状刚好合适的磁场，极靴透镜使用类似于图 10-6(c)和图 10-7 所示的排列方式，即将一个由大量匝线组成的线圈用软铁壳包裹，只在电磁线圈中轴内部留一个非常小的精确加工的狭缝，并加上一对称为极靴的磁性材料锥形环。增加极靴后，电磁线圈内部的磁场强度可以被有效地集中在狭缝周围几毫米的范围内。狭缝的间隙越小，磁场强度越大，对电子的折射能力越强。极靴透镜的中心磁感应强度远远大于纯线圈和无极靴的电磁透镜(图 10-7、图 10-8)。只在电磁线圈内部留一个非常小的精确加工的狭缝，并加上一对称为极靴的磁性材料锥形环。增加极靴后的磁线圈内的磁场强度可以有效地集中在狭缝周围几毫米的范围内。狭缝的间隙越小，磁场强度越大，对电子的折射能力越强。有极靴的电磁透镜，中心磁感应强度远大于无极靴和纯线圈的电磁透镜(图 10-7、图 10-8)。

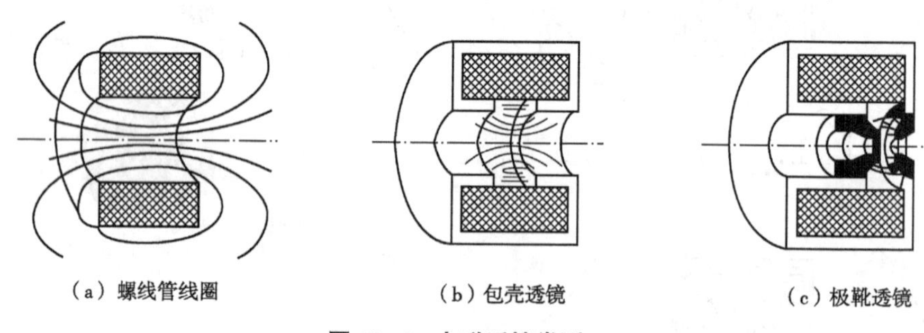

图 10-6 电磁透镜类型

(引自 JEM-1200EX 说明书)

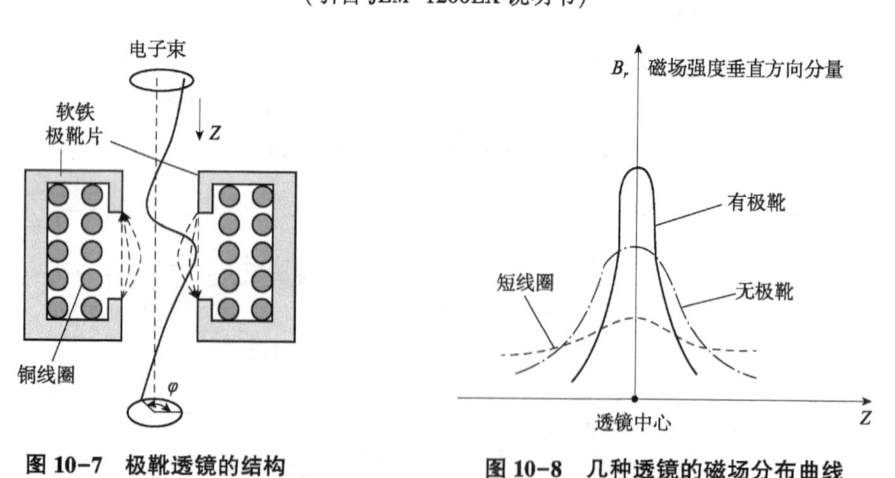

图 10-7 极靴透镜的结构

图 10-8 几种透镜的磁场分布曲线

10.3 电子显微镜的基本性能指标

10.3.1 分辨率

(1) 电子与光

在很多方面，电子光学与光学相同，因此在本章中所有使用的光学术语和射线图都可以用来表示电子的成像。通常我们把光看作波长为 λ 的电磁波，把电子看作亚原子粒子。

根据波粒二象性，波和粒子的这两种描述都适用于光和电子，因此，光既是光子，又是波 390~760 nm 的电磁波，电子也可以是波长 0.001~0.010 nm 的电磁波。

电子与光的区别主要表现在以下几点：

①电子与可见光的波长相差 10^5 倍。

②气体对电子的散射比对光强得多。这是个非常严重的影响，在大气压下，电子几乎无法穿透几毫米的空气。为了在显微镜中使用电子，所有光路必须被抽气达到 10^{-10} Pa 以上的真空。

③电子携带电荷。这不仅意味着可以用电磁场作为透镜对电子束聚焦成像，还能像在阴极射线管和电视显像管中那样通过电磁线圈操控作往复扫描运动的电子束。这使透射电镜发明之后，扫描电镜也随之发展起来。

④电磁透镜孔径(α 值)很小。由于电子显微镜中的透镜是磁场(电磁透镜，不同于光学显微镜的玻璃介质的透镜)，当电子穿过电镜中的每个电磁透镜时，折射率的变化可以忽略不计，因此在电子光学计算时电镜中的电磁透镜折射率可以假定是统一的。此外，电子束在会聚成像时，电子射线需要偏转的角度 α 通常非常小，只有几度，这样就可以近似地认为 $\sin\alpha=\tan\alpha=\alpha$(以弧度 rad 为单位)(Goodhew et al., 2001)。

(2) 电子显微镜的分辨率

电子显微镜的理论分辨率可套用阿贝公式进行推算。根据上述对电磁透镜孔径(α 值)的推演，式(10-1)可以简化为：

$$r=0.61\lambda/\alpha \tag{10-6}$$

式中，λ、α 取合理值，使 $\lambda=0.0037$ nm(加速电压 100 kV 的电子波长)，$\alpha=0.1$ rad(约 5.7°)，得到电子显微镜的理论分辨率约为 0.02 nm，这个尺寸比单个原子直径小得多。然而，透射电镜的实际分辨率却只有 0.2 nm，这是因为会聚电子束的电磁透镜的像差(球差、色差、像散)太大，使透射电镜无法达到 0.02 nm 的理论分辨率。

在光学显微镜中，可以通过透镜的巧妙组合消除玻璃透镜的像差，但在电子显微镜中却非常困难。为了尽量减小电磁透镜的各种像差，特别是减小球差(电磁透镜的主要像差)对成像的干扰，电子显微镜中只能使用更小的透镜孔径(使用一个小的物镜光阑将电子限制在非常靠近光轴的路径上，即靠近透镜中轴)。而小孔径虽然减小了球差，但又导致衍射效应增强，使分辨率降低。通过计算得到能使净分辨率数值最小的最佳孔径(α 值)约为 0.01 rad，对原来的 0.1 rad 进行修正，这样就得出电子显微镜的实际分辨率，约 0.2 nm(比光学显微镜提高了 1000 倍，光镜的分辨率 0.2 μm，人眼的分辨率0.2 mm)，这个分辨能力能够分辨固体原子。

在实际应用中，电镜的分辨率表述有很多种，有点分辨率、线分辨率和信息分辨率。点分辨率是指在电镜所得到图像中能直接分辨的两点之间的最小距离，即上述电镜的实际分辨率。改善电镜点分辨率的根本措施是降低球差系数和电子波长。线分辨率更多作为电镜稳定性测量的评价指标，而不是作为光学系统的评价指标。通常在测试时倾转样品和使用物镜光阑以加强某一方向的干涉条纹。对于使用场发射枪的现代电镜，线分辨率通常约为 1 Å。信息分辨率是指将得到的图像经过处理后得到的最好分辨率(Williams et al., 1996)。

10.3.2　电磁透镜的像差

使用电子显微镜观察样品时，希望得到一张理想的照片，即假设显微镜的所有组件都是完美的，可以将物体上任一点的光聚焦到图像中类似的唯一点，但在实际中经常会出现图像模糊不清、扭曲变形等情况，这是由电磁透镜本身存在的缺陷引起的。由电磁透镜本身存在的缺陷引起的图像偏离理想成像的现象称为像差。电磁透镜的像差主要有球差、像散、色差、畸变。

(1)球差(spherical aberration)

球差是指电磁透镜近轴区域和远轴区域磁场对电子折射能力不同而产生的一种像差(图10-9)。远离光轴的电子比近轴电子增加了偏转会聚能力，在更靠近透镜的位置聚焦，导致一个物点在像平面无法会聚成一个像点，而成了一个散焦圆盘。最小散焦圆盘位于图像焦点的最佳折中位置。在光学镜组中，凸透镜和凹透镜的组合能有效减小球差，但电磁透镜只有凸透镜没有凹透镜，因此球差成为影响电镜分辨率的最主要和最难校正的因素。可以通过增加透镜光阑来降低电子束直径或减小电子束张角，减小球差。球差对透射电镜的分辨率起决定作用，现代电镜通过配备球差校正器人为地修正球差系数。球差校正器的价格昂贵，价格等约同于一台透射电镜。

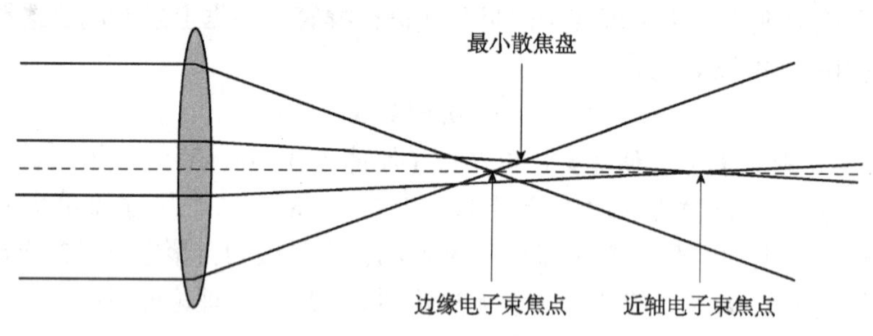

图10-9　球差的形成

(仿 Goodhew et al.，2001)

(2)像散(astigmatism)

像散是指透镜磁场非旋转对称性引起的像差(图10-10、图10-11)。极靴内孔不圆、上下极靴轴线错位、极靴材质不均匀以及周围的局部污染都会导致透镜的磁场产生椭圆

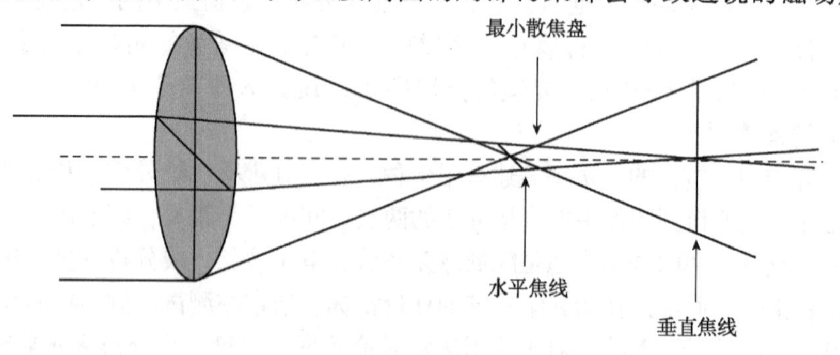

图10-10　像散图解

(仿 Goodhew et al.，2001)

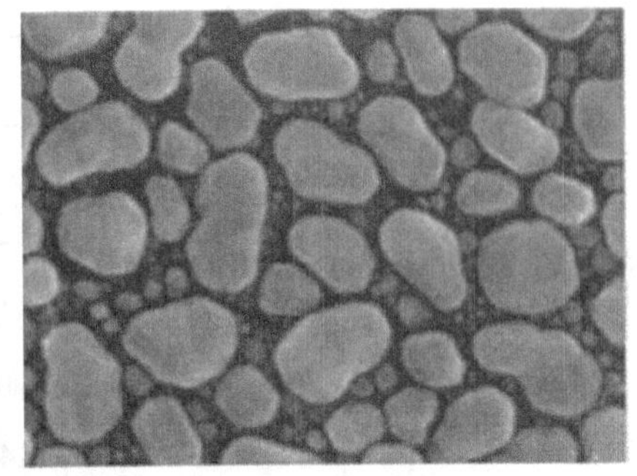

图 10-11　像散消除前后的图像对比

度。透镜磁场的这种非旋转对称性使它对电子束在不同方向上的聚焦能力出现差别，导致在水平面上的电子束有一个焦点，垂直平面上的电子束有另一个焦点。像散是可以消除的像差，通过引入一个强度和方位可调的校正磁场来进行补偿。产生校正磁场的装置称为消像散器(图 10-12)。

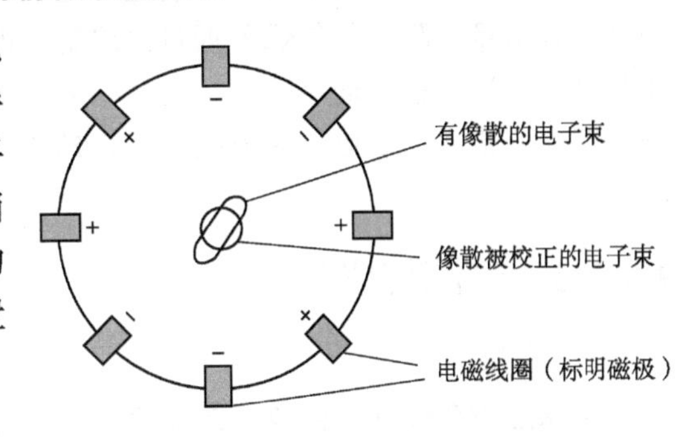

图 10-12　八级式电磁消像散器原理

(3)色差(chromatic aberration)

色差是指能量不均(波长不同)的电子束经过透镜磁场后不能在一点聚焦而形成的像差(图 10-13)。引起电子能量波动的原因有两个：①电子加速电压不稳，致使电子能量不同；②电子束照射样品时与样品相互作用，部分电子产生非弹性散射，能量发生变化。因此，减少色差的影响应在保证稳定的加速电压前提下，操作上尽量缩短曝光时间。

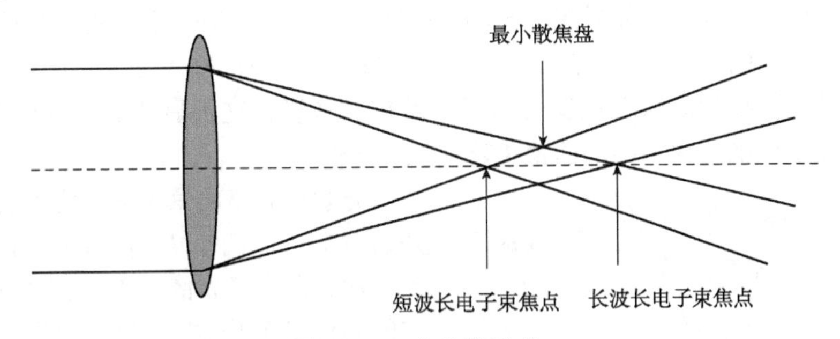

图 10-13　色差的形成

(仿 Goodhew et al.，2001)

(4)畸变(distortion)

由于某种原因，离开光轴的光线改变了透镜的放大倍率，就会产生畸变。畸变是很难处理的一种像差，如果随着光线离开光轴的距离增加，放大倍率增大，就会导致枕形畸变；如果随着光线离开光轴的距离增加，放大倍率减小，则导致桶形畸变；如果随着光线离开光轴的距离增加，光线发生一定角度的旋转，则导致“S”形畸变(图 10-14)。畸变主要发生在电镜的低倍率成像范围，影响低倍率成像效果。

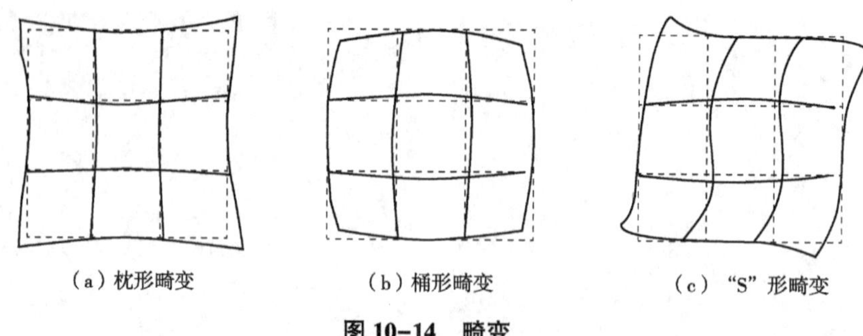

图 10-14 畸变

总之，像差和衍射效应是影响电磁透镜分辨率的两个主要因素，其中球差对分辨率影响最大且最难消除，其他像差通过采取适当的措施，基本可以消除。想要减小球差只能使用很小的透镜孔径，而小的透镜孔径(增大衍射效应)又降低了电镜的实际分辨率，使其远低于理论分辨率，所以如果能校正物镜球差，增大透镜孔径，将给电镜的分辨率带来很大的提高空间。

10.3.3 景深与焦深

(1)景深

景深是指在保证获得清晰像的前提下，允许样品位置可变动的最大距离，是一种轴向距离。在任何显微镜中，只有当物体处于适当的平面时(严格来说是球体面，即物体上所有点与透镜中心的距离相等时)，图像才能被精确地对焦。如果被观察物体的一部分偏离该平面，则图像的对应部分将失焦。所以，也可以说，景深是指人眼所能观察到的图像清晰度不变的物体位置范围。在光学显微镜中，这个距离很小，因此为了形成清晰的图像，物体必须非常平坦。用光学显微镜在高倍下观察不平坦的物体(或有一定厚度的透明物体)时，会看到一些失焦区域。如果想突出图像的某些部分，这是一个有用的功能，但如果想看清一个三维物体的所有部分，这又是一个严重的缺点。在 20 世纪 90 年代，利用巧妙的光学设计并结合扫描的成像方式发展出了共聚焦显微镜，这种显微镜利用固有的窄景深，能够在一定深度范围内的不同层面聚焦建立三维图像。

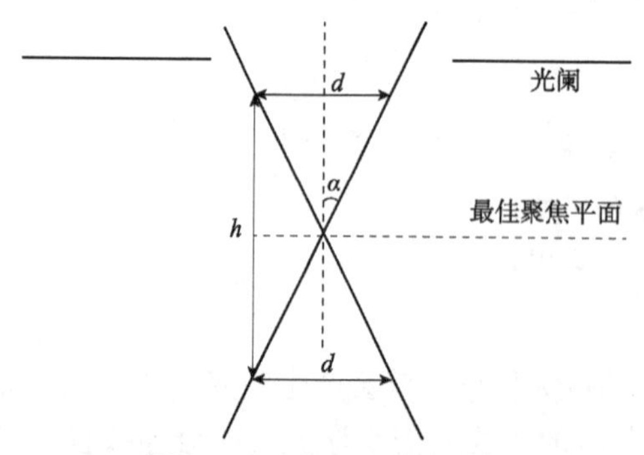

h.景深；d.光斑直径；α.物镜孔径角。

图 10-15 光学系统的景深

(仿 Goodhew et al., 2001)

光学显微镜的景深 h，是从最佳聚焦平面开始向上、下两个方向延伸到光线发散直径不超过光斑直径 d 的平面的距离之和，d 受到衍射和像差的限制。光线在样品上会聚，由于光的衍射效应限制了在样品上的最大分辨能力 $r(r=d/2)$，因此，无论目标处于距离 h 范围内的任意位置(图 10-15)，都不会对图像的清晰度造成影响。经简单的几何换算得到：

$$h=0.61\lambda/n\sin\alpha\tan\alpha \quad (10-7)$$

由此可见，增大景深的唯一有效方法是减小光线会聚角度 α，会聚角度在多数情况下由物镜孔径控制。但根据式(10-1)，最大化景深的条件又会使分辨率变差。对于光学显微镜，当 α 为 45°时，景深与分辨率相差不大；但当物镜的会聚角度减小到 5°时，景深只会增大到 40 μm 左右，而分辨率则迅速降低至 3 μm 左右。因此，在保证分辨率的前提下，光学显微镜的景深很小。

在电子显微镜中，因为高能电子的波长比光小得多，通常 α 值很小，因此，电子显微镜总能获得大视野深度的优势。式(10-7)就可以用适用于电子的近似值(可以近似地认为 $\sin\alpha=\tan\alpha=\alpha$)重写为：

$$h=0.61\lambda/\alpha^2 \tag{10-8}$$

由式(10-8)可知，当 α 值减小时，景深会大幅增加，并比光镜大得多，这成了电子显微镜的主要优势之一。景深越大的电子显微镜，对样品位置、厚度、载网凸凹度的包容性越强。通常扫描电镜具有更大的景深(Goodhew et al.，2001)。

(2)焦深

焦深指固定物体位置，图像可以在不失焦的情况下被观察的位置范围，是一个经常与景深混淆的术语。事实上，对于显微镜操作者来说，焦深比景深在操作中更具实际意义。因为计算表明，在电子显微镜任何合理的放大倍率下，焦深都会很大，高倍率下，焦深会更大，这使观察屏幕和摄影胶片(或 CCD)上均能很容易地呈现清晰的图像。

与光学显微镜相比，在电子显微镜中使用电磁透镜和偏转线圈可以在较大范围内获得连续放大倍数的图像，而不需要更换或移动透镜。电子显微镜具有更高的分辨率和放大倍数、更大的景深和通用性。

10.4　电子与物质的相互作用

目前，电子显微镜已经发展为集成像、衍射、谱学于一身的综合平台，是观察分析生物体结构功能、生物大分子构型、分析材料的结构(微观形貌、晶体结构)和化学成分的必不可少的工具。电子显微镜之所以成为如此强大的微观结构分析工具，除了电子波长短使其具有很高的分辨率之外，电子与物质之间强烈的交互作用能够产生多种信息，也是重要的原因。电子与物质相互作用会产生很多种物理过程，这里只介绍与电子显微镜有关的作用(图 10-16)。

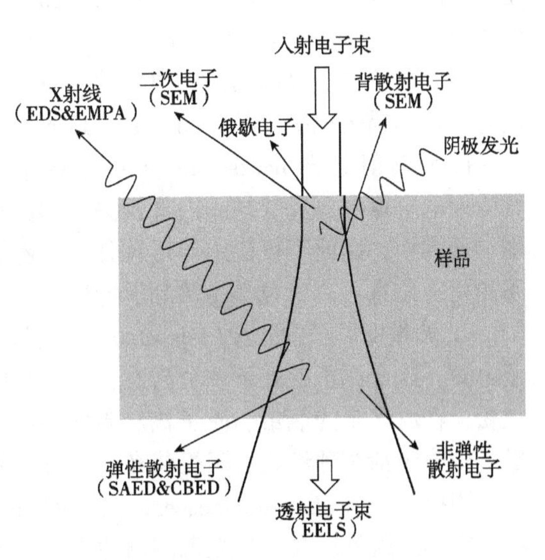

图 10-16　高能电子轰击样品激发的电子显微镜相关信号
(仿 Goodhew et al.，2001)

(1)电子散射

物理学家总是将某种粒子射向某种靶子，通过分析粒子被靶子散射的情况来研究靶子和粒子的结构、交互作用和运动规律。在电子显微镜中，由于电子具有粒子性，入射电子与物质样品碰撞时，电子与组成物质的原子的原子核及核外电子相互作用，使入射电子的方向和能量发生改变，有时还发生电子消失、重新发射等现象，这种现象称为电子的散射。根据散射中电子能量是否发生变化，分为弹性散射和非弹性散射。

①弹性散射。高能电子与核碰撞时，由于二者质量差别很大，电子大角度偏斜而不损失能量，称为弹性散射。作用后带有样品信息的入射电子称为弹性散射电子。电子的弹性散射是电子显微像和电子衍射谱的物理依据。它使透射电镜可以在原子尺度上观察样品结构的细节，也可以提供样品晶体结构和原子排列的信息。在弹性散射的情况下，样品中各原子散射的电子波相互干涉，便形成衍射。

②非弹性散射。如果入射的高能电子与样品中原子核外的慢速电子碰撞，由于质量相当，将重新分配它们的速度和能量。入射电子与原子中电子碰撞后其入射方向发生改变并损失部分能量，称为非弹性散射。非弹性散射过程中将发生电子激发，即入射电子把样品中的电子从低能级跃迁高能级。电子激发通常分为两类：芯电子激发和价电子激发。如果损失的这部分能量激发内层电子发生电离，从而使一个原子失掉一个内层电子而变成离子，这种过程就称为芯电子激发。如果激发原子核外层电子脱离原子则称为价电子激发。相对价电子来说，激发芯电子需要更多的能量，而且不同原子的芯电子能级不同。价电子的激发是产生二次电子的主要物理过程。芯电子激发除了产生二次电子外，还伴随产生特征 X 射线和俄歇电子等重要物理过程，可以用来鉴定原子的种类，即化学分析。我们把参与非弹性散射的入射电子称为非弹性散射电子。总之，入射电子在非弹性散射中损失的能量将被转换为热、光、二次电子、背散射电子等，这些信号是扫描电镜像、能谱分析、电子能量损失谱的信息基础。

a. 二次电子(secondary electron)。是样品原子的外层电子受入射电子束激发，并且有足够的能量来克服逸出功而逃离样品表面(5~10 nm)的电子。由于其能量较低，习惯上把低于 50 eV 的信号电子称为二次电子，以区分于背散射电子。由于价电子结合能远远小于内层电子，价电子电离约占电离总数的 90%，所以绝大多数二次电子来自价电子电离。二次电子是扫描电镜中表征样品表面信息的主要信号电子。

b. 背散射电子(backscattered electron)。是被样品大角度反射回来的一部分入射电子。背散射电子像主要反映样品内部较深层(几百纳米)原子质量信息，它的产额随原子序数的增加而增加，因此不仅能用作形貌分析，还能进行定性的成分分析。另外，利用背散射电子的衍射信息可以研究样品结晶学特性。

c. 被激发原子的弛豫(relaxation)。如果入射电子将原子核外的一个电子打出去，使原子电离，这个原子就处于一个激发态——高能量态，留下的空穴在稍后会被填满，原子将放松，释放多余的能量。原子核从激发态(高能态)回复到平衡态(低能态)的过程称为弛豫。弛豫包括 3 种形式：阴极荧光、X 射线和俄歇电子排放。

阴极荧光(cathodoluminescence)：如果被打出的是原子核的外层电子，则释放的能量将会很小，通常以在可见光范围内的光子的形式释放，这种效应被称为阴极荧光。如半导体样品在入射电子照射下，会产生电子—空穴对，电子被激发后又重新跃迁回空穴位置复合，并释放光子。阴极荧光谱(cathodoluminescence spectroscopy，CL)用于扫描电镜对半导体与杂质的研究。如果入射电子具有足够的能量，使原子核内层(如 K 层)芯电子被激发，则原子释放的能量更大，留下的内层空穴被外层的电子填充，即外层电子由高能态向低能态跃迁，这时将产生特征 X 射线(以 X 射线的形式发射)或特征俄歇电子，如图 10-17 所示。

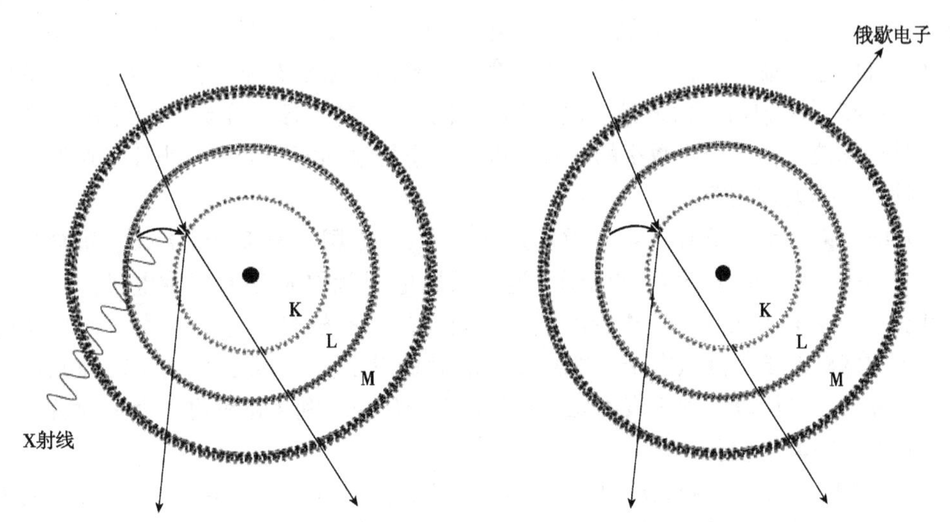

图 10-17　内层(K 层)电子被激发的原子在弛豫过程中释放能量的两种形式：发射 X 射线或排放俄歇电子

(仿 Goodhew et al.，2001)

X 射线(X-ray)：电离能(E_c，X 射线的能量)就是两个激发态能量之差，反映特定原子的特征。这些能量对于每种原子都是不同的，原子序数大的元素，有较大的 E_c。通过测量一个 E_c 和计算相应的波长，就可以确定样品中存在哪些元素。每个原子不同能级之间的电子跃迁发射的 X 射线的波长或能量的谱线将组成特征 X 射线谱。因为每个原子在所有可能状态之间的跃迁似乎都是可能的，所以每一种元素都对应一系列确定波长或能量的谱线，即 K 线系、L 线系、M 线系等。原子序数越大的元素，因原子中有大量的轨道电子，当原子电离化时，可产生大量电子的跃迁，发出大量 X 射线，所以谱线越多；原子序数越小的元素谱线越少。根据这些确定的能量值所对应的谱峰，便可识别不同的元素。X 射线来源于样品深层，采样深度为微米级，不适合进行表层元素分析。在电子显微镜中，特征 X 射线的收集和分析是由配置在透射电镜和扫描电镜上的 X 射线能量散射谱仪(EDS)或波长散射谱仪(WDS)实现的。可以从任何样品发出的特征 X 射线光谱中对样品中的某些元素(原子序数≥4)进行定性分析和定量分析。测量发射的每一种特征 X 射线的波长或能量，能够分析样品中存在的元素种类，即进行定性分析；测量任何一种特征 X 射线的每秒发射量也能了解这种元素的含量，即进行定量分析。

入射电子也可能在不与内层电子发生碰撞的情况下激发 X 射线。在这种情况下，电子可以失去任何数量的能量(从零直到其总动能)，减少的能量以 X 射线的形式发射出来，这时 X 射线不再是一个特定原子的特征，这个过程被称为韧致辐射(bremsstrahlung)或连续 X 射线辐射。连续 X 射线会导致任何电子产生的 X 射线光谱中具有 X 射线背景，因此在能谱分析中必须扣除连续谱底。

俄歇电子(auger electron)排放：另一种替代 X 射线发射的是外层电子的抛射，称为俄歇电子排放。这个过程携带着作为动能的多余能量，即入射电子有足够的能量使原子内层电子被激发，如果其他内层电子已填满，则被激发电子只能跑出原子外，原子内被电离形成空位，外层较高能级电子跃迁至该空位。外层电子向内层跃迁过程中所释放的能量，若没有以 X 射线形式发出，则又被其他外层电子吸收，使其被激发发射出样品外成为自由电子，这个自由电子就是俄歇电子。对于一个原子来说，激发态原子在释放能量时只能进行一种发射：特征 X 射线发射或俄歇电子排放(图 10-17)。原子序数大的元素，特征 X 射线的发射概率较大，原子序数小的元素，俄歇电子排放的概率较大，当原子序数为 33 时，两种发射的概率大致相等。

如果电子束将某原子 K 层电子激发为自由电子，L 层电子跃迁到 K 层，释放的能量又将 L 层的另一个电子激发为俄歇电子，这个俄歇电子就称为 KLL 俄歇电子。同样，LMM 俄歇电子是 L 层电子被激发，M 层电子填充到 L 层，释放的能量又使另一个 M 层电子激发所形成的俄歇电子。俄歇电子一般源于样品表面以下 1~2 nm，多用于表面元素定性分析和定量分析，也可以应用于表面元素化学价态的研究。利用俄歇电子做表面分析的仪器称为俄歇电子能谱仪(AES)。

d. 透射电子(transmission electron)。也称无散射电子(unscattered electron)，因为透射电镜入射电子束的能量很高，当面对厚度只有几十纳米的切片(称为超薄切片)样品时，足以使一部分入射电子不受任何阻碍而直接穿过样品平面，这类电子在穿过样品空间时，没有与原子核或核外电子发生任何碰撞，入射电子的能量和入射角度几乎不发生改变，这些电子被称为直接透射电子。在透射电子显微镜的成像过程中，大部分的入射电子都成为直接透射电子，构成了透射图像的背景，与一部分带有样品信息的散射电子共同形成样品的显微图像。

(2) 电子衍射

物理学方面，在德布罗意物质波理论的基础上，建立了波动力学。波动力学是根据微观粒子的波动性建立起来的用波动方程描述微观粒子运动规律的理论，是量子力学理论的两大表述形式之一。1924 年，德布罗意提出微观粒子具有波动性的假设，1926 年，薛定谔在此基础上提出薛定谔方程。薛定谔方程是量子力学中描述微观粒子运动状态的基本定律，在微观物理学中得到了广泛的应用。新的理论指出，物质波在波动力学过程中的作用与光波在光学过程中的作用一样，于是物质波也应具有衍射现象和干涉现象。就像光学中用惠更斯理论和牛顿理论一起能够解释各种光学现象一样，在像原子这样小的“微小系统”中，结合波动力学，用波动性分析微观粒子的运动规律能帮助我们更好地理解其产生的现象。

1927 年，戴维森(C. J. Davisson)和革末(L. H. Germer)在观察镍单晶表面对能量为 100 eV的电子束进行散射时，发现了散射束强度随空间分布的不连续性，即晶体对电子的衍射现象。电子衍射的发现证实了德布罗意提出的电子具有波动性的设想，构成了量子力学的实验基础。

电子的散射与衍射，分别对应电子的粒子性和波动性这两种属性，都是描述电子与物质的交互作用。在透射电镜成像中，透射电子和无能量损失的弹性散射电子是形成显微图像和电子衍射谱的主要成像信号。为了理解电子衍射的产生，选择晶体作为样品，即周期分布的原子阵列，当电子波(高能电子)入射晶体中时，被晶体中的原子散射，各散射电子波之间互相干涉，在散射过程中部分电子与原子若无能量交换作用，电子的波长不变，则称弹性散射。在弹性散射过程中，由于晶体中原子排列的周期性，各原子散射的电子波在叠加时互相干涉，散射波的总强度在空间的分布并不连续，总在特定方向上散射波的强度非常大。这是因为电子衍射遵循布拉格(Bragg)定律，又称为布拉格公式($2d\sin\theta=n\lambda$)，即当波程差为波长的整数倍时，各晶面散射波干涉加强。任何时候，当检测到高强度电子束时，材料内部必定存在一个假想的原子平面。如果两束入射电子束满足布拉格定律，就一定可以在入射束相对于假想平面的反射方向探测到高强度电子束，这是两束电子束相长干涉的结果。如果不满足布拉格定律就会相消干涉，就无法被探测到。布拉格定律非常简洁地阐明了晶体产生衍射的几何条件，它是分析电子衍射图样的理论基础。

10.5　电子显微成像基本类型

先后出现的透射电镜和扫描电镜是电子显微镜的两种基本类型。二者都以高能入射电子束作为光源，利用电子与样品相互作用产生的多种信号电子成像。透射电镜主要利用穿过薄块样品的透射电子和弹性散射电子成像，获得样品内部结构像；扫描电镜则主要利用入射电子与样品作用后产生的二次电子和背散射电子成像，获得样品表面形貌像。两种电镜中，入射电子照射样品的方式也不同，透射电镜中为泛光式，电子束固定不动，持续照射着样品中被观察的区域；扫描电镜中为扫描式，电子束被会聚为极细的电子探针，在样品表面逐点逐行作光栅状扫描。透射电镜又有两种基本的工作模式：成像模式和衍射模式，两种模式可以在一台电镜上进行一键切换。在成像模式下，能获得主要由透射电子形成的显微图像；在衍射模式下，能获得由弹性散射电子发生衍射形成的电子衍射谱。也可以说，电子被样品散射导致的空间不均匀分布就是我们看到的显微图像，主要用于生命科学领域；散射角度的不均匀分布就是电子衍射谱，主要用于材料科学领域。总的来说，透射电镜能用于对样品进行微观形貌、晶体结构、化学成分、电子结构等微观结构要素进行原位的、一一对应的分析。

复习思考题

1. 光学显微镜的分辨率受什么限制？其极限分辨率是多少？
2. 为电子显微镜的发明奠定理论基础的两个发现分别是什么？
3. 电磁透镜的像差有哪几种？其中对电镜分辨率影响最大且最难消除的是哪种？为什么？
4. 电子显微镜的两种基本类型是什么？二者成像时利用的信号电子分别是什么？成像特点分别是什么？

第 11 章

透射电子显微镜

透射电子显微镜(transmission electron microscope，TEM)的发明为人类在纳米尺度范围内认识生命个体超微结构，并对其进行功能研究搭建了强大的技术平台。从 20 世纪 30 年代发展至今，透射电子显微镜商业化产品不断推陈出新(图 11-1)，仪器元件的设计更具有创新性，设备的加工工艺更加精细化，仪器的操作使用更加自动化、人性化。但无论技术如何迭代更新，透射电子显微镜的成像原理和基本结构一直遵循着透射电子显微镜的发明人——鲁斯卡的设计思路。

(a) Ruska设计的商业化透射电镜

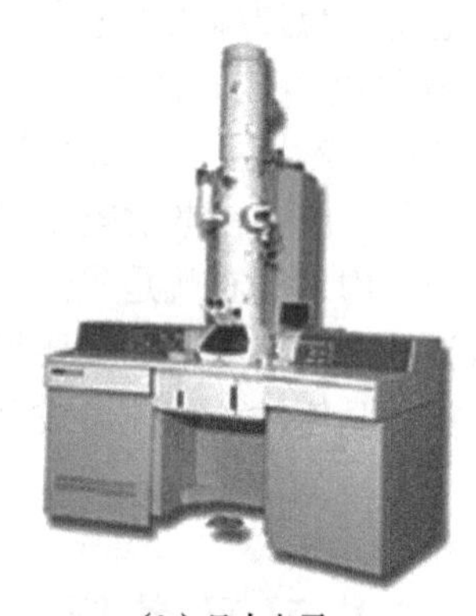

(b) 日本电子JEM100CXII型透射电镜

(c) 日立公司HT7700型透射电镜

图 11-1 不同时期的商业化透射电子显微镜

11.1 透射电子显微镜的结构

透射电子显微镜属于大型精密仪器，整体结构分为三大系统：电子光学系统(也称镜筒)、真空系统和电气系统。

11.1.1 电子光学系统

电子光学系统是透射电子显微镜结构中最重要的部分，其全部集中在直立的镜筒内。

它的结构从上到下分为照明系统(illuminating system)、样品室(specimen chamber)、成像放大系统(imaging and amplification system)和观察记录系统(observing and recording system)，其结构组成和成像光路如图 11-2 所示。

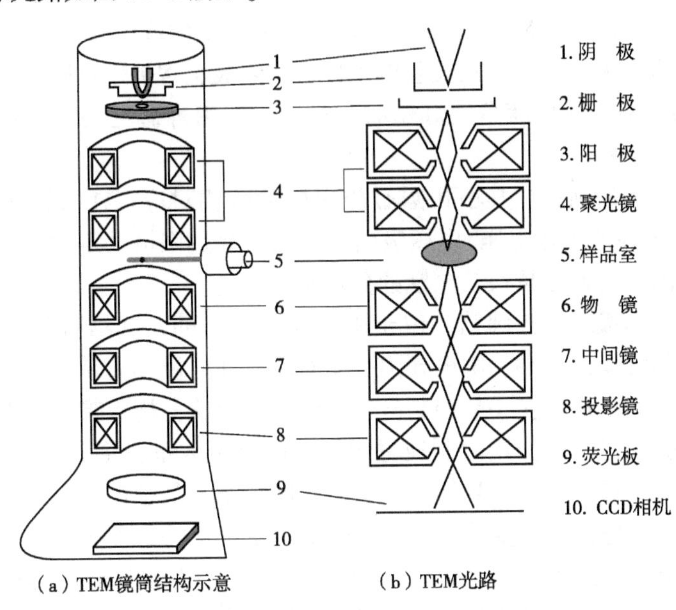

(a) TEM镜筒结构示意　(b) TEM光路

图 11-2　TEM 镜筒结构和光路示意

11.1.1.1　照明系统

照明系统位于镜筒的最上方，主要包括电子枪(electron gun)、聚光镜(condenser len)、聚光镜光阑和消像散器等。

(1) 电子枪

电子枪是电镜的光源，即产生电子束或电子波的装置。电子枪根据发射电子束的原理不同，分为热发射电子枪和场发射电子枪。

①热发射电子枪。是在阴极射线管基础上发展而来的，由阴极(又称灯丝，filament/cathode)、栅极(grid/wehnelt)和阳极(anode)组成，如图 11-3(a)所示。

阴极又称为灯丝，一般是由直径 0.10~0.12 mm 的钨丝制成的尖端呈"V"形的结构，如图 11-3(b)所示。当灯丝被加热到 2700 K 时，其尖端的电子获得足够的能量脱离灯丝

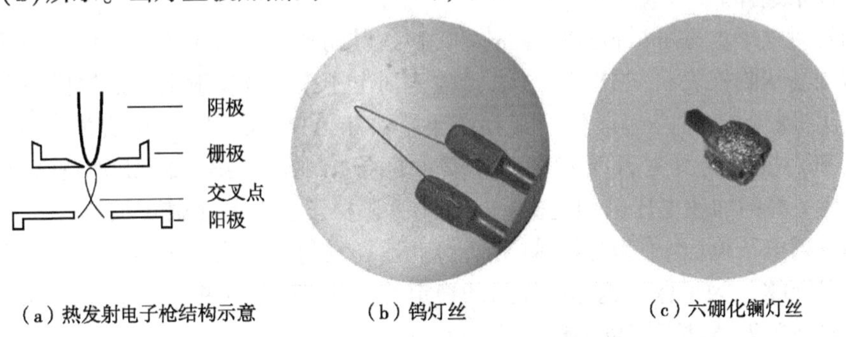

(a) 热发射电子枪结构示意　(b) 钨灯丝　(c) 六硼化镧灯丝

图 11-3　热发射电子枪结构示意及两种灯丝

表面的束缚，成为自由电子。这些电子因加热而产生，因而称为热电子。在一定范围内，灯丝受热的温度越高，发射热电子越多，电子束越亮；但超出该范围后，即使灯丝电流再增大，热电子发射量增加也不明显，但灯丝的使用寿命会急剧缩短，该范围的临界值称为电流饱和点。通常，灯丝电流控制在电流饱和点(或稍低的位置)处，此时热电子发射量最大，灯丝使用寿命较为合理。在热发射电子枪中，阴极也常采用六硼化镧(LaB_6)晶体，加热温度大约为 1700 K，其亮度是钨灯丝的 100 倍，使用寿命更长，但对真空环境要求较高，如图 11-3(c)所示。

阳极是一个带孔的圆盘，其小孔圆心与阴极尖端相对应。在阳极和灯丝间一般会有 40~400 kV(甚至更高的工作电压)电压吸引电子束，穿过阳极孔定向运动到样品上。工作电压越高，电子的运动速度越快，电镜的分辨本领越高。

栅极也称为控制极或韦氏圆筒，位于阳极与阴极之间，其结构是一个带有小孔的圆筒。栅极孔圆心与灯丝的尖端、阳极孔圆心相对应。在栅极孔上带有一定的负电压，称为栅极偏压。栅极有两个作用：一是控制电子束的束斑形状，栅极带有负电，当电子束通过栅极孔时，栅极会通过排斥作用限制通过栅极孔的电子数量，将电子束“挤压”成 100 μm 以下的电子束进入阳极。电子束越细，照明强度越高。二是稳定、限制灯丝电流。电子枪在工作时，如果灯丝电流稍有变化，发射的热电子量也会随之发生变化，此时如果不对灯丝的电流加以限制，电子束的波动较大，就会产生像差，从而降低仪器的分辨本领，影响成像质量。电子枪采用了特殊设计，使栅极的电压和灯丝的电流成正比，这表明当灯丝电流增大时，栅极负电位的绝对值也在增大，所以它对电子的排斥作用增强，尽管此时热电子的绝对数量增加，但能通过栅极孔的热电子的量还保留在原有水平，从而稳定了灯丝电流，保障电镜工作的稳定性。此外，被拦截的多余电子会堆积在灯丝周围，抑制了灯丝热电子的进一步发射。栅极发挥了控制电子束的束斑形状、稳定灯丝电流的作用。

在热发射电子枪中，正、负电位之间形成两个弯曲的等电位面，这两个等电位面相当于一个静电电子透镜，将电子束会聚成一个直径为 30~50 μm 的交叉点，即一个更微小的电子束的集合点，这才是电子显微镜的实际光源。

热发射电子枪的工作过程如下：灯丝被加热到 2700 K 时，其尖端位置释放热电子，在栅极的控制和阳极电位的吸引下，运动的电子会聚成细束穿过栅极和阳极的小孔，成为波长极短的电子束。灯丝电流要选在电流饱和点处工作，栅极电位和阳极电位要根据具体的实验条件来选择。

②场发射电子枪(field emission gun，FEG)。其与热发射电子枪的工作原理不同，它是利用外加电场从阴极表面“拔出”电子，产生入射电子束。场发射电子枪包括一个阴极和两个阳极，阴极材料通常是钨晶体，其尖端半径小于 0.1 μm，比 LaB_6尖端更细、更尖锐。第一阳极和阴极相比具有几千伏的正电势，即拔出电压，第二阳极则是给电子束提供 100 kV甚至更高的加速电压的加速极。根据第一阳极工作时是否需要加热，场发射电子枪分为热场发射电子枪(也称为肖特基电子枪)和冷场发射电子枪。热场发射电子枪工作时需要加热到 1700 K，为了保证钨晶体发射的稳定性，在其外表包裹一层氧化锆(ZrO_2)；冷场发射电子枪在常温条件下即可工作。

场发射电子枪的阴极尖端必须保持足够的干净，即没有污染和氧化。给阴极加热是保持其尖端干净的主要方法。热场电子枪有持续加热的过程，所以其尖端表面基本不会被污染；而冷场电子枪在常温环境工作，为了保证清洁度，定期需要通过“Flashing”过程，即瞬间将尖端加热到 5000 K 左右使表面污染物蒸发。同时，场发射电子枪要求极高的真空工作环境，也是为了防止阴极尖端被污染。场发射电子枪的亮度比 LaB_6灯丝平均高出 100 倍，使用寿命可达几千小时。热发射电子枪和场发射电子枪的性能参数比较见表 11-1。

表 11-1　热发射电子枪与场发射电子枪性能参数比较(100 kV 工作条件)

性能参数	热发射电子枪		场发射电子枪	
	钨灯丝	LaB_6晶体	肖特基电子枪	冷场发射电子枪
工作温度(K)	2700	1700	1700	300
交叉点直径(nm)	$>10^5$	10^4	15	3
能量扩散度(eV)	3.0	1.5	0.7	0.3
真空度(Pa)	10^{-2}	10^{-4}	10^{-6}	10^{-9}
使用寿命(h)	100	1000	>5000	>5000

注：引自李建齐，2015。

从表 11-1 中可见，从热发射钨灯丝电子枪到冷场发射电子枪，电子枪内形成的交叉点的尺寸越来越小，这有利于提高电镜，尤其是扫描电镜的图像分辨率；照明亮度越来越高，有利于提高观察平面的亮度；能量扩散度越来越小，说明电子波的单色性更好，利于高分辨成像。当然，不同的电子枪，对真空环境的要求也不同。真空度越高，对仪器的真空性能、操作者的水平、维护的要求也更高。

(2)聚光镜

聚光镜位于电子枪与样品室之间，作用是将电子枪发射的电子束尽可能无能量损失地照射到样品上。用于生物学研究的透射电子显微镜一般采用双聚光镜系统，每级聚光镜均为极靴透镜的设计，包括导线、软铁和极靴小孔。第一聚光镜为短焦距的强磁透镜，将来自电子枪交叉点的电子束会聚成直径 0.20~0.75 μm 的小光斑，调整第一聚光镜的线圈电流能改变电子束斑尺寸；第二聚光镜为弱磁电镜，它将第一聚光镜聚焦的光束几乎无改变地照射到样品上。第二聚光镜配有孔径不同的光阑，调节光阑孔径能够改变照明孔径角，调整照射到样品平面的绝对电子量。在第一聚光镜和聚光镜光阑工作条件确定后，通过改变第二聚光镜的电流，能够调整电子束在样品上的照明亮度和照射面积，照射面积越小，亮度越高，反之亦然。聚光镜还配有消像散器，实际上是一种附加的、可调的电场或磁场，通过补偿透镜磁场的轴不对称性的方式减小像散。

11.1.1.2　样品室

样品室位于聚光镜的下方，包括样品杆、移动马达台、气锁装置等。几乎所有透射电子显微镜观察的样品都放在直径为 3 mm 的金属载网上(常用铜制备而成，也称为铜网)，先将铜网放置在样品杆上，样品杆再将样品送入样品室内。早期透射电子显微镜有顶落入式的样品室，现在多采用侧插杆式的样品室，它可同时放入 1~3 个铜网样品。移动马达台在多个铜网间切换观察样品时，确保每个样品水平地处于成像光路中，并且精确地与入射电子束垂直。对于具有能谱仪、三维成像等功能的透射电子显微镜，移动马达台还可以使样品立体旋转，以实现不同角度的观察。

样品室配有独立的气锁装置，在更换样品时，样品室被封闭为一个较小的、独立的空间，空气进入时不干扰其他真空环境，便于电镜更迅速地恢复到工作时的真空状态。现代透射电子显微镜更换样品只需极短的时间，提高了工作效率，有效保护了电镜的真空环境。

11.1.1.3 成像放大系统

成像放大系统位于样品室的下方。在样品室，入射电子束与样品相互作用，产生带有样品结构信息的电子散射信号，这些信号进入成像放大系统，依次被物镜(objective len)、中间镜(intermediate len)和投影镜(projector len)逐级放大，最终投射到荧光板上。成像放大系统中的这 3 级电磁透镜均为极靴透镜的结构设计。

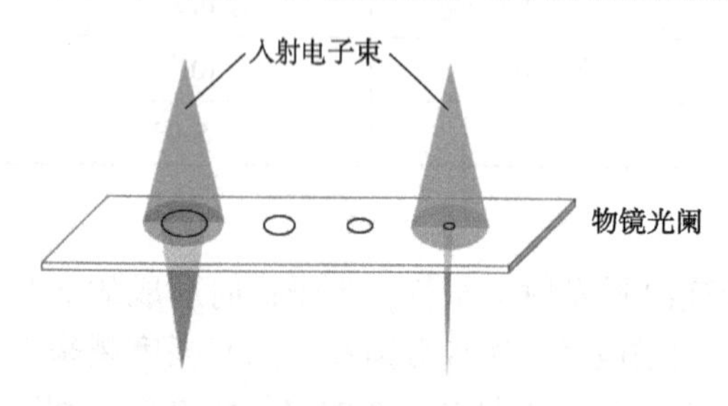

图 11-4 穿过不同光阑孔的电子束

物镜的作用是接收来自样品室的成像信号进行第一次放大。物镜的放大作用必须真实、可靠，如果稍有失真，在后续放大过程中，这种缺陷会被级联放大，影响最终图像质量。物镜是决定一台透射电子显微镜分辨本领的重要因素之一。为了提高成像质量，物镜配有物镜光阑(objective aperture)，即在一个金属(钼)片上配有 4 个尺寸依次增大的圆孔，孔径大小一般为 20~150 μm。根据成像的不同需求，选择一个合适的光阑孔水平放在成像光路的轴线上。物镜光阑只允许倾斜角度小的电子束通过光阑孔，偏斜角度大的入射电子束被拦截，无法进入成像光路，如图 11-4 所示。物镜光阑有两个作用：一是使进入后续成像系统的电子束尽量集中在轴线附近，限制了入射孔径角，减小球差，提高了成像质量；二是扩散角度大的电子束被拦截后，增加了样品的成像反差，因此，物镜光阑也称为反差光阑。物镜光阑的孔径角越小越有利于提高反差，但光阑孔太小，易被污染，同时衍射像差也会增大，在实际工作中选择大小为 50 μm 左右的物镜光阑孔较为合适。物镜的放大倍率一般为 100~200 倍，放大倍数相对固定。

在物镜下面，一般配有 1~2 级中间镜，均为弱磁透镜，放大倍率在 0~20 倍内连续可调。

投影镜在中间镜的下方，通常配有 1~2 级，属于强磁透镜。投影镜把中间镜放大的图像进行终级放大，并投射到荧光板上。投影镜的放大倍率固定，一般为 300 倍左右。

透射电子显微镜的放大倍数为物镜的放大倍数、中间镜的放大倍数和投影镜的放大倍数的乘积。通过改变物镜、中间镜和投影镜的线圈电流，来调整各级透镜的焦距和开关情况，就会形成由不同透镜组合的放大模式，以此来调整透射电子显微镜图像的最终放大倍数。例如，需要几百倍的低倍成像模式时，可以关掉物镜电流，利用中间镜和投影镜的组合模式进行低倍观察。

11.1.1.4　观察记录系统

(1) 观察模式

透射电子显微镜的观察室在成像放大系统的下方，由玻璃观察窗、荧光板和一个观察放大镜组成。在荧光板上涂有荧光粉，其主要成分是硫化锌(或硫化锌与硫化镉的混合物)，它们将透射电子所携带的电子信号转换为光信号。图像亮度与入射到荧光板的电子数量成正比，即入射到荧光板的电子越多，图像越明亮；入射到荧光板的电子越少，荧光板越暗。而入射到荧光板的电子数量是由样品结构决定的，这些明暗不同的区域组成了样品的灰度图像。观察者可以透过玻璃观察窗在荧光板上直接观察图像，也可以借助镜筒外的放大镜进一步放大观察。

制备观察窗的玻璃内含有铅，以防止 X 射线的外溢。为了提高人眼观察荧光板的分辨率，研究者通常在暗室内完成透射电子显微镜的调整、观察和拍照等工作。有些新型透射电子显微镜(如日立 HT7700 型透射电镜)，将传统的荧光板去掉，取而代之的是荧光屏相机，它将图像投射到电脑显示器上。虽然，荧光屏相机的分辨率较低，但对于图像观察区域的选择足够了。最重要的是，它将观察者从黑暗的工作环境中解放出来。现代电镜的设计者，在不断提高仪器性能的同时，也在更多地关注仪器操作者的使用感受。

(2) 拍摄模式

透射电子显微镜记录图像的方式有两种：底片拍摄和 CCD(charge coupled device，电荷耦合装置)拍照。

早期透射电子显微镜使用底片记录图像，也就是拍摄照片的方式。图像聚焦清晰后，需要拍照时，将荧光板中间的中心屏幕抬起，电子束直接照射到底片上，记录图像。使用底片给电镜工作带来一些不便，如观察者不能即时确定照片的拍摄质量、每次拍摄数量受限、更换底片盒用时很长、需要暗室等。

现代透射电子显微镜则采用 CCD 相机拍摄。它能够将光学图像信息转化为数字信息，并传送到计算机上，经成像软件处理，在显示器上得到放大图像。CCD 有两种安装方式：底插式和侧插式。底插式安装是将 CCD 安装到原来底片的位置，也就是荧光板的正下方。这种安装方式得到的图像质量好、放大倍数高，但视野面积小。侧插式安装则是将 CCD 安装在荧光板的上方，这种方式拍摄得到的图像视野面积大，但放大倍数小。侧插式 CCD 拍摄的图像边缘受电镜球差的影响，会产生扭曲，图像质量没有底插式好。与传统的底片拍摄相比，CCD 的应用使观察者实时可见拍摄的照片质量，并且观察过程不受底片数量的限制，省去了烦琐的照片冲洗的过程，图像数据的传输也更为方便，工作效率得到很大的提高。

11.1.1.5　透射电子显微镜的成像放大过程

在真空条件下，热发射电子枪通电加热后，发射波长很短的电子波，经聚光镜会聚照射在样品表面。由于样品的不同区域的质量和厚度不同，形成不同的透射电子散射信号，即直接透射电子、弹性散射电子和非弹性散射电子。这些带有样品结构信息的电子散射信号经物镜、中间镜和投影镜的连续放大，最终在荧光板上呈现清晰的图像，在底片或 CCD 上记录图像结果。

11.1.2　真空系统

11.1.2.1　真空工作的必要性

电子显微镜工作时要求镜筒内必须是高真空环境，一般生物透射电子显微镜内的压强约为 1.3×10^{-5} Pa，超高压透射电子显微镜的工作压强要低于 10^{-7} Pa，场发射透射电子显微镜电子枪上的真空度约为 10^{-9} Pa。无论电子显微镜是否在工作，都应该保持高真空状态，这既有利于提高成像质量，也可以延长电镜的使用寿命。真空环境对电镜如此重要，原因如下：

①如果镜筒中有气体分子残留，与高速运动的电子碰撞会使残留的气体分子发生电离，产生放电现象，引起电子束不稳定或产生"闪烁"现象。

②入射电子与气体分子碰撞，就如同与组成样品的原子碰撞一样也会产生电子散射信号。这些信号混入真正的样品成像信号中，干扰成像。

③残余的气体分子会污染样品，降低成像质量。

④在有空气的条件下，灼热的灯丝容易被氧化烧断。

因此，为了提高成像质量，延长灯丝使用寿命，镜筒内保持高真空环境是必要的。

11.1.2.2　真空系统的组成

真空系统主要包括真空泵、真空管道及阀门、真空检测元件等配件。电镜的真空环境主要依靠真空泵来实现，根据能够获得的真空水平，真空泵划分为粗真空泵(只能获得 10^{-1} Pa 的真空水平)和高/超高真空泵(可获得 10^{-9} Pa 的真空度)；根据排气原理，真空泵划分为排气泵和俘获泵，前者是空气从泵体的一端进入，再从另一端排出，如机械泵、扩散泵，而后者则是在泵体运行时吸附空气分子，加热或关闭时将空气释放，如离子泵和吸附泵。

(1)粗真空泵

电镜开始抽真空时，首先由粗真空泵开始工作，形成较低的真空度，再由高真空泵持续工作，达到电镜可工作的真空状态。常用的粗真空泵为机械泵，工作时由转子带动一个金属刮片连续转动，将进气口吸入的空气随转子转动从排气口排出。机械泵性能可靠、价格便宜，但获得的真空水平低、噪声大。

(2)高真空泵

常用的高真空泵为扩散泵、涡轮分子泵等。扩散泵工作时，泵体内的油从液体状态加热成油蒸汽，再从油蒸汽冷凝成液体。在这种往复循环运动中，将进气口处的空气带到排气口释放。扩散泵没有振动，工作效率较高，但泵体内油蒸汽有可能进入镜筒，污染真空环境。扩散泵还需要冷却水，以保证油从蒸汽到液体再到蒸汽的循环使用。涡轮分子泵工作时，利用高速旋转的涡轮机将空气从前端吸入，从后端排出。

在场发射透射电子显微镜中，为了进一步提高电子枪的真空度，还会安装离子泵。离子泵通过两种方式捕获气体分子：一种是依靠电场使气体电离形成离子被阴极吸附；另一种是活性钛原子集聚在阳极吸附气体分子。离子泵捕获的气体不能被立即排出，只能在高温加热烘烤时释放，所以，离子泵属于捕获泵(吸附泵)。离子泵在分子泵形成较高的真空水平后才能有效工作。

目前，还没有一种真空泵能够使电镜直接从常压状态达到可以工作的真空状态，通常都需要几种真空泵级联使用。现代透射电子显微镜都有真空检测装置，当镜筒中的真空度下降时，高压电路自动中断，同时开启真空泵，以达到可工作的真空状态。

11.1.3　电气系统

电气系统的主要作用是为电子显微镜各部分提供稳定可靠的电源。电源主要有两类：一是小电流高电压电源，其作用是加载在电子枪上，产生负高压以加速电子，此外还要供给灯丝加热；二是大电流低电压电源，主要为各级电磁透镜的线圈提供电流，通过调整磁场强度改变放大倍数。在电镜使用过程中，所有电源必须非常稳定。任何极微小的电流波动都会改变电子束的波长，从而影响成像质量和仪器的分辨本领。

11.2　透射电子显微镜的成像原理

人的眼睛分辨物体主要依据样品和背景之间的两种反差：一种是光强的差别，另一种是色彩的差别。光强的差别造成图像结构细节之间明暗不同，这种明暗差别称为振幅反差。色彩上的差别是由于物体对入射光的某一波长或某些波长的吸收，反射出其互补光，表现出颜色不同。人们更容易区别反差明显的物体，反差弱的物体则不易分辨。所以，在显微成像技术中，样品结构细节间的反差越强，越易被观察到。

在光学显微成像过程中，振幅反差和颜色反差都发挥了重要作用。振幅反差是由于样品切片上的结构、区域不同，对光线的吸收能力不同形成的。分子密度大的区域，对光线的吸收力强，透射过的光线少，在图像上形成暗区；分子密度小的区域，对光线的吸收能力弱，透射过的光线多，则在图像上形成明区。此外，在光镜样品制备技术中，通过染色增加样品的颜色反差。不同的样品结构与染料的吸附、结合能力不同，例如，苏木素-伊红染色时，细胞质与伊红的结合力较强，镜下细胞质呈现粉红色；细胞核与苏木素结合力更强，镜下观察呈现灰蓝色，即细胞质和细胞核之间形成颜色反差。

目前，透射电子显微镜的原始图像都是黑白图像(或称为灰度图像)，样品结构细节之间的差异在图像上表现为明暗程度不同的黑白图像，而与颜色无关。

11.2.1　透射电子显微镜的成像信号

当入射电子束和样品相互作用时会产生电子散射信号，电子显微仪器依据这些信号进行成像放大及相关检测。对于透射电子显微镜来说，其成像信号是由直接透射电子、弹性散射电子和非弹性散射电子组成的。其中，直接透射电子是入射电子无阻碍地穿过样品形成的；弹性散射电子是入射电子和原子核相互作用产生的偏转电子；非弹性散射电子是入射电子和核外电子作用产生的成像信号。这 3 种电子散射信号从样品的内部穿过后产生带有样品结构信息的信号，而透射电子显微镜利用这些信号呈现放大的图像。

11.2.2　透射电子显微镜的反差类型

在生物样品的超微结构研究中，主要有两类反差参与了成像过程。

(1)振幅反差

在成像过程中，一束入射电子和样品上的多个原子相互碰撞，发生作用。如果所观察样品的区域越厚(实际上是电子束穿过样品的厚度)、质量越大，入射电子发生各种散射的概率越大，直接透射电子相应减少；反之，样品区域越薄、质量越小，则发生散射的概率就越小，更多的入射电子以直接透射的方式穿过样品。所以，入射电子穿过样品后，究竟成为散射电子还是直接透射电子与样品的厚度、质量有关，如图 11-5 所示。质量-厚度是电子显微学中描述样品性质的一个概念，即观察点的样品密度与入射电子束在该点穿透的距离之积。质量-厚度是影响入射电子穿透样品后运动轨迹的重要因素。在透射电子显微镜成像系统中，物镜配有一个重要的元件——物镜光阑，它是在一个特制的金属片上有 4 个直径依次增大的圆孔，孔径最大不超过 150 μm。成像时，光阑位于物镜的下方，光阑孔圆心位于光路中心。当入射电子束和样品相互作用时，受质量-厚度的影响，不同区域对入射电子的散射能力不同，入射电子穿过样品后的散射角度不同，此时，由于光阑的存在，并不是所有的成像信号都参与最终的成像过程。偏斜角度大的电子因被光阑拦截，无法通过；只有偏斜角度小的电子能够通过光阑孔，进入后续成像系统。质量-厚度大的区域，对入射电子的散射力强，通过样品后的电子散射角度大，通过光阑的有效电子较少，在成像的荧光板上，可激发产生的光信号较弱，图像区域较暗。对于质量-厚度较小的区域，入射电子发生散射的概率小，所以电子的偏转角度较小，通过光阑的有效电子较多，在成像的荧光板上，激发产生的光信号较多，这个区域就会更亮。最终，图像上的明暗反差反映的是样品结构上的差异。这种反差越大，样品的结构细节就越容易被分辨出来。

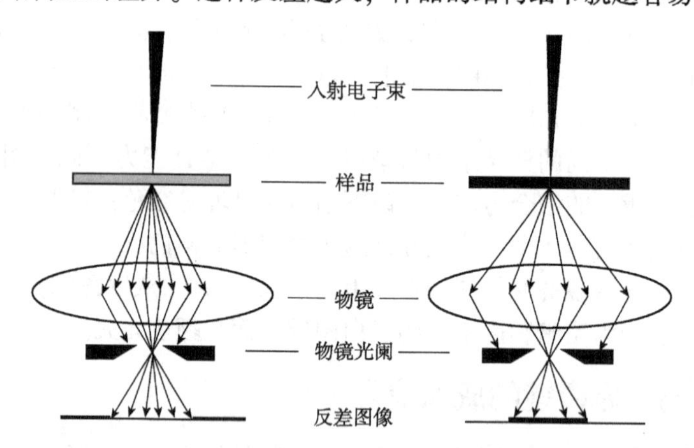

图 11-5　振幅反差成像原理示意

当然，产生这种振幅反差的前提是样品本身具备一定的厚度，这样才会有质量-厚度的差异。振幅反差在厚样品成像过程中，发挥了重要的作用。同时，物镜光阑将偏转角度大的电子拦截掉，进一步增大样品的成像反差，所以物镜光阑也称为反差光阑。

(2)相位反差

对于由碳、氢、氧、氮等原子序数较小的“轻”元素构成的薄样品，产生的弹性散射和非弹性散射电子的倾斜角度都很小，几乎都可以通过光阑，这些图像由质量-厚度产生的振幅反差就会较小。此时，可以把运动的电子束看作电子波，入射电子波和样品相互作用后，产生散射波和直接透射波。由于样品的空间阻碍作用，散射波的相位向后延迟，与直接透射波的相位产生差异。当直接透射波和散射波的相位差满足一定条件时发生干涉，从而使图像中电子波的强度发生变化，表现为图像具有明暗反差(丁明孝，2021)。所以，相位反差在薄样品成像过程中发挥了重要的作用。

11.3　透射电子显微镜的使用

透射电子显微镜从诞生至今，仪器操作呈简便化、人性化的趋势。要想掌握具体仪器的使用方法，还要参照每台仪器的操作说明。这里以日立 HT7700 型透射电子显微镜为例，简单介绍透射电子显微镜使用的一般程序。

11.3.1　透射电子显微镜的使用程序

(1) 开机

透射电子显微镜的开机有两种含义，主要是针对两种不同的关机程序。如果关机时，只关闭计算机操作程序，称为小关机，相对应的开机程序称为小开机；如果关机时，真空系统和计算机操作程序都关闭，则称为大关机，相对应的开机程序称为大开机。电镜仪器真空度越高，仪器的工作状态越好，越利于得到高质量图像。原则上，电镜全年都不需要关闭真空系统。

大开机程序：①打开电源总开关，给仪器通电；②打开冷却循环水；③确认仪器上的各工作按钮在初始位置；④启动仪器抽真空开关“EVAC”，电镜开始自动抽真空，达到工作的真空状态时，指示灯亮起；⑤启动仪器计算机程序开关“COL”，打开工作程序，仪器进入待机工作状态。此时，显示器上会出现仪器抽真空的状态图。

小开机程序：只需要完成上述步骤②和⑤即可。

(2) 调试

透射电子显微镜的调试工作主要包括合轴、消像散两个方面，通常由电镜专业技术人员完成，这里简单介绍。一方面，在透射电子显微镜工作过程中，只有电子束的运行轨迹、仪器的机械中轴和各级电磁透镜磁场中轴线的轨迹重合，才能实现理想成像。但在电镜成像过程中，存在多种因素影响电子束的运动，使其偏离理想轨迹。在调试过程中，将偏离的电子束拉回中轴线的过程称为“合轴”。另一方面，由于像散的存在，即电磁透镜的磁场在两个垂直的方向不对称，其结果是原来为正圆形的图像变为椭圆形，此时，可通过消像散器消除像散解决这一问题。

①电子束的获得和对中。从电子枪的结构可知，电子束的获得必须有灯丝电流和加速电压。首先打开电镜的工作电压，一般是从低电压向高电压逐级增加，待每一级电压所对应的电流稳定后，才增加下一级电压，然后缓慢增加灯丝电流直到电流饱和点，荧光板逐渐变亮。HT7700 型透射电子显微镜在自动工作模式下，点击 Film 模块中“HV on”，即可实现仪器自动增加工作电压和灯丝电流。工作电压和灯丝电流的工作值已提前设定并保存在程序中。有时，随电流的增加，荧光板亮度一直较暗，或荧光板亮度增加不明显，这说

明电子枪的灯丝发射的热电子被遮挡，利用电子枪对中组件将灯丝、栅极小孔、阳极小孔对中即可。

②照明系统的调整。调整照明系统是为了形成高度集中的电子束照射在样品上，这包括电子枪和聚光镜的合轴、2 级聚光镜的合轴、聚光镜光阑的选择和对中、聚光镜的消像散。电子枪和聚光镜的合轴就是使电子枪中发射的电子束与聚光镜的中轴线重合，以达到近轴成像的理想状态。聚光镜光阑的选择会影响入射电子束的孔径角和通光量。孔径角越大，通光量越大，照明亮度越强，但球差也相应增大。通过控制面板上电子束移动控制旋钮 *X*、*Y* 以及聚光镜光阑旋把上的 *X*、*Y* 旋钮配合将光阑移到光路中心，使光斑呈同心圆放大或缩小。

③成像系统的调整。物镜、中间镜和投影镜构成了成像放大系统，此处的调整主要针对物镜光阑的对中。如果物镜光阑没有对中，表现为成像放大时图像被遮挡。此时，通常将电镜调整到荧光板 CCD 模式，将放大倍数调至 700 倍，利用物镜光阑旋把上的 *X*、*Y* 旋钮将光阑孔调至光路中心。

(3) 观察与拍摄

遵循先低倍、后高倍的原则进行图像的观察与拍摄。

①观察。选择荧光板 CCD 模式，按照从低倍(几百倍)到高倍(3000×以上)的观察顺序，逐级放大，选择切片完整、没有污染、刀痕等干扰因素的视野移到荧光板中心。

②拍摄。选择拍摄 CCD 模式，将选定的视野逐级放大、聚焦、再放大、再聚焦直至图像清晰，调整图像明暗度、对比度，然后拍照获得图像，确认图像质量并保存。HT7700 透射电子显微镜的电子图像上标注了图像放大倍数和工作标尺。

(4) 关机

根据关机的具体流程不同，分为小关机和大关机两种程序，具体如下：

①小关机。即保留真空系统工作，只将灯丝电流和工作电压关掉。在 HT7700 电镜关机时，点击“HV off”，关闭电压和电流；关闭各工作模块；将 COL 按钮置于“O”位置，仪器自动退出工作程序；待控制台面指示灯熄灭后，关闭冷却循环水，关机程序完成。

②大关机。在完成上述小关机步骤后，将 EVAC 按钮置于“O”位置，待所有指示灯熄灭、真空泵停止工作后，完成关机程序。

11.3.2 增加样品振幅反差的方法

生物样品大都是由碳、氢、氧、氮等比较轻的元素构成，对入射电子的散射力较弱，相对来说样品的反差较小。为此，必须采取一些方法增加样品的反差，即增加散射电子、减少透射电子。

(1) 电子染色

重金属元素的原子序数大，对入射电子的散射力较强。参考光镜的染色方法，以重金属盐溶液为染色液，由于样品的结构不同，与染料的结合能力不同，结合的数量不同，从而对入射电子的散射能力不同，增大样品的振幅反差。

(2) 降低加速电压

对于厚度确定的样品来说，加速电压越小，入射电子从电子枪内获得的能量越小，即入射电子的运动速度较慢，电子束的穿透能力变弱，易产生散射电子，而直接透射电子相应减少，样品的反差被增大。所以，适当降低加速电压，有利于增大样品的反差。当然，降低加速电压的同时，电镜的分辨本领也会随之降低。要针对样品的具体情况，决定电镜的工作电压，以获得分辨率较高、结构细节反差明显的图像。

(3) 增加样品厚度

根据质量—厚度原理，样品越厚，它的质量—厚度差异越大，对入射电子的阻碍作用越强，散射电子数量增加，直接透射电子减少，样品的振幅反差随之增大。但样品的厚度要控制在 100 nm 范围内，太厚的样品电子束无法穿透，不利于成像。

(4) 选择小孔径的物镜光阑

物镜光阑的孔径越小，图像的反差越大，但同时，衍射像差增大。另外，小孔径的物镜光阑易被污染。所以，选择光阑孔径时要综合考虑衍射像差、光阑污染、成像反差等因素。为了平衡上述因素，通常选择第二小的光阑孔径进行图像的放大观察。

获得高质量的电镜图像，除了要求电镜仪器本身具有很高的分辨本领外，还要有较好的样品制备技术和丰富的电镜操作经验，根据样品的实际情况设定各项工作参数。

11.3.3　透射电子显微镜观察注意事项

(1) 全面认识样品结构

虽然细胞是组成生物个体的基本单元，但不同物种、不同组织、不同器官，其细胞组成又各不相同。透射电子显微镜观察样品的局限性是取样小，一般超薄切片取样不超过 1 mm^3，最后制成的超薄切片的面积仅为 0.3 mm^2 左右。首先，在取样前，研究者要了解样品的结构组成，以保证取样区域的准确性；其次，在半薄切片定位时，研究者对目标结构的细胞组成清晰明了，这样才能保证切片区域的准确性；最后，在电镜下观察超薄切片时，要能够正确区分细胞的种类、结构、特有的细胞器和细胞组分，有的放矢地拍摄才能保证实验结果的准确性。所以，研究者要全面认识生物样品的结构，从宏观的个体、器官、组织到微观的细胞组成，尤其是动物组织的细胞构成比植物组织更为复杂，这一点是进行超微结构研究的重要基础。

(2) 客观拍摄实验照片

在进行超微结构相关研究时，需要具备较为专业、系统的知识，对具体的结构及变化进行分析、解读。查阅文献是获得相关知识的重要手段。通过查阅相关文献，研究者可以对细胞内生理条件下和病理条件下超微结构的变化等信息有一个全面、正确的认识。以此为基础，研究者才有可能正确区分哪些结构是正常的，哪些变化是有规律性的，哪些变化是偶然的，从而捕捉到有意义的信息。

但有些研究者，以文献作为筛选图像的“金”标准，文献中提及的结构变化及具体的变化细节都是他们寻找结果的依据。正常的观察过程是要先全局性地观察切片上所有的细胞，然后，根据细胞结构变化的程度选择有代表性的区域拍摄照片。但目前，研究者通常从一堆细胞中按文献提及或自己设想的变化趋势寻找拍摄目标。换而言之，在来电镜室前，研究者已经在心里设想出细胞结构的变化，并按这个变化来拍摄照片。

这样的研究没有尊重客观事实，违背了实事求是地进行科学研究的原则。虽然，这些电镜照片是真实拍摄的，但不一定是样品典型结构的代表。有时，因为有目的地寻找那些设想出的实验结果，可能忽视了真正有意义的结构变化信息。只有先全面地观察样品后再客观地拍摄实验照片，才能通过电镜照片真实地反映样品结构的变化，这样的研究也才更真实、更有意义。

(3)正确理解二维图像

透射电子显微镜工作时，电子束在样品上是固定不动的，即采用泛光式的照明方式，从样品上方照射下来。所以样品虽然具有三维结构，但在荧光屏上，得到的是它们的二维投影像。尤其在进行纳米颗粒材料研究时，这一问题更为突出。一个形态不规则的纳米颗粒样品，在不同的角度下拍摄的照片中的形态会有不同。研究者要能够学会从立体结构中分辨出不同角度的图像，还要学会利用不同角度的投影像还原立体结构。当然，随着电镜技术的发展，三维成像技术越来越成熟，未来的透射电子显微镜不仅提供二维平面结构，还会有更立体、全面的三维结构信息。

11.4 透射电子显微镜的诞生与发展

20世纪20年代，物理学界多项重要的发现和发明为透射电子显微镜的诞生奠定了基础。自此以后，科学家们就在不断地追求电子显微镜的高分辨成像，并希望在原有二维尺度成像的基础上，增加三维成像、元素分析等新的功能。

11.4.1 透射电子显微镜的诞生

(1)透射电子显微镜的诞生

法国科学家德布罗意提出的波粒二象性理论为透射电子显微镜提供了波长更短的入射光源；德国学者布施提出了轴对称的电磁场对电子束具有玻璃透镜似的聚焦作用，解决了如何对电子束聚焦成像的问题。在这两个重要的理论之上，1929年，鲁斯卡改进了布施的螺线管线圈，通过在线圈外增加了一个软铁外壳，制作成聚焦能力更强的包壳透镜。随后，鲁斯卡制造出以阴极射线管为光源、配有一组电磁透镜的放大成像系统。由于没有样品室，这套系统只相当于一个放大镜。1931年，鲁斯卡和他的导师诺尔(Max Knoll)制造了配备2组电磁透镜的显微仪器，最终得到17.4倍的放大图像，第一台真正意义上的电子显微镜诞生了(Ruska，1987)。

这台仪器放大倍数虽然没有超过光学显微镜，但却用无可争议的事实证明，以电子波为光源，利用电磁场对电子束的会聚作用进行放大成像是可行的。更为重要的是，由于电子波的波长远小于光学显微镜的可见光波长，按照阿贝理论，电子显微镜的分辨本领将得到极大的提升。

(2)透射电子显微镜的早期发展与应用

在鲁斯卡等科学家的努力下，不断更新迭代的透射电子显微镜配备了多级聚光镜、物镜和投影镜，放大倍数由几十倍攀升到几万倍，电磁透镜由包壳透镜改进为会聚能力更强的极靴透镜，样品室和拍照室都装有气锁装置，实现了在真空条件下拍照。透射电子显微镜技术的革新催生出种类繁多的商品化电镜产品，如西门子公司的Elmiskop系列、美国无线电公司的 EMA 产品、荷兰飞利浦公司的 EM100 产品，性能卓越的透射电子显微镜促进了科学家们在各个领域开展深入的形态学相关研究。1934 年，来自比利时的马顿(Ladislaus Marton)拍摄得到茅膏菜属植物叶子切片的电镜照片，这是科学家拍到的第一张生物样品的电镜照片(Marton，1976)。1940 年，鲁斯卡的弟弟 Helmut Ruska 拍摄得到第一张噬菌体的电镜照片(Haguenau，2014)。时至今日，很多电镜公司已退出历史舞台，而日立、日本电子、蔡司、泰斯肯等公司仍然在电镜领域不断耕耘。

(3) 国产电子显微镜的发展

我国透射电镜的研制始于 20 世纪 50 年代(章效锋，2015)。1958 年，在中国科学院长春精密机械与物理研究所的主持下，刚从德国学成归来的黄兰友带领科研人员只用了 72 d 就完成了我国第一台国产电镜从无到有的设计、制造工作。这台电镜的加速电压为 50 kV，分辨本领可达 10 nm。1965 年，上海电子光学研究所推出新中国第一台透射电子显微镜的商业化产品——DXA3-8 型透射电子显微镜，其加速电压可达 80 kV，放大倍数为 20 万倍，分辨本领达到 0.7 nm。1966 年，中国邮电部发行了一张以透射电子显微镜为主题的特种邮票，以兹纪念，如图 11-6 所示。目前，国产品牌的电镜，尤其是在扫描电镜领域取得了长足的进步，如聚束科技、国仪量子等多家公司在独立完成设计开发的基础上，实现高分辨率的成像观察和人性化的操作设计，产品受到用户的广泛好评。

图 11-6　以透射电镜为主题的纪念邮票

11.4.2　透射电子显微镜新技术

(1) 高分辨电镜技术

根据电磁学基本理论，提高透射电子显微镜分辨本领的主要技术思路是提高加速电压和减少像差(主要指球差和色差)，而提高加速电压成为研究者们的首选方案。

①超高压电镜。根据电镜加速电压不同，透射电子显微镜分为普通电镜(加速电压 200 kV 以下)、高压电镜(加速电压为 200～500 kV)和超高压电镜(加速电压在 500 kV 以上，ultrahigh voltage electron microscope，UTEM)，如图 11-7 所示。

1970 年，日立公司推出第一台 HU-3000 超高压电镜，工作电压为 3000 kV，仪器重 70 t，高 11 m，分辨率为 0.14 nm。超高压电镜能够观察较厚的样品，并提供更为丰富的三维结构信息。但由于超高压电镜对附属设施、运输、安装环境等要求较高，而且太高的加速电压会给样品的结构带来撞击损伤，所以，加速电压的增加在一定程度上促进了电镜仪器的分辨率的提高，但这一作用是有限的。

②场发射电镜。科学家们通过对透射电子显微镜主要部件的优化与创新，不断提高透射电子显微镜的分辨本领。20 世纪 70 年代初出现的场发射电子枪具有纳米级的电子束斑、

（a）日立HU-3000超高压电镜

（b）日本电子JEM-ARM1000超高压电镜

图 11-7　不同品牌的超高压透射电子显微镜

亮度高、出射电子束能量分散小，显著提高了透射电子显微镜的信息分辨率(张德添，2008)。以场发射电子枪为光源的透射电子显微镜自问世以来，性能稳定，在生物学和纳米科学领域中有着重要的应用。

③球差校正电镜。针对透射电子显微镜中电磁透镜不可避免的球差和色差问题，科学家们研发出球差校正器和单色器(李斗星，2004)。同时配有球差校正器和单色器的透射电子显微镜，其信息分辨率得到有效提高。Nion 公司生产的单色球差校正扫描透射电子显微镜(HERMES-100)配备了冷场发射电子枪、单色器、五阶球差校正器，其能量分辨率优于 8 meV，空间分辨率可达 0.1 nm(时金安等，2020)。日立 HF-5000 是一台最高工作电压为 200 kV 的球差校正、场发射透射电镜，采用冷场发射电子枪和全自动化的球差校正技术，在保证超高分辨率的同时又简化了操作，如图 11-8(a)所示。

(2)新的成像功能

①分析电镜技术。随着透射电子显微镜仪器性能不断提升，样品制备技术不断创新，人们希望透射电子显微镜能够提供更多的样品信息，如样品的元素组成、分布等，而不仅仅是结构图像。分析样品元素的方法有两种：一种是入射电子束与样品相互作用时，样品内部电子跃迁产生特征 X 射线。通过检测特征 X 射线的能量或波长，可以在进行形态学观察的同时对样品的元素组成进行定性、定量检测。检测特征 X 射线能量的方法称为能谱法(energy dispersive spectrometer，EDS)，检测特征 X 射线波长的方法称为波谱法(wave dispersive spectrometer，WDS)。另一种方法是入射电子束与样品相互作用时产生非弹性散射电子，与原有入射电子相比，非弹性散射电子的能量有所损失，通过检测能量损失来探测元素的种类和含量及其结构信息，即电子能量损失谱分析技术(electron energy loss spectroscopy，EELS)，后来还以此为基础发展了能量过滤成像技术。这类配有 EDS、EELS 等设备的电镜能够实现在样品形态学观察的同时还可以进行样品元素组成的定性、定量分析，称为分析电镜，如图 11-8(b)所示。

②单颗粒冷冻电镜技术。单颗粒冷冻电镜技术(cryo-electron microscopy，Cryo-EM)自获得 2017 年诺贝尔化学奖以来，备受瞩目。目前，冷冻透射电子显微镜技术

（a）日立HF-5000
高分辨球差校正电镜

（b）日本电子JEM-ARM200F
分析电镜

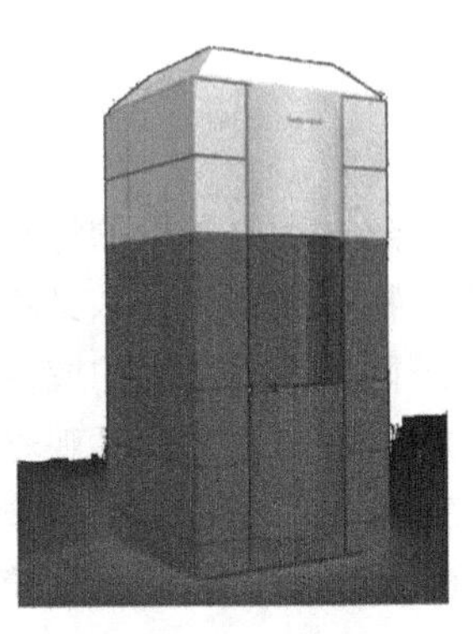

（c）赛默飞世尔Krios™ G3i
自动化冷冻电镜

图 11-8　各种新型透射电子显微镜

已经成为生物大分子在原子水平结构测定研究的核心技术，如图 11-8(c)所示。得益于冷冻电镜技术的帮助，2020 年 5 月，美国研究者报道了新冠病毒(2019-nCoV)刺突蛋白的首个冷冻电镜结构，这为新冠病毒疫苗研制提供了关键的实验数据(Daniel et al.，2020)。

③三维重构电镜技术。为了突破传统透射电子显微镜只能观察二维图像的局限，科学家们基于以下思路研发出透射电镜三维重构技术。一是基于同一切片样品不同投影面的数据重组而获得的三维结构。这种三维重构技术要求电镜仪器本身要具有三维成像功能，这包括样品杆能够以一定角度间隔、在一定范围内连续倾转，仪器还要能够对倾转的样品连续照相，并利用软件进行三维重构，即电子断层成像技术(electron tomography)。二是基于连续超薄切片技术而获得的三维结构。这种技术首先利用连续超薄切片机在硅片上收集成千上万张超薄切片，再利用电镜(通常是扫描电镜)的连续照相功能获得连续切片的图像，然后通过软件加工连续切片的图像，实现三维重构。这两种技术都能够突破二维尺度，提供立体的、实时的、可视化的生物精细结构。

④光电联用技术。也称光电关联显微成像(correlative light and electron microscopy，CLEM)，即先对样品进行光学显微成像，随后对同一样品的同一区域进行电镜成像，有效整合了光学显微观察视野面积大和电子显微镜超高分辨率的优势。早期的光电关联技术仅仅是在同一个实验中分别采用电镜和光镜两种技术，但观察的不是同一张切片，甚至不是同一个样品块，此时，只能称为光电联合技术。随着荧光探针种类的增加，靶向标记技术的提高，冷冻制样技术的日渐完善，高分辨的数字成像技术的进步，图像处理软件的发展，集成式光电成像平台的研制，光电关联显微成像技术越来越成熟。借助于此项技术，研究者能够从细胞层面深入到生物大分子领域，实现了从结构认识到功能研究的飞跃(田宏哲等，2020)。

随着电镜仪器设备的性能不断提高，样品制备技术不断改善和创新，电镜技术在自然科学研究领域的应用会越来越广泛、越来越深入。

复习思考题

1. 热发射电子枪的灯丝电流越大越有利于成像吗？为什么？
2. 物镜光阑为什么又称反差光阑？
3. 简述透射电镜的成像过程。
4. 透射电镜在样品观察过程中，需要注意哪些问题？
5. 请说明在超薄切片技术中如果不染色，对样品观察有何影响？
6. 提高透射电子显微镜的分辨本领有哪些方法？这些方法是如何应用在具体的电镜技术中？

第 12 章

扫描电子显微镜

扫描电子显微镜(scanning electron microscope，SEM)简称扫描电镜，是利用高能电子束在样品表面逐点扫描，激发样品产生二次电子信号，通过检测器将检测到的二次电子信息进行一系列的放大处理，最终在显示器上显示样品表面的三维图像的仪器。

1935 年，德国科学家 Knoll 在设计透射电镜的同时提出了扫描电镜的原理及设计思想，1940 年，英国剑桥大学首次试制成功世界上第一台扫描电镜，由于照相时间过长，分辨率很低，因此一直没有进入实用阶段，直到 1965 年英国剑桥仪器公司生产出第一批商用扫描电子显微镜，才使扫描电子显微镜进入了实用阶段。1975 年，我国第一台扫描电子显微镜由中国科学院北京科学仪器厂研制成功。目前，扫描电镜经过多年的不断研发和改进，加上计算机技术的应用，性能越来越完善，操作也更简单(图 12-1)。为适应特殊需要还生产出了环境扫描电镜(ESEM)(图 12-2)、台式扫描电镜(DSEM)(图 12-3)、超高分辨率扫描电镜(图 12-4)。

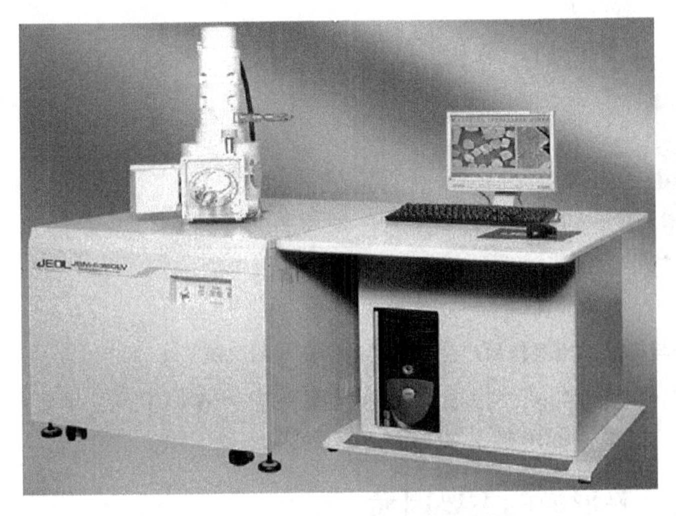

图 12-1　JSM-6380LV 扫描电镜

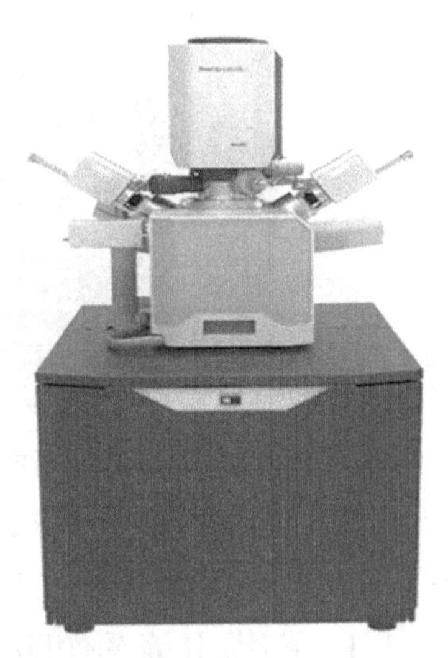

图 12-2　Quattro 环境扫描电镜

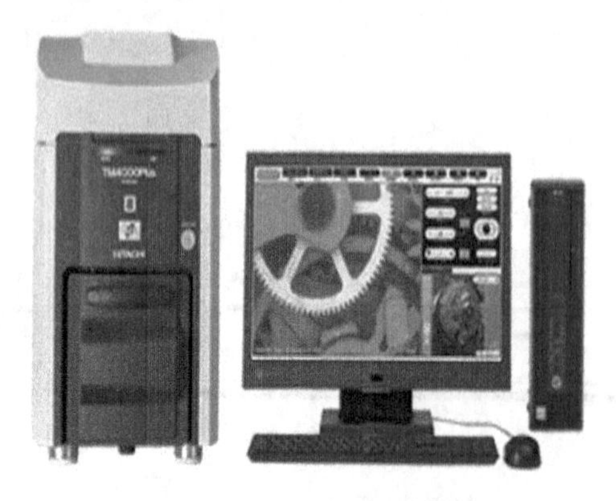

图 12-3 TM4000 Ⅱ 台式扫描电镜

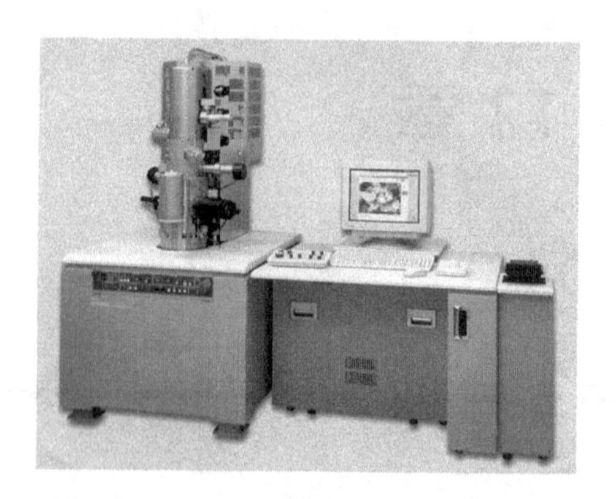

图 12-4 S-5000 型超高分辨率扫描电镜

12.1 扫描电子显微镜的成像原理

从扫描电镜电子枪发射出的电子，经电压加速，通过第一、第二聚光镜和物镜的三级缩小，形成一束很细的电子束斑，在第二聚光镜和物镜之间有一组扫描线圈，使电子束聚焦在样品表面并按一定时间进行光栅式扫描，入射电子束和样品相互作用所产生的信号包括反映样品表面形貌特征的二次电子(SE)、反映形貌特征及成分组成的背散射电子(BE)及用于进行成分定量分析的 X 射线等(图 12-5)，这些激发出的电子信号，用二次电子检测器(SED)、背散射电子检测器(BSED)、能谱仪和质谱仪接收后，经过放大转换、计算机处理后即可获得样品的数字图像。

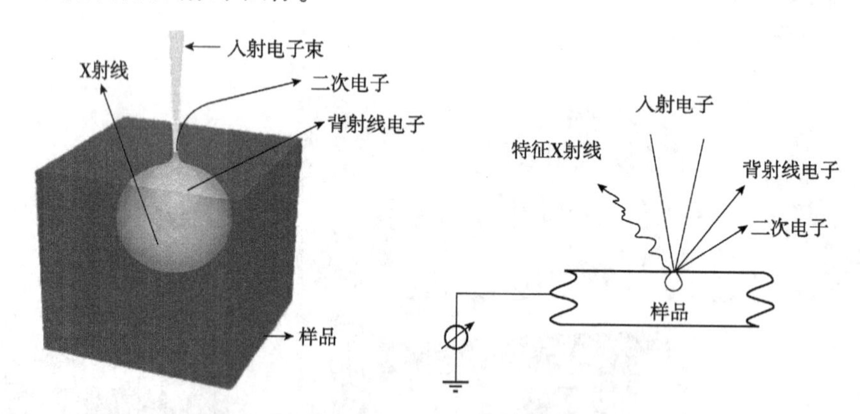

图 12-5 入射电子与样品的相互作用产生的主要电子信号和区域

扫描电镜分辨率取决于入射电子束的直径，扫描电镜分辨率一般为 6~10 nm。场发射电子枪扫描电镜分辨率可达 3 nm，扫描透射电镜分辨率可达 1.5 nm。

12.1.1 扫描电镜图像明暗反差形成的主要因素

(1) 二次电子的产生额(率)

扫描电镜像主要就是指二次电子像，二次电子产生额越大，图像就越亮。二次电子发射深度为样品表面较浅的区域，在逸出样品之前，能量有损失，因此能量较低。加速电压越低，电子束进入样品的深度越浅，作用的区域越小，越能细致地反映样品浅表层的形貌特征，过大的加速电压，会减少样品表面的形貌信息，影响分辨率(图 12-6、图 12-7)。

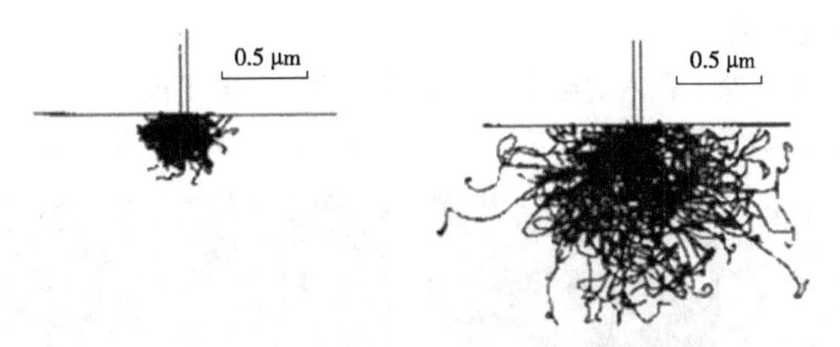

图 12-6　不同加速电压下电子束在样品表面的作用区域示意

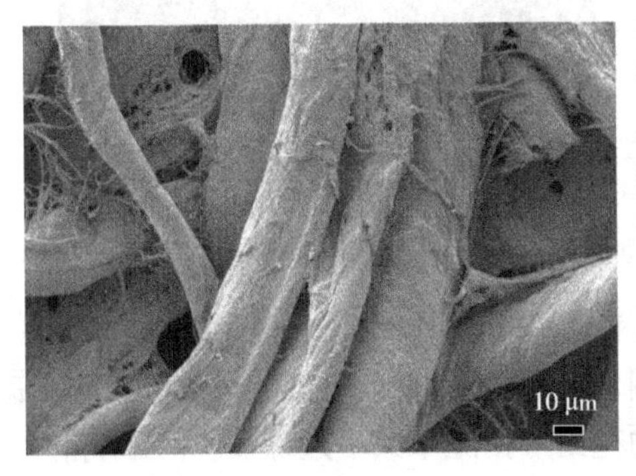

(a) 加速电压1 kV

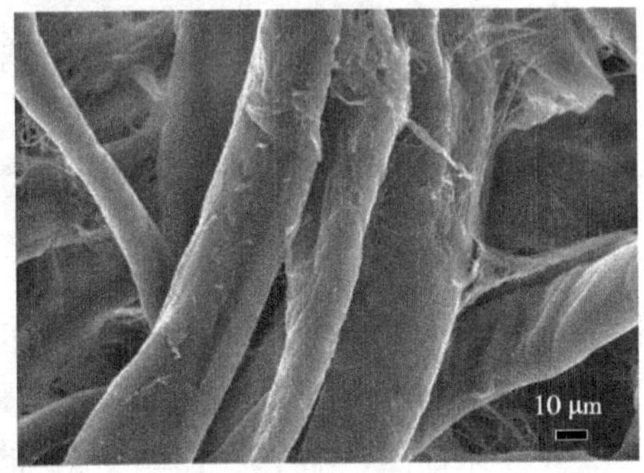

(b) 加速电压20 kV

图 12-7　纸张表面不同加速电压下扫描电镜观察

二次电子是样品原子的核外电子受入射电子激发后，从样品的表面层 5~50 nm 深度激发出来的。二次电子产额 δ 与 3 方面因素有关：一是入射电子束与样品表面垂直方向夹角 α 有关，δ 随 α 的增大，运动轨迹随之增长，引起价电子电离的机会增多 $\delta \propto 1/\cos\alpha$；二是与样品成分有关；三是与样品的表面形貌密切相关(图 12-8)。综上所述，研究样品的表面形貌是以二次电子为主。

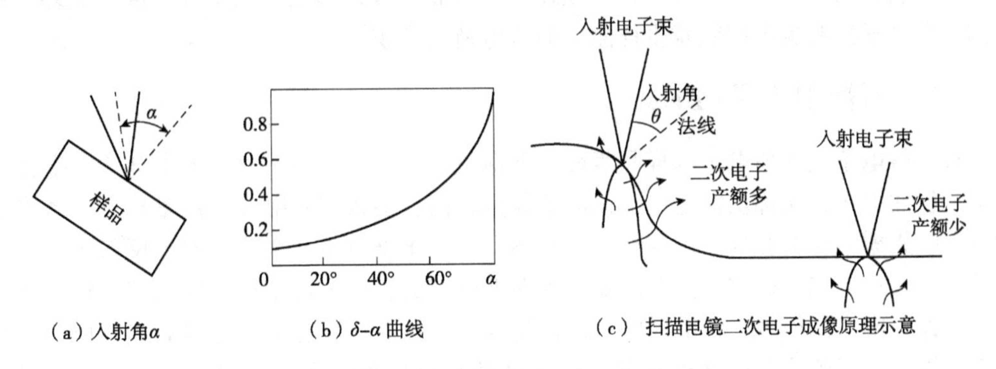

(a) 入射角α　(b) δ–α 曲线　(c) 扫描电镜二次电子成像原理示意

图 12-8　二次电子产额 δ 与电子束入射角 α 的关系

(2)倾斜角效应

随着入射电子与样品表面倾斜角的增大，入射电子在样品表层 5~10 nm 范围内的运动轨迹增长，引起价电子电离的机会增多，使二次电子产额增多，图像较亮。

(3)边缘和尖端效应

在样品边缘和尖端处，在入射电子作用下激发的二次电子极易脱离样品，所以产生的二次电子数量多，使二次电子产额增大，图像异常明亮，造成不自然反差(图 12-9)。

(a) SEM, ×1800

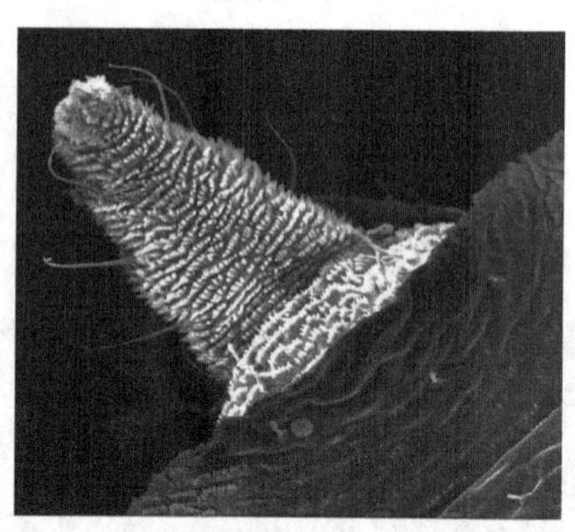

(b) SEM, ×3000

图 12-9 样品表面凸凹形态决定二次电子产生额进而决定图像的明暗程度

边缘和尖端效应造成不自然反差，降低图像质量，影响观察效果，一般采用降低加速电压，减少电子束能量，缩小产生二次电子的范围等措施来减小边缘效应的影响。

(4)原子序数效应

原子序数高的元素被激发出的二次电子较多，图像较亮；原子序数低的元素被激发产生的二次电子较少，图像较暗。

(5)充放电效应

生物样品主要是由碳、氢、氧、氮等元素组成，具有非导电性和高绝缘性，因此，二次电子产出较少。绝缘的样品造成表面负电荷堆积，阻止后续入射电子对样品起作用，并且容易产生放电，使图像闪烁进而影响图像质量，实验中通常使用导电胶粘贴样品，从而释放样品表面累积的电荷。另外，可以在样品表面喷镀金和铂来改善导电性，此外，使用气体二次电子探头也可有效减少样品表面负电荷的堆积。

12.1.2 背散射电子(BE)

背散射电子是入射电子与样品表面向下深度为 50~1000 nm 的原子中电子发生弹性碰撞被反射的电子，又称反射电子，该电子能量较高，多数与入射电子能量相近，基本不受检测器收集栅电压的影响，呈直线进入检测器，由于该电子从样品深部被反射出来，它在样品内部已接近完全扩散，其范围要比入射电子束的直径大若干倍，所以其分辨力比二次电子图像分辨力低得多。背散射电子的产生量，与样品成分有关，随样品成分原子序数的增大而增多，因此该电子除可显示样品表面的形貌以外，还可用来显示样品内元素分布状态。

12.1.3　特征 X 射线

样品中的原子被入射电子电离后，可发出特征 X 射线，它产生于 500~5000 nm 的样品深部区域。不同元素可以发出不同的特征 X 射线，与原子序数有关，其相对强度与激发区内相应元素的含量有关。特征 X 射线可用 X 射线显微分析技术检测，该技术主要利用波谱仪(WDX)和能谱仪(EDX)，对微小区域内的元素成分，进行定性和定量分析。

12.2　扫描电子显微镜的结构

扫描电子显微镜主要由电子光学系统(镜筒)、信号检测与装换(信号电子成像)系统、信号显示与数据记录系统、真空和电子线路系统组成(图 12-10)。

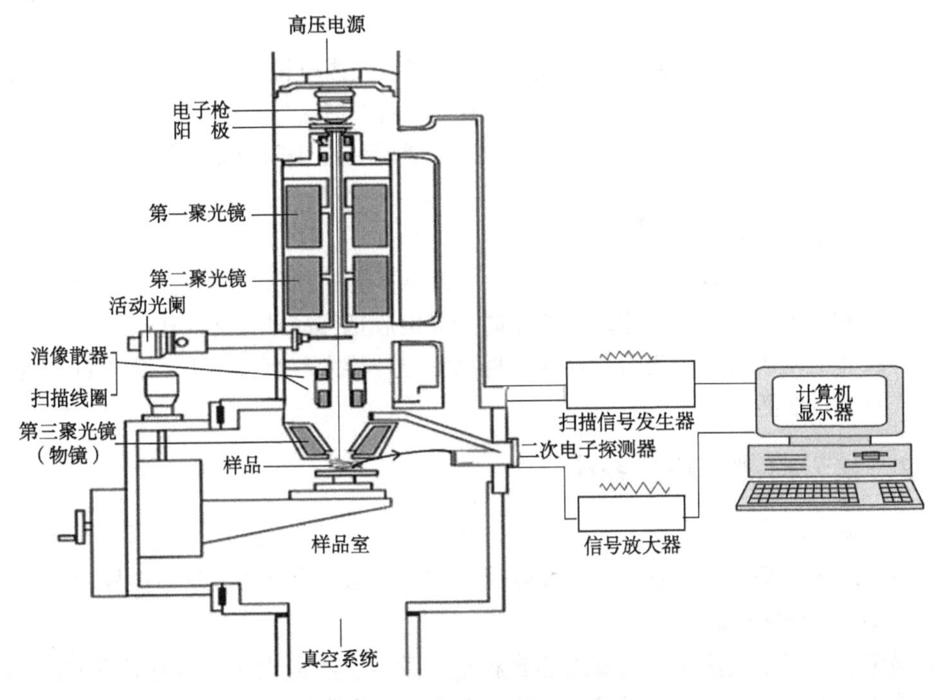

图 12-10　扫描电子显微镜结构

12.2.1　电子光学系统(镜筒)

(1) 电子枪

电子枪用于产生高能电子，一般采用发夹式热发射钨丝三极电子枪，所用的加速电压一般为 5~50 kV。要求电子枪亮度高且电子能量散布小，常用的电子枪有 3 种：钨灯丝、六硼化镧灯丝、场发射，不同种类电子枪的灯丝在电子源大小、电流量、电流稳定度及电子源寿命等方面均有差异。

(2) 聚光镜(又称电磁透镜)

位于电子枪的下方，由 2 个或 3 个聚光镜组成，末级聚光镜称为物镜，起会聚电子束流的作用，从电子枪发射的电子束直径一般约 50 μm，扫描电镜这 3 个聚光镜通常都有孔径光阑，用以控制入射孔径角，拦挡大部分无用电子，最终使电子束斑直径缩小到 3～10 nm,尤其是末透镜的光阑非常小，以减少像差，此外，这些聚光镜像散较大，尤其是物镜，一般都有消像散器。

(3) 扫描线圈

扫描线圈又称偏转线圈，为扫描电镜必需的一个部件，通常由双扫描线圈(两组电磁线圈)组成，两组相互垂直放于物镜上方，用来控制电子束在样品表面 X、Y 两个方向做光栅状的扫描，其中一电子束用来扫描样品的表面，另一电子束进行同步扫描，用于观察和记录。

(4) 样品室

样品室位于镜筒下方，是固定样品及电子束和样品相互作用产生各种电子信号的场所。样品室设有气锁装置，目的是在换样品时不破坏镜筒的真空，保护灼热的灯丝不被氧化，延长灯的使用寿命。

①样品台。用于固定样品座，移动样品的装置。扫描电镜样品室最突出的特点就是大，可以容纳直径 10 cm 左右的样品台，上可放多个样品。扫描电镜在样品台上可以添加冷却、加热、拉伸、压缩和元素分析等相关附件，如冷冻样品台，用于观察冷冻割断的样品。

②样品移动(微动)装置。使样品在观察过程中进行位移、倾斜(-15°～90°)和旋转的装置，大大扩展了观察视野。

③样品座。用来固定样品，直径 1～3 cm 大小不等的圆形金属座，扫描电镜样品座的承载面积比透射电镜的铜网大很多，使用时用导电胶把样品粘在样品座上。

④样品室的气锁装置。为避免换样时样品室与外界大气直接连通，换样品快速恢复到真空工作状态的装置。

12.2.2 信号检测与转换系统

信号检测与转换系统是把入射电子束和样品相互作用产生的物理信号进行收集、放大和处理后，成为调制信号的系统。扫描电镜一般使用电子检测器来收集信号。

(1) 二次电子检测器

扫描电镜可以接收从样品上发出的多种电子信号，不同电子信号使用不同的检测器，图像质量以二次电子信号成像最好，因此二次电子检测器(SED)是扫描电镜最重要的部件之一(图 12-11)。

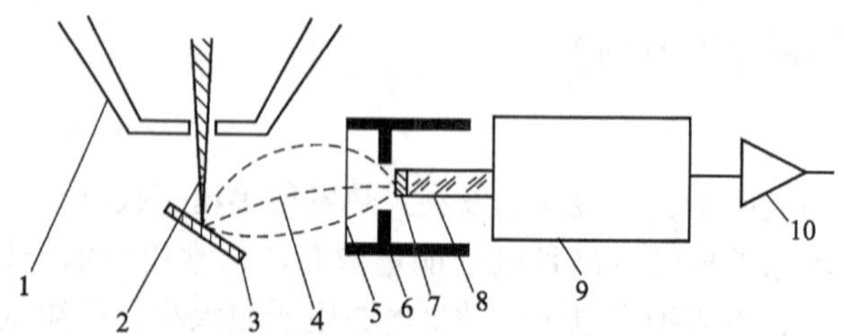

1. 物镜；2. 入射电子束；3. 样品；4. 二次电子；5. 栅网；6. 聚焦环；
7. 闪烁体；8. 光导管；9. 光电倍增管；10. 信号放大器。

图 12-11 二次电子检测器

二次电子检测器为旁置式电子检测器，由闪烁体、光导管和光电倍增管等器件组成。在栅网上加有 250～500 V 电压，入射电子和样品作用产生的二次电子被栅网所吸引，沿着弯曲的轨道走向检测器的顶端，由于二次电子是低能电子，为提高收集效率，在闪烁体上加有 10～12 kV 高压，以便有效地吸引二次电子，同时聚焦环也可以把大部分电子朝闪烁体顶端处汇聚，当电子打到闪烁体顶端的铝导电层时，就能在其中产生光子，这种光信号被后面接着的光导管送到位于样品室外的光电倍增管上进行信号放大，光电倍增管把光信号转换成电信号，经多级倍增放大，得到较大的电流输出信号，电流信号经过前放、视放两级放大处理作为显示器调制信号，得到显示样品表面形貌的二次电子图像。

(2) 背散射电子检测器

背散射电子检测器(BSED)呈环形，为半导体固体检测器，通常安装在物镜下方，不用时可以拉出以远离光轴。背散射电子从样品激发出来，能量较高，做直线运动，因此直接轰击背散射电子检测器而被收集。背散射电子图像具有比二次电子图像更高的抗放电能力，与二次电子图像分辨率相当，在同等电子光学条件下具有与二次电子图像相近的信噪比。

(3) 电子束的扫描方式

扫描电镜物镜中装有两组互相垂直的扫描线圈，锯齿波电流产生的磁场使电子束在 X、Y 两方向偏转，这是一种连续的光栅扫描，电子束在样品表面进行从左到右，自上而下进行行扫描和帧扫描。扫描发生器控制入射电子束在样品表面作光栅状扫描的同时，在同步电源作用下，扫描出一个与显示器屏幕相对应的矩形光栅，将样品的表面形态显示出来(图 12-12、图 12-13)。

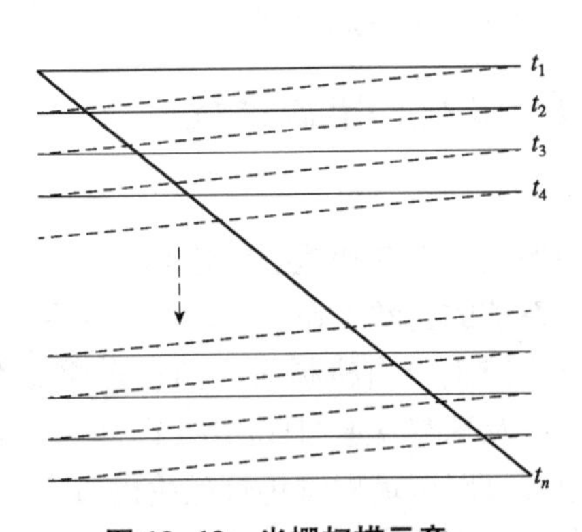

图 12-12　光栅扫描示意

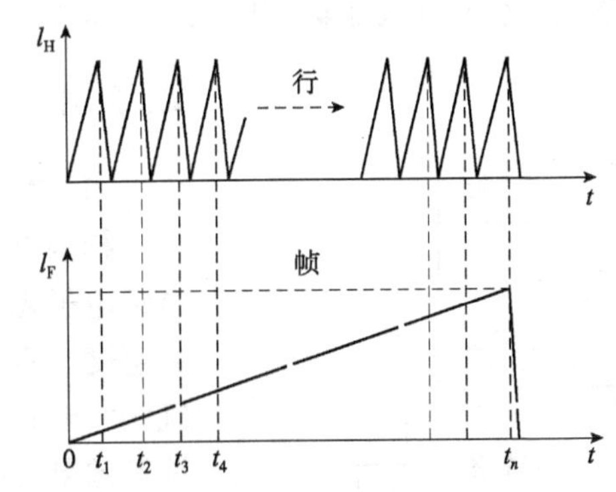

图 12-13　扫描线圈锯齿波电流示意

(4) 扫描电镜的放大倍数(倍率)

图像的放大倍数由显示器屏幕长度与电子束在样品上扫过的长度之比所决定。保持加到显像管偏转线圈的信号强度不变，改变加到镜筒偏转线圈的电流大小，从而达到连续调节扫描电镜放大倍数的目的(图 12-14)。

$$M = L_2 / L_1 \tag{12-1}$$

式中，M 为放大倍数；L_2 为显示器上图像的长度；L_1 为样品上被扫描的长度。

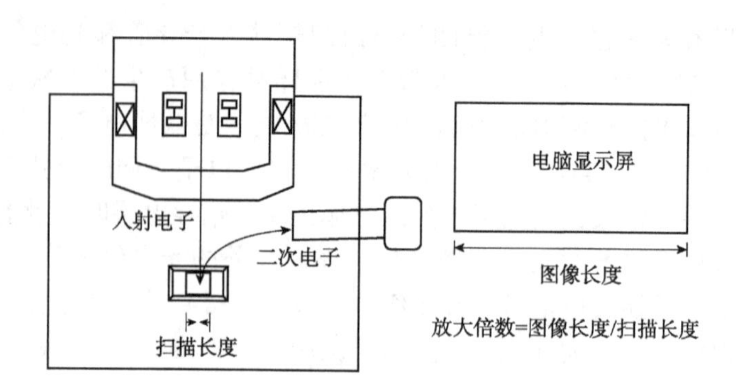

图 12-14　扫描电镜放大倍数原理示意

12.2.3　信号显示和数据记录系统

早期扫描电镜是利用机械照相机和感光胶片记录图像，如今则是利用计算机和数码相机采集数字图像，数字化图像的优点是保存复制方便，打印输出快捷，适合进行数字化分析和处理，缺点是色彩和细节精度上存在不同程度的失真。

扫描电镜的图像是由许多明暗相间小点组成，这些小点是构成图像的基本单元，称为像素，扫描线数越多，分辨率越高，图像质量越好。

扫描电镜常用的数字图像存储(转化)格式有 3 种：JPG(JPGE)、TIF(TIFF)、BMP。JPG 格式为提高数据压缩率，去掉了图像数据中的部分细节，图像较粗糙，但占空间小便于传输；TIF 格式图像数据受到的压缩很小画质高，保存了图像更多的信息，但占空间较大不便于传输；与前两种格式的图像相比，BMP 格式的数据没有经过任何压缩，图像质量没有损失，保存了每个像素的数据，所占空间大有利于后期处理。

12.2.4　真空系统与电源系统

(1)真空系统

扫描电镜的真空系统和透射电镜相似，为保证扫描电镜电子光学系统的正常工作，镜筒内必须保证一定的真空度。真空系统主要由机械泵、油扩散泵或分子泵、气阀和电磁阀以及真空管道组成(图 12-15)。机械泵和油扩散泵的组合可以满足配置钨灯丝枪的真空要求；对于配备场致发射或六硼化镧灯丝枪的扫描电镜，需要机械泵和涡轮分子泵的组合；对热发射电子枪钨灯丝和六硼化镧灯丝工作真空度要求分别为 10^{-3} Pa 和 10^{-4} Pa，冷场发射电子枪真空度要求为 10^{-7} Pa。

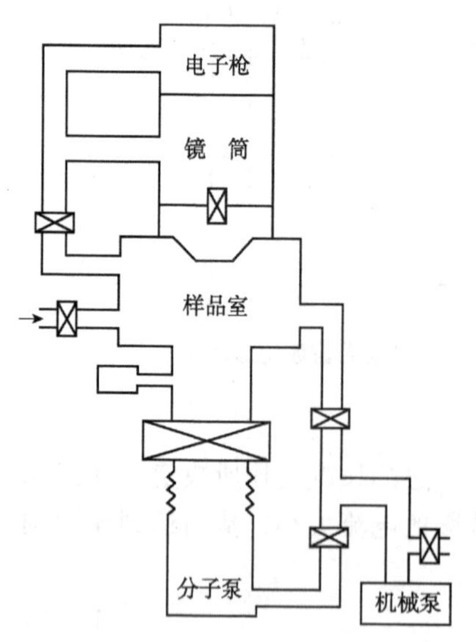

图 12-15　扫描电镜的真空系统示意

真空系统的控制有全自动和手动两种方式。仪器正常工作时，使用自动控制，仪器可以自动按照操作程序工作，达到所需要的工作真空度。当自动系统失灵时，可用手动操作程序，各真空阀门分别独立控制，便于检修，停机时，只需按下“停机”按钮，30 min后，仪器自动停机。真空系统同时具有自动保护装置，在换样品和灯丝时都有气锁装置。

(2) 电源系统

扫描电镜的电源系统包括高压电源、透镜电源、光电倍增管电源、扫描部件电源以及一些辅助电源等。

12.3　扫描电镜的特点

扫描电镜的性能主要由分辨率、放大倍数和景深决定。入射电子束斑直径越小，二次电子像分辨率越高，在成像上，分辨率是指能分辨样品两点之间的最小距离，在微区成分分析上是指能分析样品的最小区域。放大倍数是电子束在样品上扫描长度和在显示屏上扫描长度的比值，在一定范围内，放大倍数越高越好，但避免图像空放大现象。位于焦平面上下一定范围内的样品都能清晰成像，这个范围称为景深或场深。扫描电镜的正是因为景深比较大，因此成像富有立体感，特别适用于样品表面形貌的观察。

扫描电镜的主要特点：

①景深大，立体感强，图像为三维灰度图像。扫描电镜的景深较光学显微镜大几百倍，比透射电镜大几十倍。由于扫描电镜是利用二次电子成像，它的有效景深不受样品的大小与厚度的影响，而透射电镜是利用透射电子成像，它的有效景深直接受样品厚度的限制。

②样品制备过程比较简单，有的甚至不需要进行处理就可以直接观察。

③图像分辨率高，放大范围大。钨灯丝在高真空下分辨率为 3.0 nm，在低真空、低电压下分辨率为 15 nm，在场发射电子枪下分辨率为 0.5 nm。放大倍率从十几倍到二十万倍连续可调。

④可观察的样品的尺寸范围大。

⑤电子束不是固定在样品的某一区域，而是以点的形式在样品表面作光栅状扫描，电子束作用在样品的能量较小，因此对样品的损伤较小。

⑥扫描电镜除了用于观察样品表面、断面、切面的细微形貌，还可以通过搭载能谱仪和波谱仪等分析仪器，同时进行样品化学成分的定性及定量分析。

12.4　扫描电镜的使用

扫描电镜运行及操作都是由计算机控制完成，因型号不同而有一定差异。为熟练地使用扫描电镜，熟悉其最佳性能，并能从样品中得到丰富信息，在认真阅读仪器说明书的基础上，需要掌握一定的操作要领。操作方面的基本要点如下：

(1) 电镜的启动

①合上电镜室配电总闸。

②启动扫描电镜控制面板总电源，真空系统同时开始工作，机械泵和油扩散泵开始抽真空。

③启动计算机。

④观察显示情况，当显示“准备完成”以后，即可放气装样品。

(2)样品的安装及更换

①打开放气阀，向样品室里放气，空气进入样品室以后，即可取出样品台更换样品。

②把用导电胶贴好标本的样品托安放于样品台上。

③将样品台送入样品室，抽真空，当达到真空条件时即可进行观察。

(3)观察条件的选择

根据样品性质和观察目的，选择扫描电镜的加速电压、电子束斑、物镜光阑、工作距离和焦距等。

①加速电压。生物样品常用范围为5~20 kV，加速电压过大，可能产生荷电现象，减少样品表面的形貌信息和影响分辨率，造成图像质量下降。

②电子束斑。大束斑，信号强度高，分辨率低；小束斑，分辨率高，信号强度弱；低倍下，宜大束斑，增大信号强度；高倍下，宜小束斑，提高分辨率。建议使用束斑尺寸2或3用于观察。

③工作距离和焦距。用于一般观察时建议使用10 mm左右的工作距离。

(4)观察图像

①在低倍率下，粗略检查样品制备的总体情况。

②选择视野，确定放大倍数。放大倍数要适宜，低倍率以获得更多的样品信息。

③对选择好的图像进行聚焦和消像散。消像散一般是在放大倍数为1万倍以上时进行，亮度及对比度应合理匹配。

(5)拍照

①调节图像的亮度和反差。

②确认放大倍数与扫描速度，尽量避免振动及外界条件干扰。

(6)关机操作

①降低放大倍率，关灯丝电流，关高压。

②关闭计算机，关扫描电镜控制面板总电源。

③关电镜室配电总闸。

12.5 环境扫描电镜

环境扫描电子显微镜(environment scanning electron microscope，ESEM)是指样品室可提供一定压强、湿度、温度等环境条件，使含水、含油及不导电样品可直接进行观察的一类扫描电镜，具有操作方便、维护简单的特点，主要用于各种材料的表面形貌观察和分析，环境扫描电镜突破了传统扫描电镜仅能观察干燥和导电样品的局限，允许以最少的制备工作对样品进行观察成像，实现了在自然状态下观察样品的目标，如观察自然含水和表面潮湿受污染的样品(图12-16)。

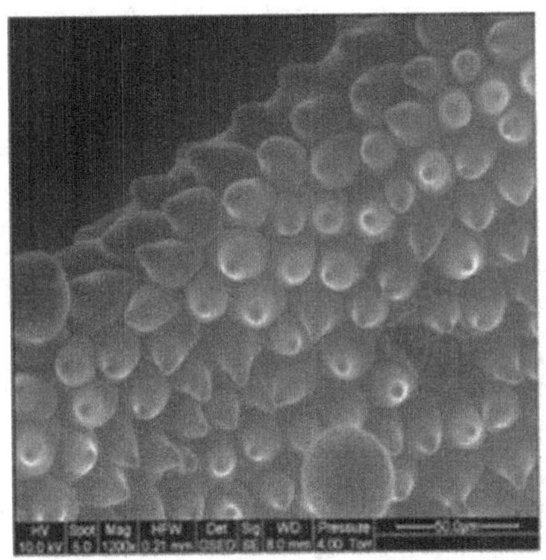
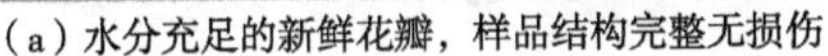

（a）水分充足的新鲜花瓣，样品结构完整无损伤

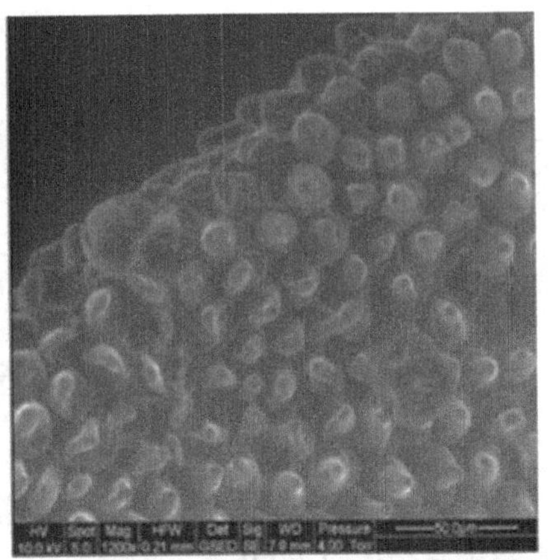

（b）湿度降低70%后的花瓣，样品收缩结构损坏

图 12-16　不同湿度条件下花瓣的环境扫描电镜观察

（引自 Thermo Scientific）

12.5.1　环境扫描电镜的成像原理

环境扫描电镜的成像原理与传统扫描电镜类似，只是弥补了传统扫描电镜样品室必须真空且无法观察含水样品的缺陷，环境扫描电镜采用了两项关键性的技术革新。

①真空室和样品台的革新。采用多级压差光阑技术，镜筒内形成梯度真空。即电子枪保持高真空的同时，样品室可以维持高达 2600 Pa 的压强，并且样品室的相对湿度、压强和温度可根据样品的需要来进行调节。

②检测器的革新。采用气体二次电子探测器，通过二次电子对气体分子的电离作用，一方面使生物样品微弱的电子信号放大；另一方面所产生的离子可消除生物样品表面的电荷积累，使含水、导电性差的生物样品直接获得清晰的图像。

环境扫描电镜工作原理是入射电子束与样品相互作用产生二次电子溢出样品表面，在环镜二次电子探测器所加的几百伏正电压的作用下加速向上运动，这些加速运动的二次电子与气体分子碰撞，使其电离，产生阳离子和电子，这种电子加速和气体电离过程反复进行，产生更多阳离子和电子，信号强度大大提高，称为气体放大原理。阳离子则被吸引至样品表面，消除了入射电子的负电荷，这样即使样品表面不喷涂导电层也不会出现荷电效应，环境扫描电镜探测器就是利用此原理来增强信号，以获得良好的成像（图 12-17）。

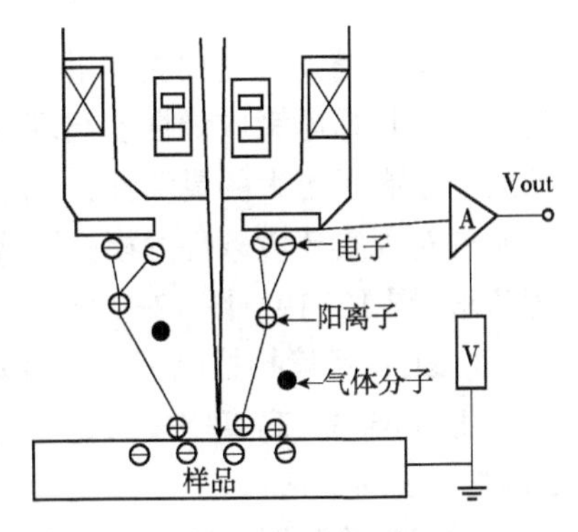

图 12-17　环境扫描电镜中气体电离和信号放大示意

气体二次电子探头（GSED）相比二次电子探头（SED）多了抑制电极和探测环（图 12-18），使环境扫描电镜的性能得以提升。气体二次电子探头依然安装在二次电子探头的位置，抑制电极替代了二次电子探头的电极板，探测环平行悬挂于抑制电极下方，入射电子束从探测环中穿过。抑制电极距离样品较远，主要用

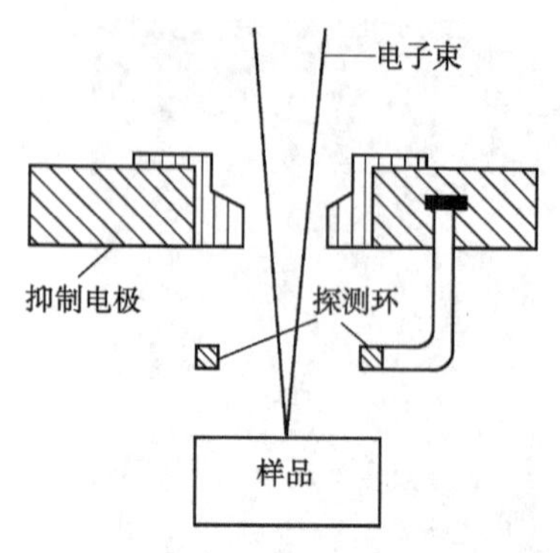

图 12-18　气体二次电子探头结构示意

于吸收入射电子束与背散射电子轰击气体分子产生的电子，减小噪声。探测环用于检测样品表面产生的二次电子，由于探测环距离样品近，其电场可捕获大多数样品产生的二次电子，而背散射电子能量较高大多不会被电场捕获，因此不会产生太大的噪声信号。

12.5.2　环境扫描电镜的特点及应用

①环境扫描电镜有 3 种工作模式：高真空模式（与常规扫描电镜一致）、低真空模式（10～200 Pa）和环境真空模式（10～2700 Pa）。

②可检测活体的、湿的样品，生物样品可以进行活体观察，样品不需镀膜，避免了制样过程中人为及化学药物对样品形态的损伤，非破坏性地观察生物样品的原始形态。

③对于胶体金标记的样品，无须镀膜，因此，避免因镀膜产生的影响。

④对于 X 射线分析的样品，无须试剂处理，因此，避免了制样试剂的干扰。

⑤可以进行生物样品的动态观察，如观察细胞的分裂过程、吞吐过程等。

⑥可在样品室安装冷台、热台、拉伸台等装置，进行冷却、加热、加气、加液等各种试验，对样品进行动态观察和分析。

⑦可安装能谱仪，实时定量元素分布。

环境扫描电镜广泛应用于生物材料、纳米材料、复合材料、陶瓷材料、金属材料、高分子材料、薄膜材料、建筑材料、电子材料、导体与非导体地矿、考古等表面微观形貌观察及成分分析。

12.5.3　环境扫描电镜主要技术指标

环境扫描电镜主要技术指标以 Thermo Scientific Quattro ESEM 为例进行介绍。Quattro 是一台将扫描电镜成像性能与环境模式相结合的电镜，它具备 3 种真空操作模式，观察样品的类型有了更大的灵活性，包括放气或者是与真空状态不相容的样品。环境真空模式还可实现对现实环境条件的模拟，满足在潮湿或热等的环境下对样品进行原位观察分析的电镜需求（图 12-19、图 12-20）。

Quattro 环境扫描电镜主要技术指标如下：

①分辨率。高真空模式 30 kV 0.8 nm（STEM）、30 kV 1.0 nm（SE）、低真空和环扫模式 30 kV 1.3 nm（SE）。

②标准检测器。ETD、低真空 SED（LVD）、ESEM SED（GSED）、红外 CCD。

③低真空模式。样品室压力最高达 2600 Pa（H_2O）。

④样品台。110 mm×110 mm，5 轴马达样品台，可在 105°范围内倾斜。

⑤标准样品支架。标准多样品 SEM 支架可单独直接安装在载物台上，可容纳多达 18 个标准样品托（φ12 mm），无须工具即可安装样品。

⑥样品仓。340 mm 内宽，最多可接 3 个 EDS 检测器。

⑦加速电压。200 V～30 kV，可连续调节。

⑧主要配件(可选)。软件控制的-20～60℃ Peltier 冷台、1000℃ 低真空/ESEM 热台、1100℃ 高真空热台、1400℃ 低真空/ESEM 热台；最多支持两种气体的集成气体注入系统；纳米机械手；液氮制冷台。

⑨软件(可选)。可进行大面积图像自动采集和拼接的 Thermo Scientific Maps 软件，基于 Python 的 Thermo Scientific AutoScript 4 软件；用于图像着色及分析和 3D 表面重建的 TopoMaps软件。

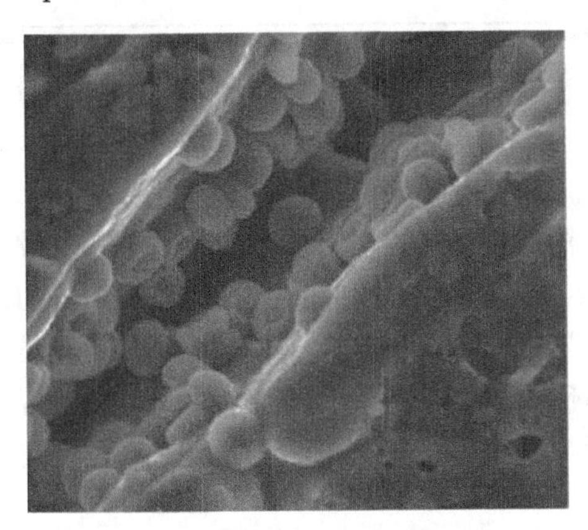

图 12-19　肝血管环境扫描电镜观察
(引自 Thermo Scientific)

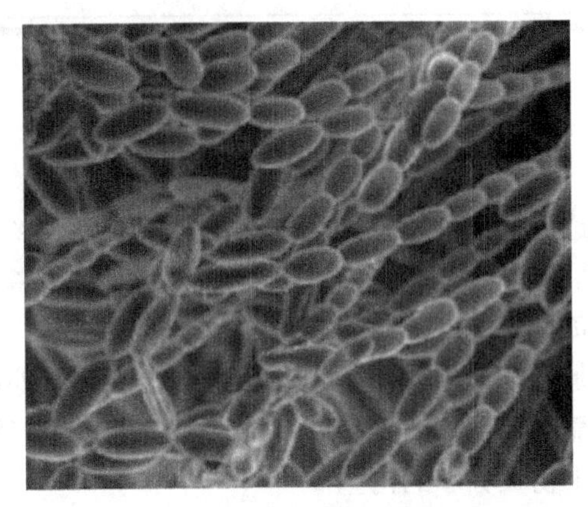

图 12-20　小麦白粉病菌环境扫描电镜观察
(引自 Thermo Scientific)

复习思考题

1. 扫描电镜的基本构造包括哪几部分？与透射电镜相比在构造上有什么特点？
2. 简述扫描电镜的成像原理。
3. 扫描电镜的主要性能有哪些？
4. 影响扫描电镜图像质量的主要因素有哪些？
5. 简述环境扫描电镜的特点及应用。

第 13 章

透射电镜生物样品制备技术

透射电镜观察的是生物组织内部的超微结构(如分离的细胞器)，以及游离的微生物(包括细菌、病毒等)样品、生物大分子的形貌结构，所对应的样品制备技术有超薄切片技术、负染色技术、冷冻电镜三维重构技术等，其中超薄切片技术、负染色技术和金属投影技术是最基本的透射电镜样品制备技术，此外还包括冷冻蚀刻、细胞化学、免疫电镜、放射自显影等特殊的样品制备技术。冷冻电镜三维重构技术是最前沿的电镜技术，主要用于研究生物大分子的构型。

为了适应电镜的真空和高压电子束工作条件，透射电镜样品观察前要进行相应的处理才能反映生物体活体时的状态，不同的分析目的需采用不同的样品制备方法。电镜样品制备技术就是把普通样品制备成可以满足进行电镜观察样品的方法。超薄切片的制备过程长程序烦杂，负染色和金属投影样品制备过程相对简单，但每个操作都必须小心谨慎，尽量避免因人为因素出现假象，最终才能得到厚度适合、反差适中、保存样品细微结构良好的透射电镜观察样品。

透射电子显微镜技术中想要获得理想的超微结构实验结果，首先要有高性能的电子显微镜，其次要有配套的制样设备，第三要有熟练的电镜操作和样品制备人员，三者缺一不可。下面将重点介绍透射电镜生物样品的制备技术。

13.1 超薄切片技术

透射电镜靠电子束穿透样品成像，由于透射电子束穿透能力有限，因此对样品厚度有严格的要求，必须把样品切成足够薄的切片才能看到其内部结构。超薄切片是指厚度小于100 nm(通常为50~70 nm)的切片，这种厚度的切片既能被电子束穿透，又能提供足够的成像反差。

电子显微镜的超薄切片技术是在光学显微镜的组织切片技术基础上发展而来。光镜观察所制备的样品切片，无法用于透射电镜观察，由于前期超薄切片技术的限制，使透射电子显微镜在生物学领域长时间难以得到应用，直到1957年，英国的Huxley成功设计出了超薄切片机，获得了厚度小于100 nm的切片，超薄切片技术得以迅速推广应用。与光学显微镜所用的组织切片相比，电子显微镜下观察的切片要比光学显微镜的切片薄100倍，这是超薄切片与光学显微镜用组织切片的主要区别。

生物样品超薄切片制备的主要步骤包括样品的取材、固定、漂洗、脱水、浸透、包埋聚合、修块、超薄切片和染色(图 13-1)，必须注意从开始时就要做到细心。另外，除了技术本身，脱水、包埋、切片时的室内温度及湿度对结果也有很大的影响。因此，室温在 18~23℃，湿度在 50%以下是理想的工作环境。

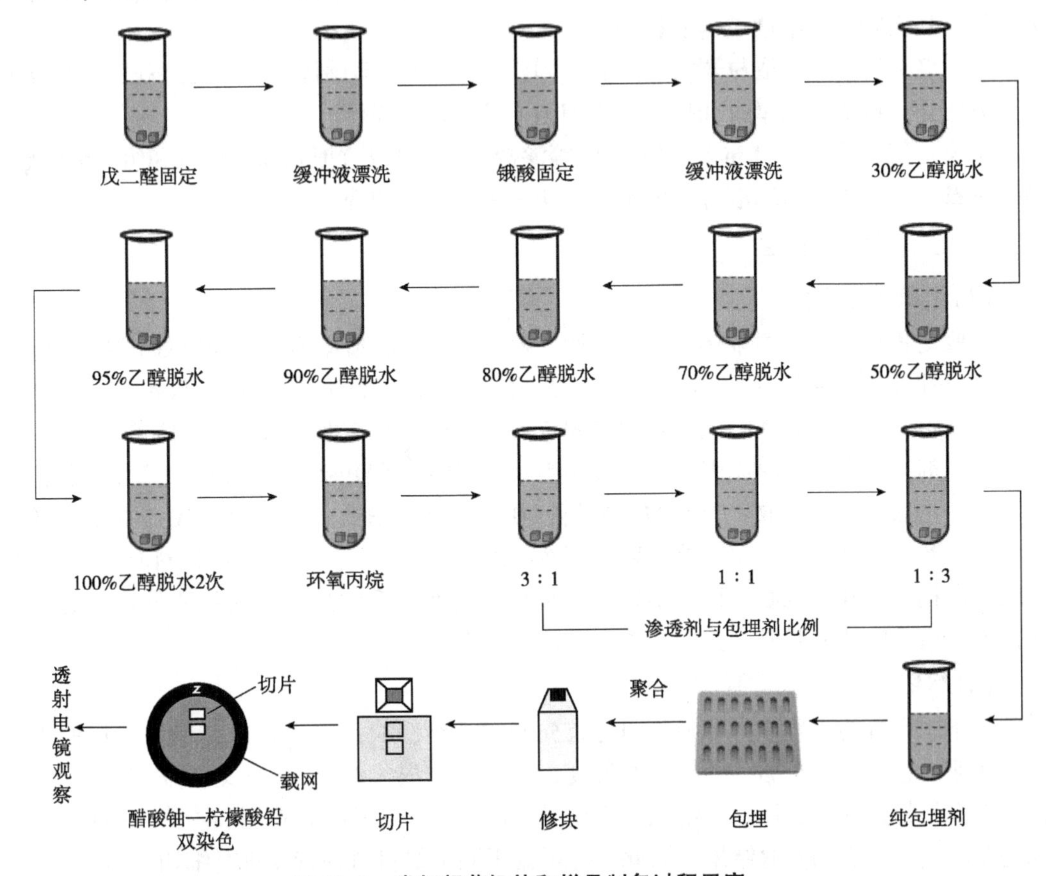

图 13-1　常规超薄切片和样品制备过程示意

目前，超薄切片技术是研究生物样品内部超微结构最基本、最常用的制备技术。本节将依次介绍超薄切片的制作过程及其操作原理。

13.1.1　取材

取材是从动植物机体上或细胞及微生物培养物中获取所需研究材料的过程。取材是电镜样品制备的第一步，也是十分重要的一步。

13.1.1.1　取材的要求

取材遵循“准、快、小、冷、轻、净”六字原则。

准确：根据研究目的确定取材部位，取材的组织块必须为要求观察的典型部位。

快速：材料离体后应在 1 min 内投入固定液。动物组织应在血液未停止流动前取材，因为一旦组织失去血流供应，细胞就处在缺氧状态，代谢发生改变，细胞内的一些酶将释放使细胞自溶，破坏超微结构形态，所以当组织离体后应即刻予以固定。

体积小：受固定液及包埋剂渗透速率的限制，样品体积要小，应为 1 mm^3 正方体或 1 mm×1 mm×3 mm 长方体小块，为了保证样品的固定质量，需保证样品有一组对边小于 1 mm。

低温预冷：取材时尽量保持在 0~4℃低温操作，固定液及器材需预冷，以降低自溶酶的活性，从而减少对细微结构的影响。

动作轻、防挤压：取材器材的刀要锋利，动作要轻，切割要轻巧、防挤压，刀片沿着一个方向切，避免任何牵拉和挤压造成细胞内部结构的损伤。

干净：用缓冲液(0.1 mol/L PBS)或等渗盐水(0.9%NS)把表面的血液和组织液轻轻冲掉，尽量少带血液和组织液进入固定液，切忌用水直接冲洗。

13.1.1.2 取材的方法

(1)组织样品取材

获取动物材料时需注意部位和方向性，根据研究目的选择不同的动物处死方式并摘取组织。急性处死或麻醉(1%戊巴比妥钠按 5 mL/kg 体重腹腔注射)后放血致死，在 1~2 min 内解剖获得所需材料后立即投入 0~4℃固定液中保存。特殊难取的材料在解剖的同时可以采用固定剂注入血管的灌流固定法，或采用一边将固定液滴到组织原位，一边解剖的原位固定法，然后用滴管吸取 4℃预冷的缓冲液(0.1 mol/L PBS)或等渗盐水(0.9%NS)把组织上的血液和组织液冲掉，立即放入新鲜预冷的固定液中固定。获取植物材料时，叶片切成长条，需抽气使样品沉底，根、茎切取标准块，表面有毛刺的材料先用酶处理使之软化，表面有蜡质的叶片先脱蜡，蒸馏水洗净后再取材固定。

(2)细切

由于固定液的渗透能力有限，因此首先必须把组织块修整成能得到良好渗透的小块。其次在取出组织时，根据一般组织的硬度，切割会造成大约 0.3 mm 的压缩损伤，所以要把可能损伤的这部分去掉。当组织厚度超过 3 mm 后，组织块的外侧和中央部位的固定效果差距较大，会影响实验结果，因此，应根据不同组织材料的特点进行细切。

细切时先把少量预冷的固定液滴在蜡盘上，再立即将组织放入蜡盘上的固定液小滴中，然后用新的干净双面刀片在固定液中把组织切成小块，从中挑选损伤小的小块，用牙签将组织小块轻轻挑起，也可用镊子借液体的张力移取组织块，放入装有固定液的有盖小瓶中浸泡，置于冰箱 0~4℃冷藏室低温固定。

将无方向要求的组织切成正方体小块，将有方向要求的组织切成长方体小块，观察面为长方体小块的宽面。例如，肌肉、神经等组织存在横切和纵切的差别，所以要切成长方体小块；肠、血管等管腔型组织，在固定时要将其剖开切成长方体小块，使其内膜面得以充分固定，以保证内膜面的超微结构不受影响。

植物细胞离体后的变化不像动物细胞那样迅速，但植物细胞的细胞壁阻碍固定液的迅速渗透。因此，植物材料的取材宜先切成薄片状，经适当固定后再切成小方块。

(3)游离细胞、微生物的取材

细菌、培养细胞、血细胞、精子细胞、分离的细胞器、花粉、孢子、小于 0.5 mm 的原生动物和寄生虫等游离样品，收集完毕后(使用 1.5 mL 尖头离心管)，需弃去培养基，用缓冲液冲洗 1~2 遍后再次离心弃缓冲液，然后加入预冷的固定液，重悬，置于 4℃冰箱固定。由于电镜样本制备过程中会不可避免地损失掉一部分细胞，因此细胞必须达到一定数量，即为离心后细胞量至少为绿豆样大小。

有的培养细胞离心后自然成团，缓缓加入固定液后不用重悬，固定 1 h 后取出细切成正方体小块。没有自然成团的游离细胞要用琼脂糖预包埋。

2%琼脂糖预包埋操作步骤如下：①准备 1 mL 枪头(剪掉细头)、50℃水浴锅、手术刀片、载玻片、平皿、细针、铝箔纸。②称取 2%琼脂糖(0.4 g 琼脂糖溶于 20 mL PBS 中)，微波加热，瓶口包铝箔纸，防止蒸发。③琼脂糖溶解后，将其放入 50℃水浴锅中，防止凝固。④将戊二醛固定的细胞用移液枪重悬起来，再用移液枪吸取适量琼脂糖于细胞悬液中，缓慢吹打混合。⑤放置于 4℃使琼脂凝固。⑥待琼脂凝固后，将其转至平皿上，用细针辅助手术刀片切成正方体块，转入标记好的离心管中。在琼脂糖中分散游离细胞时，要注意样品与琼脂糖的比例。如果细胞过于分散，切片时很难切到细胞密集的区域，使观察时样品过于稀少，甚至找不到样品。

13.1.2 固定

固定是指用化学方法或物理方法迅速杀死组织细胞的过程，目的是尽可能使细胞中的各种细胞器以及大分子保持原有生活状态，使样品在脱水、包埋、切片、染色以及电镜观察时组织超微结构变化最小。

13.1.2.1 固定的方法

生物样品的固定有两种方法：物理法和化学法。物理法是用高温、冷冻、干燥的物理方法使细胞结构固定。化学法是使用化学试剂固定细胞结构，使细胞骨架间的流动蛋白质凝固，以保存各种细胞器的空间联系。同时，将组织细胞的所有组成成分(核酸、蛋白质、糖类、脂类等)交联凝固为不可溶的物质保存下来。光学显微技术中所使用的大多数固定剂为沉淀凝集性固定剂，对细微结构固定不良，在样品处理过程中还会产生严重的物质抽提和沉淀，因而不能满足电镜固定的要求。电镜制样中常用化学固定法，透射电镜的分辨率很高，能看到纳米级的微小结构，因此要求组织和细胞的细微结构保存完整，要得到保存良好的固定样品，理想的电镜固定剂应具备以下条件：

①迅速均匀渗透到细胞内部，稳定各种细胞结构和成分。②破坏细胞酶系统，阻止细胞自溶，如使细胞的核酸、蛋白质、核蛋白、糖类和脂类等变为不可溶解的物质。③使细胞骨架间的流动蛋白质凝固，以保存各种细胞器的空间联系。④固定剂中常有重金属原子，与组织相互作用，可提高电子反差。⑤对细胞没有收缩或膨胀作用，以尽量保持各种结构的原始形貌。⑥没有人工假像，以保证电镜图像的真实性。⑦有防腐作用，以利于较长期的保存样品。目前，没有任何一种固定剂能达到上述所有条件，能把全部生命物质进行完全固定，只能根据具体的试验目的来选择固定剂。

13.1.2.2 固定剂的种类

电镜技术中常用的固定剂有四氧化锇(OsO_4)、戊二醛($C_5H_8O_2$)、多聚甲醛

[$HO(CH_2O)_nH$]以及高锰酸钾($KMnO_4$)等。四氧化锇虽然不适于细胞化学中酶活性的保留，但仍是电镜固定中比较理想的固定剂，而醛类固定剂(以戊二醛为主)正好弥补了这个缺点，在进行细胞化学电镜研究时，利用醛类固定剂对组织穿透能力强、速率快的特点作为四氧化锇固定的前固定，以起到取长补短的作用。

目前，电镜样品多采用双固定法，即前固定用2.5%戊二醛固定液固定2 h以上，后固定在室温下用1%四氧化锇固定液固定1~2 h。这种方法可以使大部分细胞成分得以保存。为避免醛类和四氧化锇发生反应生成沉淀，两次固定之间必须用相应的缓冲液漂洗3次，每次15~20 min。

(1)四氧化锇

四氧化锇俗称锇酸，淡黄色的立方体结晶，具有特殊的刺激性臭味，有强氧化性，毒性很强，蒸汽本身具有固定能力，主要侵害人的眼角膜、鼻黏膜等部位，使用时要做好防护在通风橱中进行操作。市售有0.5 g和1 g的四氧化锇封装在安瓿瓶中，价格昂贵。

四氧化锇原液的配制方法是把安瓿瓶的标签去除干净，用中性洗涤剂或重铬酸钾洗液彻底清洗安瓿瓶和容器，把安瓿瓶放入容器，向装有安瓿瓶的容器注入自来水进行流水冲洗(以安瓿瓶不被流出为准)，流水冲洗1 h左右再注入双蒸水冲洗2~3次。用清洁的滤纸将安瓿瓶包住由容器中取出(不能直接用手)，用砂轮在安瓿瓶2/3处划道裂纹。把玻璃棒前端烧红，按在安瓿瓶的裂纹上，使它裂开。把安瓿瓶放入容器中，盖上瓶塞，轻轻摇晃，使安瓿瓶破裂，把四氧化锇溶解在双蒸水中，配置成2%的原液，用棕色试剂瓶避光冰箱中密封保存。为保证充分溶解，需在使用前几天进行配制。

配置四氧化锇溶液时，要将安瓿瓶和容器处理干净。若有有机物等杂质混入，就会由淡黄色透明的溶液变成褐色或黑色不透明的溶液，使其固定能力降低甚至不能使用。因为四氧化锇的蒸汽也有固定能力，为了防止危险和溶液变质，使用的容器要完全密封。

四氧化锇作为固定剂的主要优点：①几乎与细胞内所有成分发生化学结合，在细胞内牢固地吸附在为其所稳定的结构上，把结构图像能较完整地刻画出来。②与蛋白质发生化学结合时形成交联，而不是沉淀，以稳定蛋白质，因此能较完好地保存生物细微结构。③它能保护脂肪，与脂肪的不饱和脂肪酸结合，能固定脂蛋白、核蛋白，形成脂肪-锇复合物，是目前所有固定剂中唯一的脂肪性物质的固定剂。④虽然对碳水化合物保护较差，但对组成细胞支架的磷脂蛋白质保护很好。对核酸保护作用差，但对核蛋白保护很好。⑤锇的原子序数大，对生物样品有电子染色作用。⑥对缓冲液要求不高。⑦经过四氧化饿固定的组织，既不收缩，也不膨胀、不变硬或发脆，有利于超薄切片。

四氧化锇作为固定剂的主要缺点：①不能保护糖原，不能固定核酸，对微管固定作用较差。②不适于进行超微细胞化学方面的工作。③分子量大，渗透能力差，对大于1 mm^3的组织块固定不完全。④有挥发性，对黏膜有毒性作用，吞食或经皮肤吸收可能致命，有强刺激性。

四氧化锇虽然有这些不足，但它现在仍不失为最好的生物电镜样品固定剂。这些缺点，可用双固定法加以补救。四氧化锇和乙醇、醛类能发生氧化还原反应而产生沉淀，污染切片，所以用四氧化饿固定之后，必须用缓冲液或蒸馏水冲洗干净，才能转到乙醇溶液中脱水。

(2)戊二醛

戊二醛是带有刺激性气味的无色油状液体，对眼睛、皮肤黏膜有一定的刺激作用，是电镜样品制备中使用最广泛的固定剂。市售的戊二醛为25%或50%的水溶液。

戊二醛作为固定剂的主要优点：①对组织的穿透能力较强、较快，因而突破了四氧化锇固定对组织块大小的严格限制，组织块可适当增大到数毫米，也不影响固定效果。②对蛋白质反应较快，能较好地保存蛋白质。③对糖原、核蛋白，尤其是微管、内质网等细胞膜系统结构和细胞基质有较好的固定作用。两个醛基可形成交联，对细胞成分起稳定作用，因而避免了用四氧化锇作原始固定剂时可能产生的胞浆内外基质的丢失。④样品在冷戊二醛固定液中存放数周到数月而不致产生不良后果，为野外工作和远离实验室的现场取材提供很大方便。

戊二醛作为固定剂的主要缺点：①对脂类保护不好，经戊二醛单独固定的组织，在脱水时大部分脂类会被脱水剂抽提而丢失。②不能提供电子反差，无电子染色作用。③对缓冲液的要求较高。

戊二醛的固定作用与四氧化锇互补，二者共同使用，可以固定和保存大多数的组织和细胞器(表13-1)。

表13-1 醛类与四氧化锇固定作用比较

固定剂种类	渗透性	电子染色	样品保存时间	与细胞主要成分的作用					细胞膜系统和细胞基质
				蛋白质	脂肪	磷脂	多糖	核酸	
醛类	强，3~5 mm	无	长，2个月以内，适于室外取材	尚好	很差	不影响膜通透性，对缓冲液的渗透压要求较高	很好	较好	较好，对微管、内质网等膜系统和细胞基质保存好
四氧化锇	弱，<1 mm	有	短，超过2h样品变脆	好，与蛋白质交联使之稳定	良好，能与脂肪的不饱和脂肪酸结合	很好，改变膜通透性	很差	很差	较差，细胞基质丢失

(3)多聚甲醛

因一般市售的40%甲醛水溶液(中性福尔马林)含有甲醇，有损于超微结构的保存，而采用多聚甲醛粉末与缓冲液配置而成的固定液。多聚甲醛是甲醛的线型聚合物，有甲醛气味。多聚甲醛固定液较戊二醛的渗透性更佳，固定迅速，固定的组织块大小不受限制，并能良好地保存组织中酶的活性，可用于野外采样、电镜细胞化学、免疫电镜和临床速检的固定。但浓度过高时会使细胞中某些物质流失而出现空洞现象，因此对细胞超微结构保存不好。甲醛在溶液形式下会形成长度不一的聚合物，影响交联效力和渗透速率，一般不单独使用，通常和戊二醛组成混合固定液使用。

(4)高锰酸钾

高锰酸钾是具有绿色光泽的赤紫色结晶，水中溶解度为6%，水溶液呈紫红色，是一种强氧化剂。与锇酸不同，高锰酸钾是磷脂蛋白的优良固定剂，尤其对神经髓脂质固定特别好，是细胞膜性结构的良好固定剂，对叶绿素的结构固定也好，对生物样品有电子染色作用，但高锰酸钾对细胞的其他成分固定不理想。高锰酸钾也可以作为戊二醛的后固定剂，其固定液用氯化钠调整渗透压。

13.1.2.3 固定剂的渗透速率与固定时间

各种固定剂对组织的渗透速率是不同的。一般来说，四氧化锇的渗透速率较差，醛类的渗透速率较强，戊二醛约为 1 mm/h，四氧化锇为(0.1~0.5) mm/(1.0~1.5) h，多聚甲醛约为 4 mm/h。受固定液渗透速率的影响，小块材料易得到良好固定，因此要求用四氧化锇固定的组织块要切成每边长度不超过 1 mm 的立方块，用戊二醛固定的组织块每边可适当突破 1 mm 的界限。

四氧化锇的渗透性不强，一般认为，四氧化锇固定液在 4℃ 时渗透性最佳，最有利于固定液在到达组织中央部位的过程中抑制组织的自溶。浓度加大，渗透性可能适当有所增强，因此固定比较大的组织块时，可使用高浓度的四氧化锇固定液。

一般组织块固定的时间是 1~4 h，过短，组织固定不好，过长，会引起外层组织脂蛋白的溶解。实际上，组织块的外层是过固定部分，中心部位是未固定好部分，仍会发生死后变化，最好用组织块厚 40~60 μm 的中层部分来制作切片。培养细胞、分离的细胞器和细菌等材料的固定时间在 10 min 至 24 h 不等，单细胞和动物材料的固定时间较短，植物材料及厚壁组织的固定时间较长，视具体情况而定。

13.1.2.4 缓冲溶液的种类

固定作用是指固定剂与组织和细胞之间的化学及物理、化学反应，除了要考虑固定剂本身特性，还应当注意组织和细胞生活时的渗透压和 pH 值等特性。因此，固定剂要用缓冲液作为溶解液，配制成有缓冲性的固定液来使用。

电镜技术常用的缓冲溶液有磷酸缓冲液(phosphate buffer saline，PB)、二甲砷酸盐缓冲液(cacodylate buffer)、醋酸-巴比妥缓冲液(veronal buffer)等。常用的缓冲溶液及配方如下：

(1)磷酸缓冲液

磷酸缓冲液是电镜技术中应用最广泛的一种缓冲液，是仿照细胞外液的成分配制而成的，无毒性。由于它有二级解离，缓冲的 pH 值范围很广，有多种配方的磷酸缓冲溶液，只要渗透压相同，效果基本无差别。它适合用于固定液，使之渐渐渗透并发挥作用。常用于配制戊二醛固定液，并适于作灌注固定。磷酸缓冲液的缺点是长期保存会出现沉淀，易被细菌污染，出现絮状物时应废弃，最好现用现配。也可配制成 A 液和 B 液保存在 4℃ 冰箱内，使用时将 A 液和 B 液按不同比例混合，配制成不同 pH 值的磷酸缓冲液，加等量双蒸水即是 0.1 mol/L 磷酸缓冲液。如按表 13-2 取 A 液 36 mL、B 液 14 mL，两者混合后加蒸馏水稀释到 100 mL，即为 pH 7.2 的 0.1 mol/L 磷酸缓冲液。

①0.2 mol/L 磷酸缓冲液(SÖrensen)配方(表 13-2)。A 液(0.2 mol/L 磷酸氢二钠)：$Na_2HPO_4 \cdot 2H_2O$ 3.561 g/100 mL 或 $Na_2HPO_4 \cdot 7H_2O$ 5.365 g/100 mL 或 $Na_2HPO_4 \cdot 12H_2O$ 7.164 g/100 mL；B 液(0.2 mol/L 磷酸二氢钠)：$NaH_2PO_4 \cdot H_2O$ 2.76 g/100 mL 或

表 13-2　0.2 mol/L 的 SÖrensen 磷酸缓冲液的配制(50 mL)

pH 值	7.0	7.1	7.2	7.3	7.4
A 液(mL)	30.5	33.5	36.0	38.5	40.5
B 液(mL)	19.5	16.5	14.0	11.5	9.5

表 13-3　SÖrensen 磷酸缓冲液(pH=7.2)的渗透压

摩尔浓度(mol/L)	0.05	0.075	0.1	0.15	0.1+0.18 mol/L 蔗糖
渗透压(mOsm)	118	180	226	350	425

$NaH_2PO_4 \cdot 2H_2O$ 3.121 g/100 mL。缓冲溶液的渗透压可通过改变磷酸盐的摩尔浓度或加入蔗糖、葡萄糖或氯化钠来调整(表 13-3)。

②磷酸缓冲液(Millonig)配方。$Na_2HPO_4 \cdot 7H_2O$ 2.325 g、$NaH_2PO_4 \cdot H_2O$ 0.18 g、NaCl 0.5 g，将三者混合，加双蒸水至 100 mL，得到 pH 值为 7.4，渗透压为 440mosmols 的缓冲液，此缓冲溶液为高渗溶液，适于用四氧化锇固定饱含水分的海洋生物类组织。

③0.3 mol/L 磷酸缓冲液配方。A 液(0.3 mol/L 磷酸二氢钾)：KH_2PO_4 4.083 g/100 mL；B 液(0.3 mol/L 磷酸氢二钠)：$Na_2HPO_4 \cdot 12H_2O$ 10.744 g/100 mL；混合液(A 液：B 液=7.9 mL：40 mL)，pH 值为 7.3。加等量双蒸水为 0.15 mol/L 磷酸缓冲液。

(2)二甲砷酸钠缓冲液

二甲砷酸钠缓冲液优点为容易配制，长期保存性质比较稳定，不易被细菌污染，与低浓度的钙质(1~3 mol/L)不发生沉淀反应。缺点是成本较高，有毒，有臭味，配制应在通风橱中进行，二甲砷酸钠缓冲液配制方法见表 13-4。

0.2 mol/L 二甲砷酸盐缓冲液配方：A 液(0.2 mol/L 二甲砷酸钠溶液)：$Na(CH_3)_2AsO_2 \cdot 3H_2O$ 4.28 g/100 mL 或 $Na(CH_3)_2AsO_2$ 3.199 g/100 mL；B 液(0.2 mol/L HCl)：HCl(36%~38%)10 mL 加 603 mL 双蒸水。按表 13-4 混合 A、B 两液后，加双蒸水至 100 mL 即可。

表 13-4　二甲砷酸钠缓冲液的配制

pH 值	6.4	6.6	6.8	7.0	7.2	7.4
A 液(mL)	50	50	50	50	50	50
B 液(mL)	18.3	13.3	9.3	6.3	4.2	2.7

(3)醋酸-巴比妥缓冲液

醋酸-巴比妥缓冲液早期用来配制四氧化锇缓冲液，它比磷酸缓冲的四氧化锇固定液效果稍好。因巴比妥钠与醛类发生作用，产生在生理 pH 值范围内不起缓冲作用的物质，其缓冲效果较差，不适于醛类固定剂。与磷酸缓冲液和二甲砷酸钠缓冲液不同，醋酸-巴比妥缓冲液不产生沉淀，适于四氧化锇后固定液的配制，也可以用来配制作为块染的醋酸铀溶液。此缓冲液易被细菌污染，因此只适于配制成固定液使用。

0.05 mol/L 醋酸-巴比妥缓冲液配方：巴比妥钠 1.47 g、醋酸钠 0.97 g，加蒸馏水至 50 mL，加入 0.1 mol/L HCl 约 50 mL 调节 pH 值。

13.1.2.5 固定液的配制

固定液的配制：固定剂+缓冲液。不同的固定剂与不同的缓冲液配合后，能制成各种固定液，这些固定液各具特点，性质不同，所以应根据不同细胞组织的特点，选择合适的固定液。

测定固定液的渗透压使用冰点下降法，用渗透压计测量。动物体液的渗透压因动物种类不同而有差异，哺乳动物约为 300 mOsm。常用试剂的浓度与渗透压的关系是 1%四氧化锇约为 40 mOsm，1%戊二醛约为 120 mOsm，1%蔗糖约为 35 mOsm。

固定液的渗透压直接影响被固定细胞的原有特定形态，固定液与被固定组织之间必须保持渗透平衡。如果在固定液与细胞质之间存在渗透压，那可能引起细胞或细胞器破裂。另外，固定液的酸碱度必须与被固定材料的酸碱度基本一致，如不一致可能在固定液与细胞体液及细胞质接触处发生化学反应，释放氢离子或羟离子，引起 pH 值的改变，导致细胞结构变化。多数动物的 pH 值平均为 7.4，所以常用范围 7.2~7.4；植物体的 pH 值为 6.8~7.1，所以常规范围 7.0~7.2；原生动物及胚胎适于 pH 值为 8.0~8.5，胃黏膜 pH 值为 8.5 效果最佳。

在固定液中加入一些非电解质、电解质可保持渗透平衡：

非电解质：蔗糖、葡萄糖有助于增加渗透压，减少某些胞内成分的浸出。

电解质：特别是氯化钙(0.5%$CaCl_2$)和氯化镁可防止膨胀，不但能减少某些胞内成分的浸出，还有助于固定细胞膜和细胞骨架成分，加入离子的最终浓度应为 1~3 mmol/L。

常用固定液的配制方法如下：

(1)1%四氧化锇固定液

2%锇酸加等量的 0.2 mol/L 磷酸缓冲液(或 0.2 mol/L、pH 值为 7.2~7.4 的二甲砷酸盐缓冲液)。

(2)0.1 mol/L 磷酸缓冲戊二醛固定液(表 13-5)

表 13-5 0.1mol/L 磷酸缓冲戊二醛固定液的配制

戊二醛最终浓度(%)	1.0	1.5	2.0	2.5	3.0	4.0	5.0
0.2 mol/L 磷酸缓冲液(mL)	50	50	50	50	50	50	50
25%戊二醛水溶液(mL)	4	6	8	10	12	16	20
双蒸水加至(mL)	100	100	100	100	100	100	100

注：市售戊二醛多为 25%的水溶液。

(3)0.1 mol/L 二甲砷酸钠缓冲戊二醛固定液(表 13-6)

表 13-6 0.1 mol/L 二甲砷酸钠缓冲戊二醛固定液的配制

戊二醛最终浓度(%)	1.0	1.5	2.0	2.5	3.0
0.2 mol/L 二甲砷酸钠缓冲液(mL)	50	50	50	50	50
25%戊二醛水溶液(mL)	4	6	8	10	12
双蒸水加至(mL)	100	100	100	100	100

(4)多聚甲醛–戊二醛混合固定液(Karnovsky's 配方，pH 值 7.3)

多聚甲醛………………………………… 30 g
25%戊二醛 …………………………… 80 mL
0.1 mol/L 磷酸缓冲液 ………… 至 1000 mL

配制方法：先将多聚甲醛溶于 0.1 mol/L 的磷酸缓冲液中，再加入戊二醛，最后加 0.1 mol/L 的磷酸缓冲液至 1000 mL，混匀。

目前多数观点认为，该固定剂最适于生物样品的电镜免疫细胞化学研究。用 4℃ 的 Karnovsky's 液灌注固定 10~30 min 后，接着在 pH 值 7.3、0.1 mol/L 的二甲砷酸钠缓冲液中漂洗过滤，这种短时冷固定处理比在较低浓度的戊二醛中长时间固定更有助于超微结构和许多肽类抗原的保存。

(5)高锰酸钾固定液

常采用 Karnovsky's 固定液(即多聚甲醛–戊二醛混合固定)作为前固定，0.5%~1.0% 的高锰酸钾溶液后固定 0.5~2.0 h。

(6)PFG 固定液(parabenzoquinone-formaldehyde-glutaraldehyde fixative)

对苯醌………………………………………… 20 g
多聚甲醛……………………………………… 15 g
25%戊二醛 ………………………………… 40 mL

0.1 mol/L 二甲酸钠缓冲液至 1000 mL。

配制方法：先以 500 mL 左右的二甲酸钠缓冲液溶解对苯醌及多聚甲醛，然后加入戊二醛，最后加入二甲酸钠缓冲液至 1000 mL，充分混合。

对苯醌与戊二醛及甲醛联合应用，既可阻止醛基对抗原的损害，又不影响超微结构的保存，因此适于多种类抗原的免疫细胞化学研究，尤其是免疫电镜的研究。

(7)PLP 固定液(periodate-lysine-paraform-alde hyde fixative)

PLP 固定液即过碘酸盐–赖氨酸–多聚甲醛固定液，配置所需试剂包括结晶过碘酸钠、赖氨酸盐酸盐或盐酸赖氨酸、多聚甲醛、蒸馏水。配制方法如下：

①贮存液 A(0.1 mol/L 赖氨酸 0.5mol/L Na_3PO_4，pH 值 7.4)。称取赖氨酸盐酸盐 1.827 g 溶于 50 mL 蒸馏水中，得 0.2 mol/L 的赖氨酸盐酸盐溶液，然后加入 Na_2HPO_4 至 0.1 mol/L，将 pH 值调至 7.4，补足 0.1 mol/L 的磷酸缓冲液至 100 mL，使赖氨酸浓度也为0.1 mol/L，4℃冰箱保存，最好两周内使用，此溶液的渗透压为 300 mOsm。

②贮存液 B(8%多聚甲醛溶液)。称 8 g 多聚甲醛加入 100 mL 蒸馏水中，配成 8%多聚甲醛溶液，过滤后 4℃冰箱保存。

③临用前以 3 份 A 液与 1 份 B 液混合，再加入结晶过碘酸钠($NaIO_4$)，使其终浓度为 2%。由于 A、B 两液混合，pH 值从约 7.5 降至 6.2，因此固定时不需再调 pH 值，固定时间为 6~18 h。

该固定剂较适于富含糖类的组织，对样品超微结构及抗原性保存较好。其机制是借助于过碘酸氧化组织中的糖类形成醛基，通过赖氨酸的双价氨基与醛基结合，从而与糖形成交联。由于组织抗原绝大多数都是由蛋白质和糖两部分构成，抗原决定簇位于蛋白部分，因此该固定剂有选择性地使糖类固定，这样既稳定了抗原，又不影响其在组织中的位置关系。Mclean 和 Nakane 等认为，最佳的混合是：含 0.01 mol/L 的过碘酸盐、0.075 mol/L 的赖氨酸、2%的多聚甲醛及 0.037 mol/L 的磷酸缓冲液。

(8) Zamboni's(Stefanini's) **固定液**

多聚甲醛…………………………………… 20 g
饱和苦味酸 ………………………… 150 mL
Karasson-Schwlt's 固定液 ……… 至 1000 mL

配制方法：称取多聚甲醛 20 g，加入饱和苦味酸 150 mL，加热至 60℃左右，持续搅拌使充分溶解、过滤、冷却后，加 Karasson-Schwlt's 固定液至 1000 mL 充分混合。

Karasson-Schwlt's 磷酸缓冲液，主要用于配制 Zamboni's(Stefanini's)固定液，其配置方法如下：

$Na_2HPO_4 \cdot 7H_2O$ …………………… 33.77 g
$NaH_2PO_4 \cdot H_2O$ ……………………… 3.31 g
重蒸水 ………………………… 至 1000 mL

该固定液适于电镜免疫细胞化学研究，对超微结构的保存较纯甲醛为优，也适于光镜免疫细胞化学研究，为实验室常用固定剂之一。在应用中，常采用 2.5%的多聚甲醛和 30%的饱和苦味酸，以增加其对组织的穿透力和固定效果，保存更多的组织抗原。固定时间为 6~18 h。

以上介绍了电镜制样常用的固定液，其中四氧化锇固定液、磷酸缓冲戊二醛固定液、二甲砷酸钠缓冲戊二醛固定液是常规固定液。Karnovsky's 固定液适用于大多免疫抗原，也是蓝藻研究中常用的固定液，通常作为前固定，联合四氧化锇后固定，对其他较难保存的抗原可尝试 PFG、PLP 及 Zamboni's 等混合固定液。

13.1.3 漂洗

在电镜样品的制备中，为了防止戊二醛、四氧化锇和脱水剂(乙醇或丙酮)之间的相互作用，需用缓冲液在固定后和脱水之前对样品进行 2~3 次漂洗，每次 5~15 min，以清除残留在组织内的固定液，避免产生沉淀物干扰样品超微结构的观察。漂洗时应使用与配制的固定液一致的缓冲液。可用渗透压略高于组织液的缓冲溶液进行漂洗。

在前固定用戊二醛固定液，后固定用四氧化锇固定液的双固定中，在四氧化锇固定前，要将残留在组织中的戊二醛漂洗干净，否则，戊二醛与四氧化锇反应会产生细小而致密的锇沉淀，影响超微结构的观察。

在对骨组织或植物等样品漂洗时需多加一些漂洗液，并延长漂洗时间。

13.1.4 脱水

为了保证包埋介质完全渗入组织内部，必须事先将组织内的水分去除干净，即用一种与水及包埋剂均能相混溶的液体来取代水，常用的脱水剂是乙醇或丙酮。

在电镜样品制备中，乙醇作为脱水剂引起的细胞物质抽提比丙酮要小，但乙醇与大多数树脂不易混溶，如果使用乙醇脱水，则要用环氧丙烷和丙酮作为转换剂，置换出乙醇后才能进行浸透和包埋。丙酮既是脱水剂，又是转换剂，可与大多数包埋用树脂混溶，丙酮对细胞成分的抽提比乙醇严重，但比乙醇引起的样品收缩要小。急骤的高浓度脱水会引起细胞收缩，因此，脱水应从低浓度开始，梯度上行：30%乙醇 5~15 min→50%乙醇 5~15 min→70%乙醇 5~15 min(可置于 4℃冰箱内过夜)→80%乙醇 5~15 min→90%乙醇 5~15 min→95%乙醇 5~15 min→100%乙醇 5~15 min(两次)。脱水时间可根据样品大小进行调节，原则上是样品越小，脱水时间越短，游离和培养的细胞可适当缩短脱水时间。过度脱水不仅引起更多物质的抽提，而且会使样品发脆，造成切片困难。

脱水注意事项：

①透射电镜样品很小，脱水换液时要避免丢失样品。

②在脱水过程中，要避免将样品长时间放在一种浓度的脱水剂中，当用 100%脱水剂时，更要注意样品块不要在空气中停留时间过长，从而引起样品的损伤。还要注意环境湿度，潮湿的天气下要做好除湿工作。如果脱水不完全，会影响后续处理时组织内树脂的渗透，造成聚合不完整，切片困难。

③如果当天完不成脱水操作，应将样品停留在组织块体积变化最小的 70%脱水剂中保存过夜。

④脱水要彻底，为了确保彻底脱水，一般在 100%的脱水剂中加入烘干的无水硫酸铜或无水硫酸钠进行吸水处理。

⑤脱水操作时，动作要迅速，如果全量换液，要保证间隔时间很短，避免样品干燥。也可采用半量换液，每个梯度换液两次。

⑥在脱水至 70%乙醇时，将组织块放在用 70%乙醇配置的饱和醋酸铀溶液中，室温染色 2 h，超薄切片后无须铀染，直接使用柠檬酸铅染色。

13.1.5　浸透

在脱水后，作为包埋之前的准备，将包埋剂渗入组织深层取代脱水剂的过程称为浸透。因脱水剂与包埋剂的互溶性不强，在两者之间使用相溶的液体进行置换，一般选用环氧丙烷作为置换剂。置换剂与包埋剂配制成不同比例的渗透液，以达到逐级渗透的目的。浸透液的配制和使用方法如下：

置换剂(环氧丙烷)	10~15 min
置换剂：包埋剂=3：1(*V/V*)	1~2 h
置换剂：包埋剂=1：1(*V/V*)	1~2 h
置换剂：包埋剂=1：3(*V/V*)	1~2 h
纯包埋剂	4~5 h 或过夜

配制比例和渗透时间可根据样品特点灵活掌握。

13.1.6　包埋聚合

包埋是将渗透好的样品块放到多孔橡胶包埋板中，灌上包埋剂。根据不同要求，包埋剂在单体状态时(聚合前)为液体，能够渗入组织内，加入催化剂后，经加温聚合能形成一种固体基质，既可以牢固地支持样品组织又不混乱其空间联系，并且这种固体基质具有足够的弹性，可以切出厚 50~70 nm 的超薄切片。这种被固体基质包裹的样品称为包埋块。

包埋大都采用硅胶包埋板和多孔锥形包埋板(图 13-2)。常规包埋的操作方法：在包埋前先将写好名称的硫酸纸样品标签放入包埋板中，加入包埋剂，用牙签挑起样品块，放入包埋板的尖端顶部，如对样品切片有方向或层次要求，在包埋时需定向放置到位，排除包埋液中的小气泡，使包埋液面略高于包埋板。将包埋板缓慢放入恒温箱中加温聚合，可以采取 35℃(过夜)、45℃(24 h)或 60℃(24 h)。聚合固化后将样品块剥出包埋板，选择聚合良好的包埋块进行切片(图 13-3)。

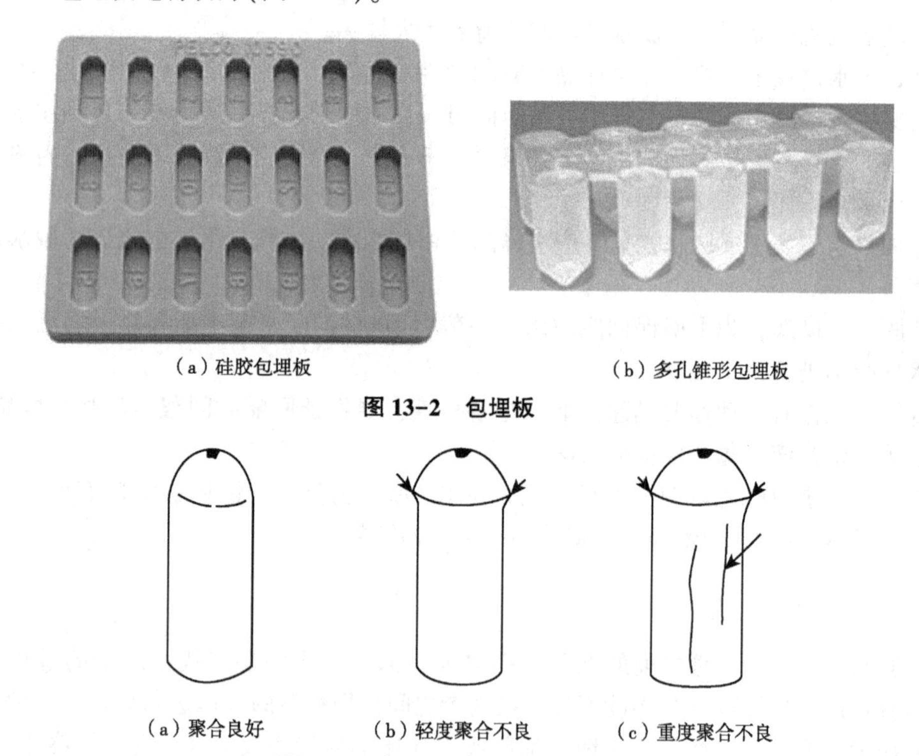

(a) 硅胶包埋板　　(b) 多孔锥形包埋板

图 13-2　包埋板

(a) 聚合良好　　(b) 轻度聚合不良　　(c) 重度聚合不良

图 13-3　包埋块聚合好坏的比较

13.1.6.1　常用包埋剂种类及性能

(1) 环氧树脂(epoxy resin)

环氧树脂是一类具有末端环氧基的甘油多聚酯。它的分子中有两种反应基团，即环氧基团(epoxide group)和氢氧基团(hydroxyl group)。其末端基团易与含有活性氢原子的化合物(如 DMP-30、DMAE、乙二胺等胺类，又称催化剂或加速剂)反应，使单体首尾相连接形成长链聚合物。此外，在单体中的氢氧基团能与有机酸酐(如 MNA、DDSA、九烷基琥珀酸酐、NSA 等，又称硬化剂或固化剂)结合，使单体分子形成横桥，所以，环氧树脂以单体渗入细胞组织，而这种单体在一定的温度条件下，在硬化剂和加速剂作用下，就形成一个非常耐溶和耐化学腐蚀的交链稳定的三维空间聚合体。为了改善聚合体(包埋块)的切割性能，还会在环氧树脂包埋配方中加入增塑剂，以调节包埋块的韧性。环氧树脂包埋剂对细胞微细结构有较好的保存性能，聚合后体积缩小较少，而且在真空中能经受较长时间的轰击，但它的操作不太方便，反差较弱。

常用的两种环氧树脂：

①Epon812 包埋剂。Epon812 是一种进口树脂，由 Epon812、DDSA（十二烷基琥珀酸酐，dodecenylsuccinic anhydride）和 MNA（甲基内次甲基二甲酸酐，methyl nadic anhydride）按一定比例配制而成。Epon812 是一种进口树脂，它是一种长链的脂肪族环氧化合物，是目前国际上普遍采用的一种优良包埋剂，在 25℃条件下，黏度为 150~210 mPa · s。DDSA 是一种可得到软性包埋块的长链脂肪族分子。MNA 又称六甲酸酐，它有两个链环，能获得较硬的包埋块。DMP-30 是 2,4,6-三（二甲基氨基甲基）苯酚[2,4,6-tris(dimethylaminomethyl) phenol]的简称，它能加速固化过程。

该包埋剂的配制方法很多，但一般都按 1961 年 Luft 提出的配方进行配置。配方如下：

A 液：

Epon812	62 mL
DDSA	100 mL

B 液：

Epon812	100 mL
MNA	89 mL

上述配方若改变 A 液和 B 液的比例则可调节聚合块硬度，A 液多则软，B 液多则硬。通常冬天使用 A：B=2：8（*V/V*），夏天使用 A：B=1：9（*V/V*），可视组织的硬度和气候不同选择其比例。配制时可先分别配制 A 液和 B 液，然后将 A 液和 B 液按一定比例混合后，再加入 1%~2%的加速剂，边加边搅拌，使其充分混合。

为了方便操作，也可以将 Epon812、DDSA、MNA 3 种成分按一定比例直接混合，最后加入 1%~2%的 DMP-30 加速剂。DMP-30 是 2,4,6-三（二甲基氨基甲基）苯酚[2,4,6-tris(dimethylaminomethyl) phenol]的简称，它能加速固化过程。实验中可以根据不同季节及不同样品制备数量来配制不同比例和不同剂量的包埋剂（表 13-7）。

表 13-7　不同比例和剂量的包埋剂配方

A 液：B 液	1：4		1：5		1：6		1：7		1：9	
配制剂量（mL）	10	26	10	40	28	70	20	35	40	49
Epon 812	5.0	12.5	4.98	19.8	14	35	10	17.6	20	25
DDSA	1.6	4.0	1.33	5.3	3.2	8	2	3.5	3.2	4
MNA	3.56	8.9	3.70	15	10.8	27	7.7	14	16	20
DMP-30	0.2	0.51	0.19	0.8	0.56	1.4	0.4	0.7	0.8	0.98

Epon812 的烘箱聚合温度为：37℃（8~12 h）、45℃（24 h）、60℃（24 h）。

②Spurr 树脂（ERL-4221、4206 包埋剂）。1969 年由 A. R. Spurr 推荐使用的包埋剂。它含有两个环氧基，由于具有黏度低的特点，25℃时，黏度为 8~10 mPa · s，其配方可按下表中各种成分的比例，即可获得不同性能的包埋块，配方如下（表 13-8）。

表 13-8　Spurr 树脂包埋剂配方

成　分	标准硬度	硬	软	快速聚合配方	缓慢聚合配方
ERL-4221(g)	10.0	10.0	10.0	10.0	10.0
DER-736(g)	6.0	4.0	7.0	6.0	6.0
NSA(g)	26.0	26.0	26.0	26.0	26.0
DMAE(mL)	0.4	0.4	0.4	1.0	0.2
聚合时间 70℃(h)	8	8	8	3	16
混合时间(d)	3~4	3~4	3~4	2	7

原始配方使用乙烯基二氧环己烷(vinylcyclohexene dioxide，商品名为 VCD 或 ERL-4206)，由于毒性和致癌性强被 ERL-4221 树脂所取代。DER-736(diglycidyl ether of a polypropylene glycol)属于脂肪族，分子小、有低黏度性质，可调节包埋块的硬度。NSA(nonenylsuccinic anhydride)是一种特殊的硬化剂，应避免暴露在潮湿的大气中，以防环氧或酐链的水解作用。DMAE(dimethylaminoethanol)是催化剂，增加催化剂的比例，可以缩短聚合的时间。

Spurr 树脂最终硬度可用 DER-736 来调节。配制时，先把前 3 种试剂混合后，最后加入 DMAE，但从开始混合到完成，达到淡黄色状态需 3~7 d。此包埋剂在 70℃，一般 8 h 即可完全聚合，用陈旧的包埋剂时，则聚合时间会减少。因 Spurr 树脂嗜氧，聚合时不要加盖。包埋剂最好新鲜配制，但为了方便，可预先配制好保存在低温和防潮的环境中。

Spurr 树脂与 Epon812 树脂相比黏度低、操作方便，但毒性比 Epon812 树脂大，所以操作时要更加小心，此外，Spurr 树脂各成分间的分子量差异较大，在组织中的渗透速率不一，容易造成个别成分渗透不均，而导致局部聚合不完全，染色效果不佳。

(2)丙烯酸树脂(acrylic resin)

丙烯酸树脂无色透明，由丙烯酸衍生物聚合而成。丙烯酸单体黏度低，可以在低温下渗透及聚合，因而能满足免疫和细胞化学技术低温操作的要求。其聚合方式有两种：热聚合和紫外线照射聚合，但它对脂类等成分的抽提比环氧树脂严重，为此它也需要在较低的温度下使用才可能降低抽提作用，此外，聚合前后丙烯酸树脂的体积变化较环氧树脂大(体积收缩 10%~20%)，并且它在电子束照射下的稳定性比环氧树脂低，放热的聚合过程可引起组织细胞结构的损伤，致敏性也比环氧树脂强，使用时要小心防护。一般来说，除了免疫和细胞化学技术外，对于超微结构的研究并不推荐使用它。在电镜中使用较多的丙烯酸树脂有伦敦白胶(LR White)和 Lowicryl 系列的树脂。

①伦敦白胶。含有 7 种不同的丙烯酸单体和两种增塑剂，引发剂是 BPO(dibenzoyl peroxide)，加速剂为 N,N-dimethyl-parat-oluidine,但具体配方和成分尚未公开。它的黏度低，渗透能力强，可用于较大组织块或致密组织的包埋，由于它有一定的亲水性，方便水性染料进入，染色效果佳，使用非常方便，通常买回来的是已经混合好的试剂，但由于 BPO 已经加入，必须一直保存在 4℃条件下，以防止其自发聚合，即便这样，它的有效期仅为 12 个月。伦敦白胶可以微溶于水，因而可以采用部分脱水方案，但不能使用丙酮作为脱水剂。氧气会抑制聚合反应的进行，因而聚合时要在模块中注满包埋剂并盖紧盖子，此

外，伦敦白胶不能在-15℃以下使用。为了方便运输和储存，也有未加 BPO 的伦敦白胶(uncatalysed LR White)出售，这种试剂需要加入催化剂(9.9 g 催化剂/500 g LR White)充分搅拌并室温放置 24 h 以上才能使用。充分混合的包埋剂同样保存在 4℃条件下，一旦加入催化剂后，它的有效期便为 12 个月。

②Lowicryl 系列包埋剂。是专为低温(-20℃以下)包埋设计的包埋剂，它有两种类型：一种是极性树脂，K4M(最低渗透温度为-30℃，最低聚合温度为-50℃)和 K11M(最低渗透温度为-60℃，最低聚合温度为-60℃)；另一种是非极性树脂，HM20(最低渗透温度为-50℃，最低聚合温度为-50℃)和 HM23(最低渗透温度为-80℃，最低聚合温度为-80℃)。极性树脂亲水，使样品保存在一个水性的环境中从而减少蛋白质变性，且染色的效果较好，而非极性树脂的切割性能比较好。两种树脂通常都在隔绝氧气的情况下低温紫外线照射聚合。Lowicryl 系列包埋剂全部以试剂盒的形式出售，有详细的说明书提供参考。

13.1.6.2 包埋聚合操作注意事项

①包埋用注射器、吸管、烧杯、包埋板、牙签及其他器皿，使用前应烘干，不能有任何水分。

②所用试剂均应放在干燥器或冰箱中保存，注意防潮。从冰箱中取出的药品必须等到恢复至室温时才允许打开盖子，防止水分进入药品。

③包埋时动作要轻，避免产生气泡，以免影响后期超薄切片。

④操作时做好防护，皮肤切勿接触包埋剂，以防引起皮炎。

⑤包埋结束要及时用丙酮清洗和处理盛过包埋剂的容器，否则包埋剂固化后难以清洗。

⑥制好的干燥包埋块应置于带盖的小瓶里，存放在干燥器中，以防止包埋块吸潮变软影响超薄切片质量。

13.1.7 修块

在进行超薄切片之前，应该先将包埋块修成一定的形状和大小，这步操作称为修块。

修块的目的：①除去组织块周围多余的包埋介质或不感兴趣的部分，使包埋于其中的组织露于包埋块的尖端，尽可能地由需要观察的组织所覆盖，以提供较多的有效观察面积，才能用于切片。②由于含组织块的区域与不含组织块的区域硬度不同，只有经过修块，尽可能地除去组织块外的空白包埋介质，使要切的部分硬度一致，才易切出质量好的切片。③只有一定形状、大小合适包埋块，才能切出理想连续切片带。

修块可用手工或机器进行。修块的第一步是选块，将包埋块夹在特制的夹持器上，放在显微镜下，露出顶端。

手工修块：在镜下用新单面刀片首先横切包埋块的顶端，刚刚露出组织块，然后在组织的四周，以与包埋块轴成 45°~60°角的方向上，进一步切四刀削去包埋剂，修成锥体形，面积约为 1 mm^2。修块时要使样品露出，露出样品的顶面修成梯形或长方形(图 13-4)。顶面上下边应保证平行，以保证容易切削，切片间不互相挤压，并且切出的片子易于形成连续切片，不零散，这样块便已“粗修”好了，在切片前再用玻璃刀的褶边区进行“细修”。

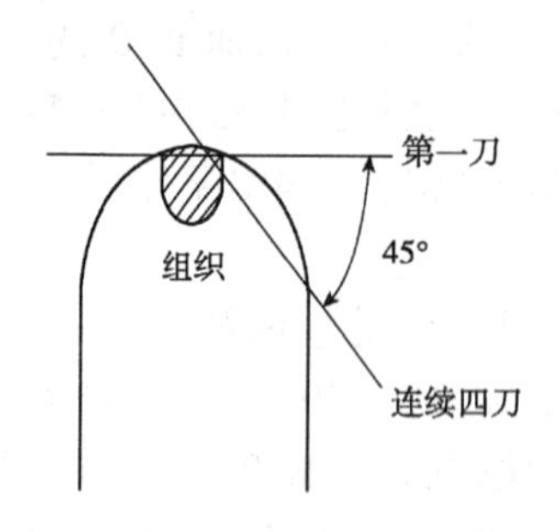

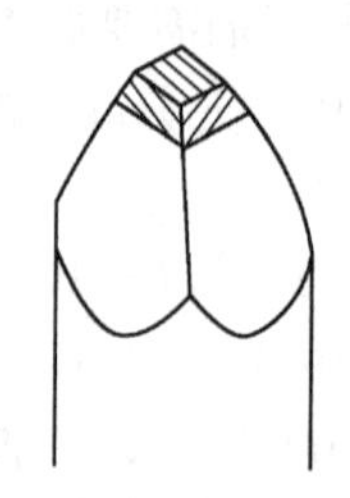
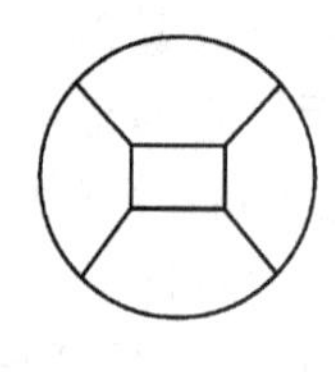

图 13-4　修块的步骤、修成的形状及俯视图

修块注意事项：第一刀不能修得太浅或太深，太浅，没露出组织，到细修时费劲，而且在取材和固定等一系列处理过程中，表面免不了要受到损害及四氧化锇固定过度，结构也可能受到损害；太深，因四氧化锇固定时，深部一定固定不好，结构破坏是肯定的。用结构已损害的部分切片，影响观察结果，为此，修顶端时，刚露出组织即可，到切片时，再用玻璃刀进一步细修。一般最后切片时的顶面约 0. 5 mm×0. 5 mm 为好。使用修块机修块时，可修出顶面小于 0. 2 mm×0. 2 mm 的面积。

13. 1. 8　超薄切片

超薄切片是将修整好的包埋块在超薄切片机上切厚度约 50 nm 薄片的过程，是整个制样程序的中心环节。超薄切片的好坏与超薄切片机(图 13-5)和玻璃制刀机(图 13-6)的性能、切片刀的质量、包埋块的切割性能以及操作者的技术经验等因素密切相关。当进行超薄切片前，必须做好一切准备工作，如选择和清洗载网、制备支持膜、制备玻璃刀、细修包埋块等，切片时必须保持心境平和、精力集中，避免任何人为和环境因素的干扰，如人员走动、各种振动、灰尘污染等。

根据推进原理不同，将超薄切片机分为两大类：一类是机械推进式切片机，用微动螺旋和微动杠杆来提供微小推进，如莱卡公司生产的 UC 系列超薄切片机；另一类是热膨胀式切片机，利用金属杆热胀或冷缩时产生的微小长度变化来提供推进，如 LKB 公司生产的超薄切片机。

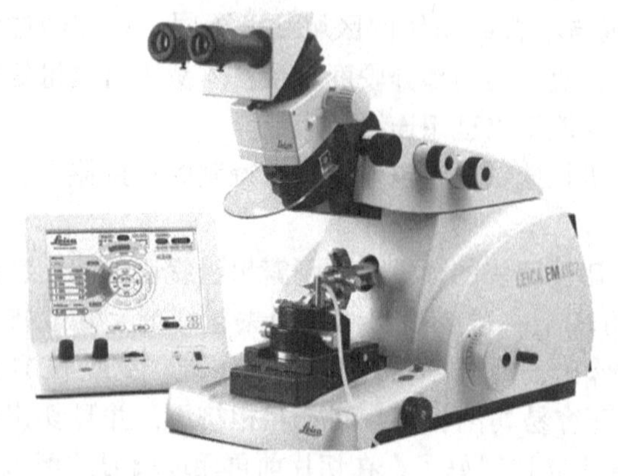

图 13-5　莱卡 UC7 超薄切片机

图 13-6　莱卡 EM KMR3 玻璃制刀机

13.1.8.1　载网和支持膜

(1) 载网

载网是指承载超薄切片的圆形网。电镜中使用的载网有铜网、不锈钢网、镍网等，一般常用铜网。载网为圆形，直径 3 mm。网孔的形状有圆形、方形、单孔形等。网孔的数量不等，有 100 目、150 目、200 目、230 目、300 目等多种规格，一般选用 200 目载网，如观察分辨力要求高的样品，则选用 300 目以上的载网，以增强样品的稳定性，具体可根据实际需要进行选择(图 13-7)。

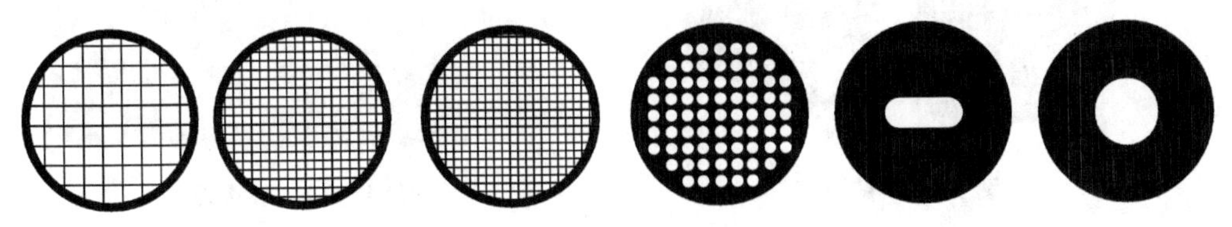

图 13-7　透镜电镜载网种类

新的载网上常有油污，使用之前需进行清洗，以便支持膜或切片能牢固贴附在载网上。载网的清洗方法：将新载网放入盛有无水乙醇的小烧杯内轻轻摇动清洗 3~5 次，取出平铺于滤纸上干燥后备用。载网具有正反面，普通观察，背面与正面几乎无差别，新载网标注字母面为正面，载网正面亚光。

(2) 支持膜

在干净的铜网表面制备一层透明而无结构的一层薄膜，以便承载样品切片，并能承受电子束的轰击，这层薄膜称为支持膜，厚度为 10~20 nm，支持膜过薄，切片易被电子束打破，过厚则使图像分辨率降低。常用的支持膜有火棉胶膜及福尔莫瓦膜(Formvar，聚乙烯醇缩甲醛膜)，一般采用后者。将 Formvar 粉末溶于适量的二氯乙烷溶液(也可用二氯乙烯或氯仿)中配制成 0.3%的福尔莫瓦膜溶液，然后用擦净的玻璃条伸入该溶液中停留片刻，平稳取出后会在上面形成一层薄膜，在此膜四周边缘用刀片划开，浸入烧杯的双蒸水中，待薄膜完全漂于水面，把玻璃条轻轻下压取出。将铜网排列在漂于水面的膜上，把滤纸覆盖到这些排列的铜网上，当滤纸与铜网完全贴附后，用镊子夹住滤纸的一角轻轻将其取出放于培养皿中，待自然干燥后取出铜网备用(图 13-8)。

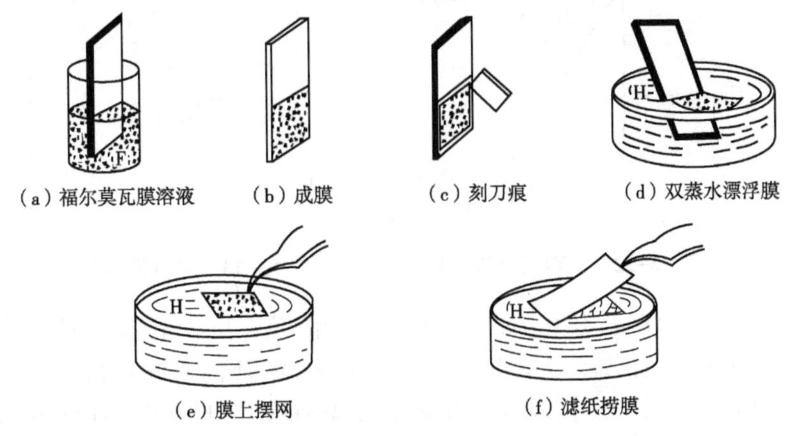

图 13-8　福尔莫瓦膜制作流程

13.1.8.2 切片刀

超薄切片使用的切片刀有两种：一种是钻石刀，价格高，非常锋利，可切硬的样品，可以把样品切得更薄(图 13-9)；另一种是玻璃刀，价格便宜，适合初学者，使用者较多。制玻璃刀用的玻璃必须是硬质、内应力小的玻璃，厚度为 4.0~6.5 mm(图 13-10)。

图 13-9 钻石刀

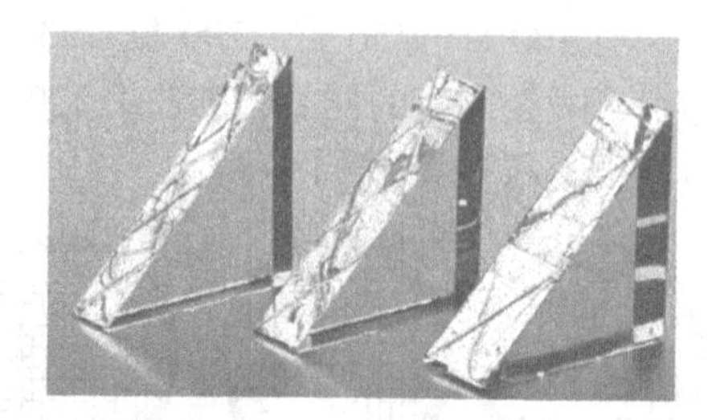

图 13-10 玻璃刀

(1) 玻璃刀的制作

用玻璃制刀机制作(图 13-11)，刀制好之后需要进行检查和选择。

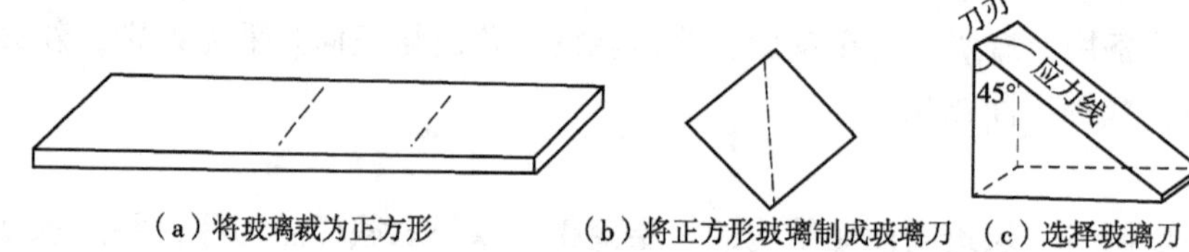

(a) 将玻璃裁为正方形 (b) 将正方形玻璃制成玻璃刀

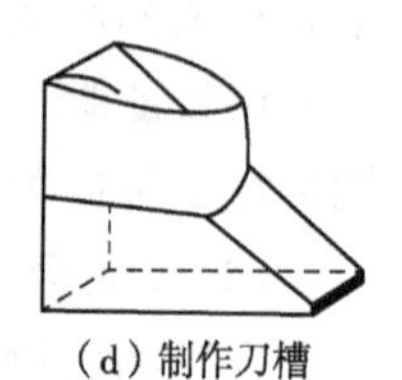

(c) 选择玻璃刀 (d) 制作刀槽

图 13-11 玻璃刀制作过程

刀口的切割质量取决于自由裂断和刀口面相交的位置，即取决于刀根厚度(d)，d 应为 0.5~1.0 mm。用各种方法制出的刀外形有差异，但刀口沿长度方向都可以分成 3 个区域：最好的是刀口区，为切刀，用来切制超薄切片；褶边区域，可用来细修包埋块，或用来切出光学显微镜用的厚切片；冲角，这部分是无用的(图 13-12、图 13-13)。

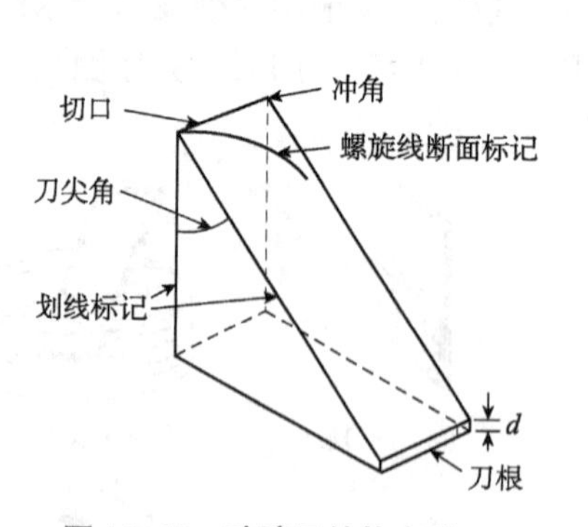

图 13-12 玻璃刀结构名称

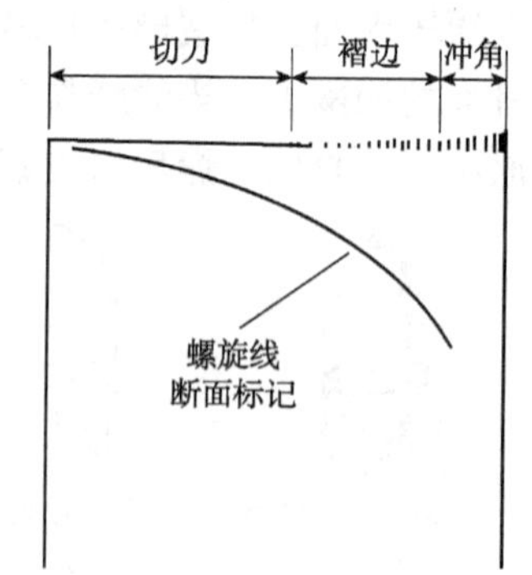

图 13-13 刀刃区域名称

刀刃质量与刀根厚度(d)有关。如果 d 太大，冲角就大，褶边将占刀口长度的 1/2，甚至更长，而可用的切刀非常短；如果 d 太小，产生弯曲的刀口，不能用来切片；当 d 合适时，制成的刀口约有 1/2 长度可用来切片，1/3 可用来修块，只有约 1/6 的很小的冲角(图 13-14)。

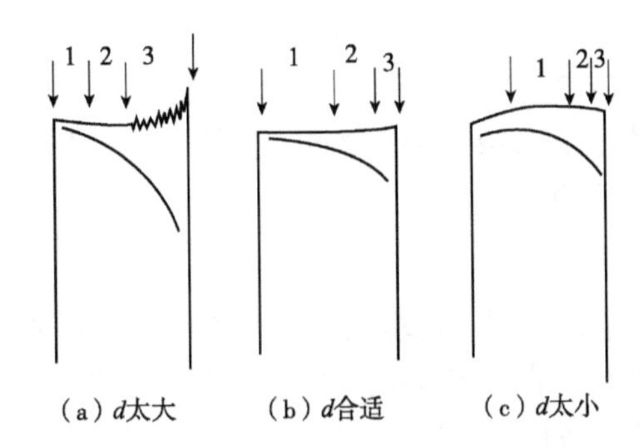

图 13-14 刀根厚度（d）与 3 个区域的关系

用肉眼观察合格的玻璃刀刀口应平直，冲角较小，螺旋线断面标记和刀口平行区域则越长越好，初选后经镜检合格的玻璃刀应保存于玻璃刀盒中备用，因刀刃极易损坏，建议最好现用现做。

（2）刀槽的制作

超薄切片只有漂浮在水面上才能被收集起来，因此选好玻璃刀后，要围绕刀口背部制作一个槽，以便使切片漂浮在水面上，叫作刀槽。刀槽有胶布和塑料两种材质，胶布刀槽是用聚酯胶带来制作（图 13-15），塑料刀槽是商品化的，有固定的形状，可反复使用（图 13-16）。

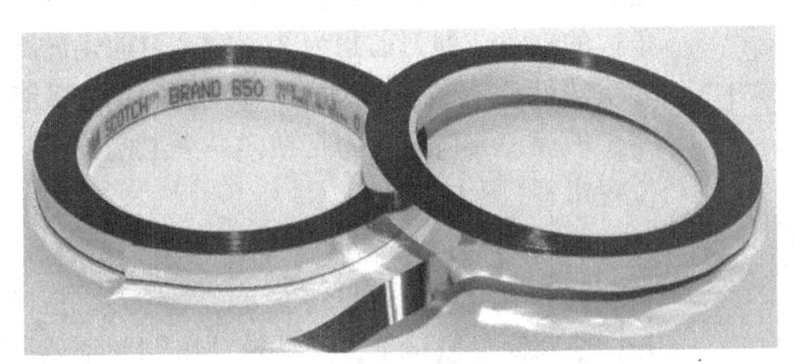

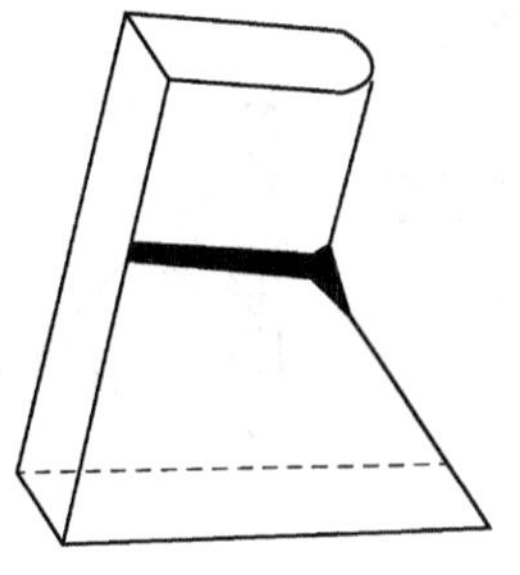

图 13-15 胶布刀槽的制作

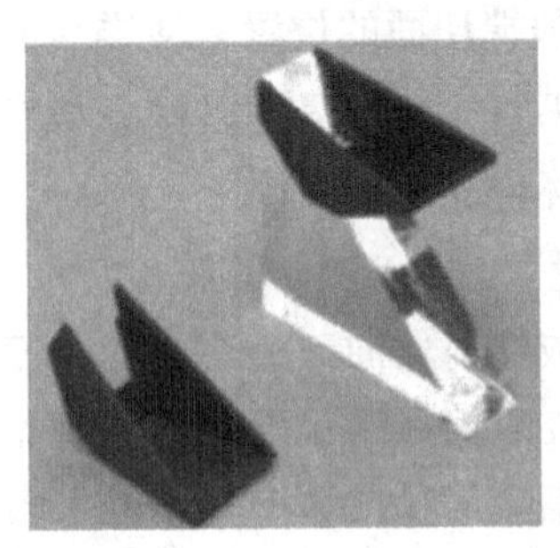

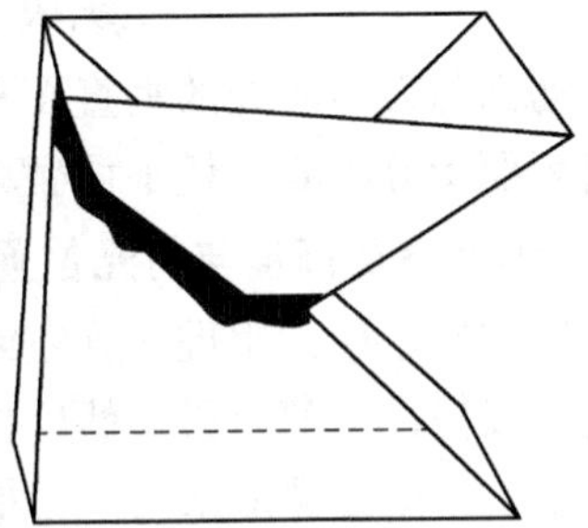

图 13-16 塑料刀槽的制作

制作或安装刀槽时必须十分小心，不要用手指、刀剪及胶带碰到刀刃。装好胶布或塑料刀槽后，在胶带和玻璃刀接触的部分用少量熔化的石蜡封闭接口，一定不能漏水。

刀槽在切片时加满液体，以漂浮超薄切片和便于捞片。刀槽液应具备以下特性：①必须不和切片作用，不损害细胞的超微结构。②不溶解和损坏刀槽胶布及石蜡。③具有较高的表面张力，能使切片漂浮，湿润刀刃好。④具有较低的黏度，容许切片在其表面上自由移动。⑤有低的蒸发率，在切片过程中保持一定水平面，无须频繁调节。环氧树脂切片可以采用蒸馏水，用10%的乙醇溶液或丙酮溶液更利于湿润刀口。甲基丙烯酸酯切片要用10%~15%的乙醇溶液或丙酮溶液。

13.1.8.3 超薄切片

超薄切片机切片过程包括：固定包埋块→固定玻璃刀和调节刀前角→选择刀口，调节组织块与刀刃的距离→加刀槽液，调节液面高度与灯光位置→细修→半薄切片(1 μm)或超薄切片→判断切片厚度→捞片。

(1)固定包埋块

将粗修好的包埋块装在超薄切片机的样品夹中，包埋块露出夹具2~5 mm，露出太多切片时易发生震颤。装包埋块时夹得松紧要适合，夹得太紧会把包埋介质挤出来，移向切片刀，产生超厚切片；夹得太松在切片时包埋块会震颤。把装有包埋块的样品夹在超薄切片机样品臂顶端的样品头中，在超薄切片机的双筒显微镜下进行调节，使包埋块顶面的顶边和底边处于水平位置。

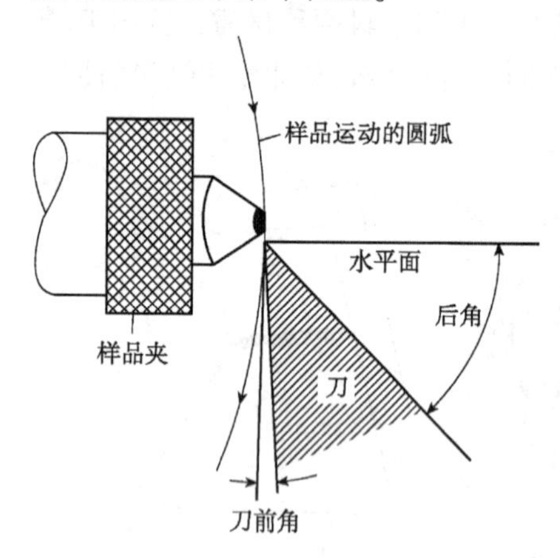

图 13-17 刀和刀前角

(2)固定玻璃刀和调节刀前角

把封好刀槽的玻璃刀装在刀架上，安装时注意别碰到刀口。调节旋钮，使刀口所在的垂直面与刀的直角边的夹角，即刀前角为3°~8°。刀前角的大小与包埋块的性质有关，包埋块软时，所用的刀前角要大些。玻璃刀刀口应与固定在样品头上的样品切面中心位置水平(图 13-17)。

(3)选择刀口、调节组织块与刀刃的位置

调节组织块与刀刃的位置称为对刀。把样品臂松开，在双筒显微镜下，用手转动粗调和细调手轮，将刀架向样品移动，同时上下移动样品臂，调节刀刃和组织块顶端切面的位置，使样品顶切面从上顶边到下底边与刀刃平行，切面与刀刃所处的垂直面平行，对刀最终以样品与刀刃之间只有很微小缝隙为止，调节过程要十分小心，切不可碰坏样品和刀口。

(4)加刀槽液，调节液面高度与灯光位置

样品和刀刃位置调好之后，用进水旋钮或注射器向刀槽逐渐加注刀槽液。刀槽液先加过量，液面稍凸起，以浸过全部刀刃，然后在双筒显微镜下，用注射器慢慢抽出少量刀槽液，使刀槽液面凹下，形成月芽形水面。刀槽液的量要适中，不能太多，否则切出的切片不能移到刀槽内或刀槽液会粘到组织块的切面上切不出片来，但又不能太少，否则刀刃容易干燥，切不出片或切出的片舒张不好，粘在刀刃处而损坏(图 13-18)。

(5)细修

前面几项都准备好了以后，用玻璃刀的褶边区把组织块顶面细修好。打开样品臂，使其上下运动。先用细调，后用微调慢慢地使切片刀向样品切面接近，直到切出片子来。当

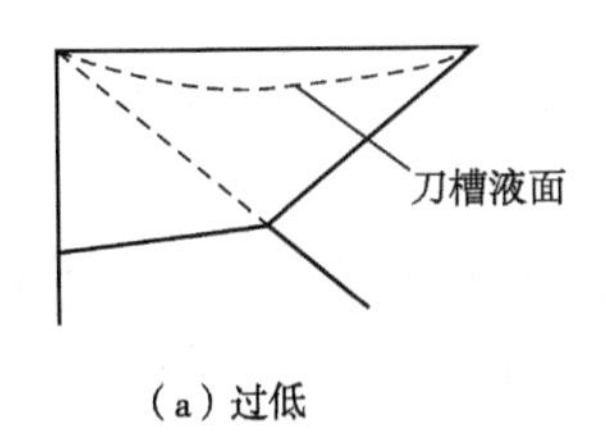

(a) 过低

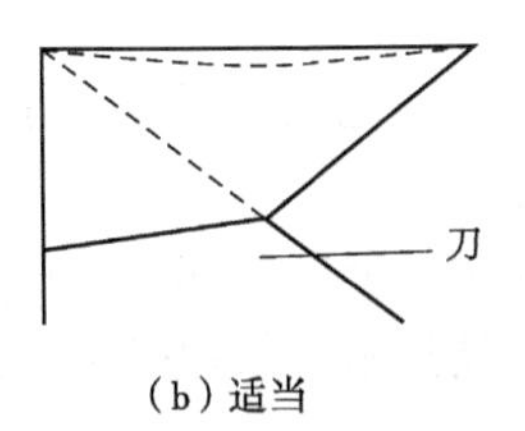

(b) 适当

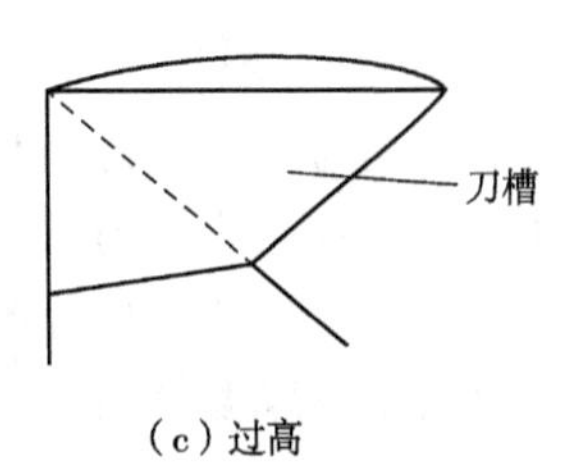

(c) 过高

图 13-18　刀槽液面的高度

在双筒显微镜下看到切片基本上呈正方形，和包埋块顶面大小差不多时，可停止向前推进。关样品臂，细修完毕，在白色照明灯下包埋块顶面呈很平的镜面。

(6)半薄切片和超薄切片

由于超薄切片面积过小，在样品固定后肉眼无法辨认感兴趣部位，最好在超薄切片前先切几张 0.5~1.0 μm 半薄切片进行定位，以提高电镜观察准确率。环氧树脂包埋的材料难以用一般光学显微术中的染色剂进行染色，只能通过加热的方法进行单染色。

常用于半薄切片的染色剂有甲苯胺蓝、碱性复红、碱性品红、亚甲蓝等。甲苯胺蓝染色法是先切 1 μm 左右切片，用镊子将切片移至载玻片上，载玻片上可先滴一滴蒸馏水或涂一层较稀的清蛋白，在 60~80℃的恒温板上干燥使切片展平并粘牢。在切片上滴加用磷酸缓冲液配制的 0.6%甲苯胺蓝溶液，边加热边染色，染色 2~3 min(不能让染色液在玻片上烤干)，然后用蒸馏水反复洗除去多余染色液，待干燥后用光学显微镜观察，根据确定的方位再次修整包埋块，将不必要部分修弃。

在整个切片过程中应保证刀刃与样品切面一直平行，以保证切片厚度均一。

对刀时将玻璃刀水槽注水，使得刀口与水面平齐，调整控制面板上灯光，使灯光从下方照射样品和玻璃刀，这时玻璃刀和样品切面之间有一条光带，通过观察光带左右宽度是否一致，可知是否平行，通过样品夹和刀台旋钮，调整光带成一条左右宽度均匀的线，然后上下移动样品观察光带宽度是否有变化，调节样品臂使光带宽度不变。

对刀成功就可以进行切片，在超薄切片机控制面板选择所需厚度、切片速度，选好以后按下启动按钮开始切片，同时在目镜中观察切片是否平整完好(图 13-19)。

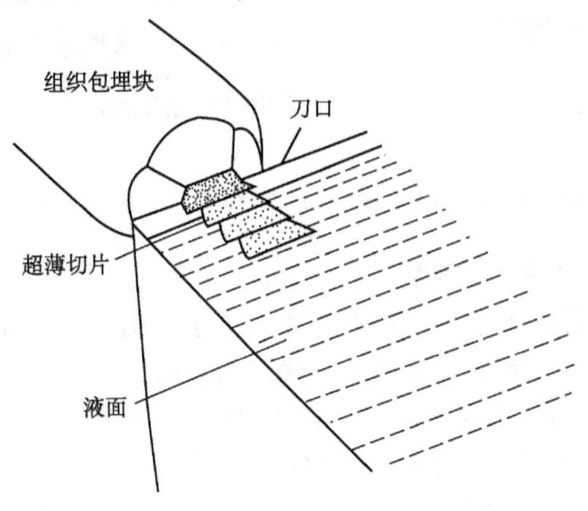

图 13-19　超薄切片

(7) 判断切片厚度

目前的超薄切片机都是自动进刀，理论上可以切出厚度为几纳米的超薄切片，但要切出厚度小于 20 nm 的均匀切片是不可能的。

超薄切片机虽然有切片厚度的指示，但因包埋块的机械性能以及切片时各种因素的影响，切片的实际厚度是很难测量的。其指示的数值是进刀的大小，而并非代表切片的真正厚度。

切片厚度的判断是以切片表面的反射光和切片下表面反射光产生的干涉颜色为依据，不同厚度切片呈现不同的颜色(表 13-9、图 13-20)，一般采用 50 nm 左右呈灰色和银白色切片(图 13-21)。

表 13-9 超薄切片的干涉色与厚度的关系

干涉颜色	暗灰色	灰色	银白色	金黄色	紫色
切片厚度(nm)	<40	40~50	50~70	70~90	>90

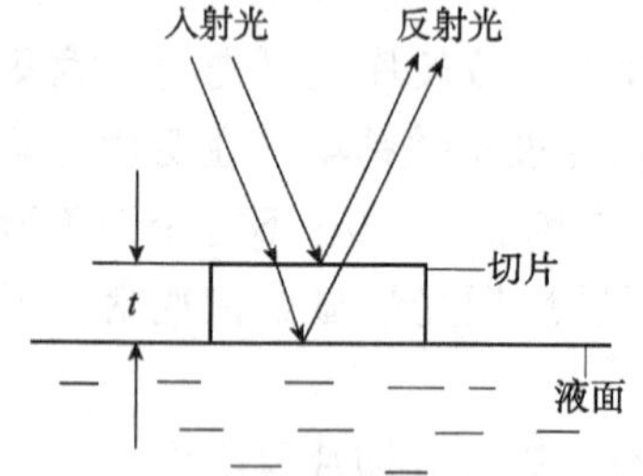

图 13-20 切片厚度的判断

图 13-21 反射面为银灰色的切片厚度适宜

(8) 捞片

切片展开之后，把漂浮在刀槽液面上的超薄切片收集到载网上捞出，才能进行染色和观察。捞片时需要用到精细镊子(图 13-22)、捞样环(图 13-23)和睫毛笔[用少许牙科石蜡将一根人的睫毛根部固定在细签的尖端或直接购买商品化的睫毛笔](图 13-24)。

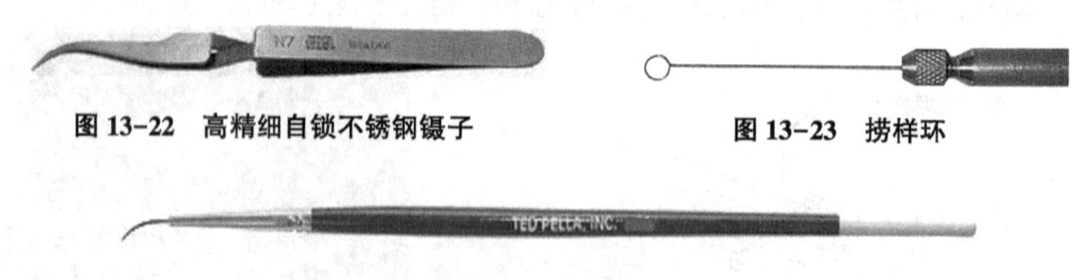

图 13-22 高精细自锁不锈钢镊子

图 13-23 捞样环

图 13-24 睫毛笔

在镜下用睫毛笔把碎片及厚片剔到刀槽边上，把超薄切片汇集于刀槽中间。如果切片呈带状，需用睫毛笔把连续切片分段排好，使其长度稍大于载网的直径。

捞片环是金属或塑料材质的小环，借助水的张力作用将超薄切片捞在环中，再贴到铜网上。操作方法是将覆膜铜网正面向上放在滤纸上，用捞片环将用睫毛笔聚集好的切片连同水一起取出，缓缓地把捞片环贴到铜网上，环上的水分被吸走，超薄切片就转移到了铜网上。

用镊子夹住铜网边缘，使有膜面朝下，面向切片直接在液面上蘸取切片(图 13-25)，或从下向上提打捞切片(图 13-26)，用滤纸边缘吸掉多余水分，平放在垫有干净滤纸的培养皿中等待染色，用记号笔标上记号，切不可用铅笔，以防铅芯碎屑污染铜网。

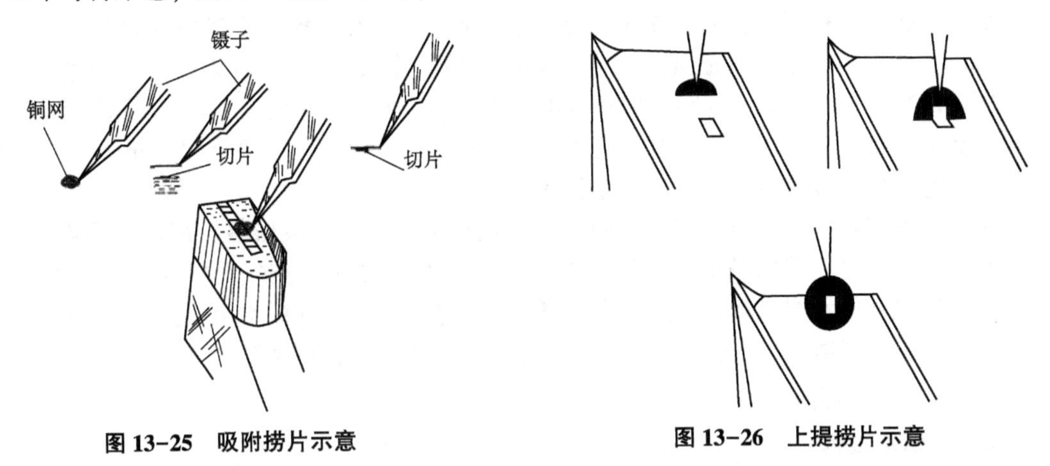

图 13-25　吸附捞片示意　　　　图 13-26　上提捞片示意

13.1.9　电子染色

生物组织是由碳、氢、氧、氮等元素所组成，由于这些元素的原子序数较小、散射电子的能力较弱，所以未经染色的超薄切片在电镜下观察时反差很低，甚至看不清样品的结构，因此需染色后才能在电镜下显示出清晰的结构图像。

超薄切片染色是一种以增强样品对比度为目的的“电子染色”，染色原理是使用重金属盐类与样品中的某些成分结合或被吸附，以增加电子散射量从而达到提高反差的目的。超薄切片多采用铀、铅、锇、钨等重金属盐类作为染色剂。重金属的原子对电子束形成散射，从而提高图像的反差，这种将超薄切片浸入重金属盐溶液中，重金属盐与组织细胞中某些成分结合或被组织吸附来达到染色的目的称为正染色。

电子染色可在不同时期进行，在固定脱水前或脱水时进行的称为块染，在切成超薄切片后进行的称为片染。

13.1.9.1　常用染色剂

(1) 醋酸双氧铀

醋酸双氧铀是电镜常规染色剂，也是块染的染色剂，与细胞的大部分成分结合，能提高核酸、蛋白质和结缔组织的反差，但对膜系统染色较差，不稳定，避光保存。

常用 50%、70%或 95%乙醇配制成 2%溶液作为染液，室温染色 30 min，延迟时间或提高温度可增加反差。染色时避免强光照射，防止染液变质，染色后，要尽快用蒸馏水将染液清洗干净。

(2) 柠檬酸铅

柠檬酸铅是使用最广泛的电镜染色剂，密度大，对各种细胞结构有亲和力，能使细胞的膜结构、核糖体、糖原等着色。染色时间为 10~20 min，易产生沉淀污染样品。

柠檬酸铅染液的配制：

硝酸铅 $Pb(NO_3)_2$ ································ 1.33 g

柠檬酸三钠 $Na_3(C_6H_5O_7) \cdot 2H_2O$ ………… 1.76 g

双蒸水 ………………………………………… 30 mL

将硝酸铅和柠檬酸三钠放入 50 mL 容量瓶，加入 30 mL 煮沸后冷却的蒸馏水，用力震荡 30 min，放置 30 min 并间歇摇晃，生成乳白色的柠檬酸铅沉淀时(溶液呈乳白色)加入 1 mol/L NaOH 8 mL,溶液变透明，加双蒸水至 50 mL，塞住瓶塞反复颠倒，直至沉淀全部溶解，此时溶液 pH 值为 12，如有沉淀不溶或 pH 值不合适，应弃去重配。配好的染液塞紧瓶口，冰箱中保存数月，长存应在塑料瓶中。

铅染液暴露在空气中，易与空气中的二氧化碳发生反应生成碳酸铅沉淀，污染切片，即所谓的“铅污染”，所以在保存和使用染液时，要尽量减少与空气的接触，具体操作如下：①配制染液的水要煮沸，去除水中二氧化碳。②染色时，在蜡盘上放置 5 g 氢氧化钠，以吸收空气中的二氧化碳。③载网从染液中取出后，必须尽快用蒸馏水清洗干净。

13.1.9.2 染色方法

(1)组织块染色

在四氧化锇固定后，脱水之前组织块可用含醋酸铀的 50%或 70%乙醇溶液染色 20~30 min，也可在脱水至 70%乙醇或丙酮时，放入含 1%~2%醋酸双氧铀的 70%乙醇溶液内，置于 4℃冰箱染色 2~10 h，这样可以省去超薄切片后的铀染色步骤。

(2)切片染色

①单染色。即只用一种染液染色。在用电镜细胞化学方法研究时，为了避免铅的干扰则单独使用铀染，但对大多数材料用铅染比用铀染效果好。

②双染色。即先用醋酸铀染色，再用柠檬酸铅染色，这是目前普遍使用的染色方法。利用两种染色剂的不同染色特点，互相弥补使样品的各部分结构都得到很好的表现，优于其他的染色方法。为提高反差还可采用铅-铀-铅染色的双铅染色法。

染色方法：在蜡盘上滴一滴染液，将捞有切片的铜网面朝下漂浮在染色液滴上。也可使用电镜染色专用硅胶染色板，使其直立在染色液滴中染色。若染色切片数量多，可使用多孔染色架，以提高染色效率。

双染色法操作步骤如下：

①醋酸铀染色。用吸管管取醋酸铀染液滴在蜡盘上，使铜网捞有切片面向下漂浮于醋酸铀染液上，盖好蜡盘，染色 10~30 min(图 13-27)。

②清洗。用镊子将铜网从醋酸铀染色液中取出，换 3 次双蒸水清洗，每次双蒸水中上下清洗 30 次，用滤纸吸去水分，自然晾干。

③柠檬酸铅染色。将上述铜网置于另一蜡盘里，用吸管吸取柠檬酸铅染液，滴在蜡盘上，使铜网捞有切片面向下漂浮于柠檬酸铅染液上，盖好蜡盘，染色 5~15 min，蜡盘中放入一些氢氧化钠固体颗粒，以吸附盘中的二氧化碳，防产生碳酸铅沉淀(图 13-28)。

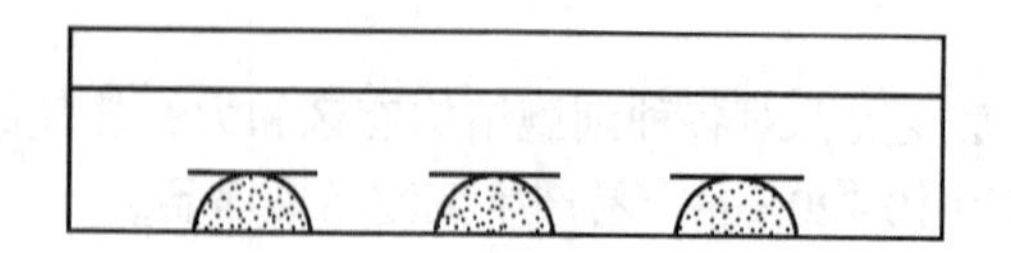

图 13-27 醋酸铀染色

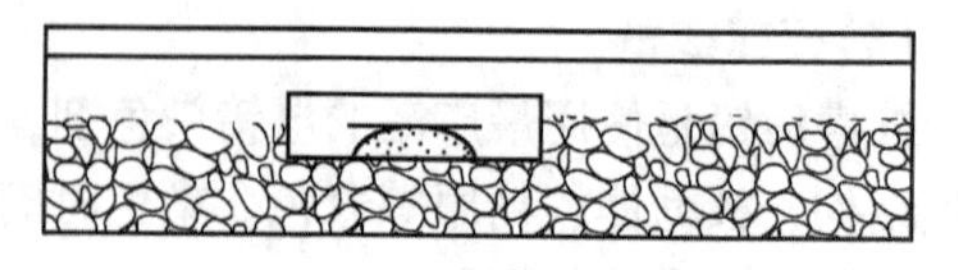

图 13-28 柠檬酸铅染色

④清洗。逐一取出铜网经双蒸水清洗 3 遍，每遍在水中上下轻轻提动 30 次后，用滤纸吸去水分，待自然干燥后透射电镜观察。

良好的超薄切片应该达到以下标准：切片平整均匀，无刀痕、无颤痕、无皱褶，厚度在 50～70 nm；无明显的人工假象，细胞的超微结构得到良好的保留；切片的包埋介质不变形、不升华，耐受电子束的照射和轰击；切片染色后无染色剂的沉淀污染，具有良好的反差并可获得清晰的图像。

13.2　负染色技术

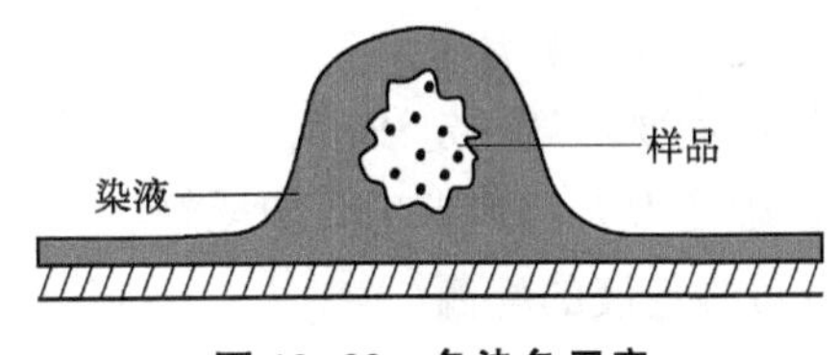

图 13-29　负染色示意

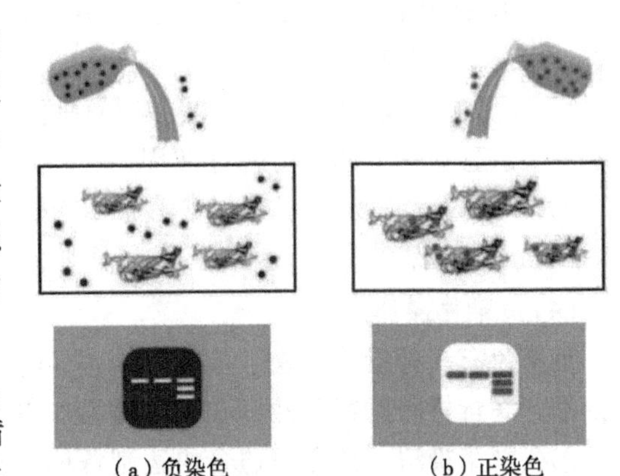

图 13-30　负染色与正染色

负染色（reverse stain）又称为阴性反差染色、衬托染色法、间接染色法，是使用重金属盐类溶液作为染液，在生物样品的外周形成均质的电子不透明的环境，通过加强样品外周密度而使生物样品显示出负的反差的一种染色方法。正染色（positive stain）不同于负染色，正染色是通过高密度的重金属染色剂与样品的微细结构成分结合，加强其密度，从而增加样品局部的电子散射能力显示正的反差（图 13-29、图 13-30）。

负染色技术在 1955 年由 Hall 等提出，主要用于直接观察微生物粒子，如细菌、病毒、分离的细胞器、胶原纤维及生物大分子（蛋白质、核酸）等样品。染液堆积在样品表面凹陷结构中，显示样品的表面形貌，但无法看到样品的内部结构。负染色技术克服了用超薄切片研究生物样品形态结构的繁杂程序，同时又具有较高的细节分辨率，电镜生物样品制备操作简便高效，目前已成为电镜技术中的常规制样方法。

负染色技术对于细菌和病毒也能快速进行观察。在病毒的分类、显示病毒亚单位结构及临床病毒诊断等方面有独到作用，是一项十分重要的实验技术（图 13-31、图 13-32）。

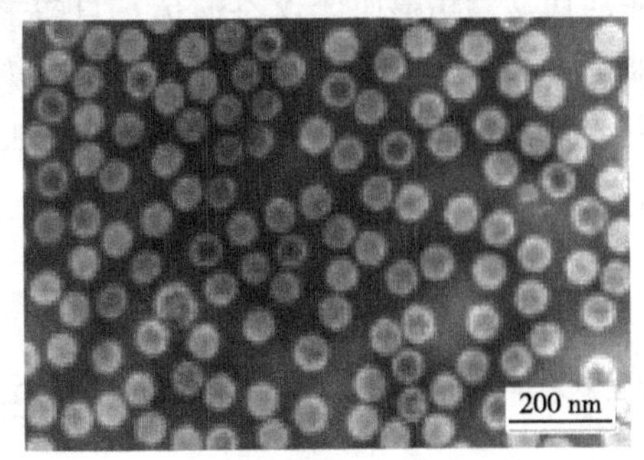

图 13-31　水稻矮缩病毒负染色透射电镜观察（引自张仲凯，2019）

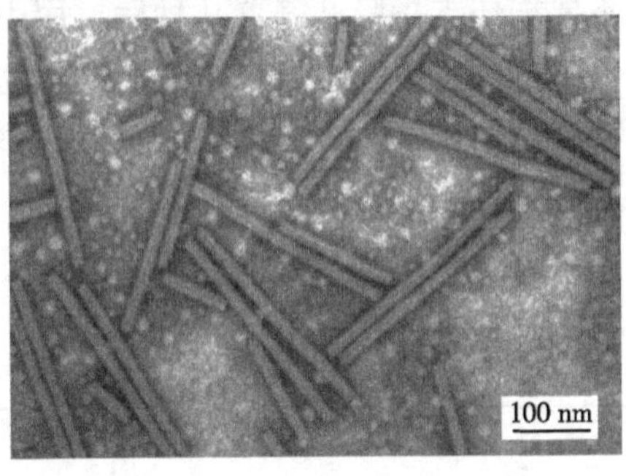

图 13-32　感染西瓜的黄瓜绿斑驳花叶病毒负染色透射电镜观察（引自洪健，2016）

(1) 负染色的原理

负染色利用密度反差原理，即任何物体假如它被密度比其本身大两倍以上的物质所包围或浸没时，在电镜下其反差就能得到加强，而成为负反差。如最常用的负染色剂磷钨酸，其密度约为 4 g/cm^3，而生物样品的密度为 1 g/cm^3，以磷钨酸染色的生物样品在电镜下能看到反差增强，可以提高电镜图像分辨率。

(2) 负染样品制备的要求

①样品必须是悬浮液。

②悬浮液要达到一定浓度，每毫升含病毒 10^7 ~ 10^8个、细菌 10^5个。若浓度太小则无法检出；浓度太大，则影响图像反差。

(3) 负染色液的配制

①磷钨酸染液。最常用的是 1%~5% 的磷钨酸水溶液。配好的溶液是强酸性的（pH = 1.0），使用时用 1 mol/L NaOH 溶液将 pH 值调到 6.8~7.4。通常磷钨酸对病毒的染色效果较好，室温下可长期保存。

②1%醋酸双氧铀染液。1 g 醋酸双氧铀溶于 100 mL 双蒸水中，置棕色瓶，稍加振荡后于室温下放置 24 h，室温可保存两周。

③2%钼酸铵染液。2 g 钼酸铵溶于 100 mL 双蒸水中，使用时用氨水或盐酸调 pH 值为 4.0~9.0，室温保存。

(4) 负染色操作方法

负染色有多种操作方法，实际工作中可根据所做样品种类和数量选择不同方法。另外，由于病毒样品的特殊性，在操作时需加以注意。

①载网滴染法。该方法适合快速制备单个样品。为使样品与染液分散均匀，改善染色效果，可以直接用 0.01%的牛血清白蛋白（BSA）作为离心沉淀物的稀释液或 0.5 mL 的样品中加入 3~4 滴 0.005%~0.05%的浓度 BSA，也可将杆菌肽按适当比例加入悬浮样品或把杆菌肽配成 30~40 μg/mL 水溶液，作为分散剂用于稀释沉淀的颗粒样本。首先制备均匀分散的样品，然后将镊子用蒸馏水或乙醇清洗干净，并用滤纸将水分吸干，以防污染样品；再用吸管往载网上滴样品，用镊子轻轻夹住带有支持膜的 300 目或 400 目的铜网边缘，用毛细吸管吸取制备好的悬液样品，滴于带有支持膜铜网上，使之形成液珠，注意这个过程不要损伤支持膜；静置几秒后，用小片滤纸从液滴边缘吸去多余液体，只留下一薄层溶液，其中含有被吸附和自由悬浮的生物材料，吸去多余液体后，立即滴上一滴染液染色 1~2 min 后，用小片滤纸吸去染液（图 13-33），然后将铜网放在铺有滤纸的培养皿中保存，在室温下自然干燥后电镜下进行观察。

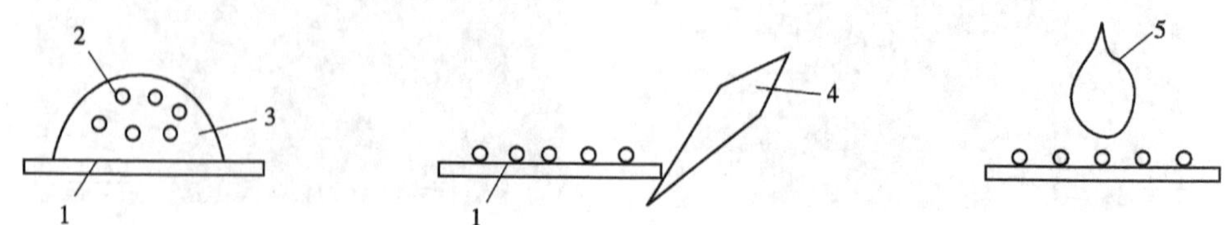

1. 铜网；2. 样品；3. 悬浮液；4. 滤纸；5. 染液。

图 13-33 滴染法操作示意

②漂浮法。将样品悬浮液滴在洁净的载玻片上，把带有支持膜的铜网放在悬浮液液滴上漂浮，以便蘸取样品。几秒后用镊子将铜网夹起，用小片滤纸吸去铜网上多余的悬浮液。然后将铜网放在染液液滴上漂浮，时间为 1~2 min，用小片滤纸吸去铜网上多余的染液，将已染色的铜网放在铺有滤纸的培养皿中，室温下自然干燥后即可进行电镜观察(图 13-34)。

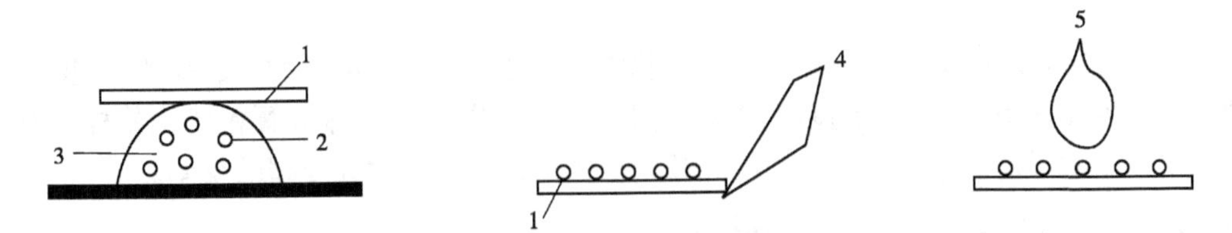

1. 铜网；2. 样品；3. 悬浮液；4. 滤纸；5. 染液。

图 13-34　漂浮法操作示意

③负染-碳膜法。是将样品镶嵌在碳薄膜中，使用电子密度高的染色液进行染色，在透射电子显微镜下可以观察到样品的结构、形状和大小，该技术由研究高纯度二十面体丝状病毒颗粒发展而来，主要用于免疫复合物的检测和一些提纯蛋白质分子的研究。

悬浮液中样品的纯度和浓度决定了样品在云母片上形成二维晶体颗粒的效率。染液 pH 值、聚乙二醇浓度、液体干燥的温度和时间等均可影响晶体形成。为得到理想晶体，应在培养皿中放入浸湿的滤纸以保持环境的湿度或将培养皿放在具有温度控制的孵育容器中。

取大约 10 μL 被提纯的蛋白质或病毒颗粒悬浮液(浓度为 1~2 μg/mL)，将其与 10 μL 钼酸铵染液(pH=7.0)混合，混合液中适量加入 1%~2%聚乙二醇溶液，可加强蛋白质或病毒晶体形成。先将混合液滴到新剥开的云母片上，用小片滤纸从边缘将多余液体吸掉，将云母片放入培养皿中自然干燥并形成蛋白质或病毒二维晶体后，将其放在真空喷涂仪中喷上一层厚度为 5~10 nm 碳膜。然后浸入 2%醋酸双氧铀溶液中，当带有蛋白质或病毒晶体的碳膜漂浮到醋酸铀溶液液面上时，用不带膜的 400 目铜网逐一将膜捞起。用小片滤纸从铜网边缘吸掉多余染液，室温中晾干后即可进行电镜观察。

(5)负染色的优缺点

①大大提高了样品的反差和分辨率。负染色方法的分辨率取决于染色剂颗粒的大小，在染色剂颗粒大小在 0.7 nm 左右时，分辨率可达 1.0~1.5 nm，高于超薄切片法分辨率 2 nm，负染法最高已达 0.5~0.7 nm。一般小颗粒样品，如病毒、一些细菌、生物大分子等的扫描电镜像，反差弱，制备成负染样品后，反差大大提高。

②简单易行，用量少，不要求高纯度的样品制备技术，常用于快速诊断。

③染色本身不改变生物样品的活性，即不因染色造成变形。但负染色技术的成像原理至今不太清楚。操作时，因样品种类、染液浓度、pH 值等变化常难以掌握。

(6)负染色注意事项

①染色时机。在染色之前，要密切观察样品干燥过程中发生的微小变化，应在肉眼看不到液体但又未干燥时滴上染液，此时染色效果最佳。染液液滴不能过少，也不能过多，以染液液滴刚好充满整个铜网为宜。

②染色时间与温度。不同种类样品，不同浓度染液，染色时间和温度也不同，需在实践中摸索和总结。

③漂洗。在用醋酸双氧铀染色之前，应尽量洗掉样品中的组织液和缓冲液等，以免和负染液反应产生沉淀。滴样品后用双蒸水适当漂洗，可有效改善负染色效果。

13.3 金属投影技术

金属投影技术是透射电镜样品制备的基本技术之一，是提高生物样品反差(衬度)的一种方法，主要适用于病毒、细菌、核酸、蛋白质及蛋白质复合体等颗粒状生物样品制备，用来增样品的反差；在复型技术和冷冻蚀刻技术中，用它来增大复型的反差。

13.3.1 金属投影技术的原理

当金、铂、铱、铬等原子序数高、颗粒细、熔点高、化学稳定性好的金属，在真空中受热熔化后，会蒸发出极细小的颗粒，以一定倾斜角度喷射到样品表面，面向蒸发源的表面会沉积较多的金属元素，经过电子束照射，散射电子能力强，形成暗区，而背对蒸发源一侧金属元素少，没有金属沉淀就没有电子散射能力，形成亮区，这种明暗对比加强了样品的反差，使图像更富立体感，如同侧射光照射在物体上产生的影子，故称为金属投影技术(图 13-35)。

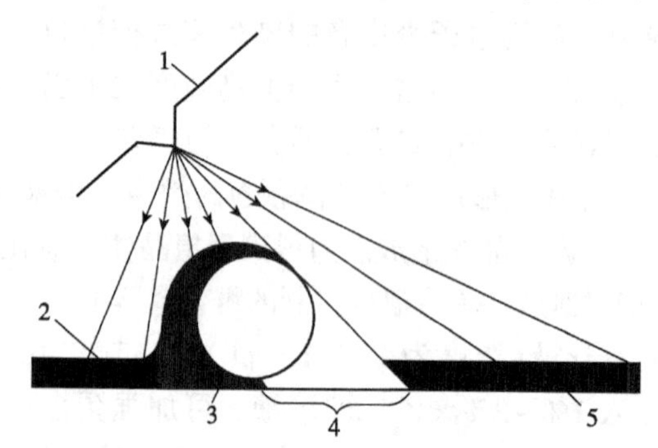

1. 金属源；2. 喷镀金属；3. 样品；4. 阴影；5. 支持膜。

图 13-35 金属投影

13.3.2 真空喷镀仪

真空喷镀仪主要由真空罩、真空系统、蒸发系统 3 个主要部分组成。真空罩内的蒸发装置由两对电极组成，一对安装碳棒，另一对安装待蒸发的金属棒，当通电电流达 30~50 A，真空度达 2×10^{-4} ~ 1×10^{4} Pa 后，炽热的金属便可蒸发成极细小的颗粒喷射到样品上，形成喷镀层。

13.3.3 投影方法

对分辨率要求不高的样品进行一次投影即可，把生物样品点在载膜的铜网上，干燥后放在载玻片上，再把载玻片放到真空喷镀仪的样品台上，在铜网旁放一小块白瓷板滴上一滴真空油用作指示板，安装金属电极，为防烧坏样品，灯丝与样品的距离一般在 10 cm 以上，投影角度依样品大小而定。用隔挡板将灯丝与样品隔开，盖上真空罩开始抽真空，当达到真空规定后，给灯丝逐渐增加电流(一般为 50 A)，直到投影金属开始熔化，打开隔挡板，金属开始蒸发对样品进行投影，1 ~ 2 s，当白瓷板上油的颜色变深时，迅速将灯丝电流降到零，投影完毕，然后缓慢向真空罩内放气，当内外大气平衡时移开真空罩，取出铜网放在垫有干净滤纸的培养皿中，待电镜观察和拍照。

对于要求分辨率高的样品，可将样品转 180°进行二次投影，这样可显示样品阴影面的结构，也可用电机带动样品一边旋转一边进行投影，这样投影比较均匀，能很好地显示样品的整个表面形貌。

13.3.4　影响投影效果的因素

蒸发颗粒的大小直接影响分辨率，颗粒越小，分辨率越高，而真空度和金属本身的性质决定了蒸发颗粒的大小，因此实验中真空度越高越好，并尽可能采用高原子序数的金属，另外，投影效果还受投影角度、投影层厚的影响，同时还要考虑样品的大小，样品越小，投影角度应越小，如病毒、细菌等颗粒样品一般采用较小的投影角，而线状生物大分子一般采用较大的投影角。

13.4　冷冻蚀刻技术

冷冻蚀刻技术是一种将冷冻断裂和蚀刻复型相结合的透射电镜样品制备技术，又称为冷冻断裂蚀刻技术。

13.4.1　冷冻蚀刻技术的原理

用液氮将样品迅速冷冻，在低温下进行冷冻断裂(图 13-36)，这时断裂开的是样品相对“脆弱”的部位(如膜脂双分子层的疏水端)，因为冰在真空中的少量升华，从而显示出镶嵌在膜脂中的蛋白质颗粒的“浮雕”样的蚀刻效果(图 13-37、图 13-38)。先用铂等金属进行倾斜喷镀，形成对应于凹凸的电子反差，再经碳垂直于断面进行真空喷镀，形成碳膜，最后把样品用消化液消化掉，得到带有图像信息的复型膜，将此膜转移至载网，进行电镜观察即可。

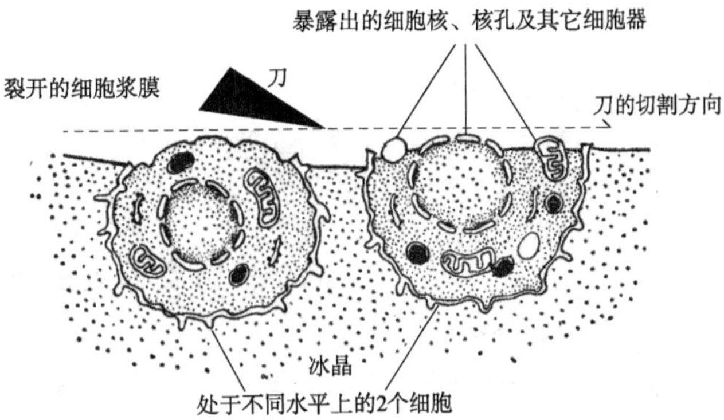

暴露出的细胞核、核孔及其它细胞器
刀
裂开的细胞浆膜
刀的切割方向
冰晶
处于不同水平上的2个细胞

图 13-36　冷冻断裂模式图
(引自洪涛，1980)

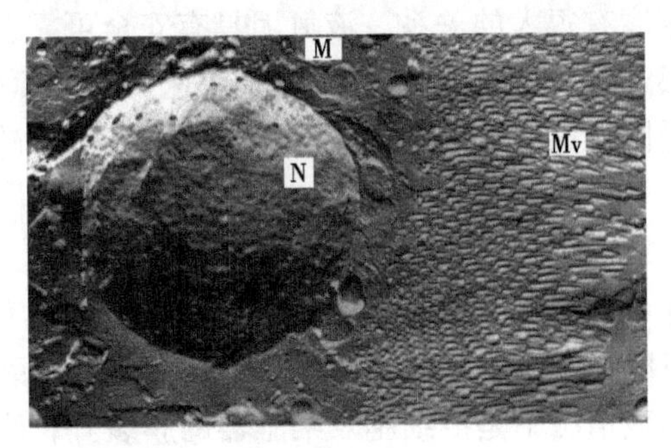

N. 细胞核；Mv. 微绒毛；M. 线粒体。
图 13-37　兔肾近曲小管细胞冷冻蚀刻
(TEM，×18 000；引自李德雪，1995)

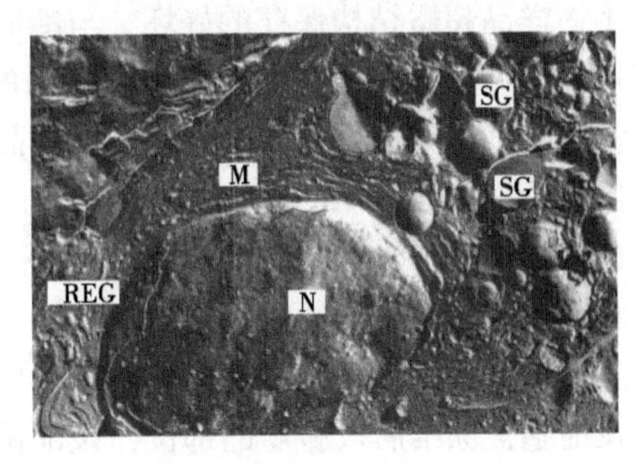

M. 线粒体；RER. 粗面型内质网；SG. 分泌颗粒；N. 细胞核。
图 13-38　兔幽门腺细胞冷冻蚀刻
(TEM，×10 500；引自李德雪，1995)

13.4.2　冷冻蚀刻技术的优点及应用

冷冻蚀刻技术的主要优点是可以迅速的冷冻样品，避免化学药剂对样品造成的损伤，从而保持良好的细胞超微结构的原始形态，适用于观察和研究细胞膜结构；复型膜由碳、铂粒子构成，稳定性好，机械强度高，且分辨率高、立体感强、易于保存。缺点是不能精确定位要观察的部位，因为冷冻技术在操作过程中断裂面大多产生于细胞被冻硬后的最脆弱部分，可能会造成样品的人为损伤。

冷冻蚀刻技术被广泛应用于生物学、医学、农业等领域，用于研究各种生物细胞的膜结构及各种细胞器的微小结构，冷冻复型技术与膜分离与化学分析技术相结合，能获得更多超微结构与功能关系的信息。

13.4.3　冷冻蚀刻技术操作步骤

冷冻蚀刻技术操作步骤为样品预处理、冷冻、断裂、蚀刻、喷镀复型、剥离和捞膜，主要步骤如图 13-39 所示，在操作中要防止生成冰晶，保证蚀刻质量和取得理想复型膜。

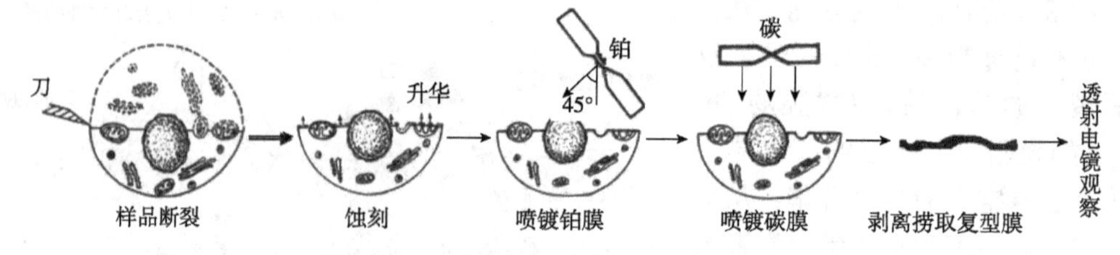

图 13-39　冷冻蚀刻主要操作步骤示意

(1) 样品预处理

为了防止冰晶损伤，样品需通过醛类预固定和冷冻保护剂的浸泡处理。用 2%~4%戊二醛预固定样品 1~3 h，PBS 清洗 3 次，每次 10 min，再转入 5%~30%的甘油生理盐水溶液冷冻保护剂中，对于细胞壁较厚的样品，可不经预处理直接进行冷冻。

(2) 冷冻

生物样品超微结构保存的好坏，与冷冻速度有很大的关系。液氮因具有安全可靠、容易获取、价格低廉等优点，而被选作常用的冷冻剂。将预处理后的样品快速投入液氮中，样品快速冷冻固定，但液氮沸点低会在样品周围形成绝热的气体层，用抽真空方法可减慢样品内部的冷冻速度。

(3) 断裂

将样品转移至冷冻蚀刻仪中，样品在冷冻条件下变得又硬又脆时，用预冷干燥的刀片将样品断裂，暴露出凸凹不平的观察面，所以图像立体感强、视觉效果好，但这种断裂常发生在细胞被冻结后较脆弱的部位，该部位多数情况下是沿细胞及细胞器的膜裂开，所以不适用于个体或局部细胞变异的研究。

(4) 蚀刻

蚀刻就是在真空中使冷冻样品表面上的冰升华，暴露出断裂面上细胞的超微结构，再进行喷镀。最佳蚀刻深度为 30 nm，如深度不够，超微结构被冰掩盖不能充分暴露，观察效果差，如蚀刻深度过大，超微结构高低相差悬殊，会因支持力不足而倒塌，破坏样品的组织结构。

蚀刻时间和蚀刻速度决定蚀刻的深度，而蚀刻速度受温度、真空度和蒸汽压影响，真空度越高，温度越高，蒸汽压越低，蚀刻速度就越快。

(5) 喷镀复型

在样品断裂面上，与样品表面成 45°角喷镀一层铂膜，由于铂膜较薄，因此在样品垂直方向再喷镀一层碳膜，以增强膜的机械强度。只有铂和碳的喷镀厚度合适，复型膜质量才能得到保障，经过剥离和漂洗才不会破碎，才能得到反差良好、分辨率高、结构真实、信息量大、耐受电子束轰击的复型膜，这个环节是制作复型膜的关键。

(6) 剥离和捞膜

不同样品应选用不同剥离液，常用的剥离液有次氯酸钠、硫酸、硝酸、铬酸等，将带有铂-碳复型膜的样品块放入剥离液中，当样品被腐蚀性溶液溶解之后，用不带支持膜的 400 目载网捞取铂-碳复型膜，水洗、自然干燥后即可在透射电子显微镜下观察，同时还要掌握组织腐蚀时间的长短和复型膜捞取技巧，才能得到无污染、信息量大的复型膜。

实践表明，植物组织用 30%~40%的铬酸效果较好，而动物组织用 10%~30%的次氯酸钠腐蚀较为理想。如样品中含有较多的脂肪或蛋白质，应先用脂酶或蛋白酶处理。有些特殊样品需增大腐蚀液的浓度，必要时还需加热处理才能将膜剥离。

使用液氮必须严格遵守以下安全规则：

①液氮的温度极低，在室温下把样品浸入液氮时，会出现激烈的沸腾和喷射现象，要严防溅射到身上或眼睛里，以免造成冻伤。为防止液氮造成的伤害，操作时应穿戴防护眼镜和防护服，万一被液氮溅伤，应立即用大量常温清水冲洗受伤处，严重时须送医治疗。

②氮气无毒、无臭、无味，膨胀率很高，一旦大量蒸发就会减少空气中的含氧量，当人吸入大量氮气时，会在毫无预兆的情况下突然昏厥，甚至造成死亡，因此必须保证实验室通风良好，发生低氧昏迷时应立即转移到户外进行抢救。

③液氮罐不是耐压容器，盛装液氮后，应使用具有足够间隙供氮气逸出的专门塞子，此外，排气口不能被冷凝的冰霜堵塞，否则在移动时会造成爆炸事故。

13.5 冷冻电镜三维重构技术

冷冻电镜三维重构技术是将生物大分子快速冷冻后，在低温环境下利用透射电子显微镜对样品进行成像，再经图像处理和重构计算获得样品的三维结构，最终得到生物大分子的空间结构。

Klug et al. (1968) 最先建立了从二维投影获得三维结构的理论，并成功重构出 T4 噬菌体三维结构，但因该技术的局限，导致电镜图像分辨率不高，为克服上述问题，Glaeser et al. (1974) 通过冷冻生物分子样品，发现在不破坏其结构的情况下，可以获取生物大分子高分辨率结构，从而开创了冷冻电镜技术。Henderson et al. (1975) 利用电子显微三维重组技术首次获得 0. 7 nm 分辨率的一种膜蛋白——细菌视紫红质的三维晶体结构(图 13-40);Dubochet et al. (1984)将稀薄溶液冷冻到液态乙烷或液态丙烷的冷冻试剂中,促进了样品玻璃冰化方法的发展,最大限度保留生物大分子的生理特征,使样品更加接近其活性状态,促进了冷冻电镜的应用。Henderson et al. (1990)用冷冻电镜解析了细菌视紫红质原子分辨率结构,分辨率达 0. 35 nm(图 13-41)。2017 年诺贝尔化学奖授予了 J. Dubochet、J. Frank 和 H. Henderson,以表彰他们在开发冷冻电镜技术解析溶液中生物大分子高分辨率结构方面所做出的贡献。目前,冷冻电镜技术、X 线晶体学和核磁共振波谱学是研究高分辨率结构生物学的主要手段。

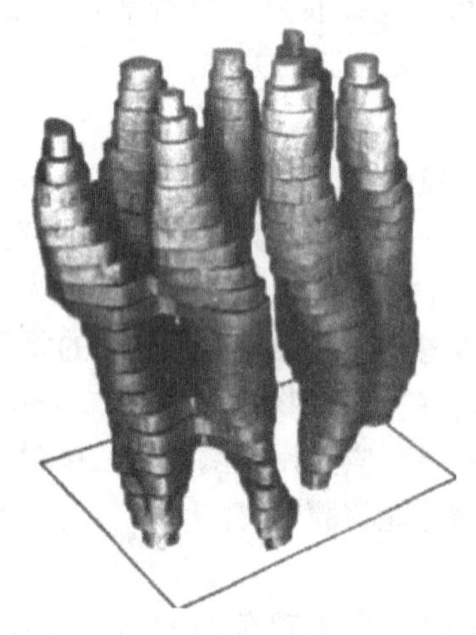

图 13-40 细菌视紫红质的三维晶体结构
(Henderson, 1975)

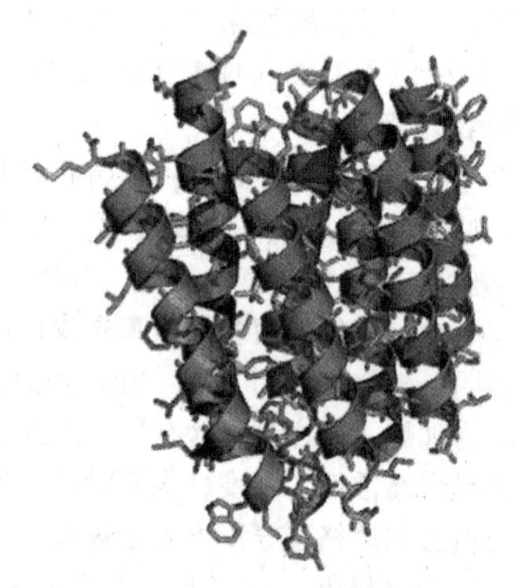

图 13-41 细菌视紫红质的原子分辨率结构
(Henderson, 1990)

冷冻电子显微技术主要包括电子晶体学技术、单颗粒重构技术和电子断层扫描技术等,利用这些技术可以解析不同尺寸的生物大分子结构,其中冷冻电镜单颗粒重构技术在样本制备和图像处理等方面相对成熟,因此在结构生物学领域得到了广泛应用。

冷冻电镜三维重构技术广泛应用得益于 3 方面的突破:①在样本制备上,用更薄的冰层包裹生物大分子样品从而提升了信噪比。②直接电子探测相机的应用改变了传统的光电—电光转换过程,从而提升了成像的质量,也提高了冷冻电镜分辨率。③计算能力的增强和软件算法的改进,可以对数万张投影图像进行分析、优化,最后选出最佳优化图像进行组装。

13. 5. 1 冷冻电镜技术

(1) 低温制样技术

利用冷冻电镜解析样品的三维结构,初始关键点在于样品的制备,生物样品本身含大量水分,若处理不当,在高能电子辐照下会破坏样品的结构,不利于电镜成像。

低温制样的基本流程是先将高纯度的生物大分子溶液样品加载到带膜的电镜载网上,用滤纸吸去多余的溶液,剩下一层很薄的溶液留在膜上,把载有样品的电镜载网快速投入经液氮或液氦冷却的液态乙烷中,在载网孔或支持膜上形成玻璃态的薄冰,样品颗粒就被分散包埋在里面而形成冷冻样品，将制好的样品放到经液氮冷却的电镜冷台中观察和拍照。

(2) 低剂量电镜成像技术

用低剂量成像技术可以确保搜寻到合适的成像区域，对网孔内薄冰层样品进行数据采集，又保证样品尽可能少受电子辐射损伤。

冷冻电镜要求样品纯度高、样品颗粒结构均一，因颗粒具有随机取向，所以每个样品的电镜图像都可以看作是单个颗粒从不同方向上的投影，通过计算机重构，合并这些颗粒投影图就可以得到样品的三维结构，因此，获得结构均一、高纯度样品非常重要。

由于生物样品主要由碳、氢和氧等元素构成，冷冻电镜样品又非常薄，可以认为入射电子通过样品只发生一次弹性散射，振幅不变，相位变化很小，所以在正焦条件下电镜图像的衬度很小，因此样品的图像衬度主要通过成像时一定程度的欠焦来实现。冷冻电镜技术的最大瓶颈是图像衬度和信噪比低，电子辐照到样品上导致样品的抖动漂移，进一步削弱了冷冻电镜图像的高分辨率信息。较低的电镜图像衬度和信噪比导致后期精确测定颗粒取向上的困难，直到 2013 年，在冷冻电镜上安装了直接电子探测技术(direct-electron detector device，DDD)相机，极大地改善了图像质量，使结构解析分辨率得以迅速提高(图 13-42)，目前，冷冻电镜技术已经可以获得原子分辨率结构。

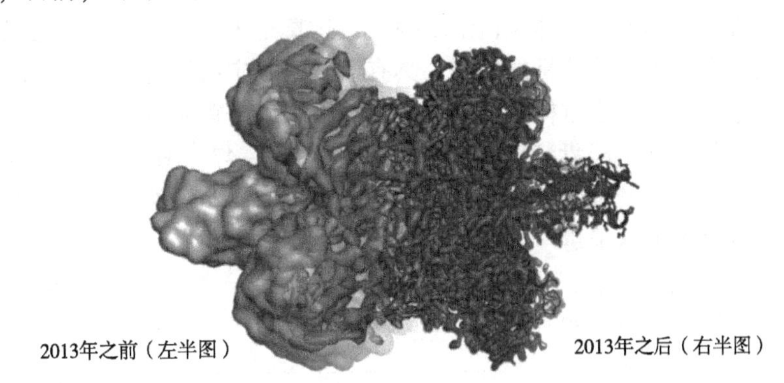

图 13-42　冷冻电镜上使用直接电子探测成像装置前、后结构解析分辨率的比较

13. 5. 2　冷冻电镜三维重构

冷冻电镜三维重构方法就是用冷冻电镜采集样品不同倾角下的二维图像，得到一系列样品图像，再经傅里叶变换等处理，展现生物大分子及其复合物三维结构的电子密度图。

冷冻电子显微镜三维重构的基本理论为中央截面定理(图 13-43)，即一个三维结构体沿某个方向的二维投影，该投影经傅里叶变换，等同于该三维结构体进行三维傅里叶变换，其中心与该二维投影图像截面相平行。

首先冷冻电镜从多个不同的方向，对玻璃冰中的生物分子进行投影，得到多幅二维投影图像，这些图像再经傅里叶变换，得到该生物分子的傅里叶结构体的截面。只要二维投影图像足够多，所得到截面就可以在傅里叶空间中得到该分子的傅里叶结构体。最后将得到的三维结构体进行傅里叶逆变换，就可以在实空间中获取该分子的三维结构(图 13-44)。

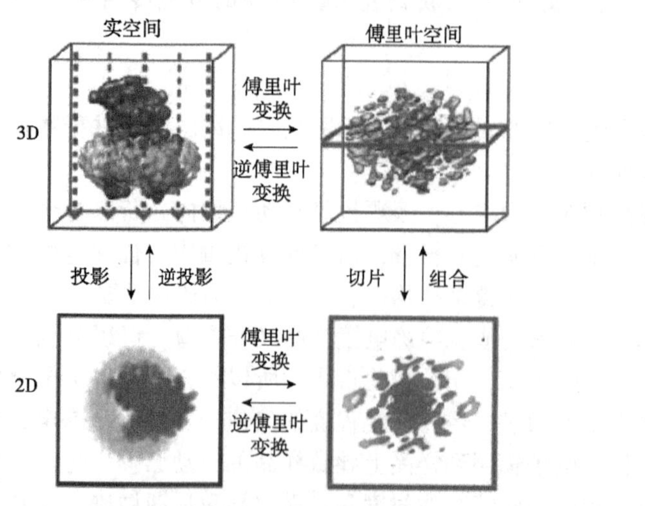

图 13-43 中心截面定理原理示意

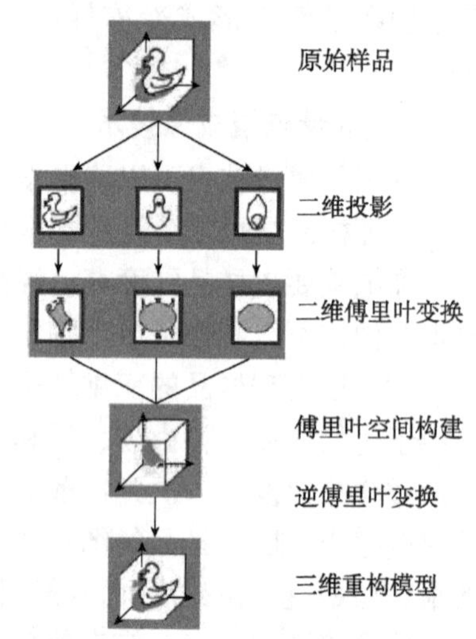

图 13-44 三维重构原理

J. Frank 从 1975 年开始，对处于分散状态的生物大分子复合体电镜照片，使用统计学数据处理方式进行结构解析，到 1985 年才建立了初步的可通过分析和合并模糊的二维图像解析，得到三维结构的方法论体系(图 13-45)，这奠定了冷冻电镜单颗粒三维重构的基本原理，这项成果降低了图片分析的门槛，具有了广泛的应用价值。如今，超过 90% 的冷冻电镜结构都是用单颗粒三维重构技术解析出来的，如用单颗粒冷冻电镜解析 G 蛋白偶联受体(图 13-46)和传染性法氏囊病病毒三维结构图(图 13-47、图 13-48)。冷冻电镜三维重构技术经过不断改进和发展，在样品制备、电镜成像和计算机处理等技术方面都有了很大程度的提高，也得到了越来越广泛的关注。

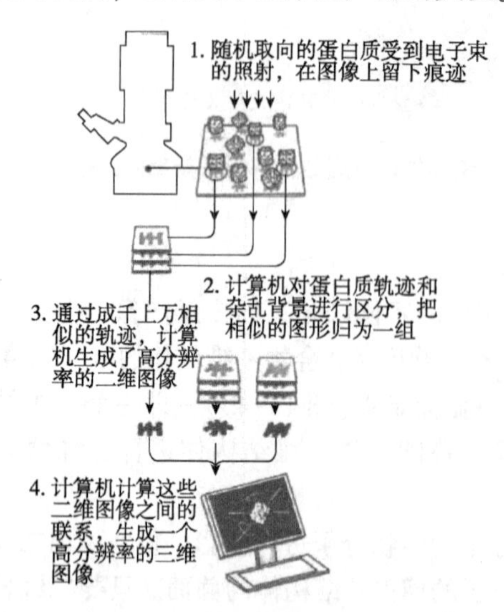

图 13-45 单颗粒三维图像分析技术

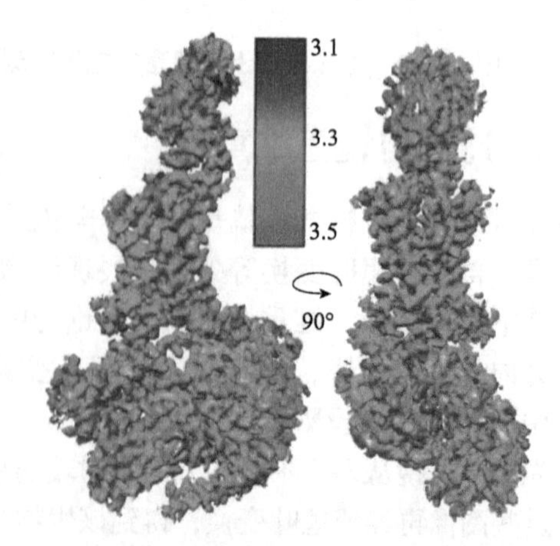

图 13-46 单颗粒冷冻电镜解析的 G 蛋白偶联受体复合物结构(Zhang，2017)

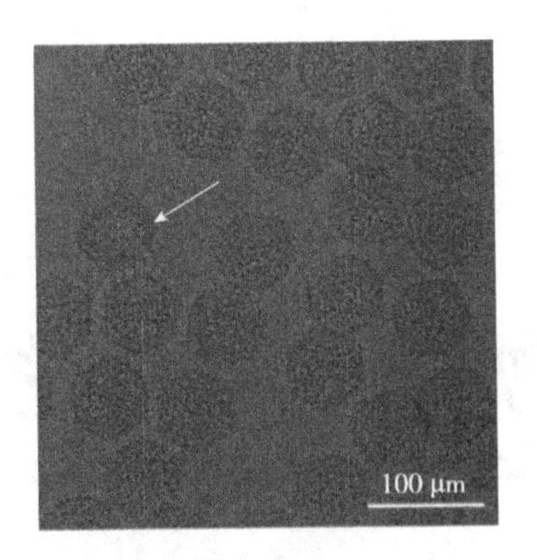

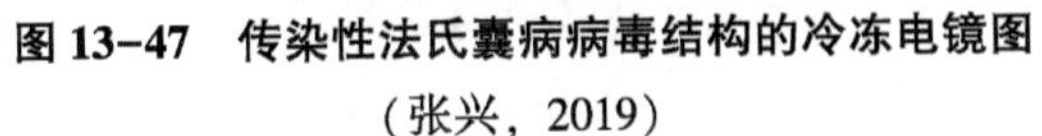
图 13–47　传染性法氏囊病病毒结构的冷冻电镜图
（张兴，2019）

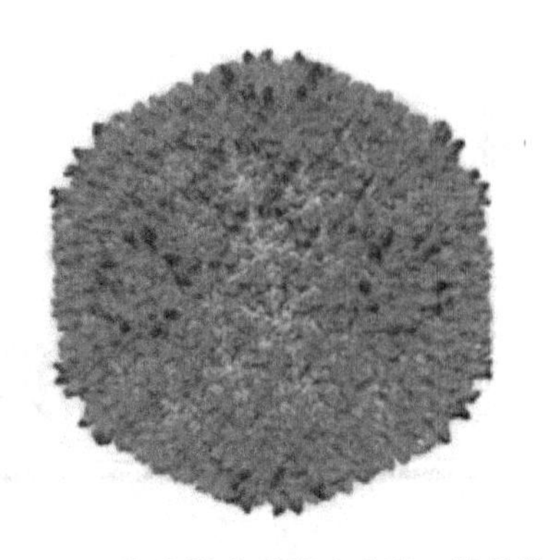
图 13–48　传染性法氏囊病病毒三维结构
（张兴，2019）

复习思考题

1. 透射电镜样品制备中取材和固定时应注意什么？
2. 为什么要进行漂洗和脱水？脱水过程中有哪些注意事项？
3. 超薄切片厚度的判断标准是什么？
4. 使用环氧树脂包埋样品时，包埋块的硬度如何调整？影响因素有哪些？
5. 什么是负染色？负染色的优点及注意事项有哪些？
6. 什么是冷冻蚀刻技术？冷冻蚀刻技术的优点和应用有哪些？
7. 什么是冷冻电镜三维重构技术？冷冻电子显微镜三维重构的基本理论是什么？

第 14 章

扫描电镜生物样品制备技术

扫描电镜(scanning electron microscope, SEM)在形态学研究中主要应用于样品表面形貌结构的观察，与透射电镜相比，其工作特点如下：首先，扫描电镜的样品室比较大，样品的可观察区域大，能够获得更多的结构信息；其次，扫描电镜的场深大，样品表面凸凹不平的结构细节能够同时呈现清晰的图像，立体感很强；最后，扫描电镜更关注样品表面的结构细节，而不是样品内部结构。上述这些特点说明扫描电镜对样品的适应性更强，样品制备程序比透射电镜超薄切片技术更简单一些。

此外，针对样品的性质不同，扫描电镜采取的制备程序也不相同，如花粉、种子等含水量少、结构坚硬的样品不需要固定和脱水，粘样后经金属镀膜即可上机观察；血细胞、植物叶片等样品则需要采取常规制备程序，即包含所有操作步骤；此外，对于乳液、酸奶等液体、半液体样品则可采用冷冻传输扫描电镜样品制备技术。所以，扫描电镜的样品常采用“定制化”的制备方案，一样一案。所有的定制方案都是以常规制备技术为基础来设计的。

14.1 扫描电镜常规生物样品制备技术

扫描电镜与透射电镜的成像原理不同，对生物样品会有一些特殊要求，针对这些要求要采取对应的处理方法。首先，扫描电镜主要依靠样品表面产生的二次电子信号进行放大成像，组成样品的原子序数越大，越易产生二次电子。通过在样品表面喷镀上一层薄薄的金属膜，既维持了样品表面形貌特征，又能够产生更多的二次电子信号。其次，扫描电镜同样要求在真空条件下工作，生物样品含水量较高，一旦含有水分的样品直接放入镜筒，一方面，样品中的水分会直接蒸发，样品皱缩、变形；另一方面，蒸发的水分会使真空度降低，通过“脱水”和“干燥”两步操作除掉样品中易挥发的液体。最后，扫描电镜工作时电子束在样品表面持续扫描运动，通过“固定”操作保留更多的结构细节，同时使样品表面结构更加结实，提高耐电子束的打击性。此外，生物样品的导电性较差，在成像过程中，会使入射的一次电子(即入射电子束)积累在样品表面，形成静电场干扰入射电子束和二次电子的发射，即荷电效应。这种效应会对图像产生一系列影响，如样品表面产生放电现象、图像畸变、图像漂移、缺乏立体感等(李威等，2015)，干扰样品的观察与照相。目前，可以通过调整样品制备程序和仪器的工作参数减小荷电效应。导电胶粘样和金属镀膜技术，是扫描电镜生物样品制备程序中常采用的增加导电性、减小荷电效应的方法。

扫描电镜对样品的要求及采用的具体处理方法见表 14-1。

表 14-1　扫描电镜对样品的要求及处理方法

SEM 对样品的要求	采取的处理方法	SEM 对样品的要求	采取的处理方法
真　空	脱水、干燥	二次电子产率高	金属镀膜
耐电子束打击	固　定	增加导电性	导电胶粘样、金属镀膜

扫描电镜是观察样品表面结构的显微仪器，为保留表面结构细节，常规生物样品制备程序包括取材、清洗、固定、脱水、干燥、粘样和镀膜等多个步骤，如图 14-1 所示。其中，脱水、固定等操作虽已在透射电镜超薄切片技术中有所介绍，但由于两类电镜的观察目的不同，两种技术提供的结构信息各有侧重，所以即使同一个操作环节，这两种技术的操作要求和注意事项也不尽相同。

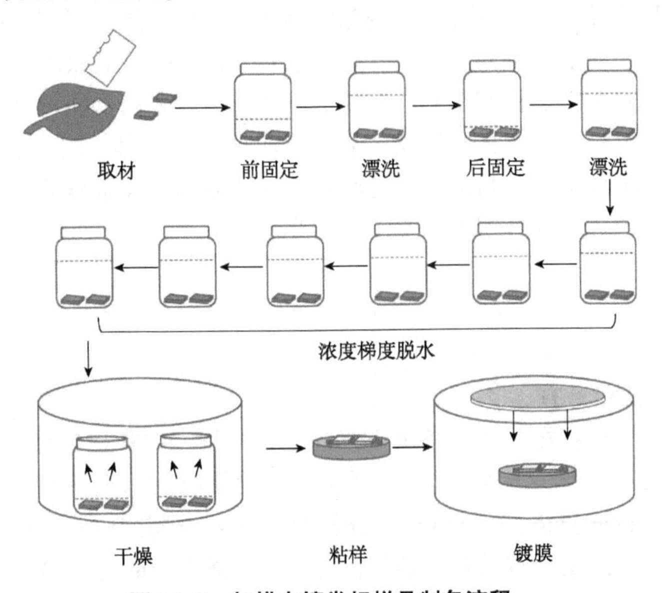

图 14-1　扫描电镜常规样品制备流程

14.1.1　取材

取材时，要能够根据不同的观察目的选择合适的取材方法。例如，以观察贴壁生长的细胞形态为研究目的时，就不能采用胰酶消化的方法从培养瓶中获取细胞。在胰酶的作用下，贴壁细胞会收回伪足，从伸展的细胞形态变成圆形，失去了贴壁生长的样子。针对这样的样品可用细胞铲刮取细胞，也可以将细胞直接培养在盖片上，然后切取盖片进行后续制样。不管选定哪种取样方法，都要遵循“准、快、轻、小、冷”的原则。

①准。包含两层含义：一是取样时机准确，例如，研究花粉萌发时花粉管的生长，此过程分为花粉管发端和迅速生长两个阶段。这两个阶段所需要的时间与物种、花粉的营养状态、外界因素都有关系。只有在恰当的时间取样，才有可能达到观察目的。二是取样部位准确，例如，研究植物根尖横断面的细胞分布，首先要明确根尖分为根冠区、分生区、

伸长区和成熟区，不同区域，细胞形态和排列方式有所不同。只有掌握样品的解剖结构，才能做到取样部位准确。

②快。取材动作要快，尤其是对于需要固定的样品，取样后要迅速将样品投入固定液中进行固定，以保留样品的真实结构。对于植物样品来说，还要通过注射器排气的方法使样品完全浸没在固定液中，即“排气处理”。

③轻。扫描电镜观察样品的表面结构细节，但所谓“表面结构”就是暴露在外环境中、最容易被破坏的结构。所以，取样时，夹取、切割样品的部位都要远离观察区域。“轻”这一原则不仅在取样时要注意，而且贯穿整个样品制备程序中。

④小。扫描电镜取样虽“小”，但比透射电镜超薄切片技术的取样大得多。扫描电镜在观察样品时，入射电子束不需要穿透样品，只要着陆样品表面即可。此外，扫描电镜对固定、脱水等环节的要求没有透射电镜那么严格。所以扫描电镜样品块的截面积通常为 3～5 mm^2、高为 3～5 mm。样品块越大，可观察区域越大，研究者获得的结构信息越多。扫描电镜为了满足不同实验需求，在样品室内除常规样品台外，还可以安装拉伸台、冷冻样品台、高温样品台等，只有样品块足够大，才能实现边操作、边观察的目的。

⑤冷。即低温环境能够抑制细胞自溶酶的活性。所以采用低温取样，防止细胞发生降解、自溶，从而更精细地保留样品结构。通常将取材用的刀具、固定液等提前放于 4℃ 条件下保存，以保证低温取样。目前，也有研究表明，对于培养细胞等对环境温度变化较为敏感的样品，也可以先在 37℃ 条件下完成 2 h 的预固定，然后转移到冷的固定液中保存，以便后续操作。

14.1.2　清洗

(1) 清洗的类型和目的

清洗有两种：一种是在两步化学固定之间进行的清洗。前固定液戊二醛具有还原性，后固定液锇酸具有氧化性，如果前固定液有残留，会影响后固定液的固定效果，所以在双固定操作之间要进行充分清洗，防止戊二醛残留。另一种是在取样后清除样品表面的泥污、黏液，一方面暴露出更多的结构细节；另一方面清除表面附着物，以利于固定液更有效地渗入样品，提高固定效果。

(2) 清洗的方法

根据样品的性质和表面附着物的性状不同，常采用直接吹拭法、振荡清洗法、液体清洗等方法。针对坚硬、干燥的样品，如骨骼、牙齿、毛发等样品，可采用洗耳球吹拭的方法清洁样品表面（丁明孝等，2021）。对于种子这种坚硬、个体小，而且表面具有沟、纹饰、突起、棱等结构细节的样品，可采用超声振荡的方法进行清洗，但要严格控制振荡的时间和频率，以防清洗过度，破坏样品表面结构。在液体清洗法中，贴壁培养的细胞可采用缓冲液配合手工振荡的方法清洗；动物脏器表面附着的黏液可选用蛋白酶液先行降解，再用生理盐水或缓冲液进行清洗；有些样品表面有较厚的蜡质层，可用二甲苯、氯仿等溶剂去除后，再用水或缓冲液清洗。在进行液体清洗时，要注意各种溶液的浓度、作用时间，以防破坏样品表面结构。当然，任何一种清洗方法，都有可能在接触样品时给样品的表面结构带来损伤。所以，关于清洗，扫描电镜的样品制备程序遵循“能不洗就不洗”的原则。

14.1.3　固定

(1) 固定的概念

固定是采用物理或化学的方法保留细胞的生物大分子，稳定细胞超微结构的过程。固定实际上是一个快速杀死细胞的过程，此过程越快，细胞的超微结构保存得越好，越接近固定前细胞生活时的真实状态。固定虽然也是细胞死亡的过程，但它不同于生理或病理条件下细胞的死亡。后者在细胞死亡过程中会发生细胞器结构降解、细胞膜破裂、细胞内容物释放等烈性过程，而前者由于化学固定剂的作用，固定后的细胞结构在几个月内基本不变，能够真实地呈现细胞生存时的状态。

(2) 固定的方法

化学固定法常采用戊二醛-锇酸双固定操作；物理固定法常采用冷冻固定的方法。扫描电镜的样品制备“一样一案”，所以不同的样品采取的固定方法各有不同。如观察叶片表面的气孔，可以采用戊二醛单固定，省略锇酸后固定的操作；真菌样品利用锇酸在室温下挥发的特性，采用锇酸熏蒸固定的方法；而有些样品(如种子、花粉等)不用固定，直接进行金属镀膜后即可上机观察；乳液、冰淇淋等半液态样品则可以采用冷冻固定的方法。

14.1.4　脱水

(1) 脱水的概念及方法

脱水是用脱水剂置换样品中水分的过程。脱水剂常为乙醇、丙酮等有机物，这些脱水剂的表面张力比水小，在后续干燥操作中样品变形率低。常用脱水方法是乙醇或丙酮浓度梯度逐级置换法，即配制浓度分别为 30%、50%、70%、80%、90%、95%和 100%的系列乙醇溶液，样品在每级乙醇溶液中停留 5~15 min。

(2) 脱水注意事项

脱水操作动作要迅速，以防样品暴露在空气中时间过长而发生收缩。样品在每级脱水剂中置换的时间随样品含水量的多少而不同，含水量多的样品一般置换 15 min，含水量少的样品可适当减少时间。此外，处理培养细胞时，可适当缩小脱水剂间的浓度梯度，减少样品在每级脱水剂中置换的时间。样品在 70%乙醇溶液中的变形率最小，如样品需要在脱水剂中长时间停留(如超薄切片制样过程中的块染)，建议选择在此浓度下进行操作。

14.1.5　干燥

干燥的作用是在保持样品最小变形率的前提下，除掉样品中易挥发的脱水剂，从而使干燥后的样品不含有任何液体。常用的干燥方法有自然干燥法、冷冻干燥法、临界点干燥法，本书 14.2 小节中将详述上述干燥技术。

14.1.6　粘样

(1) 粘样的概念及方法

粘样是指用导电胶将样品固定在金属样品台上，既防止观察过程中，移动样品台时样品脱落，同时又能够增加样品的导电性，降低荷电效应。粘样前，先用抛光膏将样品台上残留的样品、污渍擦干净，再将样品台置于丙酮中，进行超声振荡清洗，取出晾干后才能用来粘贴样品。

(2)粘样常用的导电胶

扫描电镜制样技术中，常用液体导电胶或导电胶带来粘贴样品。液体导电胶一般分为两类：一类是银粉溶在导电胶稀释液中配制而成的银导电胶，主要用于样品的形貌观察；另一类是石墨粉溶于稀释液配制而成的碳导电胶，主要用于X射线能谱的检测与分析。液体导电胶通常为黏稠的胶体状溶液，除了适用于常规样品外，对于粘贴面具有孔洞的样品尤为适合。通过在孔洞间粘连导电胶，能有效提高这类样品的导电性。与液体导电胶相比，导电胶带是在固体基质上附有导电粒子。根据导电粒子的不同，导电胶带分为铜导电胶带、铝导电胶带、碳导电胶带等。导电胶带更适合活体样品、颗粒状样品的粘样。对于厚度较薄、粘贴面较为平整的样品甚至可以用普通双面胶代替液体导电胶或导电胶带。

(3)粘样注意事项

在粘样时，首先注意分清观察面和粘贴面，可以在解剖镜下完成粘样。有些样品经前期处理后，无法在光镜下区分观察面和粘贴面，此时可以提高粘样的数量，以便在电镜观察时有更多的样品可供选择。其次，粘样时要在样品台上做好标记，详细记录样品粘贴的顺序和位置。在电镜下，只能观察到样品台的局部，通过记录才能正确区分样品。再次，在粘贴样品时，不要触碰到样品表面，以防破坏样品表面的结构。粘样后用洗耳球吹拭样品台表面，将没有粘牢的样品吹掉，以防这些样品掉落在样品室中，同时也可以确认样品是否牢固粘贴。最后，粘完的样品要保存在真空干燥器内防灰、防潮，并及时镀膜、观察。

14.1.7 镀膜

金属镀膜技术简称镀膜，即在样品表面喷制一层薄薄的金属膜。其作用如下：

(1)提高样品的二次电子产率

扫描电镜的形貌学信号来源之一是二次电子，而二次电子产率与样品的原子序数有关。金属原子比组成生物样品的碳、氢、氧、氮等元素更易产生二次电子，从而提高图像亮度和反差。

(2)防止样品组成元素的信息干扰

当电子束在样品表面扫描时，检测到的是来自样品组成元素的二次电子。而这些由不同元素产生的二次电子混入由样品形貌产生的二次电子中，干扰了真实的成像过程。在样品表面喷镀金属膜后，所有二次电子信号均来自金属膜，而不是组成样品的元素，从而减少干扰，提高了图像的真实性。

(3)增加样品的导电性

在前述制样过程中，导电胶粘样只是提高了样品粘贴面的导电性。金属镀膜后，样品表面的导电性被进一步提高，能够防止样品表面发生放电现象，有效提高成像质量。

(4)提高样品耐电子束的打击力和机械强度

扫描电镜工作时，电子束会不断地在观察区域扫描运动，易给样品表面带来损伤。样品经金属镀膜后，抵抗入射电子束的打击能力提高，减少了电子束对样品的损伤，可以更好地保护样品表面结构细节。

综上所述，对于生物样品来说，金属镀膜技术具有重要的作用，是目前扫描电镜常规生物样品制备不可缺少的环节。常用的金属镀膜的方法有离子溅射法和真空喷镀法，本章 14.3 中将详细介绍。

14.2　干燥技术

干燥是扫描电镜样品制备过程中较为重要的一个环节，通过干燥处理，使样品中的脱水剂完全挥发，从而达到不含有任何液体的“干燥”状态。无论是水还是脱水剂，都具有表面张力，也就是液体内部的凝聚力。该作用力使液体在气液界面始终具有保持表面积最小的趋势。正是由于表面张力的作用，当细胞内的脱水剂逃离细胞时，带动细胞个体发生收缩，使样品产生形变。所以，防止样品发生形变是干燥过程中面临的主要技术难点。目前常采用的干燥技术包括临界点干燥技术、自然干燥技术、冷冻干燥技术等。

14.2.1　临界点干燥技术

临界点干燥技术是目前公认的样品变形率较小的干燥方法，尤其是对植物样品的干燥效果更为理想。

(1) 临界状态和临界点

正常情况下，物质会以气态、液态和固态 3 种状态中的一种稳定存在。当温度或压力改变时，会由一种状态转变为另一种状态。而临界状态则是高温高压条件下，同一物质的气态和液态平衡共存、和谐共融的流体状态。在密闭容器中加入一定量的液体，此时由于液体和空气是两种不同的物质，二者的密度不同，它们之间会有一个清晰的气液分界面。给容器加热，当温度足够高时，液体因高温而膨胀，密度下降，而气体因高压被压缩，密度增大，直至最后，气体和液体的密度相等。此时，气体和液体之间已经没有原来的气相和液相的区别，二者之间相界面消失，呈现一种特殊的流体状态，即临界状态。临界状态的出现通常是温度和压力共同作用的结果，达到临界状态时所需要的最低温度称为临界温度，最低压强称为临界压强，二者可以统称为临界点。理论上讲，任何液体都有自己的临界状态，只是达到这一状态所需要的临界点不同而已。

与普通的液体相比，临界状态的物质具有如下特点：首先，处于临界状态的物质已没有气、液两相之分，而是整体密度一致、两相界面消失的流体状态，此状态下的物质不具有表面张力；其次，临界状态的物质分子密度大于原有气体密度，接近于液体密度，可以把此时的气体理解为黏稠的气体；最后，处于临界状态的物质，分子运动速度快于原来的液体，接近于气体分子的运动速度。利用临界状态的特点进行样品干燥的技术即称为临界点干燥技术(critical point drying method，CPD)。常规样品干燥时，会因细胞内的液体具有表面张力而产生细胞形变，而以临界状态的物质为干燥剂，因其没有表面张力，从细胞内“搬运”液体分子，细胞就不会产生变形。并且，处于临界状态的物质分子密度比较大，分子运动速度快，“搬运”的速度更快，加速干燥的过程。

(2) 几种物质的临界值

从表 14-2 可见，上述 3 种物质中，水是最便宜、较易获得的物质，但达到临界状态的条件较高，而且，在此条件下处理的生物样品易被破坏；氟利昂 13 的临界点最低，很容易进入临界状态，但它会破坏大气中的臭氧层；液态二氧化碳无毒性、便宜、来源广泛，较容易达到临界条件，是临界点干燥技术中常用的干燥剂。

表 14-2 几种物质的临界点比较

干燥剂	临界压力(kg/cm^2)	临界温度(℃)	中间液
液态二氧化碳	72.8	31.1	乙酸异戊酯
氟利昂 13	38.2	28.9	乙醇
水	218	374	

干燥的过程就是利用干燥剂从细胞中向外搬运脱水剂的过程，干燥剂与脱水剂的相溶性越好，干燥效果越理想。常用的脱水剂为乙醇或丙酮，它们与液态二氧化碳的溶解性较差，在干燥之前加入中间剂(如乙酸异戊酯、乙酸乙酯等)能够改善液态二氧化碳与上游的脱水剂的相溶性。

(3) 临界点干燥的过程

临界点干燥的过程通常在液态二氧化碳临界点干燥仪中完成(图 14-2)。在密闭样品室中，将样品浸入液态二氧化碳中，通过加温加压，使液态二氧化碳进入临界状态，然后在临界状态下缓慢地排出二氧化碳，此时，脱水剂也会随临界状态的二氧化碳排出，完成干燥。具体步骤如下：

(a) 日立HCP-2临界点干燥仪

(b) 莱卡CPD300临界点干燥仪

图 14-2 不同厂家的临界点干燥仪

①置换。样品经固定、100%乙醇脱水后，完全浸入乙酸异戊酯中 20 min，置换样品中的脱水剂。

②临界点干燥仪的准备。打开总电源，检查仪器的排气系统和密闭性；充入液态二氧化碳，然后再排出，反复 3 次，用冷的液态二氧化碳对样品室进行降温处理。

③准备样品。样品筐上下铺垫干净滤纸，用铅笔在滤纸上做好标号，滴少许乙酸异戊酯后放入样品。再将样品筐放入样品室内，迅速拧紧样品室的盖子。

④注入液体二氧化碳。控制流速，使液态二氧化碳缓缓进入样品室，充入的量达到样品室容积 60%~80%较为合适。

⑤加热。调节温度至 20℃，保持 15~20 min，使液态二氧化碳充分置换乙酸异戊酯，再将温度调整到 35~40℃，使压力达 73 kg/cm^2，达临界状态后稳定维持 5~10 min。注意，因为有时液态二氧化碳的纯度不够，所以样品室加热温度调整到比临界温度稍高一些。

⑥排气。在临界温度和临界压强条件下，打开慢排气阀，缓慢排放二氧化碳。

⑦取出样品。待压力表读数为零后，将温度调至略高于室温，以防水汽冷凝在样品上，取出样品后放入干燥器中保存(图 14-3)。

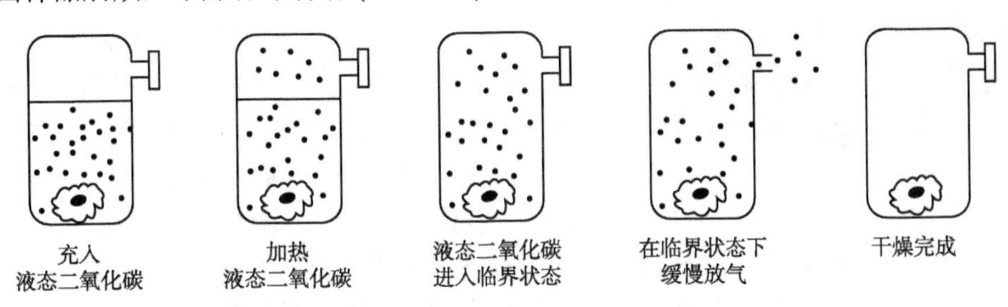

图 14-3 临界点干燥的过程

(4)注意事项

临界点干燥过程要注意以下事项：首先，临界点干燥仪要提前冷却处理，气态二氧化碳经过降温、加压处理后，成为液态二氧化碳。当低温、液态二氧化碳进入样品室后，如果环境温度高于它的温度，液态二氧化碳会吸热气化，直接变为气体；其次，醋酸异戊酯的用量要适当，用量过多会有残留、不易干燥，而用量少时样品有可能形成空气干燥，发生变形；最后，干燥后一定要缓慢放出二氧化碳，以防止因压力下降过快，二氧化碳退出临界状态。

14.2.2 冷冻干燥技术

冷冻干燥技术的原理是将细胞内含有的水分或其他液体冷冻为固态，在真空条件下使其升华，样品形态不受表面张力的影响，能够达到较为理想的干燥效果。根据样品制备过程中是否进行脱水，分为含水样品直接冷冻干燥技术和样品在有机溶剂中置换后进行的冷冻干燥技术，后者常用叔丁醇为干燥介质。

(1)含水样品直接冷冻干燥技术

新鲜含水样品直接投入制冷剂进行冷冻固定，或经过低浓度、短时间的化学固定后，再投入制冷剂中进行冷冻固定，然后转移至真空干燥仪内完成真空干燥过程。真空喷镀仪是进行金属镀膜的仪器(图 14-4)，因可以提供高真空环境，也用来进行真空干燥。具体操作程序如下：

①冷冻固定。样品经前期处理后，迅速投入制冷剂中进行冷冻固定。

②真空干燥。经冷冻固定的样品放入真空喷镀仪中；真空喷镀仪经液氮冷却后，保持温度在-80℃以下，维持最佳真空条件，连续抽真空若干天，直到样品完全干燥为止。

③取出样品。停用冷冻剂，将样品室恢复至室温，取出样品，放入干燥器内保存。

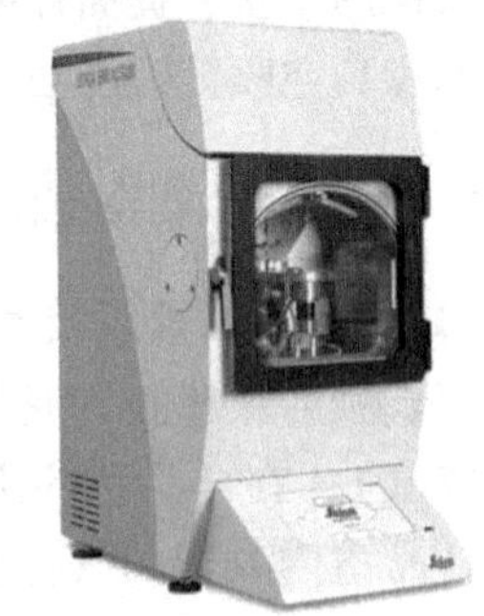

图 14-4 莱卡 EM ACE 600 真空喷镀仪

这种含水样品直接冷冻固定的优点是无须脱水处理，减少了有机脱水剂对生物大分子的抽提溶解作用，结构保存更真实。这种操作的缺点：一是样品直接冷冻固定易产生冰晶

图 14-5　VFD-30 冷冻干燥仪

损伤，影响样品结构的保存；二是真空干燥的时间较长，通常需要几天的时间。

(2) 叔丁醇冷冻干燥技术

为避免冰晶损伤，新鲜含水样品先采用乙醇浓度梯度逐级置换的方式脱水，然后转移到有机溶剂中完成干燥过程。目前，叔丁醇是常用的冷冻干燥介质之一。叔丁醇的凝固点为 23.5℃，常温下即为固体。在高温水浴锅内融化的叔丁醇为无色油状液体，将脱水后的样品转入样品杯内，加入适量的叔丁醇，“适量”是指降温变为固体的叔丁醇刚好没过样品的量。将样品杯转移到叔丁醇专用的冷冻干燥仪内(图 14-5)，以 VFD-30 冷冻干燥仪为例，选择自动工作模式，仪器按设定的工作参数自动完成降温冷却、真空升华、恢复室温 3 个程序后，样品的冷冻干燥过程即完成。

14.2.3　自然干燥技术

这种方法只适于含水较少或个体微小的样品，如骨骼、牙齿、毛发、种子、果壳、花粉和细菌等。通常，样品经系列脱水至 100%乙醇后，在空气中自然晾干，或样品不需要脱水直接暴露在空气中自然晾干即可。由于乙醇、丙酮等有机溶剂的表面张力比水小，所以采用有机溶剂先脱水再干燥的样品要比直接干燥的样品变形率小。

14.3　金属镀膜技术

金属镀膜技术是指在样品表面喷镀上一层薄(10~20 nm)、厚度均匀、连续的金属膜的过程。只有金属膜足够薄，才能精确重复样品本身的结构细节，不会掩盖一些微细的沟、凹陷；厚度均匀的金属膜才能再现样品表面凸凹不平的结构细节，不会因为金属膜的薄厚不同而干扰成像观察；样品表面的金属膜连续，入射电子束始终打击在金属膜上，所有的二次电子均来自膜金属，而不是样品本身的组成元素，避免了这一因素对二次电子产率的干扰。金属镀膜技术能够提高二次电子产率，增加样品导电性，避免来自样品元素组成对成像的干扰，提高样品耐电子束的打击力。常用的金属镀膜技术有两种：离子溅射镀膜技术和真空喷镀镀膜技术。

14.3.1　离子溅射镀膜技术

(1) 离子溅射镀膜技术的工作原理

离子溅射镀膜技术是以气体放电为基础的镀膜过程。在低真空环境下(一定要留有少许空气)，在样品室的阴极放置待喷溅的金属，样品放在阳极上，在阴阳两极间加高压，样品室内残留的气体分子被电离，形成正、负离子，正离子向阴极运动，负离子向阳极运动，这种带电离子的定向运动形成电流。气体电离形成的阳离子飞向阴极时，打击在阴极表面的金属源上，使金属原子或离子溅射出来，在下落过程中又与(阴、阳)离子、气体分子进一步发生碰撞，最终溅落在样品表面形成金属膜[图 14-6(a)]。

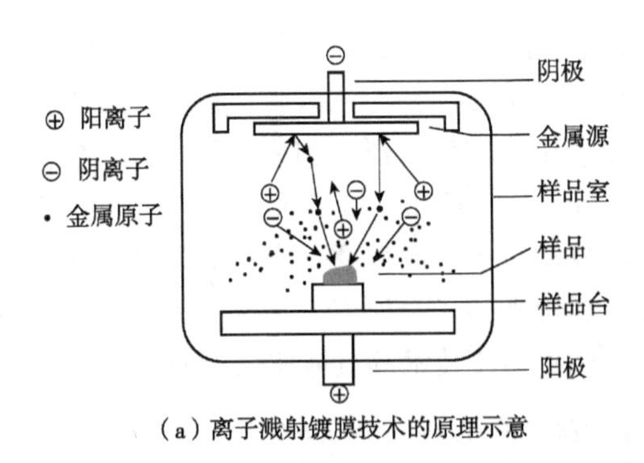

（a）离子溅射镀膜技术的原理示意

（b）MC1000离子溅射镀膜仪

图 14-6　离子溅射镀膜技术

(2)离子溅射镀膜技术的操作及特点

以日立公司 MC1000 离子溅射仪为例，如图 14-6(b)所示，操作过程如下：

①装入样品。样品充分干燥后，放在样品室内靶电极的正下方，盖好真空罩。

②喷镀过程。打开仪器电源，连通样品室和真空泵，选择镀膜条件，开启镀膜程序。仪器按设定程序完成抽真空、镀膜、停机 3 个步骤。喷镀时，阴极金属源发射出粉紫色的光晕。

③取出样品。镀膜结束后，待样品室恢复常压，开启样品室，取出样品。

在溅射金属的过程中，通过调整溅射时的离子流强度或喷溅时间来控制金属膜的厚度。离子溅射仪长期使用后，阴极、阳极和玻璃罩周围会留有污染物，要及时清理，否则会污染样品，影响成像质量。对于低放大倍数观察的样品，可以喷制铜、铝等较便宜的金属，放大倍数高于 10 000×时，则应当喷镀铂、金等延展性好的金属，样品表面的金属颗粒不会因为过大而影响观察、成像。阴极的金属源向下溅落的金属粒子进一步与气体分子、阴离子、阳离子碰撞，在向下运动的过程中落在样品表面，所以金属粒子的利用率高，每次喷镀只需微量金属即可。此外，由于从金属源上产生的金属粒子具有较高的能量，这些能量会进一步转化为与样品结合的附着力，所以，离子溅射喷镀的金属膜要比真空喷镀产生的金属膜更结实。

14.3.2　真空喷镀镀膜技术

(1)真空喷镀镀膜技术的工作原理

在高真空环境下，高温加热金属丝(源)，当温度足够高时，金属会以原子的形式蒸发。把样品置于距金属丝 5 cm 左右的位置，蒸发产生的金属原子喷落在样品表面，形成一层金属膜。膜极薄，精确重现样品的形貌。

(2)真空喷镀镀膜技术的操作及特点

由于真空喷镀镀膜仪对真空环境要求较高，操作较为烦琐，而且蒸发产生的金属原子从金属丝的尖端产生，喷镀区域有限，易产生喷镀死角，所以现在使用较少。真空喷镀镀膜仪的操作程序如下：

①装入样品。干燥后的样品置于样品台上，盖好钟形罩，抽真空。

②喷镀。缓缓打开加热器，使金属丝缓慢熔化、蒸发。打开加热器时一定要足够慢，否则金属丝可能会烧断；打开样品台自动旋转装置，旋转喷镀。

③取出样品。关闭加热器，等金属膜稳定后，缓缓向样品室内放气，取出样品。

真空喷镀仪不仅可以用来制备金属膜，还可以用来喷制碳膜，在金属投影技术中制备复型膜，有时也用于冷冻真空干燥，所以仪器用途较为广泛。和离子溅射仪一样，根据样品放大倍数不同，可分别选用高价值金属(如 Pt、Au 等)和低价值金属(如 Cu、Al 等)进行喷镀。与离子溅射镀膜技术相比，从金属尖端蒸发的原子会向任意一个方向运动，而只有向下运动的原子都会落到样品上，其他方向的原子就浪费掉了，所以，每次喷镀时金属用量较多。金属原子在样品上的附着力不及离子溅射，两种镀膜技术的具体比较见表 14-3。

表 14-3　离子溅射镀膜技术与真空喷镀技术的比较

技术特点	离子溅射镀膜技术	真空喷镀镀膜技术
仪器用途	只用于金属镀膜	可用于金属镀膜、金属投影、喷制碳膜、真空干燥等过程
真空水平(Pa)	1.3~13	1.3×10^{-3}(林钧安等，1989)
是否对样品热损伤	有一定损伤	几乎没有
仪器操作难易程度	操作简单	操作烦琐
每次喷镀金属的用量	微量	较多
对样品的附着力	更强	较弱

14.4　冷冻传输扫描电镜样品制备技术

随着生命科学研究的深入发展，利用扫描电镜进行形态学研究的领域不断拓宽，研究对象的种类更加丰富、多元化。现有扫描电镜样品常规制备技术和以此为基础的“订制化”制备方案难以满足新的科学研究的需要。例如，研究叶片表面的蜡质层形态时，在常规样品制备程序中脱水会部分溶解蜡质层，而使其形态受到破坏；常规制样技术中的固定、脱水和干燥对于鱼类、藻类等高度含水样品来说，更是一个巨大的考验；乳霜、冰激凌等半液体样品则完全不适用于常规的样品制备技术。即使是正常含水量的生物样品，常规制样技术中的这些操作也会产生脱水时抽提样品组分、干燥时样品形态收缩、化学试剂残留、制样周期长等问题。

以冷冻传输样品制备技术为基础的冷冻扫描电镜技术(Cryo-SEM)的核心操作是“冷冻样品”，即在液氮泥内将样品中的水分快速冷冻为玻璃态的冰，然后在真空、冷冻状态下将样品转移至冷冻样品预制备室(冷冻传输)，在此完成冷冻断裂、蚀刻和喷金的操作过程。冷冻样品预制备室与扫描电镜的样品室(配有冷台)通过一道真空闭锁阀分隔开来。冷冻状态下的样品最后被传输进入装配有冷台的扫描电镜样品室，在冷冻状态下完成观察、拍照。冷冻传输系统将样品冷冻制备、传输和观察 3 部分操作串联起来，一气呵成，为高度含水的样品、半液体样品，甚至于常规含水样品的制备及观察提供了新的技术思路。

14.4.1　冷冻传输扫描电镜样品制备系统的结构

与常规扫描电镜样品制备技术相比，冷冻传输样品制备技术不仅具有样品覆盖面广的优势，还具有如下特点：首先，样品从制备到观察全部环节都在冷冻状态下完成，不涉及化学固定、脱水和干燥，不存在化学试剂对细胞组分的抽提和试剂残留，化学结构更接近于真实状态；其次，样品冷冻这一操作环节替代了常规的化学固定、脱水和干燥 3 步操作，制备环节少，制样快，通常从准备样品到图像观察、照相结束最长时间为 1 h；最后，样品在冷冻状态下的断裂通常是细胞间、生物膜间随机断裂，暴露原本隐藏在样品内部的结构信息，将扫描电镜的研究范围由样品表面扩大到样品内部。

目前，国内应用的冷冻传输系统主要是英国 Quorum 公司的产品，现以 Quorum PP3010T 冷冻传输系统与日立冷场扫描电镜 Regulus 8100 联合使用为例，介绍冷冻传输系统的结构组成(图 14-7)及其作用。

Quorum PP3010T 主要由样品制备台、低温传输装置、气体冷却系统和样品预制备室 4 部分组成。此外，因为样品在冷冻条件下制备、观察，联用的扫描电镜样品室需要加装冷台，以便保持样品在冷冻状态下被观察、照相。

(1) 样品制备台

如图 14-9(a)所示，样品制备台即 PreDek 台，包括控制整套设备工作的工作站及触屏操作显示器，在显示器上会呈现整个操作流程的控制界面(图 14-10)；工作台上还有一个液氮泥制备室，其大小与一个常规纸杯相近，装入液氮后抽真空，能够形成温度更低的液氮泥，便于样品快速冷冻，避免产生冰晶损伤；此外，工作台上还装有可抽真空的空间，为待机状态的低温传输装置提供一个防潮、干净的保存空间。在整个工作台面上可以完成样品的粘贴、样品台的固定和样品梭在传输装置样品杆的顶端的固定，如图 14-11 所示。

(2) 低温传输装置

低温传输装置[图 14-9(b)]由一个可拉动的样品杆和一个可以封闭的小样品室组成。该装置主要通过样品杆前端固定装载了样品台的样品梭，如图 14-11 所示，在液氮泥制备室中完成样品的冷冻固定，随后样品立即被保存在传输装置的小样品室内，在低温、真空条件下被转移到安装在扫描电镜上的样品预制备室内。

(3) 气体冷却系统

冷却系统(图 14-8)包括 1 个可容纳 21 L 液氮的杜瓦瓶(简称 21 L 杜瓦瓶)和 1 组真空隔离线(vacuum isolated lines，VIL)。真空隔离线通入液氮后，对样品预制备室、扫描电镜样品室及其防污染器进行降温处理，以保证-140℃的工作温度。

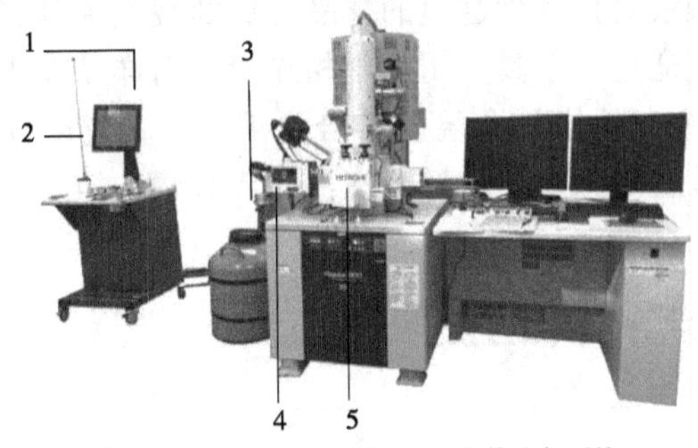

1.样品制备台；2.低温传输装置；3.气体冷却系统；4.样品预制备室；5.带有冷台的扫描电镜样品室。

图 14-7　安装在扫描电镜上的 Quorum PP3010T 冷冻传输系统

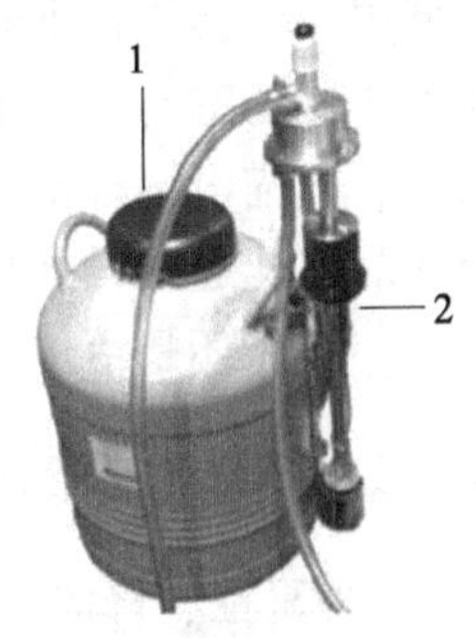

1. 21 L液氮杜瓦瓶；2.真空隔离线。

图 14-8　气体冷却系统

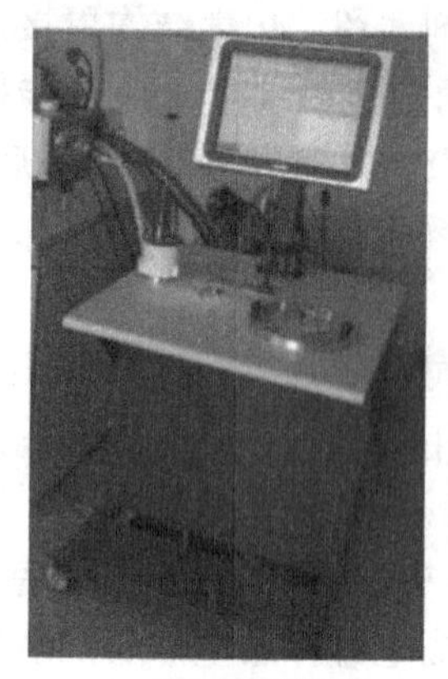

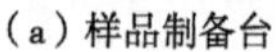

(a) 样品制备台

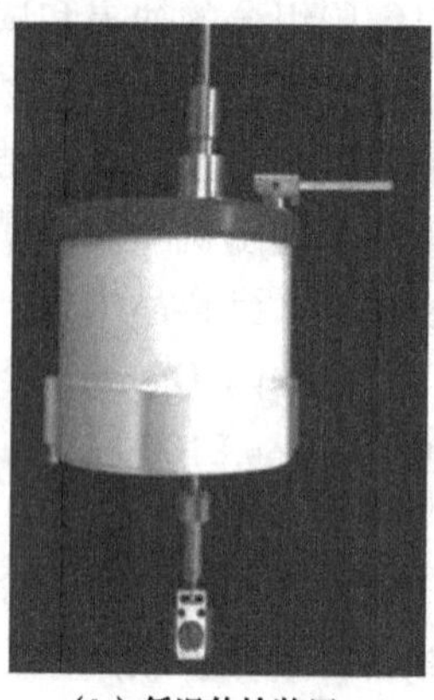

(b) 低温传输装置

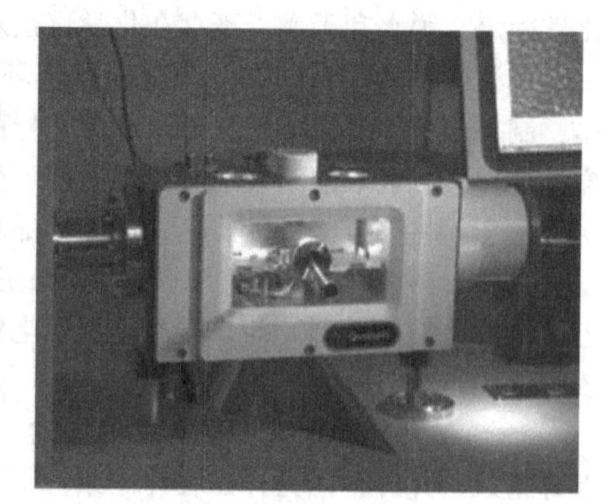

(c) 样品预制备室

图 14-9　Quorum PP3010T 系统结构

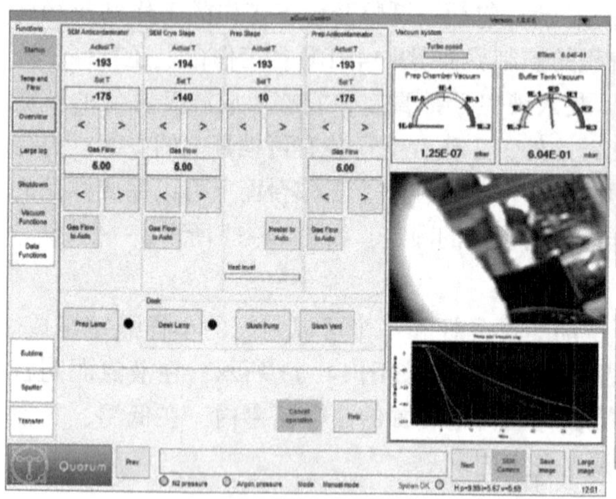

图 14-10　样品制备台触屏操作界面

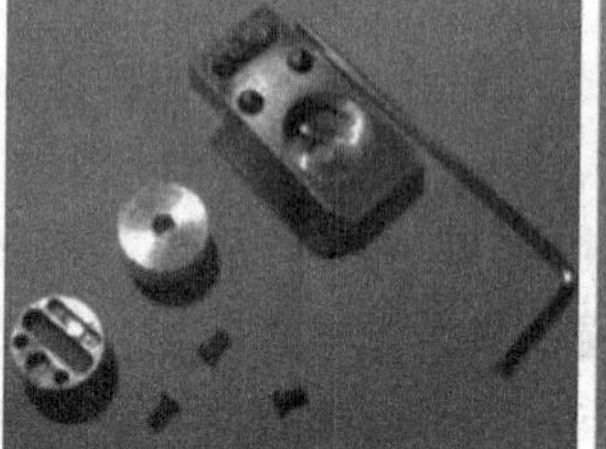

(a) 样品台和样品梭

(b) 样品台安装在样品梭上

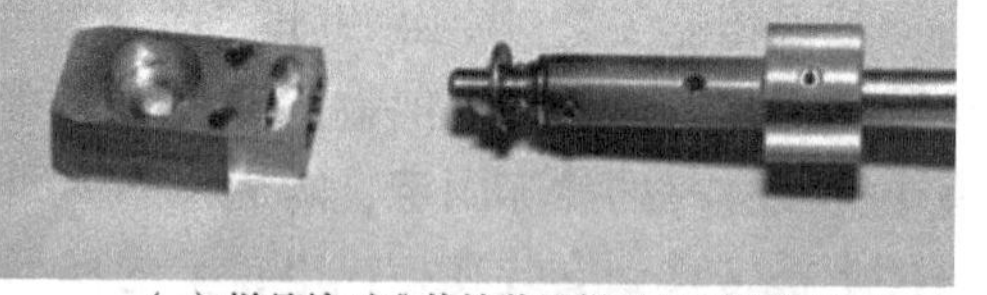

(c) 样品梭对准传输装置样品杆前端的位置

图 14-11　样品台与样品梭

(4) 样品预制备室

样品预制备室[图 14-9(c)]配有一个独立的真空泵以形成高真空环境，通过气体冷却系统提供低温条件，以保证经由低温传输装置传送到这里的样品完成断裂、蚀刻和镀膜的操作。样品预制备室与扫描电镜的样品室通过一个真空闭锁阀相连接。当样品在预制备室内完成制备，扫描电镜样品室内加装了冷台的样品台温度符合要求后，真空闭锁阀被打开，两个样品室连通，样品再次由传输装置送到电镜的样品室，完成观察、拍照。待全部操作结束后，样品还是由传输装置带到系统外。

14.4.2　冷冻传输扫描电镜样品制备技术的操作步骤

(1) 仪器抽真空、降温

①开机。打开系统总开关，进入 aQuio 程序，选择自动工作模式。

②抽真空。按照程序的指示顺序，对气体冷却系统中的真空隔离线抽真空，待样品制备台显示器上真空指示区显示 VIL 的真空度低于 5×10^{-2} mbar 时，停止抽真空。

③冲洗管道。打开自增压液氮罐的两个氮气出气阀门，然后打开氩气出气阀门，冲洗管道 20 min，仪器自动计时。

④降温。将 VIL 插入 21 L 杜瓦瓶内，在显示器的温度设定区设定扫描电镜样品室的冷台及其防污染装置、预制备室内冷台及其防污染装置 4 处温度。选择系统自动调整氮气流量，开始降温，时间大约为 40 min。

(2)样品冷冻固定

①制备液氮泥。向样品制备台上的液氮泥室中加入经过滤的液氮，盖好盖子。对液氮泥室抽真空，制备液氮泥。

②粘贴样品。用导电胶和 OCT 包埋剂(optimal cutting temperature compound，OCT)按 1∶1充分混合制备粘样胶，按需要切取样品，选择合适的样品台，将切取下的样品用粘样胶粘贴到样品台上。注意粘贴的位置、方向，需要断裂的样品可以多粘贴几块。将样品台固定在样品梭上，如图 14-11(b)所示，样品梭安装在低温传输装置样品杆的前端。

③冷冻样品。向液氮泥室放入空气，取下盖子，将低温传输装置以一定的角度插入液氮泥室内，样品要充分浸入液氮中，根据液氮沸腾的状态，判断样品冷冻的程度。待液氮产生最后一个大气泡后，向上提拉样品杆(不要提拉过多，保证此时的样品仍然要浸入液氮)，然后迅速将低温传输装置存放样品的样品室紧扣到液氮泥室的位置，对液氮泥室和样品室抽真空，待真空度读数为 1×10^{-2} mbar(相当于 1 Pa)时，将样品从液氮中提拉到小样品室内，迅速关闭样品室的仓门。此时，冷冻固定后的样品保存在低温传输装置的小样品室内。再次向液氮泥室放入空气，取下低温传输装置，准备将样品送入预制备室。

(3)传输、制样、观察

①样品被传输送入预制备室。将低温传输装置的小样品室对准样品预制备室的接口处，对传输装置的样品室抽真空，然后打开传输装置样品室的仓门，使其与预制备室连通，将样品梭送到预制备室的样品台上。此时，传输装置的样品杆仍连接在样品梭上。

②断裂。对于需要观察断裂面的样品，根据样品的硬度，选择大刀或小刀进行断裂。注意：断裂是借助断裂刀在摆动过程中产生的作用力，将样品“敲”断，而不是真正“切”断样品。只有“敲”断的样品才能在结合力较弱的界面断裂，从而暴露细胞之间、生物膜之间的结构细节。切断的样品暴露的是刀切过的水平面，与细胞间的断裂面无关。

③蚀刻。在工作流程中选择“Sublime”，设定蚀刻条件，程序自动执行蚀刻过程。

④镀膜。在工作流程中选择“Sputter”，设定镀膜条件，程序自动执行镀膜过程，此时，在样品预制备室内的顶端可见靶金属处产生的蓝紫色光晕。

⑤样品传输进入扫描电镜的样品室。在工作流程中选择“Transfer”，打开预制备室和电镜样品室间的气锁阀，利用传输装置将样品(梭)送入装有冷台的扫描电镜样品台，退出传输装置的样品杆，关闭气锁阀。在扫描电镜样品室内完成观察和拍照。

⑥取出样品。观察结束后，用传输装置的样品杆从样品室内取出样品(梭)，直接退到样品预制备室内。向预制备室内放入空气，将传输装置从制备室抽出来。从样品杆前端取下样品梭，用吹风机吹干样品杆前端。注意：不要直接用手接触样品杆及样品梭，以防冻伤。

(4)关机

如果以后持续几天都会使用冷冻传输系统，先将 VIL 从 21L 杜瓦瓶中提出来，然后退出 aQuio 程序(此时程序为自动工作模式)。再重新进入该程序，选择手动模式，确定气体流量、恢复温度和回温时间，重新对 VIL 抽真空，直到第二天再次使用时即可直接开机工作。如果，第二天不再使用冷冻传输系统，将 VIL 从 21L 杜瓦瓶中取出来，关闭计算机电源，关闭样品制备台电源，关闭氩气阀门，关闭氮气阀门。

14.5 X 射线微区分析技术

14.5.1 X 射线微区分析技术概述

X 射线微区分析仪是通过分析样品产生的特征 X 射线信号，在微观尺度对样品的元素组成进行定性、定量检测的仪器附件。X 射线微区分析仪本身不具备激发样品产生 X 射线的功能，只能检测 X 射线。1951 年，R. Castaing 建立了基于电子显微镜的原位检测样品元素组成和形态学的分析技术，即电子探针 X 射线微区分析技术(electron probe X 射线 microanalysis，EPMA)。所以，带有 X 射线微区分析仪的电子显微镜能够在形态学观察的同时，实现样品原位的元素定性、定量检测(Roomans，1988)。与其他元素分析技术相比，X 射线微区分析技术具有如下优势：

(1)灵敏度高

X 射线微区分析技术是在电镜超微结构成像的基础上进行检测，检测区域非常小，甚至只有几个纳米。X 射线微区分析仪具有非常高的灵敏度，能在微小区域上检测到元素的存在并进行相关分析。目前，X 射线微区分析仪的探测极限为 0.1 nm(Fernandez-Segura et al.，2008)。

(2)原位检测

X 射线微区分析技术是在超微结构的基础上进行定位检测，得到的仅是该检测位点的分析结果，而不是检测样品的平均分布结果。而且，该技术直接将微区元素组成结果与超微结构相对应，可进一步对不同微区或结构间元素分布进行比较；在进行形态学观察的同时，可随时对任意感兴趣区域进行元素检测。

(3)不损坏样品

X 射线微区分析技术在形态学观察基础上进行元素分析，形态学研究要求样品结构要“保真”，这就表明 X 射线微区分析仪是在不损坏样品的前提下进行的元素检测。这一点对于宝石、文物等稀有样品的分析检测尤为重要。

(4)分析范围广

X 射线微区分析技术几乎适用于所有固体样品无机元素的检测。目前，该技术可分析的元素范围为铍(Be)至镅(Am)，几乎涵盖了元素周期表的所有元素，在材料、生物、刑事侦破和古董鉴定等方面得到广泛的应用。

(5)数据分析简便、快速

随计算机技术的发展，与 X 射线微区分析技术匹配的工作软件不断更新，可满足元素分析的不同需求。此外，数据分析处理已实现自动化，分析速度和效率得以提高。

14.5.2　X 射线微区分析的原理及方法

(1) X 射线的产生

入射电子束照射到样品上会激发产生特征 X 射线(characteristic X-ray)和连续 X 射线(continuum X-ray)。前者带有样品的元素信息，是微区分析技术的主要检测信号；后者是干扰信号，不带有样品信息。

(2) X 射线微区分析技术的理论基础

Moseley 定律表明元素的特征 X 射线的波长(λ)与原子序数(Z)之间存在以下关系：

$$1/\lambda = k(Z-\sigma)^2 \tag{14-1}$$

式中，k、σ 为常量。

依据式(14-1)，测定特征 X 射线波长，可获得样品元素的原子序数，这是定性分析的理论依据。

元素浓度(C)与其特征 X 射线强度(I)成正比，其关系式为：

$$K = I/C \tag{14-2}$$

式中，K 为常量。

定量分析时，选定浓度已知的标准样品，同一条件下，分别测定标准样品和待测样品的特征 X 射线的强度，根据式(14-2)可计算出待测样品的浓度。

(3) 特征 X 射线的检测方法

通过测定特征 X 射线的波长或能量可以进行元素分析。

①波谱法(WDS)。是通过测定特征 X 射线的波长完成元素分析的方法。当入射电子束照射到样品检测点上时，该位点会产生多条特征 X 射线和连续 X 射线。这些混合信号以一定角度入射到波谱仪内的分光晶体上，分光晶体从混合信号中将满足条件的特征 X 射线分选出来送入检测器(图 14-12)。这条被分选出来的特征 X 射线的波长必须满足下式：

$$\lambda = 2d\sin\theta \tag{14-3}$$

式中，θ 表示 X 射线入射到分光晶体上的入射角；d 表示分光晶体的晶格间距；λ 表示特征 X 射线的波长。

由式(14-3)可知，波谱仪每次只能进行单元素定性分析。只有连续改变入射角，才能够对该检测区域进行全元素的波长扫描；每个晶格间距确定的分光晶体只能测量一定范围的波长(0~2d)，当超过检测范围时，波谱仪需要更换其他晶格间距的分光晶体。

波谱法的优点是能量分辨率较高，大约为 13 eV，并且定量分析准确性较高。该技术的缺点是由于波谱仪的分光晶体每次只能分析一种元素的特征 X 射线，分析效率低；进行全元素普查时，需要更换分光晶体，仪器的稳定性低，数据重现性差。

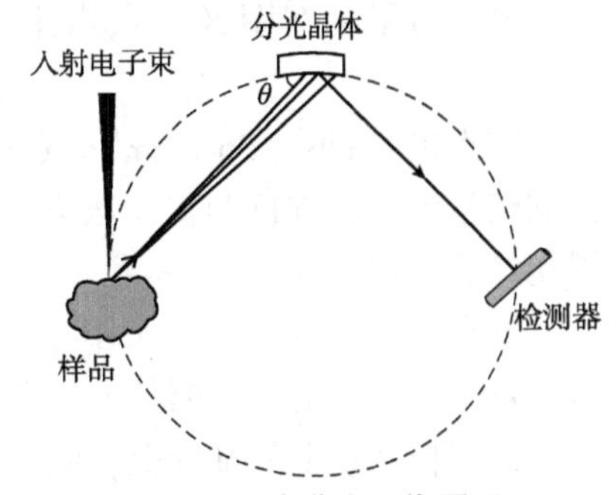

图 14-12　波谱法工作原理

②能谱法(EDS)。是通过测定特征 X 射线的能量完成元素分析的方法。根据式(14-4)可知波长与能量成反比：

$$\lambda = hc/E = 1239.6/E \tag{14-4}$$

式中，λ 和 E 分别为特征 X 射线的波长和能量；h 为普朗克常数；c 为光速。

其检测原理如下：特征 X 射线入射到能谱仪探测器后激发产生电子-空穴对，每产生一个电子-空穴对消耗大约 3.6 eV 的 X 射线能量，入射的 X 射线能量越高，激发产生的电子-空穴对越多，该信号进一步转化为脉冲信号而被检测。据此可以检测特征 X 射线能量并进行元素分析。

能谱仪早期采用锂漂移硅固定探测器[lithium drifted silicon detector，Si(Li)]，但由于 Si(Li)探测器需要液氮持续制冷，能量分辨率较低，而逐渐被硅漂移探测器(silicon drifted detector，SDD)所取代(高尚等，2022)。目前，SDD 探测器的能量分辨率最高可达123 eV，峰背比、采集谱图的速度均优于传统的 Si(Li)探测器。SDD 探测器采用电制冷装置，无需液氮，工作性能得到极大的提高。随着新一代 SDD 的应用，能谱技术已经成为形态学研究中元素分析的主要技术。

14.5.3 能谱仪的工作程序

能谱仪根据电子束在样品表面检测的轨迹不同，分为点分析、线分析和面分析。现以 EDAX 能谱仪为例，说明能谱仪的 3 种工作程序。

(1)点分析

①在扫描电镜下观察图像，确认采谱区域。

②打开能谱探测器的电源。

③启动能谱仪计算机主机，登录用户界面，进入“Team”程序，探测器状态窗口自动打开。

④在保证不损伤样品表面结构的前提下，将探针束流调整到“High”水平；聚光镜电流越小，探测到 X 射线信号越强。

⑤点击探测器窗口红色“!”按钮，启动探测器电制冷程序，待该按钮变为绿色时，说明探测器进入可工作的低温状态。

⑥点击“Point Analysis”，进入点扫描模式。

⑦在点扫描模式下，点击“Image Area”旁边的“△”，出现工作参数输入窗口，分别输入扫描电镜采集图像时的分辨率、工作电压、放大倍数、工作距离。这几个参数要与扫描电镜工作时的实际参数一致。

⑧点击“Image Area”，在能谱仪端采集图像。

⑨通过鼠标在图像上点击来确定点采谱区域，也可以通过鼠标拖动选择方形采谱区域。

⑩点击“Collect Spectum”旁边的“△”，出现采谱工作参数输入窗口。其中，采谱时间根据信号的强弱进行调整，强信号设为“30 sec”，一般信号设为“100 sec”。时间过长，易损伤样品表面结构。

⑪点击“Collect Spectum”，能谱仪自动采谱，直到“Collect Spectum”变为红色“Finish”，表示谱图采集结束。显示器上出现仪器自动识别的图谱。

⑫在自动识别的基础上，结合工作经验，通过人工分析确认最后结果。

⑬点击“Report”，输出谱图结果，点分析结束。

(2) 线分析

①重复“点分析”的步骤①~⑤。

②点击“Line Scan”，进入线扫描模式。

③在线扫描模式下，点击“Image Area”旁边的“△”，出现工作参数输入窗口，分别输入扫描电镜采集图像时的分辨率、工作电压、放大倍数、工作距离。这几个参数要与扫描电镜工作时的实际参数一致。

④点击“Image Area”，在能谱仪端采集图像。

⑤用鼠标拖动图像上的线，确定扫描轨迹。

⑥点击“Collect Line”旁边的“△”，出现采谱工作参数输入窗口。设定采谱的“点距”，即检测的点数。

⑦点击“Collect Line”，出现“Line starting”对话框，选择“Conform Element”点击“确认”，并在元素表上选择目标元素。

⑧能谱仪自动采谱，直到“Collect Line”变为红色“Finish”，表示谱图采集结束。显示器上出现仪器自动识别的图谱。

⑨在自动识别的基础上，结合工作经验，通过人工分析确认最后结果。

⑩点击“Report”，输出谱图结果，线分析结束。

(3) 面分析

①重复“点分析”的步骤①~⑤。

②点击“Mapping”，进入面扫描模式。

③在面扫描模式下，点击“Image Area”旁边的“△”，出现工作参数输入窗口，分别输入扫描电镜采集图像时的分辨率、工作电压、放大倍数、工作距离。这几个参数要与扫描电镜工作时的实际参数一致。

④点击“Image Area”，在能谱仪端采集图像。此时的图像即为能谱信号分析区域。

⑤点击“Collect Map”旁边的“△”，出现采谱工作参数输入窗口。选择采集谱图“Standard”工作模式，也可以根据实际情况选择如“High”“Manual”等模式。

⑥点击“Collect Map”，出现“Map Starting”对话框，选择“Conform Element”点击确认，并在元素表上选择目标元素。

⑦能谱仪自动采谱，直到“Collect Map”变为红色“Finish”，表示谱图采集结束。显示器上出现仪器自动识别的图谱。

⑧在自动识别的基础上，结合工作经验，通过人工分析确认最后结果。

⑨点击“Report”，输出谱图结果，面分析结束。

⑩关掉谱图采集、分析窗口；点击探测器状态窗口中的绿色“!”，结束制冷程序，直到按键变为红色；退出“Team”程序。

⑪关闭能谱计算机，关闭探测器电源，关闭能谱总电源。

14.5.4　X 射线微区分析技术检测注意事项

(1) 制样过程中结构、元素无变化

X 射线微区分析技术要求所采用的样品制备程序既要精确地保留样品结构，又要防止元素溶解、流失、重分布等现象的发生。目前，生物样品 X 射线微区分析技术常采用冷冻制样技术，如冷冻固定、冷冻替代等操作步骤代替常规制样技术中对应的环节。

(2) 制样过程中不引入外部干扰元素

用 X 射线微区分析技术进行元素检测的样品，在制备过程中还要避免引入外来元素，干扰对目标元素的检测。透射电镜的超薄切片样品尽量不用铀、铅染色，扫描电镜中的样品避免喷镀金属膜，可以通过在样品表面制备碳膜来增加样品的导电性。

(3) 确定恰当的电镜工作参数

X 射线微区分析仪只有配合电子显微镜才能够获得 X 射线，电子显微镜的工作条件如工作电压、束流强度、束斑直径等因素都会直接影响 X 射线的产生情况。例如，当工作电压低于目标元素 X 射线的最低激发能时，无法产生 X 射线。工作电压过高，一方面入射电子束在样品内部的穿行厚度增加，出射的 X 射线能量会衰减更多；另一方面，有些生物样品的组成元素在较高加速电压下会被破坏。所以，不同的电镜种类、不同的样品、不同元素，要选择合适的电镜工作参数，以确保元素分析的准确性。

(4) 识别干扰峰，正确辨析元素

在分析 X 射线谱图时，要能够正确识别各种干扰谱图分析的假峰，如由于探测器材料的干扰产生的逃逸峰，两条能量相近的特征 X 射线谱线形成的重叠峰，由于样品台、样品杆、电磁透镜等系统组成带来的系统峰等，以便准确辨识元素的特征 X 射线谱峰。在分析谱图时，检测人员对元素特征 X 射线谱图的掌握程度、仪器操作技巧和经验也会直接影响结果的准确性。

复习思考题

1. 比较扫描电镜常规制样技术中的“取材”操作与透射电镜超薄切片技术中“取材”操作的异同。
2. 在扫描电镜常规制样技术中，对生物样品来说，哪些操作是必不可少的？为什么？
3. 常规生物样品如何进行扫描电镜的样品制备？
4. 扫描电镜只能观察样品表面结构吗？为什么？
5. 如何利用特征 X 射线进行样品元素组成分析？
6. 什么样品适合冷冻传输扫描电镜样品制备技术？该技术有何特点？

下篇

实验篇

第 15 章

显微标本制作技术

光学显微镜是生物学相关专业教学和科研中使用最广泛的仪器，如动物学、植物学、鱼类学、细胞生物学、组织胚胎学、微生物学等学科实验都需要通过光学显微镜对组织器官进行切片观察。但由于教师和学生对显微镜规范使用的重视程度不够、学生实验基础存在个体差异、教学安排进度不统一、教学条件限制等原因，导致学生在使用过程中出现很多错误操作。本章旨在规范显微镜教学使用，建立标准的培训和考核体系，开展趣味性、探索性实验课程和活动，以提高形态学实验教学质量，培养学生良好的实验习惯和延长显微镜的使用寿命。

实验 1　光镜使用——永久装片观察

1. 实验目的

了解显微镜的构造和成像原理；掌握显微镜的使用方法；学习生物绘图的基本技术。

2. 实验原理

(1) 显微镜的构造

在实验课开始之前，必须先了解显微镜的构造和使用方法。要正确使用显微镜，首先要熟悉显微镜的构造，虽然显微镜品牌种类不一，但其基本构造和原理是相通的。

(2) 显微镜的使用方法

光学显微镜虽然是一种基础实验仪器，但它的操作注意事项并不少，对于显微镜使用中一些容易被忽视的操作细节及其使用原理见表 15-1。显微镜使用是贯穿整个实验课程的重要操作技能，它的规范使用在形态学实验教学中尤为重要。

表 15-1　普通光学显微镜操作细节要求

序号	操作归类	细节要求	使用原理
1	显微镜观察	确定光源亮度，配合光圈使用	不同倍数的物镜下视野亮度不同，需要进行亮度调节；未经染色的标本需要通过光源和光圈的配合使用以形成反差来观察
		双眼同时睁开观察	左眼观察标本的同时右眼保持睁开，方便对照图纸进行辨认和绘图

（续）

序号	操作归类	细节要求	使用原理
2	高、低倍镜的使用	先低倍镜观察后转换高倍镜	低倍镜实际视野面积大，容易寻找目标物并观察其整体结构；高倍镜分辨率高，适合观察目标物局部和细节
3	调　焦	调焦时先侧面注视低倍镜	当低倍镜距离标本约 0.5 cm 时，从目镜中观察视野并调节细准焦螺旋，防止镜头压碎标本玻片
		先调节粗准焦螺旋后调节细准焦螺旋	先转动粗准焦螺旋使视野中出现物像，再调节细准焦螺旋使视野中物像变清晰
4	油镜使用	使用专用的擦镜纸蘸取二甲苯清洁镜头	用除擦镜纸外的纸巾清洁擦拭镜头容易使镜头划伤

(3) 生物绘图

生物绘图是一种形象描述生物外部形态和内部结构的重要科学记录方法。在实验报告和科学研究中常用生物绘图来反映生物的形态结构特征(图 15-1)。

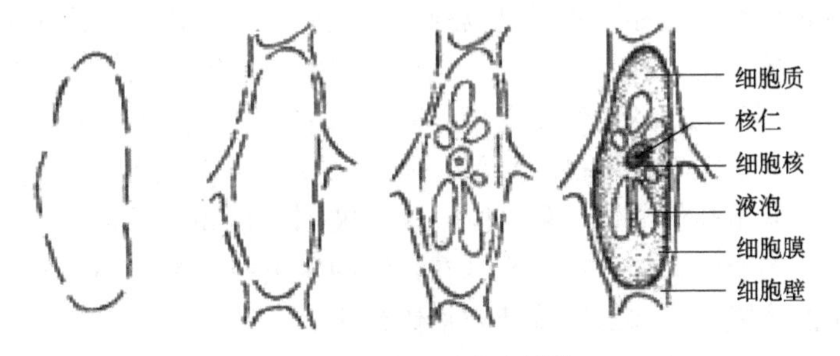

图 15-1　生物绘图示例(引自李韵冰，2021)

3. 实验准备

材料：生物标本永久装片(购置装片)、香柏油、擦镜纸、绘图用铅笔、实验报告纸。

仪器：显微镜。

4. 实验方法和步骤

(1) 观察显微镜的构造

光学显微镜由机械部分和光学部分构成，机械部分主要包括镜筒、载物台、物镜转换器、粗准焦和细准焦调节螺旋，光学部分主要包含目镜、物镜、聚光器、光圈和光源。

(2) 使用显微镜

①取用和放置。使用时首先从镜箱中取出显微镜，必须一手握持镜臂，另一手托住镜座，保持镜身直立，切不可用仅一只手倾斜提携，防止摔落目镜。要轻取轻放，放时使镜臂朝向身体，距桌沿 5~10 cm 处。要求桌子平衡，桌面清洁，避免直射阳光。

②开启光源。打开电源开关。

③放置玻片标本。先将待镜检的玻片标本放置在载物台上，使其中材料正对通光孔中央。再用弹簧压片夹在玻片的两端，防止玻片标本移动。若为玻片移动器，则将玻片标本卡入玻片移动器，然后调节玻片移动器，将材料移至正对通光孔中央的位置。普通光学显微镜操作细节要求见表 15-1。

④低倍物镜观察。用显微镜观察标本时，应先用低倍物镜找到物像。因为低倍物镜观察范围大，较易找到物像，且易能找到需作精细观察的部位。方法如下：

a. 调整焦点。使用低倍镜时，两眼从侧面注视物镜，旋转粗调节器。使物镜停留在距离载物台约 5 mm 处。接着用左眼在目镜中观察，同时按逆时针方向，向后向内转动粗调节器，使镜筒缓缓上升，直到看到标本物像为止。

b. 低倍镜的观察。焦点调节好后，可根据需要移动玻片，把要观察的部分移动到最有利的位置，还可以根据材料的厚度、颜色、成像反差的强弱等情况进行调节，如视野太亮，可降低聚光器或缩小虹彩光阑，反之，则升高聚光器或放大虹彩光阑。

⑤高倍镜的使用。观察细微结构时，需要使用高倍镜。使用高倍镜前，应先在低倍镜中选好目标，将其调整到视野的中央，转动转换器，换用高倍镜进行观察。转换高倍镜后，一般只要略微扭转调节器，就能看到清晰的物像，若接物镜不是显微镜上原配套镜头，则需重新调整焦点，此时应从侧面观察物镜，并小心地转动粗调节器，使镜筒慢慢下降到高倍镜的镜头几乎要与切片接触时为止，切勿使镜头接触玻片，然后一边从目镜向内观测视野，一边转动粗调节器，稍微升高或下降镜筒，看到物像后，再调细调节器直到获得清晰物像为止。从目镜内看到的物像是倒像。目镜与物镜放大倍数的乘积就是物像的放大倍数(例如，10×目镜与 10×物镜结合使用时总的放大倍数为 10×10＝100 倍)。

⑥油镜的使用。在载玻片样品区域滴一滴香柏油，将载玻片放在显微镜的载物台上，转动物镜转换器，调至高倍油镜(通常为 100×或 90×物镜)下，然后用手升高载物台，使载玻片上的香柏油与物镜镜头结合在一起，在目镜中聚焦并观察，调整焦点，找准物象，使用完毕后用专用的擦镜纸蘸取二甲苯清洁物镜镜头。

(3) 生物绘图

①图的大小要适当，位置稍偏左上方，以便在图的右侧和下方留出注字和写图名的地方。

②用铅笔先轻轻地画出所看到的物像的轮廓，经修改后，再正式画好。

③图中较暗的地方，以细点来表示，越暗的地方，细点越多，不能以涂阴影表示暗处。

④字尽量注在图的右侧，用尺引出水平的指示线，然后注字。

⑤在图的下方写上所画图形的名称。

(4) 整理

实验完毕，把显微镜的外表擦拭干净。转动转换器，把两个物镜偏到两旁，并将镜筒缓缓下降到最低处，放回原处。实验完毕，报告老师，经同意后，方可离开。

5. 注意事项

①取放显微镜的动作一定要轻，切忌振动和用力过猛，否则会造成光轴偏斜而影响观察，而且光学玻璃也容易损坏。

②镜检标本应严格按照操作程序进行，观察时要从低倍镜开始，看清标本后再转用高倍镜和油镜。

③使用油镜时一定要在盖玻片上滴油后才能使用。油镜使用完毕，应立即将镜头、盖玻片上的油擦干净，否则干后不易擦去，以致损伤镜头和标本。但应注意，二甲苯用量不

可过多，否则易造成物镜中的密封胶溶解、透镜歪斜甚至脱落、玻片树胶溶解、盖玻片移动甚至连同标本一起溶解。

④不可用手摸光学玻璃部分，如需擦拭应严格按照光学部件擦拭办法。

⑤使用的盖玻片和载玻片不能过厚或过薄。标准的盖玻片厚度为 0.17 mm±0.02 mm，载玻片厚度为 1.1 mm±0.04 mm。过厚或过薄将影响显微镜成像及观察。

⑥使用与保管仪器的地方应保持清洁，注意防尘、防潮、防酸碱。仪器使用完或长期不用时，应盖上防尘罩。

实验 2　显微测微尺的使用

1. 实验目的

掌握测微尺测定细胞大小的原理；学习使用测微尺对细胞进行大小测量的方法；增强微生物细胞大小的感性认识。

2. 实验原理

显微测微实验主要通过目镜测微尺和物镜测微尺配合使用对细胞大小进行测定。物镜测微尺是一种特制的载玻片(图 15-2)，中央有一个全长 1 mm 的刻度标尺，将 1 mm 等分成 100 个小格，每格长度为 10 μm，用它来校正标定目镜测微尺每小格的长度。目镜测微尺是一块可放在目镜内的圆形薄片(图 15-3)，中央有刻度，并被分为 50 或 100 小格，每小格的长度随物镜放到倍数的大小而变动。测量细胞大小之前，预先用物镜测微尺来标定某一物镜放大倍数下目镜测微尺每小格所代表的实际长度，再以它作为测量细胞大小的尺度。

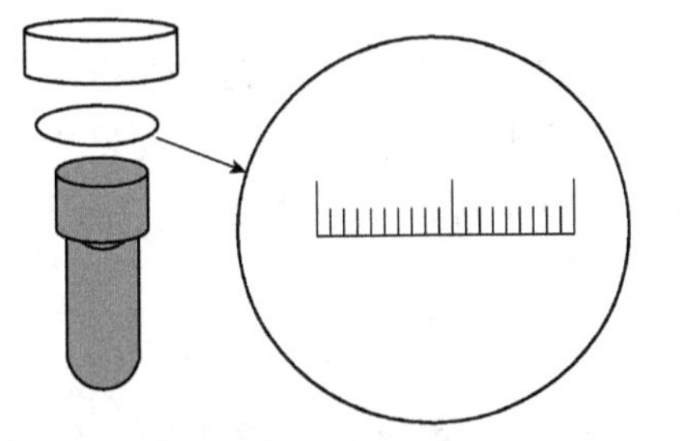

图 15-2　目镜测微尺安装方法

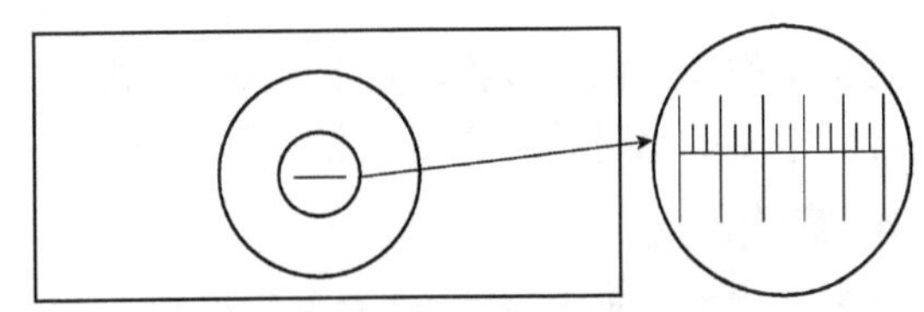

图 15-3　台微尺及其放大的中央部分

3. 实验准备

材料：生物标本永久装片(购置装片)、香柏油、擦镜纸、实验报告纸。

仪器：目镜测微尺、物镜测微尺、显微镜。

4. 实验方法和步骤

(1) 目镜测微尺的校正

①将目镜测微尺装入目镜内，刻度朝下，将物镜测微尺朝上置于载物台上。

②用低倍镜核对，至能清晰看到物镜测微尺。

③改用高倍镜对焦后，转动目镜，使目镜测微尺的刻度与物镜测微尺刻度平行。

④两尺吻合后，先使两尺的一端某一刻度完全重合，然后寻找另一端第二条重叠的刻度。

⑤记录两吻合刻度间目镜测微尺与物镜测微尺的格数。按下式计算目镜测微尺每小格所代表长度：目镜测微尺每格长度(μm)＝两吻合刻度间物镜测微尺格数/两吻合刻度间目镜测微尺格数×10 μm。例如，在10×目镜和10×物镜构成的视野中，目镜测微尺的9格等于物镜测微尺的10格，则目镜测微尺1格＝(10/9)×10＝11.1 μm。切换为高倍镜后需要重新校正，例如，在16×目镜和40×物镜构成的视野中，目镜测微尺的18格等于物镜测微尺的3格，则目镜测微尺1格＝(3/18)×10＝1.67 μm。

(2)细胞大小的测量

如果在16×目镜和40×物镜构成的视野中，此细胞在目镜测微尺的测量下测得其细胞长度是18格。则该细胞的具体长度值是18×1.67＝30.06 μm。

5. 注意事项

①轻拿轻放，不可把显微测微尺放置在实验台的边缘，以免碰翻落地。

②保持显微镜测微尺的清洁，只能用擦镜纸擦拭。

③不要随意取下显微镜的目镜测微尺，以防止尘土落入物镜，也不要任意拆卸各种零件，以防损坏。

实验3　光学显微镜制样——临时装片

1. 实验目的

了解显微标本制作的原理；掌握非切片法制备显微标本的方法。

2. 实验原理

大多数的生物材料在自然状态下是不适合显微观察的，也无法看到其内部结构，通常需要经过一定的处理才能观察。临时装片就是将要用显微观察的样本临时做成装片。临时装片是从生物体上撕取或挑取的材料制成的临时装片，所需材料包括载玻片、组织材料和盖玻片。常用的临时装片方法包括涂片、铺片、压片、磨片等。

3. 实验准备

材料：洋葱、西红柿、刚孵化的卤虫、碘液、载玻片、盖玻片、擦镜纸、牙签、镊子、吸管、蒸馏水、绘图铅笔、实验报告纸。

仪器：显微镜。

4. 实验方法和步骤

(1)铺片法(洋葱鳞茎表皮细胞的观察)

①临时装片的制备。在载玻片中央滴一滴1%的碘液，剥取洋葱鳞茎表皮，用小镊子撕取内表皮，用剪刀剪取0.5 mm×0.5 mm大小平铺在碘液中，用镊子夹取一块盖玻片，将一条边缘接触碘液，然后缓缓盖在液滴上，防止产生气泡，轻压盖片，用吸水纸吸去挤出的碘液(图15-4)。

②临时装片的观察。将制备好的装片放到显微镜下，先用低倍镜观察，寻找细胞形状

规则、形态清晰的区域，换高倍镜观察细胞内部结构(图 15-5)。

(2)压片法(番茄果肉细胞观察)

①临时装片的制备。用擦镜纸擦拭载玻片和盖玻片，在载玻片的中央滴一滴清水，用牙签挑少许番茄果肉，将其均匀地涂抹于载玻片中央的水滴中。用镊子夹起盖玻片的一端，使另一端先接触载玻片的水滴，再缓缓盖上。番茄果肉细胞临时装片无须染色。

②临时装片的观察。将制备好的装片放到显微镜下，先用低倍镜观察，寻找细胞形状规则、形态清晰的区域，再换高倍镜观察细胞内部结构(图 15-6)。

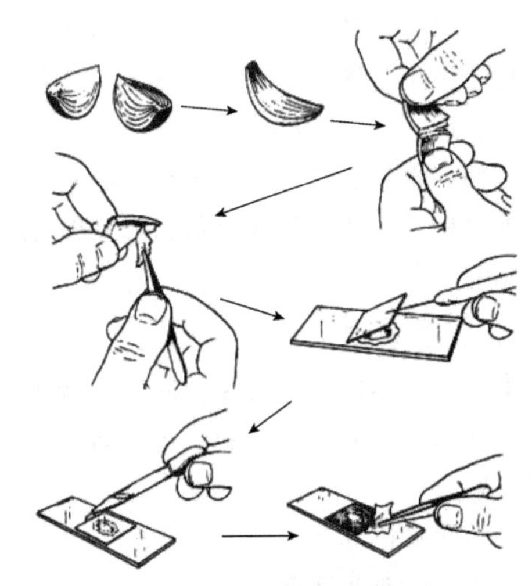

图 15-4　制作洋葱表皮装片

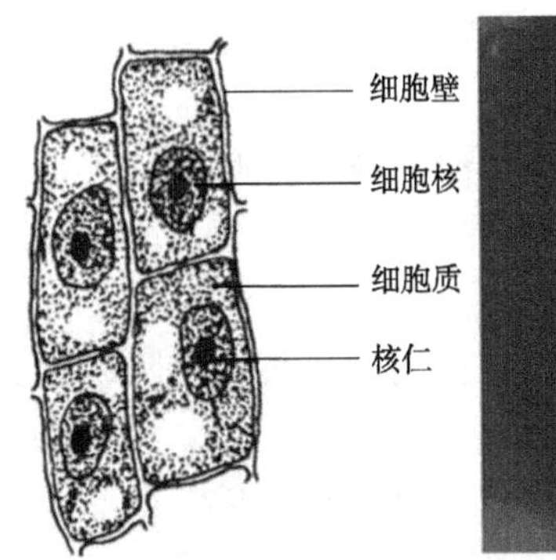

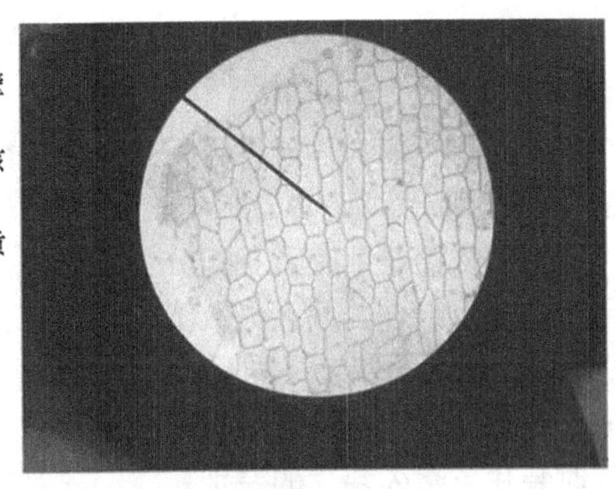

图 15-5　洋葱表皮细胞结构(左)及观察效果(右)

(3)涂片法(卤虫卵和刚孵化的卤虫)

①临时装片的制备。用擦镜纸擦拭载玻片和盖玻片，在载玻片的中央滴一滴清水，用吸管吸取少量带有虾卵和刚孵化的虾苗的液体，将其涂抹载玻片中央。用镊子夹起盖玻片的一端，使另一端先接触载玻片的水滴，并缓缓盖上。卤虫卵和刚孵化的卤虫临时装片无须染色(图 15-7)。

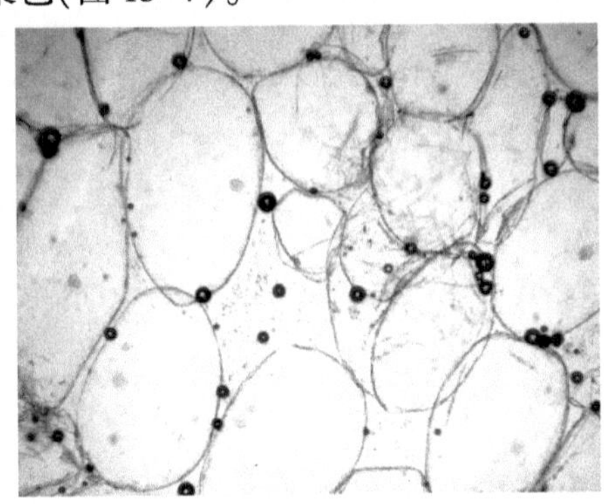

图 15-6　番茄果肉细胞观察效果

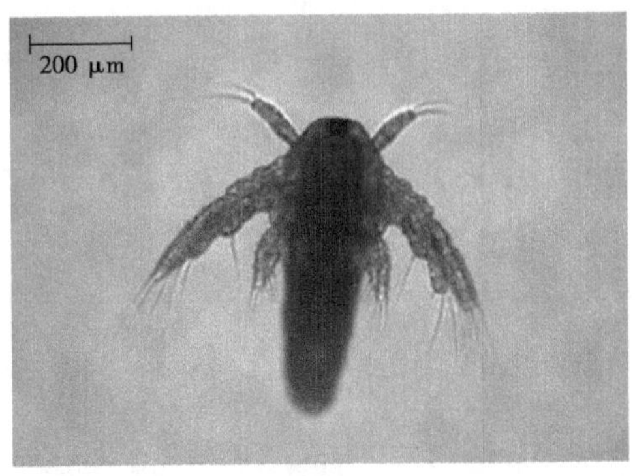

图 15-7　刚孵化的卤虫观察效果

②临时装片的观察。将制备好的装片放到显微镜下，先用低倍镜观察，寻找卤虫卵和刚孵化的卤虫，换高倍镜观察细胞内部结构。

(4) 实验报告要求

生物标本临时装片(洋葱表皮细胞、番茄果肉细胞、卤虫卵和刚孵化的卤虫)观察过程，观察相关参数如放大倍数，观察结果，绘出观察到的细胞结构详图，并尝试注明各部分结构的名称。

5. 注意事项

①使用前擦拭清洁玻片，防止玻片上的杂质影响观察效果。

②制作时先使盖玻片的一端接触载玻片的水滴，然后慢慢的放下，防止出现气泡影响观察效果。

③滴加染色液至盖玻片的一端，滴加量不宜过多。用吸水纸从盖玻片的另一端吸引，使染色液浸透所取样本。

复习思考题

1. 为什么需要先将石蜡切片样本进行染色后才能进行显微观察？
2. 使用油镜有哪些注意事项？
3. 测微尺通常用来测量细胞及各部分长度还是面积？
4. 不同目镜、物镜组合的放大倍数不相同，目镜测微尺每格实际表示的长度一样吗？物镜测微尺每格实际表示的长度一样吗？
5. 不同的临时装片制作方法有何差异？分别适用于何种样本？
6. 简述临时装片与永久装片的差别。

第 16 章

光学显微镜的使用及应用

本章主要介绍显微镜的双目镜眼间距调节和屈光度调节，以及聚光器中心调中（本章实验内容大连海洋大学有仿真实验）。

实验 1　双目镜光学显微镜的正确使用

1. 实验目的

了解普通光学显微镜的结构和组成；掌握普通光学显微镜观察前的调试内容和方法；学会普通光学显微镜的正确使用。

2. 实验原理

眼间距是指两眼的瞳距，即双眼瞳孔之间的距离，两眼平视前方时，左、右瞳孔点之间的直线距离。不同的人，眼间距不同，因此，在使用双目显微镜进行观察时，先需根据个人的眼间距，调节两个目镜之间的距离，使双眼能同时观察到标本，这是进行双目显微镜的观察前提。

假定眼睛的屈光度不同，仅发生在人与人之间，而不发生在同一个人的双眼之间，既同一个人双眼的屈光度永远是相同的，那么在不同的人使用显微镜时，仅需调节显微镜的粗微螺旋，即可看清标本，但实际上，除了人与人之间双眼的屈光度不同外，同一个人的双眼屈光度也是不同的，仅通过调节显微镜的粗微螺旋，并不能满足双眼同时看清标本的目的，此时，就需借助目镜上的屈光度环，调节目镜的屈光度，以校正双眼不能同时聚焦标本的缺陷，因此，显微镜在使用之前，除了要调节目镜的眼间距外，还需调节目镜的屈光度。

聚光器是现代显微镜的重要组成部件，只有在正确使用聚光器的前提下，物镜的性能才得以发挥，而多功能显微镜，其聚光器是可拆卸的，重新安装后，其中心不位于光路上，需调节聚光器的中心位于光路上，如果聚光器的中心不位于光路上，视野内亮度不均，相差显微镜、微分干涉显微镜和荧光显微镜将无法使用，因此，对于多功能显微镜，使用之前必须将聚光器中心调到光路上。

普通显微镜有三大组件组成：光学显微放大组件、机械支撑组件和照明组件。光学放大组件由目镜和物镜组成；机械支撑组件由旋物器、镜臂、载物台、夹片夹、粗调螺旋、微调螺旋、镜座、聚光器升降按钮、聚光器调中螺丝组成；照明组件由光源、视场光阑、聚光器组成。

3. 实验准备

材料：载玻片、盖玻片、擦镜纸、香柏油、乙醇：乙醚=3：7、藻类或组织切片。

仪器：普通显微镜。

4. 实验方法及步骤

(1)显微镜观察前的调节

①目镜屈光度的调节。具体步骤如下：

a. 调节显微镜的亮度。首先接上显微镜电源，打开显微镜上的电源开关，按压显微镜上的电压调节按钮，使显微照明亮度适宜观察。

b. 放置标本。打开标本夹，将标本置于载物台上，缓慢放开标本夹，夹住标本。

c. 目镜屈光度的调节。转动旋物器，将10×物镜旋到标本的正上方，转动粗调螺旋使载物台升至最高，然后闭上左眼，睁开右眼，看右目镜里的视野，用粗调螺旋下降载物台至看到标本，再转动微调螺旋至标本清晰，然后睁开左眼，闭上右眼，看左目镜里的视野，此时如果标本清晰，就不要调节任何器件，如果标本不清晰，此时切记不要动粗、微调螺旋，而是旋转左目镜上的屈光度环，使标本清晰即可，至此，目镜屈光度的调节完成。

②眼间距的调节。双目镜屈光度调节完成后，双眼同时睁开看目镜里的标本，此时，如果标本没在一个视野里，就要推或拉左右双目镜，使两个视野合并一个视野即可，至此，显微镜目镜的屈光度和眼间距调节结束，不要再动目镜上的屈光度调节环和眼间距了，如果换人观察，需要重新调整目镜的屈光度和眼间距。

③聚光器中心调中。聚光器是显微镜照明组件的一部分，使用时，需将聚光器中心调到光轴上，这一过程称为聚光器中心调中。

认识聚光器结构：聚光器由上面的凸透镜和下面的孔径光阑组成，孔径光阑的大小由控制孔径光阑的柄进行调节。聚光器中心的调中：

a. 放置标本。打开标本夹，将标本置于载物台上，缓慢放开标本夹，夹住标本。

b. 标本调焦。转动旋物器，将10×物镜置于标本正上方，用粗调螺旋升高载物台至最高，边看目镜里面的视野，边用双手转动粗调螺旋，使载物台缓慢降低至看见标本，然后调节微螺旋，至标本清晰为止。

c. 孔径光阑像的调中。拔下目镜，边看镜筒里面的视野，边用手缩小孔状光阑，在视野中看见缩小的多边形孔径光阑的像，如果孔径光阑像不位于视野中心，转动聚光器两边的调中螺丝，使孔径光阑像的中心与视野中心重合，然后放大孔径光阑像至视野面积的70%为止，将目镜放回镜筒，至此，聚光器中心调试完成。

(2)观察

显微镜目镜的屈光度、眼间距和聚光器的中心调中完成，可直接进行10×物镜观察。如果10×物镜观察达不到要求，需改为高倍物镜和油镜进行观察。

①高倍物镜观察。转动旋物器，置20×物镜于标本的正上方，边看目镜里面的标本，边双手转动微调，使标本清晰；旋转旋物器，置40×物镜于标本的正上方，边看目镜里面

的标本，边双手转动微调，使标本清晰。

②油镜观察。转动旋物器旋出 40×物镜，使标本上方无物镜，在盖玻片上滴上镜头油，将 100×物镜旋进标本的正上方，边看目镜里面的标本，边双手旋转微调，使标本清晰。

③清洁和安置显微镜。油镜观察结束后，转动旋物器，将 100×物镜旋出，打开标本夹，拿走标本，再将 100×物镜转至载物台外面，用 3∶7 比例的乙醇与乙醚混合液将香柏油擦去，降低载物台，按压显微镜上的电压调节按钮，使电压降至最低，关闭显微镜电源，拔出显微镜外接头，收起电源线，将显微镜放回显微镜箱。

5. 注意事项

①为了更好地利用双目显微镜观察标本，观察前一定要根据使用者的情况进行眼间距调节和屈光度调节。

②多功能显微镜一定要调节聚光器的中心。

③手拿显微镜时，一定要一手托底，另一手拿着镜臂，绝不能仅用一手拎着显微镜镜臂晃动地拿着显微镜。

④油镜使用完后，一定用乙醇∶乙醚＝3∶7 混合液清洗 100×和 40×物镜，否则，影响下次观察。

实验 2　藻类细胞核的荧光观察

1. 实验目的

学习吖啶橙细胞核染色技术；学习罗丹明 B 细胞核染色技术。

2. 实验原理

用吖啶橙进行细胞核染色，正常活跃的圆形细胞核呈黄绿色，死亡的细胞核或受伤的细胞核呈橙红色且变形。可以用此方法研究外界因素对细胞的影响，从而确定外界因素是否对细胞有影响及影响的大小。

植物细胞核用罗丹明 B 染色后呈橘红色荧光，细胞质呈红色。两种荧光染料的染色都使用 B 激发滤光片作为激发光。

3. 实验准备

材料：载玻片、盖玻片、移液管、试管。

仪器：荧光显微镜、离心机。

试剂：吖啶橙染色液（用 pH 值 4.8～6.0 的 PBS 配制成含有吖啶橙 100 μg/mL 的染液）、罗丹明 B（用蒸馏水配制成 100 μg/mL 的水溶液，使用之前用含 13%的甘露醇溶液稀释 10 倍使用）、PBS 缓冲液。

4. 实验方法和步骤

①取 10 mL 植物细胞于试管中，加上 1 mL 的吖啶橙染色液，轻微混匀，3000 r/min 离心 10 min，去除上清液，再用 10 mL PSB 缓冲液冲洗，再离心 10 min，去除上清液，再被 10 mL PBS 缓冲液悬浮起来，取出一滴于载玻片上，盖上盖玻片，在 B 激发光下观察标本。

②取 10 mL 的植物细胞于试管中，加上 1 mL 罗丹明 B 染色液，轻微混匀，3000 r/min

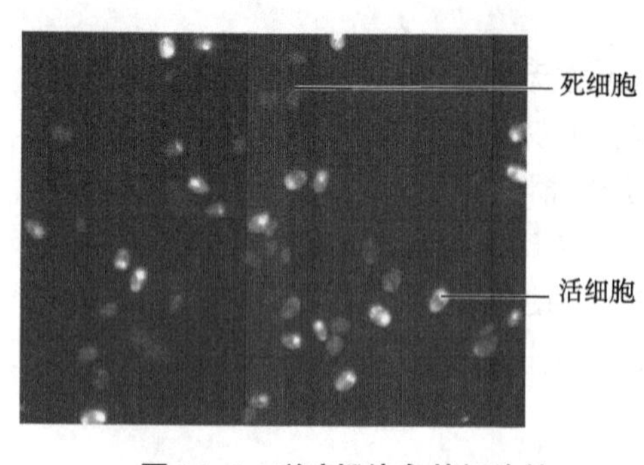

图 16-1　吖啶橙染色的细胞核

离心10 min，去除上清液，再用 10 mL PBS 缓冲液冲洗，再离心10 min，去除上清液，再用10 mL PBS 缓冲液悬浮，取出一滴于载玻片上，盖上盖玻片，在 B 激发光下观察标本(图 16-1)。

5. 注意事项

①吖啶橙不易溶于水，配制时，需要在配制的瓶里放上一截短铁丝，然后利用磁力搅拌器搅拌 1 h，过滤上清液作为染色剂使用，避光保存在 4℃的冰箱中。

②吖啶橙属于荧光染料，有一定的毒性，使用时要戴手套。

实验 3　利用吖啶橙-碘化丙啶双染色法检测死活细胞

1. 实验目的

学习吖啶橙(acridine orange，AO)和碘化丙啶(propidium iodide，PI)两种荧光染料鉴定死活细胞的方法。

2. 实验原理

吖啶橙和溴化乙锭(ethidium bromide，EB)及碘化丙啶都是染色细胞内核酸的荧光染料，吖啶橙能快速与脂质结合，并能通过细胞膜脂质双层，进入活细胞，因而可以标记活细胞，激发后显绿色荧光。溴化乙锭能与 DNA 结合，但不能通过完整的细胞膜，只能进入细胞膜已破损的细胞与 DNA 结合，因而可以标记细胞膜破损了的死细胞而对活细胞不染色，激发后显红色荧光。碘化丙啶是另一种荧光染料，毒性较小，与溴化乙锭有类似的细胞染色特点，即只能进入细胞膜破损的死细胞(或者以冷酒精固定增加通透性的细胞)，进入细胞后与 DNA 快速结合。碘化丙啶的最大激光波长为 490 nm，可以与吖啶橙、溴化乙锭在同一波长下激发，激发后显红色荧光，是目前流式细胞仪检测中的常用染料，用于死细胞判别、凋亡细胞检测、细胞周期检测等。因此我们以碘化丙啶替代溴化乙锭，用于检测死、活细胞。细胞经吖啶橙-碘化丙啶染色后荧光镜下观察，可以清晰分辨死活细胞，荧光色泽、荧光强度与吖啶橙-溴化乙锭染色细胞均相似。

3. 实验准备

材料：淋巴细胞分离液(上海试剂二厂产品)、吖啶橙、碘化丙啶、兔子。

仪器：荧光显微镜、试管、离心机，以及 5 mL、100 μL 规格的移液枪和枪头。

试剂：吖啶橙-碘化丙啶液(5 mg 碘化丙啶溶解于 49 mL PBS 中，1.5 mg AO 溶解于 1 mL 乙醇中，将二者混匀，56℃水浴 30 min，-20℃储存备用)。

4. 实验方法和步骤

(1) 淋巴细胞分离

由兔供体获取抗凝外周血 3 mL，经淋巴细胞分离液密度梯度离心(1500 r/min，

20℃)，20 min，获得界面细胞，以生理盐水洗 1 次，调整细胞浓度至 2×10^9 个/L，用作待检淋巴细胞。

(2) 染色

取一试管(0. 5 mL Eppendorf 管)，加淋巴细胞悬液 5 μL，混匀，室温孵育 30 min 后，加入吖啶橙-碘化丙啶液 35 μL，混匀。

(3) 结果观察

从试管中取样 20 μL，滴加于载玻片上，加盖玻片，在荧光显微镜下观察，激发光波长为 450~490 nm，死细胞呈红色，活细胞呈绿色(图 16-2)。

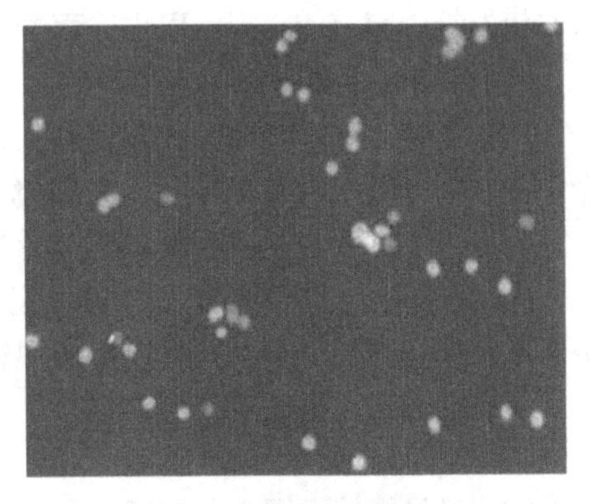

图 16-2　兔血淋巴细胞的吖啶橙-碘化丙啶荧光染色(朱学军等，2001)

5. 注意事项

①荧光显微镜观察时，注意短波长的紫外线对人眼的伤害。

②遵循荧光显微镜使用要点，一定不要在荧光灯打开的 15 min 内关闭荧光灯，也不要在荧光灯关闭的 15 min 内再次打开荧光灯。

③遵循荧光标本制作的注意事项。

实验 4　刺参体腔细胞滴片的间接免疫荧光

1. 实验目的

掌握细胞滴片的间接免疫荧光的原理和操作技术，并以此技术检测细胞中相应的抗原。

2. 实验原理

间接免疫荧光是将抗原结合在固相载体上，加入抗该抗原的抗体，抗体在固相载体上与抗原结合，形成抗原-抗体复合物，再加入荧光标记的抗体，与复合物结合形成荧光抗体-抗体-抗原复合物。用荧光显微镜观察，根据荧光信号的分布对细胞标本中的某些抗原进行定性、定位研究。

3. 实验准备

材料：刺参、PBS 缓冲液、移液枪及枪头、载玻片等。

仪器：37℃恒温箱、湿盒、计时器、荧光显微镜、离心机、注射器等。

试剂：0. 01 mol/L 磷酸缓冲液(PBS，1 L)：NaCl 8 g，$Na_2HPO_4\cdot12H_2O$ 2. 9 g，KH_2PO_4 0. 2 g，KCl 0. 2 g，pH 7. 4；抗凝剂(1 L)：葡萄糖 20. 8 g，柠檬酸钠 8 g，EDTA 3. 36 g，NaCl 22. 5 g pH 7. 5；抗刺参体腔细胞的单克隆抗体和骨髓瘤细胞的培养上清(可用 PBS 代替)；异硫氰酸荧光素(FITC)标记的羊抗鼠 Ig 抗体；封片剂(甘油：水=9：1)；丙酮。

4. 实验方法和步骤

(1) 细胞滴片的制备

用 1 mL 无菌注射器从刺参背部插入体腔内抽取体腔液，与抗凝剂 1：1 混合，在 800 g

下，离心 20 min，去除上清液。用 0.01 mol/L PBS 将沉淀细胞重悬、打散，制成单细胞悬液，调整细胞浓度至 10^6 个/mL。用移液枪吸取 20 μL 滴于洁净载玻片上，放入湿盒中于 37℃恒温箱中孵育 45 min，取出，丙酮固定 15 min，−20℃保存备用。

(2) 间接免疫荧光

①取制备好的细胞滴片样品，滴加抗刺参体腔细胞的单克隆抗体 30～50 μL，放入湿盒中于 37℃恒温箱中孵育 45 min，骨髓瘤细胞培养上清作为阴性对照。

②取出，用 0.01 mol/L PBS 洗涤 3 次，每次 5 min。

③滴加异硫氰酸荧光素(FITC)标记的羊抗鼠抗体 20 μL(根据抗体滴度用 PBS 进行一定倍数稀释)；放入湿盒中于 37 ℃恒温箱中孵育 45 min。

④PBS 洗涤 3 次，每次 5 min。

⑤用封片剂封片。

⑥荧光显微镜下观察和拍照(图 16-3)。

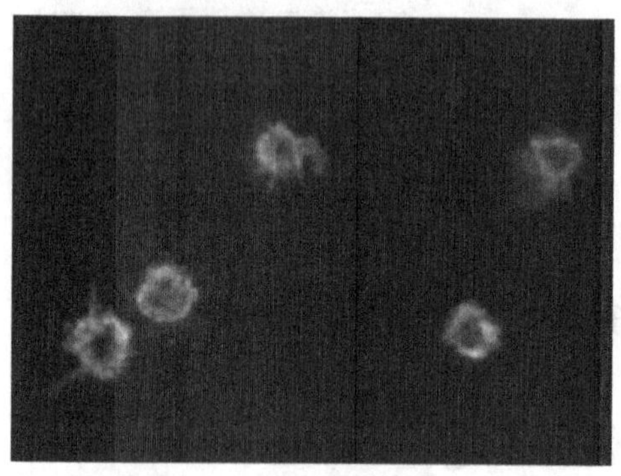

(a) 阳性结果

(b) 阴性结果

图 16-3　刺参体腔细胞免疫滴片结果

(3) 结果判定

荧光显微镜下细胞表面呈现绿色荧光信号即为阳性结果，没有绿色荧光信号，表明无特定的抗原。

5. 注意事项

①滴加抗体时，应使抗体完全覆盖样品。

②湿盒的湿度要掌握好，以免在孵育过程中出现细胞样品液体干涸。

③稀释好的荧光抗体要在遮光、低温条件放置，最好在用前 5 min 稀释。

④封片时应防止出现气泡，以免影响结果观察。

实验 5　细菌滴片的间接免疫荧光

1. 实验目的

掌握细菌滴片间接免疫荧光的原理和操作技术，并以此技术进行细菌的检测。

2. 实验原理

间接免疫荧光是将抗原结合在固相载体上，加入抗该抗原的抗体。抗体在固相载体上与抗原结合，形成抗原–抗体复合物，再加入荧光标记的抗体，与复合物结合形成荧光抗体–抗体–抗原复合物。在荧光显微镜下观察，根据荧光信号的有无和强弱，检测特定菌株。

3. 实验准备

材料：细菌、PBS 缓冲液、载玻片、湿盒、移液枪及枪头等。

仪器：37℃恒温箱，荧光显微镜、计时器等。

试剂：0.01 mol/L 磷酸缓冲液(PBS，1 L)：NaCl 8 g，$Na_2HPO_4 \cdot 12H_2O$ 2.9 g，KH_2PO_4 0.2 g，KCl 0.2 g，pH 7.4；抗相应细菌的单克隆抗体和骨髓瘤细胞的培养上清液(可用 PBS 代替)；异硫氰酸荧光素(FITC)标记的羊抗鼠 Ig 抗体；封片剂(甘油：水=9：1)；丙酮。

4. 实验方法和步骤

(1) 细菌滴片的制备

用 PBS 制备的细菌悬液(5×10^8个/mL)，取 20 μL 滴到干净的载玻片上，湿盒内 37℃孵育 45 min。取出，丙酮固定 15 min，−20℃保存备用。

(2) 间接免疫荧光

①取制备好的细菌滴片样品，滴加抗该细菌的单克隆抗体 30～50 μL，放入湿盒中于 37℃恒温箱中孵育 45 min，骨髓瘤细胞培养上清液作为阴性对照。

②取出，用 0.01 mol/L PBS 洗涤 3 次，每次 5 min。

③滴加异硫氰酸荧光素(FITC)标记的羊抗鼠抗体 20 μL(根据抗体滴度用 PBS 进行一定倍数稀释)，放入湿盒中于 37℃恒温箱中孵育 45 min。

④PBS 洗涤 3 次，每次 5 min。

⑤用封片剂封片。

⑥荧光显微镜下观察并照相(图 16–4)。

(3) 结果判定

荧光显微镜下观察到黄绿色细菌形态的颗粒即为阳性结果，没有黄绿色的颗粒为阴性结果。

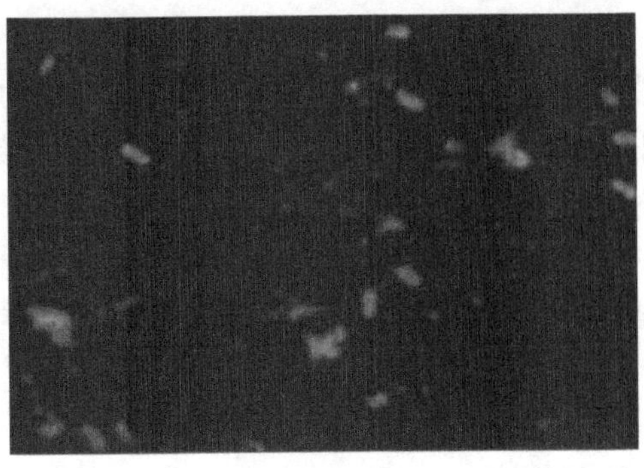
(a) 阳性结果

(b) 阴性结果

图 16–4　细菌间接免疫滴片结果

5. 注意事项

①滴加抗体时，应使抗体完全覆盖样品。

②湿盒的湿度要掌握好，以免在孵育过程中出现细菌样品上液体干涸。

③稀释好的荧光抗体要在遮光、低温条件放置，最好在用前 5 min 稀释。

④荧光观察时要迅速，长时间激发荧光，荧光信号容易淬灭。

⑤封片时应防止出现气泡，以免影响结果观察。

实验 6　水中细菌总数的荧光计数方法（AODC 法）

1. 实验目的

了解利用荧光显微镜计数水中细菌总数的基本原理；掌握利用荧光显微镜计数水中细菌总数的方法。

2. 实验原理

利用普通光学显微镜难以分辨细菌与水中其他微小颗粒，利用血球计数板法计数水中总菌准确性不高。细菌细胞内 DNA 和 RNA 被荧光染料染色后，在荧光显微镜下，经一定波长激发光激发后，细菌整体产生均一的红色或绿色荧光，而真核生物细胞核和细胞质发出明显不同的荧光，无机微小颗粒不发荧光或发出不规则的荧光。荧光显微镜计数水中细菌总数的基本方法：选取适当稀释度的样品，经吖啶橙染色后，用黑色聚碳酸酯微孔滤膜过滤，在荧光显微镜下观察截留在黑色背景滤膜上的细菌，可见细菌发绿色或红色荧光，由此可直接记数细菌个数。

3. 实验准备

材料：9 mL 无颗粒纯水、黑色聚碳酸酯微孔滤膜（直径 25 mm、孔径 0.2 μm）、醋酸纤维微孔滤膜（直径 25 mm、孔径 0.45 μm 和 0.2 μm）、吖啶橙、吐温-80、无荧光镜头油、擦镜纸、二甲苯、乙醇：乙醚=3：7。

仪器：荧光显微镜、真空泵、载玻片、盖玻片、抽滤瓶、玻璃采水瓶、稀释用移液器、注射器。

试剂：实验所需试剂及配置方法如下：

①1 g/L 吖啶橙染色液。称取 1 g 吖啶橙染料溶解于 1000 mL 水中，经 0.2 μm 的醋酸纤维微孔滤膜过滤，以除去染料中不溶颗粒和细菌。该染色液可于冰箱（4℃）中保存数周。每次使用时应检查该染色液是否染菌，若有染菌，应重新过滤方可使用。

②无颗粒纯水。双蒸水经 0.22 μm 醋酸纤维微孔滤膜过滤 2 次。

③40%无颗粒甲醛溶液。经 0.22 μm 醋酸纤维微孔滤膜过滤待用，用于固定水样品中的细菌，加入水样后的最终浓度为 2%。

④吐温-80 溶液。1：2000，称取吐温-80 1 mL，溶于 2000 mL 无颗粒纯水。

⑤黑色 0.22 μm 的聚碳酸酯滤膜（不可选用白色的）。

4. 实验方法和步骤

(1) 实验装置

实验装置如图 16-5 所示。

①真空抽滤泵；②三通管(控制过滤膜的压力)；③控制阀(控制过滤流速)；④放置聚碳酸酯滤膜，过滤细菌的滤器；⑤过滤器(过滤无颗粒纯水)。

(2) 样品采集

玻璃采水瓶先用自来水、蒸馏水清洗干净，干燥后，用 70%的乙醇溶液漂洗，干燥后，待用。取 9.5 mL 水样，采样后立即用无菌注射器(或无菌试管)加入 40%的无颗粒甲醛 0.5 mL 固定，混匀置冰箱中保存，样品在 2 周内分析完毕，若现场分析，可不必加入甲醛溶液固定。

(3) 测定步骤

①过滤器冲洗。用无颗粒纯水冲洗过滤器上部和放置滤膜的过滤器下部表面。

②滤膜安装。取走过滤器上半部，将直径25 mm、孔径 0.45 μm 的醋酸纤维微孔滤膜安装在过滤器支架上，再将直径 25 mm、孔径 0.22 μm 的黑色聚碳酸酯微孔滤膜(滤膜光面朝上)放在 0.45 μm 醋酸纤维微孔滤膜上面，在聚碳酸酯微孔滤膜的上面，安装好过滤器的上半部，使黑色滤膜平整，不要出现褶皱，用夹子夹紧，使滤器处于水平状态。

③样品稀释。将采集的样品用无颗粒纯水按 10 倍稀释法进行稀释，稀释至样品中的细菌数在每个视野中含 20~30 个。

④细菌染色及过滤。选取适当稀释度的样品，取 1 mL 吖啶橙染色液放于 9 mL 稀释样品中(或取 0.5 mL 吖啶橙放于 4.5 mL 的稀释样中)，摇匀样品，染色 3 min，在一定压力下抽滤染色样品至液体表面距滤膜 2 mm，然后用无菌水冲洗染色瓶后，倒入过滤器中，染色瓶被冲洗 3 次，将每次的洗液倒入抽滤瓶内，将最后一次洗液抽滤至干，每个样品过滤大约 20 min，不要太快，否则细菌易陷入滤膜内。

⑤计数。取下过滤器的上半部，用小镊子夹住微孔滤膜的边缘，取下聚碳酸酯微孔滤膜，注意不要碰到滤膜细菌部分，放于洁净的载玻片上，在滤膜上滴一滴无荧光镜头油，盖上用 75%的乙醇溶液洗过的洁净盖玻片，放于 100 倍的荧光物镜下计数(图 16-6)，随机计数 15 个视野，取平均值。

图 16-5　自制细菌过滤简易装置

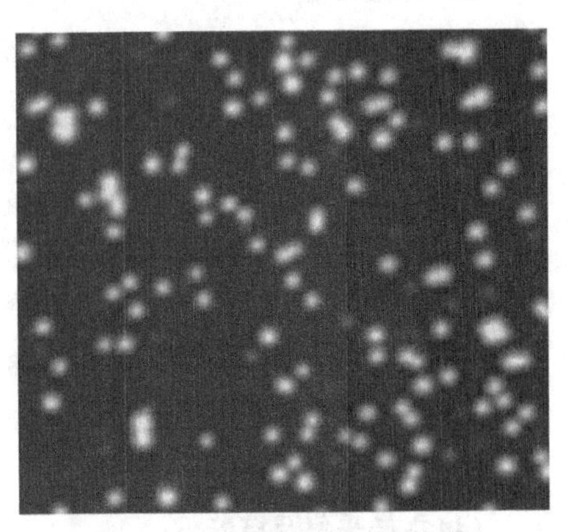

图 16-6　吖啶橙染色的总细菌

水样中细菌的数量：y(个/mL)＝($x_1+x_2+x_3+x_n\cdots\cdots+x_{15}$)×滤膜的过滤面积×稀释倍数/(15×视野面积×过滤体积)，x_n 为视野中细菌的数量。

5. 注意事项

①冲洗最后一遍的滤膜，应将滤膜上的水抽干，将滤膜表面上的水尽量去除，否则影响荧光观察。

②滴加无荧光镜头油一定要少量，油放多后，难以看清细菌。

③过滤结束后，应放开三通管的进气口，否则造成滤液倒流，造成仪器损坏。

④样品固定之前最好用吐温-80 加入样品中，在旋涡振荡器上将粘在一起的细菌振荡分散开后，再进行固定。

⑤滤膜染色后，应放在 4℃ 的冰箱中，防止荧光淬灭，或立即观察计数。

实验 7　水及沉积物中活菌荧光计数方法

1. 实验目的

了解利用荧光显微镜计数水中活菌的基本原理；掌握利用荧光显微镜计数水或沉积物中活菌的方法。

2. 实验原理

水或沉积物中的活菌数量的测定通常采用平板涂布法或稀释法，由于平板涂布法或稀释法采用的培养基，不可能包含各种环境条件下细菌生长所需的所有营养要素，因此，环境中很多细菌(90%～99%)不能在有限营养要素的培养基上生长，在培养基上也看不到其长成的菌落，因此，在培养基上长出的菌落仅代表环境中的一小部分细菌。用培养基培养的细菌数量可以用来比较同一环境下细菌数量的差异，而对于比较不同环境条件下的细菌数量存在一定问题。DVC 法的原理是利用萘啶酮酸抑制细菌 DNA 的复制，但不影响细胞中其他合成途径的继续运转，在一定浓度营养物存在下，菌体伸长、变大，经过荧光染色，可以很容易对其进行计数。

3. 实验准备

材料：9 mL 无颗粒纯水、黑色聚碳酸酯微孔滤膜(直径 25 mm、孔径 0. 22 μm)、醋酸纤维微孔滤膜(直径 25 mm、孔径 0. 45 μm 和 0. 22 μm)、吖啶橙、无荧光镜头油、擦镜纸、二甲苯、乙醇：乙醚＝3：7、吐温-80。

仪器：荧光显微镜、真空泵、抽滤瓶、玻璃采水瓶、稀释用移液器、三角瓶、恒温培养箱。

试剂：1 g/L 吖啶橙染色液、无颗粒纯水、40%无颗粒甲醛溶液与第 16 章实验 6 相同；0. 025 g/L 酵母膏(称取 2. 5 g 酵母膏溶于 100 mL 无颗粒纯水中，121 ℃下灭菌 20 min，待用)、0. 002 g/mL 萘啶酮酸(称取 0. 2 g 萘啶酮酸溶于 100 mL 0. 1 mol/L 的氢氧化钠溶液中，4 ℃下冰箱保存待用)。

4. 实验方法和步骤

(1) 水样采集及培养

先将水样采集瓶用无颗粒纯水清洗干净，再用 75%的乙醇溶液漂洗，然后将水样采集瓶放到水样采集深度，采出水样后，经过孔径 3 μm 的针头式过滤器收集 48.5 mL 水样，放入经过无颗粒纯水和 75%的乙醇溶液消毒的三角瓶中，加入吐温-80(1 : 2000)0.5 mL，摇匀，再加入最终浓度为 0.025%的酵母膏(加入 0.025 g/mL 的酵母膏 0.5 mL)和 0.002%的萘啶酮酸(加入 0.002 g/mL 的萘啶酮酸 0.5 mL)，再次摇匀，将摇匀的三角瓶放于 20℃的恒温培养箱中，准确培养 6 h 后，立即拿出，加入最终浓度为 2%的无颗粒甲醛溶液，摇匀，放于 4℃的冰箱中保存，在 2 周之内按细菌总数方法测定那些长大变粗的细菌，即为活菌。

(2)沉积物采集与培养

通常采用管式采泥器采集池塘中沉积物，将采集上来的沉积物，根据测定深度要求，采集相应深度的沉积物样品，采集管中间沉积物 10 g，放入 90 mL 无菌水中，加入吐温-80(1 : 2000)1 mL，摇匀振荡 20 min，静止，待沉淀。然后用孔径3 μm针头式滤器过滤 48.5 mL 上清液，再加入最终浓度为 0.025%的酵母膏和 0.025%的萘啶酮酸各 0.5 mL，摇匀，于 20℃恒温震荡培养箱中培养 6 h 后，取出，立即加入最终浓度为 2%的无颗粒甲醛固定，放于 4℃的冰箱中保存，在 2 周之内按细菌总数方法测定那些长大变粗的细菌，即为活菌(图 16-7)。

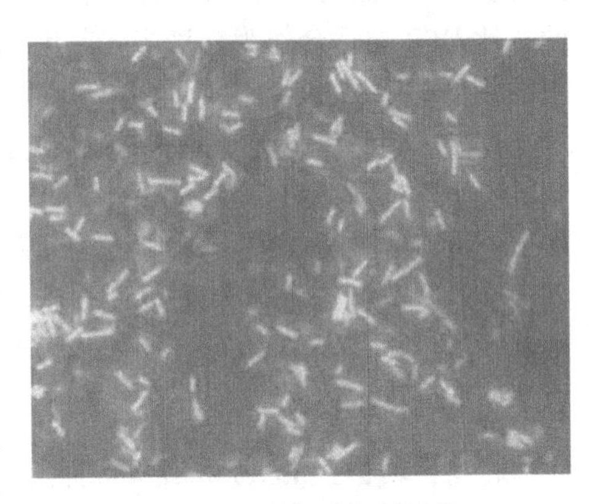

图 16-7　吖啶橙染色的活菌

(3)细菌染色、计数

细菌染色和计数方法与荧光显微镜计数水样中细菌总数方法相同(见第 16 章实验 6)。

5. 注意事项

①活菌计数的准确与否与萘啶酮酸用量和水中有机质含量有较大的关系，当水中有机质含量较高时，萘啶酮酸用量稍大一些较好，因此，根据不同水质，正式实验之前需进行预实验，以确定该水样的最佳萘啶酮酸用量。

②计数时一定要统计那些明显长大变粗、橘红色的细菌。

③沉积物样品应要按照 10 倍稀释法进行稀释，取上清液培养细菌，不能直接利用沉积物培养细菌，由于沉积物中营养和环境的复杂性，影响细菌长大变粗。

④培养细菌的时间一定准确 6 h，时间过短，细菌长得不够粗大，时间过长，萘啶酮酸的效果丧失，细菌会分裂，造成统计结果不准确。

实验 8　绵羊成肌细胞的荧光观察

1. 实验目的

掌握增强绿色荧光蛋白(EGFP)和 DAPI 荧光染色观察方法。

2. 实验原理

DNA 携带有合成 RNA 和蛋白质所必需的遗传信息，是生物体发育和正常运作必不可少的生物大分子。而将某种 DNA 目标片段重组到质粒 DNA 中，构成重组基因或重组体，然后将这种重组体经微生物的转化技术，转入受体细胞中，可以改变寄主细胞原有的性状或产生新的物质。

EGFP 是 GFP 突变系。GFP 是一类存在于包括水母、水螅和珊瑚等腔肠动物体内的生物发光蛋白，其激发波长为 488 nm，并在约 507 nm 处有一个发射峰，当受到紫外线或蓝光激发时发射绿色荧光，它的独特之处在于它可直接产生荧光而无须荧光染色，发色团是由其蛋白质一级序列的氨基酸残基组成。水母的绿色荧光蛋白很稳定，无种属限制，已在多种动植物细胞中成功表达并产生荧光。EGFP 发射的荧光强度比 GFP 大 6 倍以上，因此，比 GFP 更适合作为一种报告基因来研究基因表达、调控，以及细胞分化及蛋白质在生物体内的定位和转运。

DAPI(4',6-二脒基-2-苯基吲哚)是一种能够与 DNA 强力结合的荧光染料，它结合到双链 DNA 小沟的 AT 碱基对处，一个 DAPI 分子可以占据 3 个碱基对的位置。结合到双链 DNA 上的 DAPI 分子的荧光强度大约提高 20 倍，常用于荧光显微观察，显微镜下可以看到显蓝色荧光的细胞。另外，由于 DAPI 可以透过完整的细胞膜，故可用于活细胞和固定细胞的染色。DAPI 与双链 DNA 结合时，激发光波长为 364 nm，最大发射波长为 454 nm。

3. 实验准备

材料：转染过 EGFP 的绵羊成肌细胞。

仪器：荧光显微镜、移液枪和枪头、手套、细胞培养皿、烧杯，药匙、称量纸、玻璃棒、离心管、滤器。

试剂：实验所需试剂及配置方法如下。

(1) PBS 溶液

KCl	0.1 g
KH_2PO_4	0.1 g
NaCl	4.0 g
Na_2HPO_4	0.58 g

将上述称量好的药品倒入 500 mL 烧杯中，加入 495 mL 灭菌的超纯水，搅拌混匀，用 0.22 μm 滤器过滤杀菌，以一滴一滴流下为宜，灭菌后冷却至室温后贴上封口膜，贮存于 4℃冰箱备用。

(2) DAPI 溶液

将 DAPI 分装保存于 1.5 mL 的离心管中，用锡箔纸包起来储存于-20℃冰箱备用。

4. 实验方法和步骤

①将转染过 EGFP 的绵羊成肌细胞从培养箱取出，弃掉培养液，用 PBS 清洗 2~3 次，加 4%多聚甲醛固定 5 min 左右。

②弃去固定液，用 PBS 清洗 2~3 次，加入适量 DAPI 染色液(覆盖住样品即可)，室温避光染色 10 min 左右。

③弃去染色液，用 PBS 清洗 2~3 次，用荧光显微镜观察。

④打开荧光显微镜灯，预热 15 min，使灯光达到最亮。

⑤从培养皿中取出单细胞，放在载玻片上，置于物镜下，在低倍镜下找到视野，并在高倍镜下调好焦距进行观察和拍照。阻断光源光，将激发滤光片、吸收滤光片和光束分离器组块中的蓝光 B 置于光路上，移走阻断光源光的器件，可以观察到 EGFP 的绿光；将滤光片 U 激发光组件置于光路上，可以观察于 DAPI 的蓝光(图 16-8)。拍照时需要注意避光。

5. 注意事项

①不能用眼睛观察未加装滤光片的显微镜物镜镜头，以免引起眼睛的损伤。

②高压汞灯使用前需要提前 15 min 打开，关闭后不能立即重新打开，需经 15~30 min 后才能再启动，否则灯的亮度会不稳定，而且影响汞灯寿命。

③染色过程中和观察、拍照时需要避光。

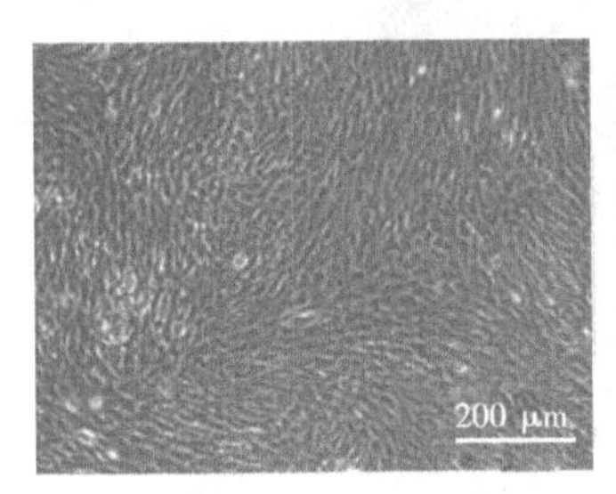

(a) 普通显微镜明视野图像

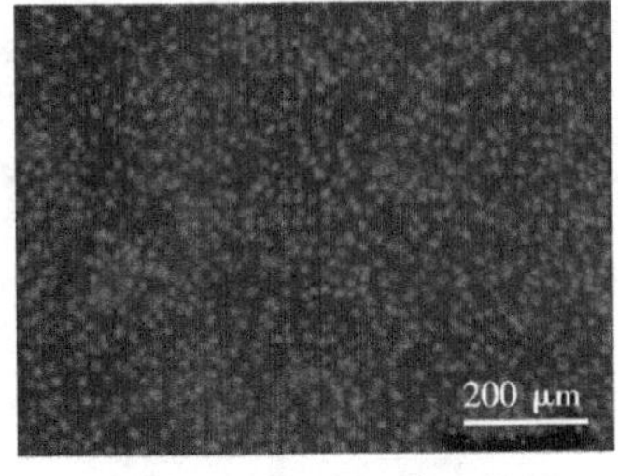

(b) DAPI染色的荧光观察图像

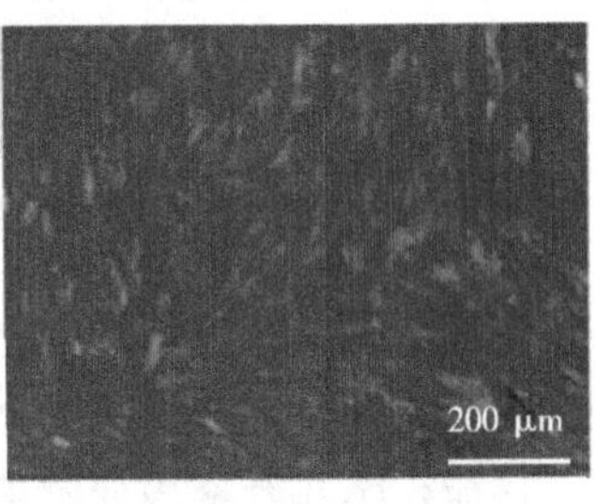

(c) EGFP荧光染色图像

图 16-8　绵羊成肌细胞的普通光学显微镜和荧光显微镜观察(100×)

(Wang，2022)

实验 9　激光共聚焦显微镜的使用

1. 实验目的

了解激光共聚焦显微镜的结构组成；学习激光共聚焦显微镜的操作使用及标本观察；掌握激光共聚焦显微镜拍照的基本技能。

2. 实验原理

(1) 激光共聚焦显微镜的成像原理

激光共聚焦显微镜是对荧光显微镜观察方法的改进，它是在荧光显微镜的基础上，使用激光作为光源，结合光学共聚焦原理，采用点照明和点聚焦的方式，逐点扫描样本，使用感光灵敏度极高的光电倍增管采集光信号并转为数字图像在计算机显示屏上显示。

(2) 仪器结构

激光共聚焦显微镜品牌种类不一，其具体形态和组件位置可能不同，但其基本构造和原理相同。Leica TCS SP8 共聚焦显微系统外观及结构如图 16-9 所示。激光共聚焦显微镜由光学显微镜、扫描装置、激光光源和检测系统 4 部分组成，由计算机控制，各部件之间的操作均可在计算机操作平台界面中进行。

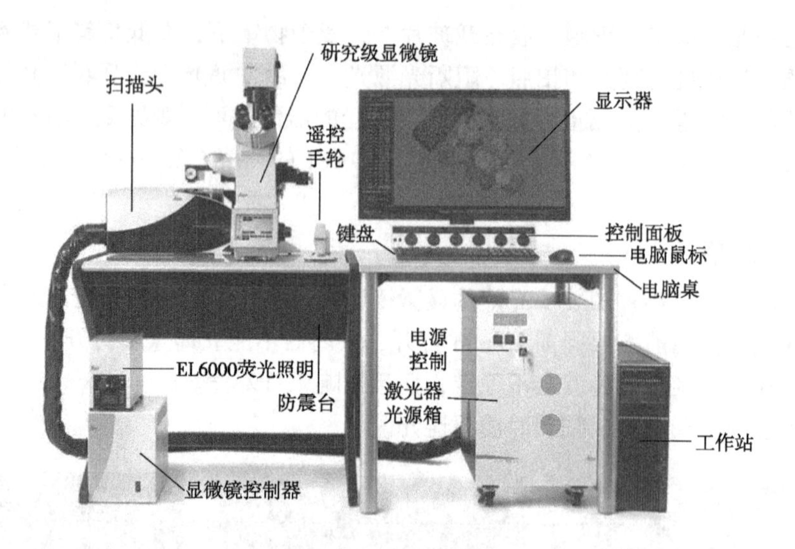

图 16-9 Leica TCS SP8 共聚焦显微系统组成

3. 实验准备

材料：带有防淬灭效果的封片剂制作的永久标本。

仪器：激光共聚焦显微镜。

4. 实验方法和步骤

以 Leica TCS SP8 为例介绍激光共聚焦显微镜的操作，步骤如下：

①开机。依次打开显微镜电源、计算机电源、扫描装置电源、激光电源、光闸和荧光光源(图 16-10)。

②光镜下寻找目标(自发荧光标本)。在光学显微镜前方的触摸屏(图 16-11)上调节合适的放大倍数(图 16-11)，然后用调焦旋钮聚焦。若为染色标本则不能使用明场观察，应

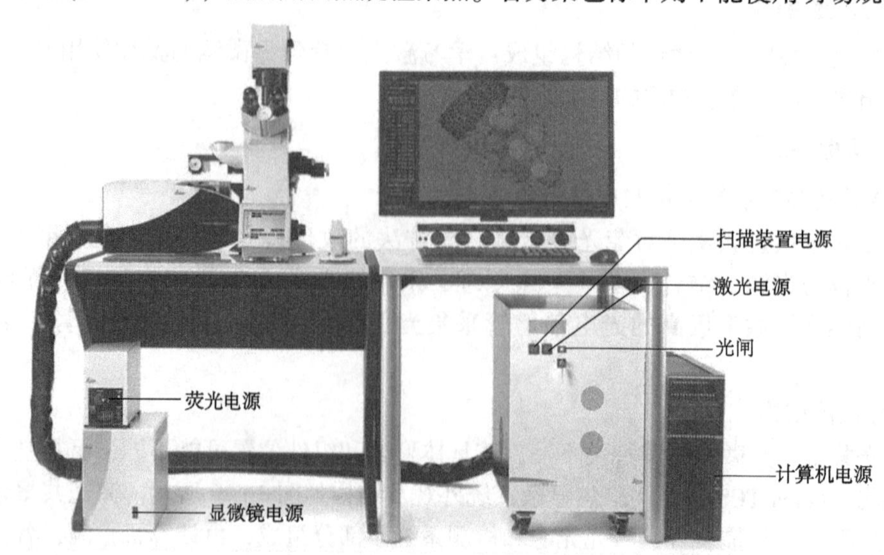

图 16-10 Leica TCS SP8 共聚焦显微镜

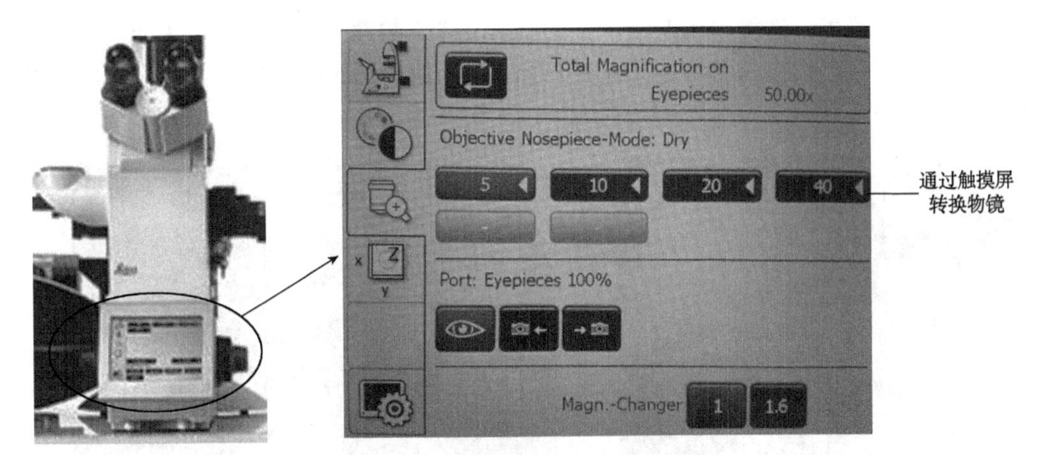

图 16-11　触摸屏放大倍率设置界面

直接到荧光观察下寻找目标。

③荧光条件下聚焦目标。在光学显微镜前方的触摸屏上点击“FLOU”转换至荧光观察，点击“IL-Shutter”，打开光闸(图 16-12)，在荧光条件下调节焦距，使目标清晰。分别切换至不同波段观察荧光效果，明确样本观察的通道，然后点击“IL-Shutter”，关闭光闸。

④激光观察。计算机上打开共聚焦操作软件 LAS X，打开激光管的开关(图 16-13)，

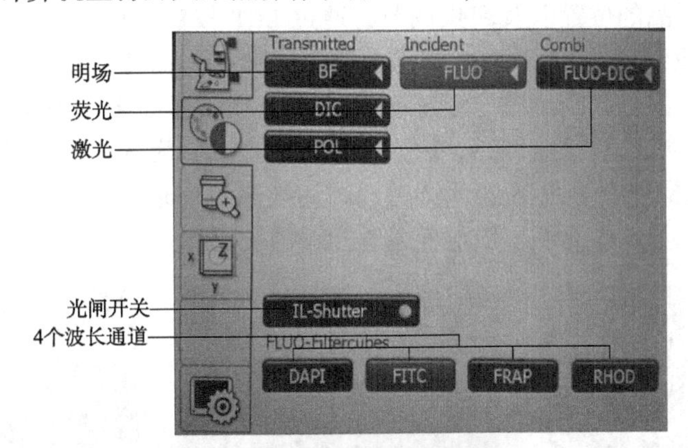

图 16-12　触摸屏观察方法设置界面

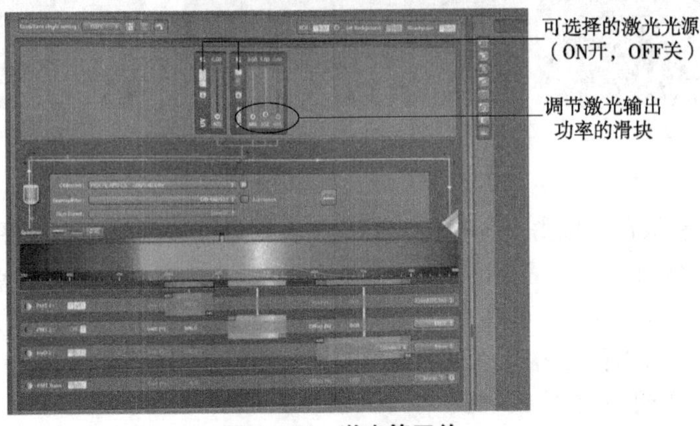

图 16-13　激光管开关

调用已有的光路设置：选择“Load/Save single setting”下拉菜单(图 16-14)中已有的设置，找到 3 个波段对应激发波长名称，并在激光管调节区域分别匹配 3 个波段对应的检测波段名称(图 16-15)。

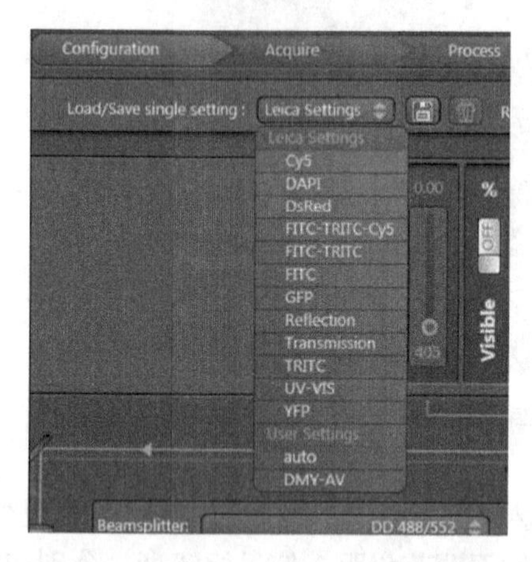

图 16-14　“Load Save single setting”下拉菜单

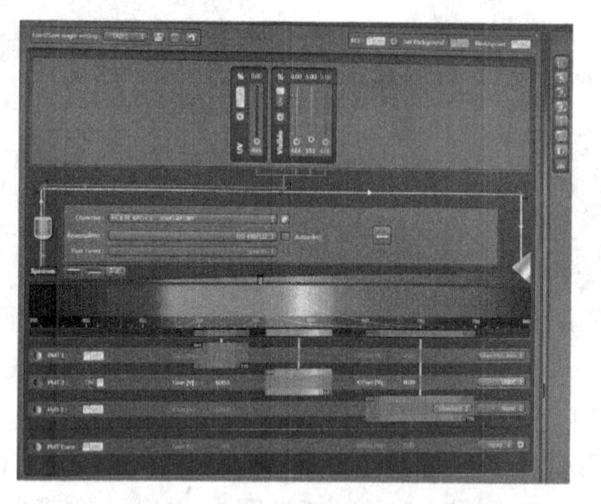

图 16-15　匹配检测通道与光路通道

⑤图像优化。点击“Live”浏览模式，在观察窗口预览样本的激光共聚焦图像。利用桌面遥控手轮移动样品的位置以及聚焦调节，通过 LUT 按钮观察图像的曝光程度以及效果(图 16-16)，一般图像在 Glow 模式下部分信号呈蓝色，而背景呈绿色，即为最佳效果。预览应达到以下目的：找到最适合观察的焦平面且使图像亮度动态范围达到最佳。点击“Stop”暂停预览(锁定)，预览开始，激光开始照射样品，为减少对样品的伤害(激发荧光的淬灭)，应快速操作，尽量减少预览时间。切换至下一通道(波段)，此时不必再次聚焦，只需调节曝光量。如此逐一锁定各通道(波段)的图像。

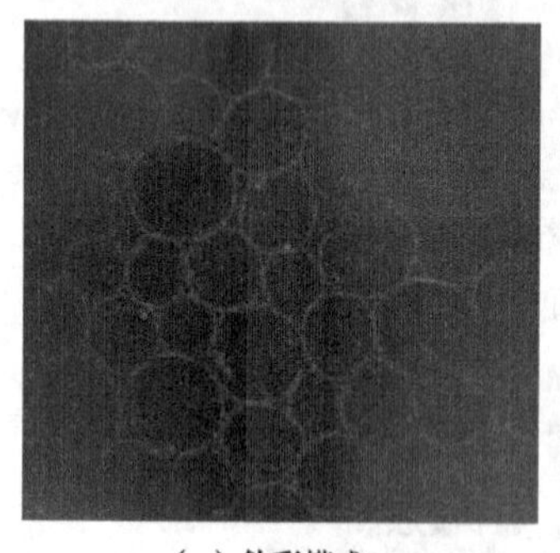

(a) 伪彩模式

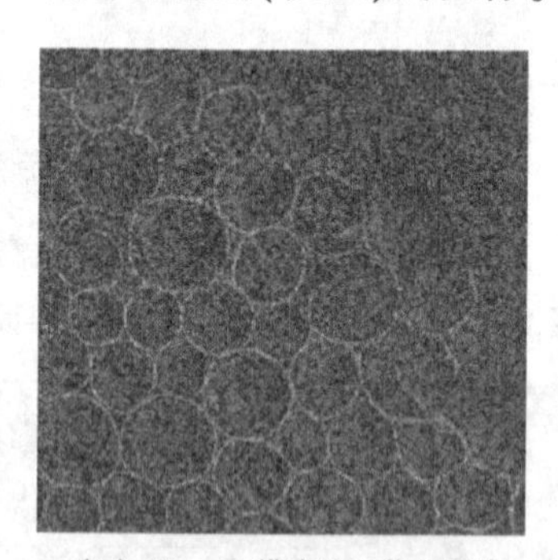

(b) Glow OU模式用于优化图像

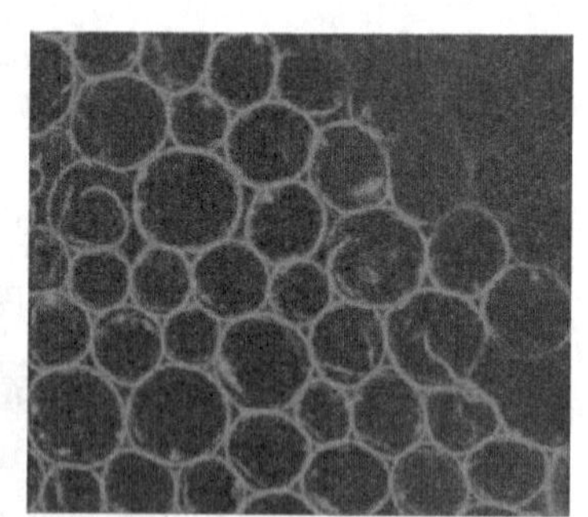

(c) Glow OU模式图像已优化

图 16-16　图像曝光程度及效果

⑥图像采集和保存。单击“Start”按钮进行图像采集，点击软件导出图片，保存至指定位置。“Acquire”的“Experiment”下显示采集的所有图像文件名称，右键点击图像文件名，选择“Export”进行图像输出，可输出成图片格式(. tiff 或 . jpeg)(图 16-17)。既可以保存单个通道的图片，也可以保存各通道图片叠加的组合图，还可给图片添加标尺，点击“Save”可将图像输出至指定路径(图 16-18、图 16-19)。

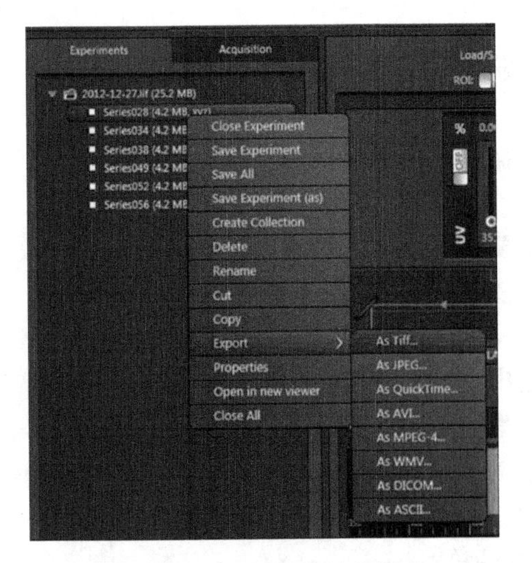

图 16-17　选择图片输出格式

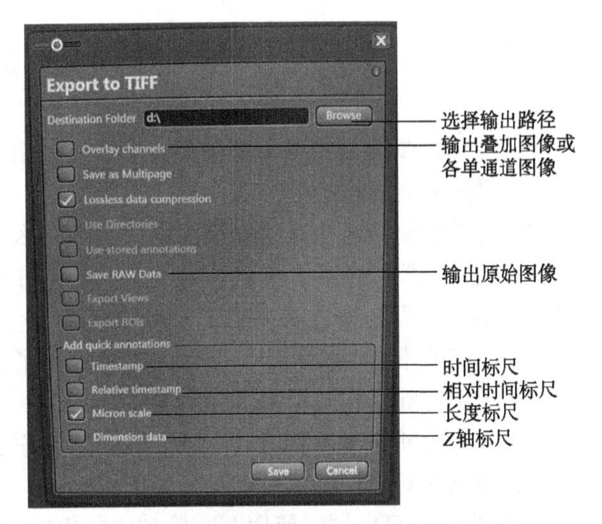

图 16-18　保存图像

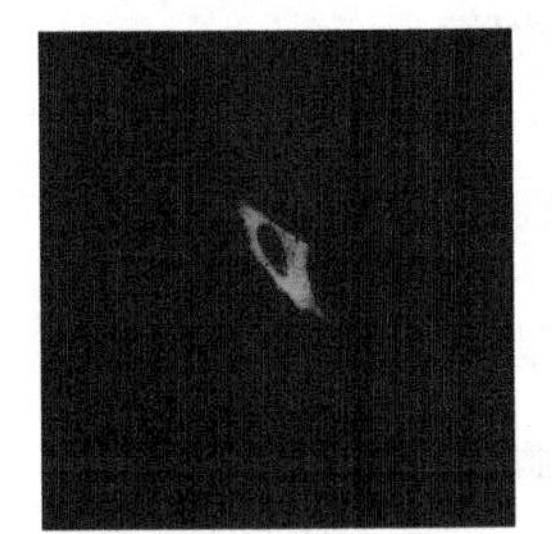
（a）染料：Alexa Flour 594，波长：552 nm

（b）染料：GFP，波长：488 nm

（c）DAPI，波长：405 nm

（d）3个通道的合成图

图 16-19　斑马鱼尾鳍原代细胞共聚焦图像

⑦关机。完成保存已采集的图像，在 LAS AF 软件“Configuration”→“Laser Config”界面关闭所有激光(图 16-13)。关闭 LAS AF 软件。若使用过油镜，需用无水乙醚与无水乙醇混合液(体积比 7∶3)或无水乙醇清洁镜头。将显微镜的物镜调节至 40 倍以下，随后分别依次关闭：荧光光源、激光光源、扫描装置电源、计算机电源、显微镜电源。

⑧整理。将桌面收拾干净整洁，标本放回指定位置。

5. 注意事项

①为保护激光光源荧光光源，延长使用寿命，不应频繁开关机，仪器开启后 30 min 内不关闭，仪器关闭后 30 min 内不开启。

②使用结束时，务必先在软件上点击关闭激光管，再关闭操作软件及系统的电源。

③染色样品(与荧光显微镜标本染色要求一致)必须遮光，且不能使用明场观察，应直接使用荧光观察寻找目标。

④共聚焦显微镜光学系统为倒置显微镜时，标本应倒置。

⑤在荧光条件下看到荧光现象或找到目标时，可进一步打开激光观察，若未看到荧光现象或未找到目标，不应打开激光，应分析原因，逐一验证，确保染色制样和显微观察操作的正确性。

复习思考题

1. 双目显微镜屈光度调节时，标本调焦使用显微镜的什么部件？
2. 简述聚光器调中的方法。
3. 由低倍物镜改为高倍物镜观察时，为什么不要降低或左右移动载物台？
4. 用吖啶橙染色后，细胞核与细胞质各呈什么颜色？能够区分死活细胞吗？
5. 用罗丹明 B 染色后，能区分死活细胞吗？
6. 吖啶橙染色时，其浓度多大为好？太大了会出现什么情况？
7. 使用吖啶橙和罗丹明 B 进行荧光染色时需注意什么？
8. 吖啶橙和碘化丙啶检测细胞活性的基本原理是什么？
9. 碘化丙啶相较溴化乙锭有哪些优点？
10. 为什么可以同时使用吖啶橙和碘化丙啶进行染色？
11. 为什么要设置对照实验组？
12. 稀释好的异硫氰酸荧光素标记的抗体为何需遮光、低温条件放置？
13. 为何使用甘油和水作为封片剂进行封片？
14. 为什么稀释好的荧光抗体要遮光？
15. 为什么实验过程中要用 PBS 充分洗涤？
16. 水中细菌荧光染色过程中需要注意哪些问题？
17. 用吖啶橙染色细菌进行荧光观察时，为什么要用黑色聚碳酸酯微孔滤膜？
18. 一张滤膜上最好计数多少个视野换算水样中细菌的总数？
19. 甲醛在采样前，为什么一定要进行过滤处理？
20. 计数沉积物样品中的活菌数量时，为什么一定取沉积物的上清液进行培养？
21. 简述利用荧光显微镜计数水样中活菌数量的原理。
22. 细菌为什么仅培养 6 h？培养时间过长，会出现什么问题？
23. EGFP 和 DAPI 分别发什么颜色的荧光？
24. 共聚焦显微镜操作过程中看不到样本的原因有哪些？
25. 激光共聚焦显微镜操作过程中需要注意哪些方面？

第 17 章

电子显微镜实验

实验 1　透射电镜的结构和使用

1. 实验目的

理解透射电镜的工作原理；掌握透射电镜的结构组成；了解透射电镜的使用方法。

2. 实验原理

(1) 透射电镜成像原理

透射电镜的样品为厚度只有几十纳米的超薄切片，当入射电子束穿过样品时，由于样品各处的质量-厚度不同，对入射电子束的阻碍作用不同，会产生带有样品内部超微结构信息的电子散射信号。这些信号进入成像放大系统后被逐级放大，最终在荧光板上呈现放大的图像。透射电镜常用于生物样品内部超微结构的观察研究。

(2) 仪器结构

日立 HT7700 型透射电镜组件如图 17-1 所示。

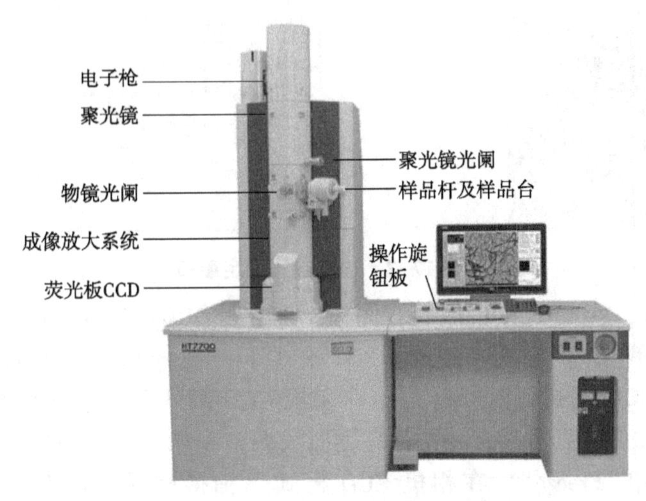

图 17-1　日立 HT7700 型透射电镜组件

①电子光学系统。由电子枪、聚光镜、样品室、成像放大系统、观察和拍照系统组成。电子枪由阴极、栅极、阳极组成。聚光镜由第一聚光镜、第二聚光镜、聚光镜光阑、聚光镜消像散器组成。样品室由侧插式样品杆、样品移动马达等装置组成。成像放大系统由物镜、物镜光阑、物镜消像散器、第一中间镜、第二中间镜、投影镜组成。观察和拍照系统由荧光板 CCD 和拍照 CCD 组成。

②电气系统。由高压供电系统、不间断电源等组成。

③真空系统。由分子泵、油扩散泵、真空管道和真空检测元件等组成。

3. 实验准备

材料：超薄切片样品。

仪器：日立 HT7700 型透射电子显微镜。

4. 实验方法和步骤

①开机。打开循环水箱，将镜筒的真空状态置于“ON”，将镜筒 COL 电源按钮置于“ON”。

②将样品装入样品杆中，样品杆插入镜筒中。

③电子束的产生。鼠标右击计算机屏幕上主菜单的“HV-Filam”图标，出现加速电压设定窗口；点击“HV on”按钮，加速电压慢慢上升到预设值，如图 17-2 所示；点击“Filam on”，至灯丝电压达预设值；点击“Beam on”，至灯丝电流达预设值，此时，在荧光屏上出现电子束斑。

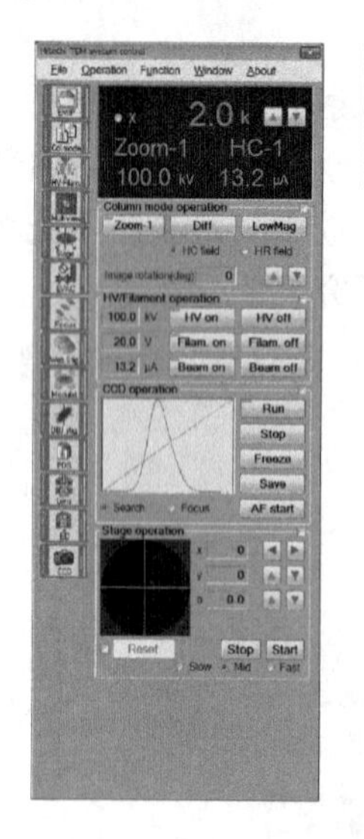

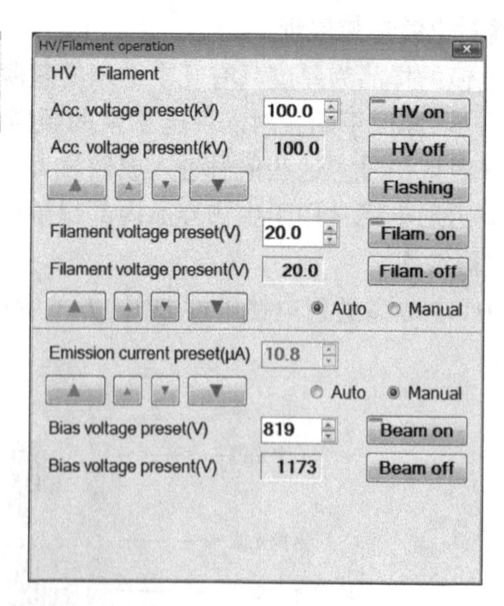

图 17-2　加速电压设定窗口

④观察和拍照。点击主菜单上 CCD 图标，CCD 操作窗口出现，如图 17-3 所示；点击 CCD 窗口中的菜单“Stop”，在荧光屏 CCD 模式下寻找样品；点击 CCD 窗口中的菜单“Run”，在相机 CCD 模式下观察样品；在相机 CCD 模式下，手动调整焦距或点击“AF Star”自动调焦将图像调到清晰；将图像亮度曲线调整到如图 17-3 所示的位置即可；点击 CCD 窗口中的菜单“Freeze”，在相机 CCD 模式下拍摄样品；点击 CCD 窗口中的菜单“Save”，命名并保存图像。

⑤关机。首先在加速电压窗口中，点击“HV off”(图 17-2)，关掉灯丝电压和电流；然后取出样品杆，取出铜网样品；再将镜筒 COL 电源按钮置于“OFF”，稍后，计算机关机；待操作旋钮板上的指示灯熄灭后，关闭循环水箱。

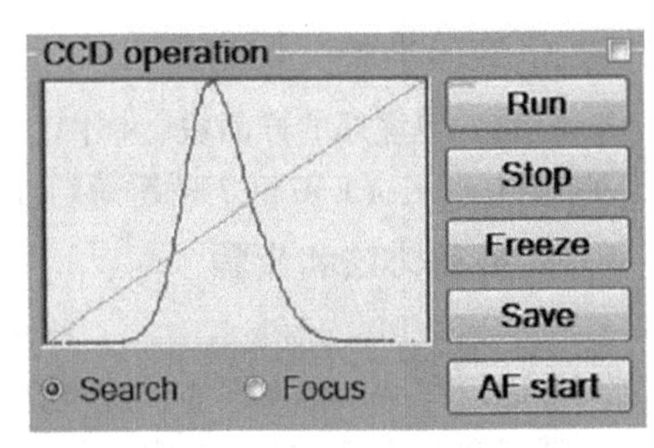

图 17-3　CCD 操作窗口

5. 注意事项

①仪器使用过程中，出现异味、烟雾等情况按紧急停止按钮停机。

②不得随意调整仪器工作参数。

③不得到仪器背面(供电和高压系统)。

④电子显微镜属于大型精密仪器，控制开关、旋钮较多，使用过程中应当严格按照要求操作，才能充分发挥仪器效能，加快工作进程。

实验 2　超薄切片机的结构和使用

1. 实验目的

了解 Leica EM UC7 型超薄切片机构造及工作原理；掌握 Leica EM UC7 型超薄切片机基本使用方法。

2. 实验原理

(1) 超薄切片机工作原理

超薄切片机工作时，样品固定在样品臂的前端，切片刀固定在刀台上。切片时，刀固定不动，样品臂带动样品上下摆动，呈弧线运动轨迹。在摆动过程中，样品臂推动样品前伸至刀刃位置，完成切片过程。根据样品臂推动样品前进的原理不同，超薄切片机分为热膨胀式和机械推进式两种。Leica EM UC7 超薄切片机采用机械推进式的工作原理，样品臂每摆动一次，样品随之前进一定的距离，这个距离就是切片的厚度。

(2) 仪器结构

Leica EM UC7 超薄切片机外观及结构如图 17-4 所示。该超薄切片机由稳压电源、控制台和切片机组成。切片机部分包括观察目镜、刀架、样品臂、刀台、手轮。

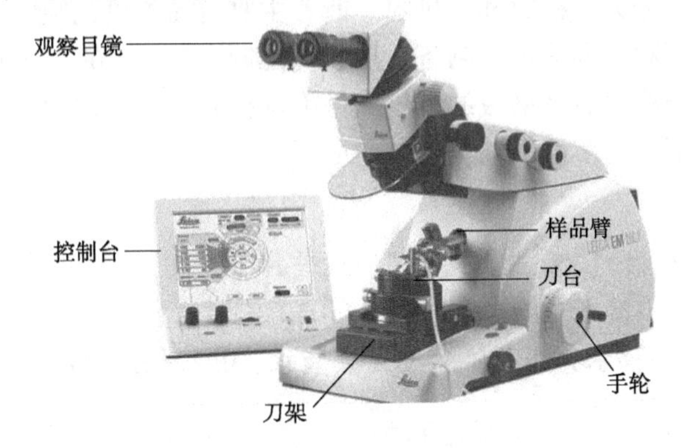

图 17-4　超薄切片机外观及结构

3. 实验准备

材料：包埋好的样品块、铜网、铜网专用镊子、玻璃刀、睫毛笔、双蒸水。

仪器：Leica EM UC7 型超薄切片机。

4. 实验方法和步骤

①接通电源，开机。

②固定样品。将修好的包埋块夹在样品适配器上，再将适配器固定在样品臂上。

③固定切片刀。将带有水槽的玻璃刀固定在刀架中，间隙角设置为 6°。

④调整切片参数。在控制台中输入切片厚度为 90 nm，切片速度为 1 mm/s。

⑤对刀。利用刀架左右调节按钮，使样品表面接近刀锋的左侧。利用刀架前后调节按钮，使样品表面接近刀锋，直至在样品与刀锋之间看到干涉光带。

⑥调整切片距离。旋转手轮移动样品，直至整个样品面经过刀锋时，确定切片窗口。

⑦注水。用注射器向水槽中缓缓注入双蒸水，调整液面高度，使其与水槽高度一致。

⑧自动切片。按“Start”键，进行自动切片，以切出灰色、银白色、淡黄色的片子为宜。

⑨捞片。切出足够的切片后，先用睫毛笔将需要的切片拨在一起，再用镊子夹住铜网，并使其膜面向下，并与水槽的水面呈一定夹角，轻轻粘起切片，再用一小片滤纸吸去镊子上多余的水，然后轻轻放入样品盒中自然晾干。

5. 注意事项

①玻璃刀的刀刃很脆，所以对刀时，刀座移动要慢，避免样品块对刀刃的撞击。

②切片时，要先从刀刃的左边开始切样品块，然后逐渐向刀刃的中间移动。

实验 3　样品支持膜的制备

1. 实验目的

掌握透射电镜样品支持膜的制备技术及其质量标准；了解样品支持膜的使用方法。

2. 实验原理

为了增加金属载网对样品的支持力，在载网表面铺一层薄薄的膜，称为支持膜。根据支持膜的组分不同，分为有机膜和无机膜。前者主要指福尔莫瓦膜，手工就可以制备；后者主要指碳膜，需要利用专业设备制备。用氯仿配制 3%~5%的福尔莫瓦溶液，然后用玻片蘸取溶液，当氯仿挥发后，溶液的有效成分附着在玻片上，即为支持膜。借助于水的浮力，将支持膜剥离下来，摆好铜网，制备完成。

3. 实验准备

材料：铜网(200 目)、50 mL 小烧杯、载玻片、玻璃水槽(直径 12 cm)、普通镊子、铜网镊子、单面刀片、滤纸、绸布。

试剂：3%~5%的福尔莫瓦氯仿溶液、蒸馏水、0.2 g/L 中性皂液、乙醇、环氧丙烷、环氧树脂。

4. 实验方法和步骤

①清洗玻片。在水槽内盛满蒸馏水，将已配好的福尔莫瓦氯仿溶液倒入立式载玻缸或小烧杯中，另将若干新载玻片浸入装有 0.2 g/L 中性皂液的载玻缸中。

②蘸取支持膜液。取一载玻片，用绸布擦净，然后手持载玻片一端，插入福尔莫瓦氯仿溶液中，再垂直匀速取出，在空气中稍晾片刻，使其形成一层薄膜。

③切割、漂浮支持膜。用刀片在膜的四周各划一条刻痕，将载玻片有膜一端呈 45°角或垂直慢慢压入水中，使膜缓缓地被剥离并漂浮在水面上，慢慢取出载玻片。

④放置铜网。将铜网用乙醇和丙酮处理后，排列在膜上(膜的厚度不均匀、有皱纹、破损的地方不要摆放铜网)。

⑤粘取支持膜。剪取一块比膜的面积稍大的滤纸，轻轻投入漂浮膜的水面上，随着滤纸的吸水量增加，逐步与附着铜网的膜黏附，将膜提出水面，将有膜面向下放置平皿中干燥后备用，不用的膜建议保存在干燥器内，具体流程如图 17-5 所示。

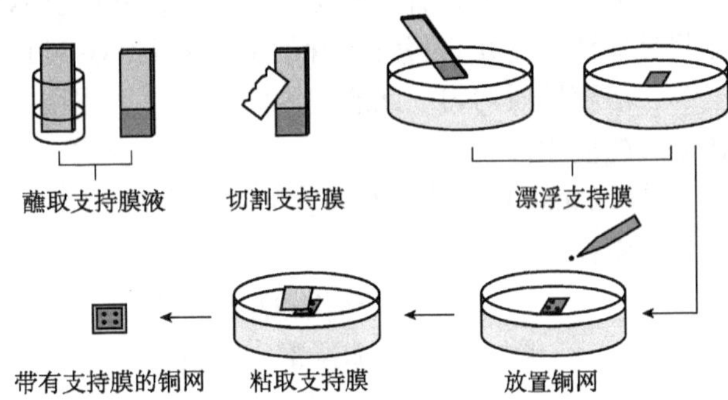

图 17-5　支持膜的制备流程

5. 注意事项

①用刀片划刻痕时，一定要划得彻底，否则膜不会受浮力作用而剥离漂浮。

②有膜的载玻片入水时要慢，以保证水会从刻痕处进入玻璃与膜的间隙。

实验 4　常规动物组织超薄切片制备

1. 实验目的

掌握常规动物组织的超薄切片制备及电镜观察方法。

2. 实验原理

超薄切片技术是研究样品内部超微结构最基本、最常用的电镜样品制备技术。由于受到电子束(电镜的照明源)能量的限制，电子束穿透样品的厚度极为有限。若想看到样品的内部构造，必须把样品切成厚度小于 0.1 μm 的薄片。厚度在 0.1 μm 以下的薄切片被称为超薄切片。通常厚度范围在 50~70 nm 的超薄切片，因其能同时提供良好的成像反差，在生物样品制备中最为常见。电子显微镜的超薄切片技术是以光学显微镜的切片法为基础发展而来的。在拍摄电子显微照片之前，要经过取材、固定、包埋、切片、染色等一系列细致的制作步骤。

常规动物组织是指各种从动物体取出时呈团块状的组织，如心肌、肝脏、肾脏、脑等。常规动物组织超薄切片制备方法是指经长期实验验证结果良好、被普遍采用的方法，其中的试剂配方、操作流程、处理时间可以通用于上述样品。实际操作时也可以根据经验针对特定样品进行微调，以期获得更符合特定要求的结果。

3. 实验准备

材料：各种从动物体取出时呈团块状的组织，以暗灰海蟑螂(*Ligia cinerascens*)肝胰腺和雏鸡心肌组织为例(Sun et al.，2020；Qin et al.，2012)。

仪器及器材：透射电子显微镜、超薄切片机、体视显微镜、冰箱、分析天平、睫毛笔、摇床、通风橱、手套、量筒、烧杯、玻璃棒、尖头镊子、刀片、吸管、玻璃试剂瓶等。

试剂：20 g/L 锇酸(OsO_4)溶液、0.2 mol/L 磷酸缓冲液、双蒸水、2.5%戊二醛溶液、树脂(Epon812)。配制方法如下：

①20 g/L 锇酸(OsO_4)溶液。将 1 g 锇酸安瓿瓶去掉标签，洗液浸泡 24 h 后冲洗干净。用酒精棉球擦净干燥后，砂轮切掉瓶口，立即投入干净玻璃瓶内并加入 50 mL 双蒸水，迅速将玻璃瓶口封死。将溶液置于 4℃冰箱保存 24 h，24 h 内每隔 4 h 摇晃一次，使锇酸充分溶解，溶液性质均匀。此液作为储备液，于冰箱中密封保存，加入等量的双蒸水可配制成 10 g/L 的使用液。

②0.2 mol/L 磷酸缓冲液。配制方法如下：

甲液：

$Na_2HPO_4 \cdot 12H_2O$	7.164 g
加蒸馏水溶解至	100 mL

乙液：

$NaH_2PO_4 \cdot 2H_2O$	3.121 g
加蒸馏水溶解至	100 mL

取甲液 81 mL、乙液 19 mL，配成 pH 7.4 的 0.2 mol/L 磷酸缓冲液。

③2.5%戊二醛溶液。配制方法如下：

40 mL 双蒸水+50 mL 0.2 mol/L 磷酸缓冲液+10 mL 25%戊二醛(进口)。

④树脂(Epon812)。配制配方如下：

Epon812	51 mL
DDSA	12 mL
MNA	37 mL
DMP-30	1.8~25 mL

聚合条件：37℃ 8~12 h，45℃ 24 h，60℃ 24 h。

4. 实验方法和步骤

(1)取材及戊二醛前固定

用单面刀片切取 1~2 mm^3 鲜活样品组织 5~8 块，立即投入已标记和加入 4℃冰箱中预冷的 2.5%戊二醛溶液的样品瓶内，立即盖好瓶盖。室温固定 2 h 后，转至 4℃冰箱中固定 12~24 h。

(2)清洗

吸出戊二醛溶液，用 0.1 mol/L 磷酸缓冲溶液清洗 3 次，每次 10~15 min。

(3)锇酸后固定

在通风橱中，吸出缓冲溶液，立即加入 10 g/L 锇酸，固定 2 h。

(4)清洗

吸出锇酸，用 0.1 mol/L 磷酸缓冲溶清洗 3 次，每次 10~15 min。

(5)脱水

用 50%、70%、80%、90%的乙醇上行梯度脱水，各级梯度 10~15 min，再用 100%乙醇脱水 3 次，每次 10 min。不同浓度梯度乙醇用蒸馏水配制。

(6)渗透包埋

先用环氧丙烷置换 2 次，每次 10 min，再用渗透液渗透。

环氧丙烷：环氧树脂=1：1	1~3 h
环氧丙烷：环氧树脂=1：2	过夜
环氧树脂	3~5 h

用包埋板包埋，有方向要求的样品注意要定位包埋。

(7)聚合

将包埋板置入恒温箱中，37℃ 12 h，45℃ 24 h，60℃ 24 h，即聚合成硬块。取出固化后的样品块置于干燥器内保存。

(8)修块

将包埋块安装在样品夹上，将顶端露出 3~5 mm，用单面刀片将样品块顶部、四周的树脂切掉，修成金字塔形。树脂块表面要保持光滑平整，上下两边要保持平行。

(9)超薄切片

超薄切片的操作步骤如下：

①安装玻璃刀与包埋块。打开电源开关，启动工作软件，接通照明，将样品包埋块装在样品臂上，夹紧。将玻璃刀安装在刀座上，使刀口高度与刀座上的高度标杆相等。调整刀的前角值为 6 °左右。

②对刀。通过超薄切片机上的双筒显微镜边观察边调整样品块与刀的相对位置，旋转样品头夹具，同时调整刀座位置，使样品包埋块端面与刀刃在 X、Y、Z 3 个方向上都平行。调整刀与样品块的距离，使手动样品时，二者刚好相切。

③切片。选择最佳刀刃，往玻璃刀水槽中注入双蒸水，用注射器调整液面高度，使其与刀刃一致，形成明亮的反光区。确定切片行程的起点和终点，选择切片速度至 1 mm/s，依据样品特点在 70~90 nm 范围内选择切片厚度，启动自动超薄切片程序。不同厚度的切片呈现不同的干涉色，有灰色、银白色、淡黄色、金色、紫色、青绿色，选择呈淡黄色(对应厚度为 70~90 nm)的超薄切片。

(10)展片与捞片

①展片。用滤纸片法取少许氯仿溶液，在切片上方停留片刻，利用有机溶剂挥发的气体使切片展平(注意不能触及切片和水面)。

②捞片。用睫毛笔将切片带断成几截，将灰色和银白色的切片拨在一起，然后用镊子夹持载网，膜面朝下，使载网与切片所在水面相平行，迅速与切片接触，粘取切片。也可以将载网膜面朝上，插入水中，向上捞取切片，或者用金属环捞取切片再放置在载网上。捞取的切片经自然干燥后即可进行染色。

(11)染色

①铀染。将2%醋酸双氧铀染液滴于封口膜上，将有切片的载网膜面朝下漂浮在染液液滴的表面上。避光染色30 min，然后用镊子夹持载网，依次在4个盛有双蒸水的小烧杯中上下清洗20~30次，然后将载网放在干净的滤纸上。

②铅染。铅染色液现用现配。在一个大平皿中放上一些固体氢氧化钠，用注射器吸取柠檬酸铅染液滴于新的封口膜上，然后把经铀染后尚处于半湿半干状态的载网膜面朝下漂浮在染液液滴表面进行染色。10 min后，用镊子夹持载网立即浸入盛有0.01 mol/L NaOH的小烧杯中清洗2~3次，再依次在另外3个装有双蒸水的小烧坏中各清洗20~30次，然后放在干净的滤纸上自然干燥。

(12)透射电镜观察

暗灰海蟑螂肝胰腺超微结构的结果如图17-6所示。雏鸡心肌组织超微结构的结果如图17-7和图17-8所示。透射电镜观察分析样品时应遵循以下原则：

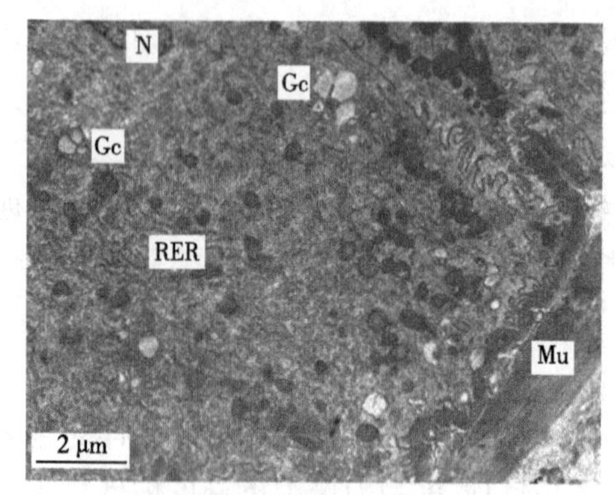

(a) 肝胰腺细胞基底部

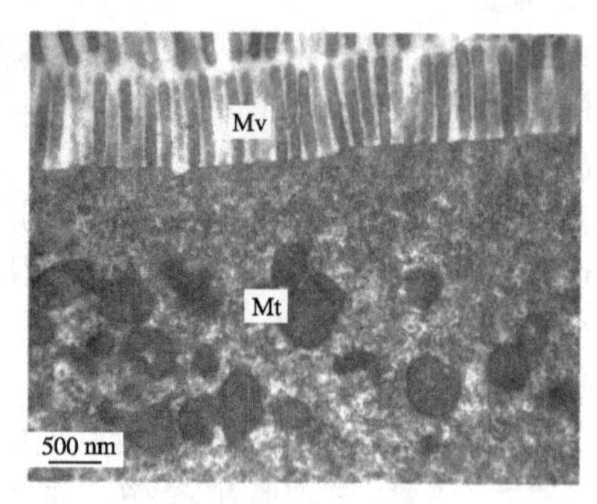

(b) 肝胰腺细胞顶部，示微绒毛

Gc. 高尔基复合体；RER. 粗面内质网；Mu. 肌肉；N. 核；Mv. 微绒毛；Mt. 线粒体。

图17-6 暗灰海蟑螂肝胰腺透射电镜观察图

(Sun et al., 2020)

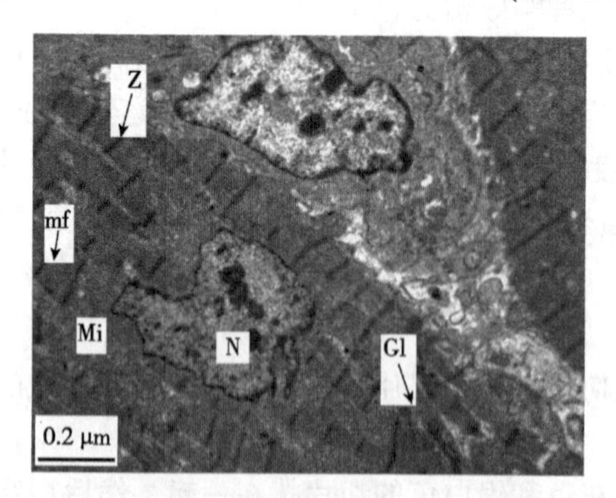

Mi. 线粒体；GI. 糖原颗粒；mf. 肌丝；Z. Z线；N. 核。

图17-7 雏鸡心肌肌原纤维超微结构

(秦健等，2012)

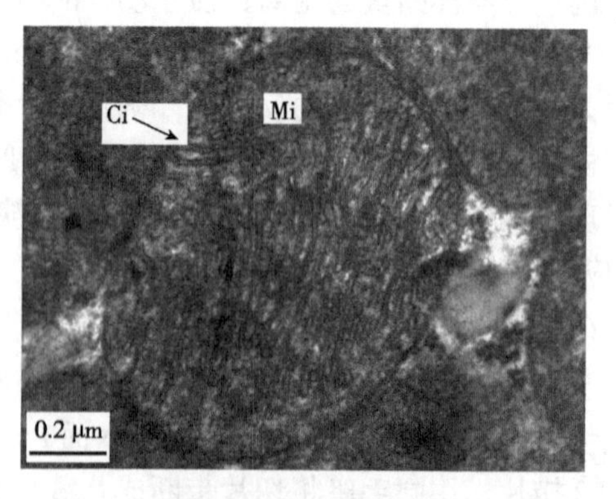

Mi. 线粒体；Ci. 线粒体嵴。

图17-8 雏鸡心肌细胞线粒体超微结构

(示线粒体)(秦健等，2012)

①树立全局和三维的观点。对于大多数生物体来说，小小的观察视野只代表了极小的一个侧面，在电镜观察时，要把观察到的结构特点与生物种类、所取组织在生物体中承担的功能以及生物整体联系起来进行思考和分析；超薄切片是二维的样品，观察时要从三维角度去想象和分析。

②观察时，要掌握先低倍再高倍，先拍下有用资料再继续讨论观察的方法。在透射电镜中，电子束照射样品的方式为泛光式，电子束固定不动，持续照射在样品中正在观察的区域。如果电子束在一个位置长时间停留，会使样品的被照射区域发生辐射损伤，出现切片破裂、变形、减薄，从而造成结果丢失、失真、图像反差降低。

③将电镜的放大倍数直接调至常见超微结构的可见放大倍数，再寻找目标结构，可以提高观察的准确率和速度。细胞超微结构通常用 1 万~3 万倍观察。一般动物细胞在 1 万倍可见细胞内的细胞器；病毒在 3 万~6 万倍可见，一般为 6 万倍；细胞膜在 2 万倍可见双层膜结构；精子细胞较大，2000 倍即可见。

5. 注意事项

①固定液配方和固定方式的选择。不同类型动物组织的固定液配方及固定方式应根据样品的特点，以取得最佳固定效果为目标进行选择。戊二醛是用于电镜制样前固定的普遍使用、效果稳定的固定液，适用于大多数的样品。一般用 2. 5%戊二醛(0. 1 mol/L 磷酸缓冲液，pH 7. 4)，固定 2 h 以上。但由于戊二醛在样品中的渗透能力较弱，用戊二醛固定的样品应尽量切成至少一边不大于 1 mm 的小块，对于结构致密难以渗透的组织，可以加入渗透性更强的多聚甲醛，采用戊二醛-多聚甲醛联合固定(Tolivia et al. , 1994)。富含血液的心肌、肝脏等组织，应采取灌注固定的方法(灌注固定：动物腹腔注射肝素 50 U/kg 防止血液凝固，15 min 后用 10%水合氯醛麻醉动物，开胸暴露心脏和肝脏。将灌注针头插入左心室，注入漂洗液，同时将右心房剪开，漂洗液通过体循环将脏器内残余血液冲出，待肝脏从棕红色变成淡棕黄色时改为固定液灌注，直至组织适度变硬后，取一块组织，切成 1 mm×1 mm×1 mm 小块置于 4℃ 预冷固定液中)。心肌、肝脏等组织的灌注固定一般采用 2%戊二醛+4%多聚甲醛(0. 1 mol/L 磷酸缓冲液，pH 7. 4)，固定 4 h(王萌等，2019；李宁宁等，2016)。脑组织富含磷脂，一般采用 1%戊二醛+4%多聚甲醛(0. 1 mol/L 磷酸缓冲液，pH 7. 4)，增加固定液的渗透力，固定 3 d(Yamazaki et al. , 1991)。

②缓冲液的 pH 值。固定液的酸碱度可以引起组织 pH 值的变化，从根本上改变蛋白质等大分子物质的结构和性质，影响细胞质的化学成分、膜的大分子排列及酶的生物活性，所以固定液的 pH 值必须与被固定的组织 pH 值基本一致。大多数动物组织 pH 值的平均值是 7. 4，所以固定液的 pH 值一般为 7. 2~7. 4(周晨明等，2020)。

③取材时按照基本要求和方法进行；换液时要快，减少样品露空时间。

④取用锇酸时应戴上手套，做好防护，加入锇酸时，速度要快，避免锇酸挥发。通风橱内操作。

⑤样品瓶用 5 mL 玻璃试剂瓶，外面贴上标签，做好标记，加入试剂和样品之后盖上胶盖，样品瓶内部可加入称量纸标签以免外部标记损毁无法辨识样品。

⑥浸树脂步骤需要将样品瓶置于摇床上摇晃，使其内部树脂充分混匀。

⑦配制树脂可用塑料或玻璃器皿，能够密封且干净无其他化合物污染，前 3 种物质加

入后，搅拌 1 min，之后再加入 DMP-30，继续搅拌 15 min，再静止 15 min 令气泡充分释放后才可使用。

实验 5　微生物及游离细胞超薄切片制备

1. 实验目的

掌握悬浮颗粒状生物样品的超薄切片制备方法。

2. 实验原理

微生物指细菌、小型原生动物(如轮虫，多数直径不超过 500 μm)、显微藻类、立克次体、支原体、衣原体、螺旋体、病毒等在内的一大类生物群体。游离细胞指培养细胞、血细胞、精子、卵等。此外，哺乳动物的早期胚胎(直径 80~120 μm)，也可以归为此类。

这类样品因尺寸小(微米级)，呈悬浮颗粒状，在常规超薄切片制备过程中需要反复离心。反复离心会造成样品丢失、损伤，操作难度大，特别是如果样品在包埋块中呈稀疏分布状态，最终制备的单张超薄切片中就会存在样品数量过少、不具有代表性等问题，甚至会造成实验失败(白焕红等，2001)。因此，一般需采用琼脂(糖)预包埋法在前固定后对样品进行团块化处理。

琼脂(糖)易溶于水，将上述样品悬浮在温暖(50℃)的琼脂(糖)中，通过离心浓缩，在室温下几分钟就能凝固成凝胶，形成由凝胶包裹的细胞团，然后按照常规组织的方法进行后续处理。琼脂(糖)凝胶是一种具有三维空间网状结构的多孔性物质，具有较好的支持性，耐切割，结构均匀稳定，在电镜下无结构，脱水剂和包埋剂容易渗入，而且不影响包埋于其中样品的脱水和包埋剂的浸透(屈平平，2008)。

3. 实验准备

材料：微生物、游离细胞。

仪器及器材：透射电子显微镜、超薄切片机、冰箱、50℃水浴锅、离心机、分析天平、摇床、通风橱、手套、量筒、烧杯、玻璃棒、尖头镊子、刀片、吸管、玻璃试剂瓶、塑料离心管、手术刀片、移液枪、载玻片、平皿、细针、铝箔纸、1 mL 枪头(剪掉细头)、微波炉等。

试剂：20 g/L 琼脂(糖)、20 g/L 锇酸(OsO_4)溶液、双蒸水、0.2 mol/L 磷酸缓冲液、2.5%戊二醛溶液、树脂(Epon812)，配制方法如下：

①20 g/L 琼脂(糖)。取 0.4 g 琼脂糖溶于 20 mL 0.1 mol/L 磷酸缓冲液。

②20 g/L 锇酸溶液、0.2 mol/L 磷酸缓冲液、2.5%戊二醛溶液、树脂(Epon812)的配方同第 17 章实验 4。

4. 实验方法和步骤

(1)取材及戊二醛前固定

微生物、游离细胞这类微小颗粒状样品，种类多样，性质各异，根据样品特点对常规固定方式进行适当的调整，就会获得更加理想的结果。具体方法列举如下：

①普通微小颗粒状样品的取材及前固定。以裸盖鱼(*Anoplopoma fimbria*)精子为例(孙

静娴等，2020）。新鲜样品悬浮液置于 1.5 mL 尖头离心管，离心后弃去培养基，用磷酸缓冲液冲洗 1~2 遍后再次离心弃缓冲液，然后加入预冷的 2.5%戊二醛固定液，重悬，置于 4℃冰箱固定 12~24 h。

②贴壁培养的细胞的取材及前固定（赵刚等，2004；王旭等，2020）。贴壁生长的细胞在进行超薄切片制备时，可以采用消化离心固定法和刮除离心固定法两种方法固定：

a. 消化离心固定法。待细胞长满瓶壁后，除去培养液，用磷酸缓冲液清洗一次，再用 0.05%含有 EDTA 的胰酶消化细胞，37℃下消化 1 min，在显微镜下观察，待细胞鼓起呈单个排列时，加入含有 10%FBS 的高糖 DMEM 培养基，终止消化反应，用移液器打散细胞，离心收集弃上清，加入 2.5%戊二醛固定，室温固定 2 h，4℃保存。

b. 刮除离心固定法。用细胞刮将生长于瓶壁上的细胞轻轻刮下后离心（800 r/min，5 min），弃上清液，加入 2.5%戊二醛溶液固定，室温固定 2 h，4℃保存。

两种方法中不论贴壁培养的细胞属于哪一类型（如纤维型或上皮型等），在固定之前的液体环境中，游离下来的培养细胞胞体都会回缩成表面光滑的球形，原来细胞表面的突起以及细胞表面的特化结构也会消失。虽然细胞的外部形态与贴壁时的生理状态不一致，但细胞内部的超微结构不会改变。

③单细胞藻类的取材及前固定。以杜氏藻（*Dunaliella bioculata*）为例（Berube et al.，1999）。杜氏藻是一种生活在高盐度海水中无细胞壁的单细胞绿藻，是迄今为止发现的最耐盐的真核生物之一，多用于植物细胞耐受胁迫机制的研究。取培养的藻液 10 mL，加入 25%戊二醛溶液 0.8 mL，使戊二醛溶液最终浓度为 1.85%，室温下静置 1 h，然后用自然沉降法浓缩收集藻液。这样可以大大减少用离心法浓缩收集藻液时多次离心对藻细胞造成的损害。然后再次离心弃上清液，加入 2.5%戊二醛（0.1 mol/L 磷酸缓冲液，pH 7.4），4℃固定 2 h 以上。

④细菌的取材及前固定。以簇生凯文德菌为例（李文秀等，2020）。由于细菌的细胞壁较厚，固定时应增加固定液浓度，延长固定时间。菌液离心弃上清液，加入 4%戊二醛溶液室温固定 4 h，然后 4℃冰箱保存。

（2）琼脂预包埋

固定后离心的细胞团再进行琼脂糖预包埋处理，方法如下（Strausbauch et al.，1985）：

①称取 20 g/L 琼脂糖，微波加热，瓶口包铝箔纸，防止蒸发。

②琼脂糖溶解后，将其放入 50℃水浴锅中，防止凝固。

③先用移液枪将戊二醛固定的细胞重悬起来，再用移液枪吸取适量琼脂糖于细胞悬液中，缓慢吹打混合。

④待琼脂凝固后放置在冰上冷却 15 min，形成一种坚固的凝胶，再将其转至平皿上，用细针辅助手术刀片切成 1 mm^3 小块 5~10 块，转入标记好的样品瓶中。

（3）清洗

0.1 mol/L 磷酸缓冲液清洗 3 次，每次 10~15 min。细菌的细胞壁较厚，清洗时间适当延长，清洗 3 次，每次 10~45 min。

（4）锇酸后固定及后续步骤

普通微小颗粒状样品、贴壁培养的细胞、单细胞藻类的后固定方法同第 17 章实验 4，其中细菌用 20 g/L 的四氧化锇溶液固定 2 h。上述样品后固定之后按团块状组织处理，处理方法同第 17 章实验 4。

裸盖鱼精子细胞超微结构的结果如图 17-9 所示，杜氏藻超微结构的结果如图 17-10 所示。

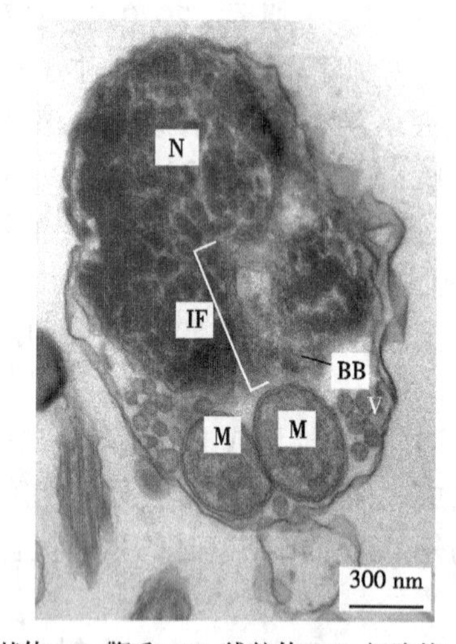

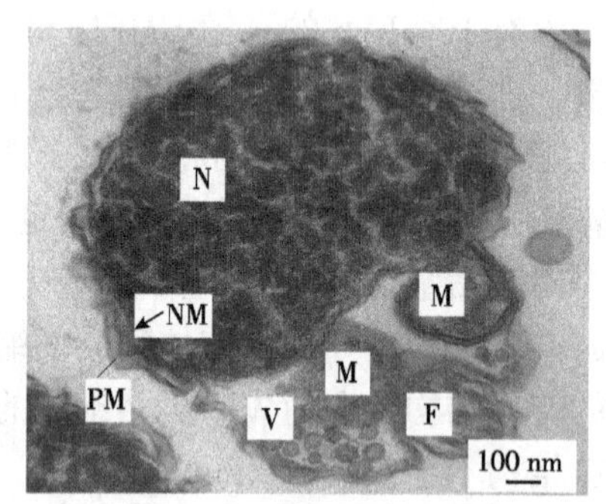

BB. 基体；F. 鞭毛；M. 线粒体；N. 细胞核；NM. 核膜；PM. 细胞质膜；V. 囊泡；IF. 植入窝。

图 17-9　裸盖鱼精子细胞的透射电镜观察图

（孙静娴等，2020）

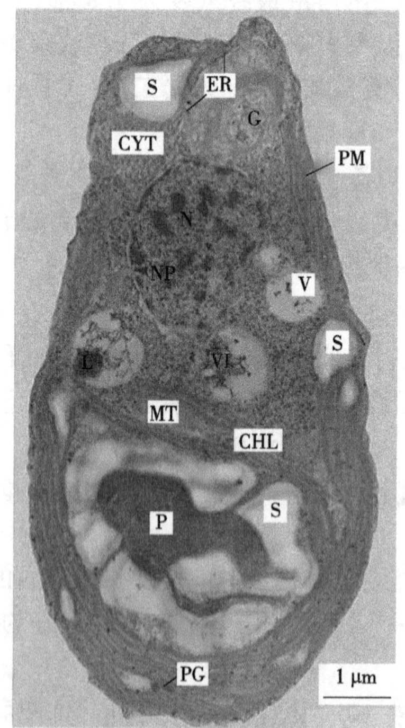

ER. 内质网；V. 空泡；VI. 空泡包涵体；G. 高尔基体；N. 核；NP. 核孔；CYT. 细胞质；MT. 线粒体；PM. 细胞质膜；L. 脂滴；PG. 脂体小球；CHL. 叶绿体；S. 淀粉粒；P. 蛋白核。

图 17-10　杜氏藻细胞的透射电镜观察图

（Berabe et al.，1999）

5. 注意事项

①琼脂包埋时水浴温度不能超过 50℃，否则会破坏细胞结构。

②琼脂包埋时注意不要使样品太分散，以免观察的样品数量过少、不具代表性。

实验 6　细胞骨架超薄切片制备

1. 实验目的

了解分离的细胞骨架通过加入单宁酸增强反差制备超薄切片的方法。

2. 实验原理

双鞭毛单细胞绿藻——莱茵衣藻(*Chlamydomonas reinhardtii*)是分析鞭毛及其组织者(基体)的经典模式生物。在藻细胞中有两个处于鞭毛末端的基部装置，两个基部装置连同一排纤维和微管形成一个复杂的细胞器，称为基体。基体(出现在纤毛和鞭毛的基部)和中心粒(形成哺乳动物细胞中心体的核心)是同一种真核细胞器的两种表现形式，由 9 组三联微管组成。基体能够组织鞭毛的形成，并在间期和有丝分裂中作为微管细胞骨架的组织中心，对细胞的极性和纤毛/鞭毛的跳动方向起着重要作用。将从藻细胞中分离出来的细胞骨架制作超薄切片，可以详细分析基体的结构特征。

单宁酸又称鞣酸，大量应用于制革工业。单宁酸因能与蛋白质结合生成不溶于水的鞣酸蛋白，因此可以增加电镜样品的反差而不破坏细胞成分。

细胞骨架结构复杂，又十分微小，用常规方法制备的超薄切片较难分辨其细微结构。在样品固定时加入单宁酸进行适当的处理，就可以增强图像的反差，清晰地呈现细胞骨架的结构。

3. 实验准备

材料：莱茵衣藻的基体(Geimer et al.，2004)。

仪器及器材：透射电子显微镜、超薄切片机、冰箱、分析天平、摇床、通风橱、手套、量筒、烧杯、玻璃棒、尖头镊子、刀片、吸管、玻璃试剂瓶等。

试剂：20 g/L 锇酸(OsO_4)溶液、MT 缓冲液、双蒸水、5%戊二醛溶液、20 g/L 琼脂(糖)、树脂(Epon812)，配制方法如下：

①20 g/L 锇酸溶液、树脂(Epon812)。配方同第 17 章实验 4。

②MT 缓冲液。30 mmol/L HEPES，5 mmol/L Na-EGTA，15 mmol/L KCl，pH 7.0。

③5%戊二醛溶液。30 mL 双蒸水+50 mL MT 缓冲液+20 mL 25%戊二醛(进口)。

④1.25%戊二醛+0.5%单宁酸溶液。将 5 mL 25%戊二醛(进口)和 0.5 g 单宁酸溶于适量 MT 缓冲液中，添加 MT，使溶液的终体积为 100 mL。

⑤20 g/L 琼脂(糖)。配方同第 17 章实验 5。

4. 实验方法和步骤

①取材及戊二醛前固定。分离的细胞骨架被重悬在 MT 缓冲液中，加入等量的 5%戊二醛溶液，15℃下固定 15 min，1000 g(离心力，g 为重力加速度)离心 10 min 去上清，在

含有 1.25%戊二醛和 0.5%单宁酸的 MT 缓冲液中重新悬浮固定，15℃ 固定 25 min。

②清洗。吸出戊二醛，在 MT 中洗涤 2 次，每次 10 min。

③锇酸后固定。在通风橱中，吸出缓冲溶液，立即用 MT 稀释的 10 g/L 锇酸，置于冰上固定 20 min。

④清洗。吸出锇酸，用 MT 缓冲液清洗 2 次，每次 10 min。

⑤琼脂预包埋及后续步骤同第 17 章实验 5。

5. 注意事项

①如果处理的是团块状样品，则需延长固定时间，2.5%戊二醛溶液固定 2 h，1.25%戊二醛和 0.5%单宁酸中固定 2~3 h。缓冲溶液使用常规的磷酸缓冲液。将杜氏藻按照第 17 章实验 5 中的方法进行琼脂(糖)预包埋，团块化处理后，以上述在戊二醛和单宁酸中延长的时间固定处理，结果如图 17-11 所示。可见，经单宁酸处理的藻细胞结构清晰、反差更加明显。

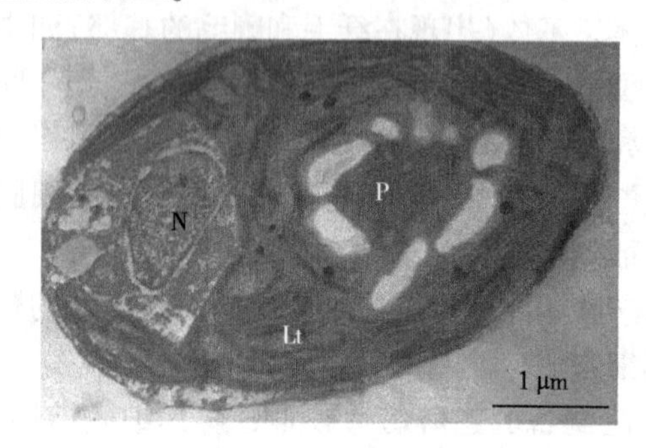

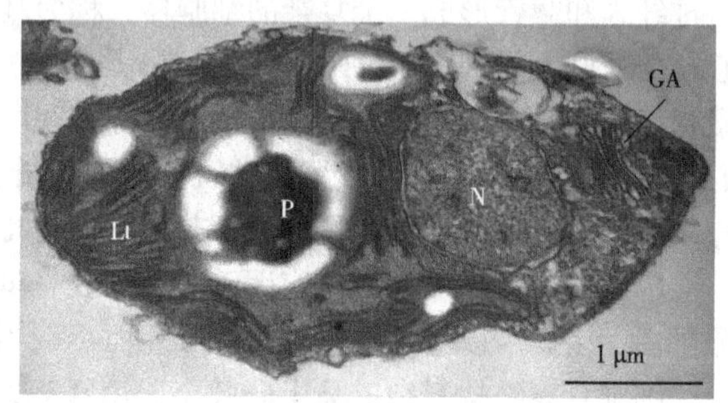

N. 核；P. 蛋白核；Lt. 类囊体；GA. 高尔基复合体。

图 17-11　单宁酸处理前后杜氏藻细胞的透射电镜观察图

（孙静娴　提供）

②单宁酸溶液要现用现配，长时间放置溶液会出现浑浊和沉淀。

③分离的细胞骨架样品量要足够，以免在后续换液过程中丢失，造成实验无法进行。

实验 7　刺参体腔细胞超薄切片制备

1. 实验目的

研究刺参体腔细胞的形态和分类；掌握具有凝聚特性的游离细胞的超薄切片制备方法。

2. 实验原理

在海洋无脊椎动物免疫学研究中，棘皮动物的体腔细胞可能在机体免疫反应中发挥细胞免疫作用。由于海参、对虾、贝等海洋无脊椎动物的体腔细胞具有极强的体外凝聚机能，即当体腔细胞离体后，体腔液中的凝血酶原被激活，将体腔液中的纤维蛋白原转变成不溶性的纤维蛋白，纤维蛋白粘连体腔细胞使其发生凝集。因此，凝聚的体腔细胞无须琼脂预包埋即可进行常规的超薄切片制备。

3. 实验准备

材料：刺参体腔细胞(刘晓云等，2005)。

仪器及器材：透射电子显微镜、超薄切片机、冰箱、分析天平、摇床、通风橱、手套、量筒、烧杯、玻璃棒、尖头镊子、刀片、吸管、玻璃试剂瓶、无菌注射器等。

试剂：同第 17 章实验 4。

4. 实验方法和步骤

①选取鲜活刺参，用无菌注射器直接抽取刺参体腔液，注入 1.5 mL 离心管中离心收集，静置片刻，去上清，缓慢加入 2.5%戊二醛溶液，4℃ 冰箱中固定待用。

②轻轻挑取离心管底部的体腔细胞团置于玻璃试剂瓶，用解剖针将细胞团分成若干 1 mm^3小块，按第 17 章实验 4 常规流程制作超薄切片。

5. 注意事项

①要先抽取体腔液，再加固定液。在用注射器抽取刺参体腔液后，经离心，利用刺参体腔细胞极强的体外凝聚机能，使体腔细胞在与固定液混合之前发生凝聚，成为松散的团块。再按照常规方法制备样品，可简化操作，并避免反复离心和琼脂预包埋对细胞造成的损伤。

②体腔液抽出之后要及时固定，以免影响对细胞超微结构的保存。

③换液操作时动作要轻柔，避免将细胞团打散。

实验 8　海绵超薄切片制备

1. 实验目的

以海绵作为实验动物，了解此类海洋简单多细胞并含有骨针的动物组织采用的超薄切片制备方法。

2. 实验原理

海绵是研究细胞和发育生物学的基础材料。海绵属多孔动物门，是一种海洋多孔滤食性动物，是结构最简单的多细胞动物，通常为雌雄同体，能进行有性繁殖和无性繁殖。海绵形态各异，体型多数不对称，少数辐射对称，单生或群生，没有器官、明晰的组织和神经，但有细胞分化，其细胞种类非常复杂。海绵具有骨骼，为含钙或含硅的骨针和有机的海绵硬蛋白纤维。

3. 实验准备

材料：海绵。

仪器及器材：透射电子显微镜、超薄切片机、冰箱、分析天平、摇床、通风橱、手套、量筒、烧杯、玻璃棒、尖头镊子、刀片、吸管、玻璃试剂瓶等。

试剂：40 g/L 锇酸(OsO_4)溶液、双蒸水、0.2 mol/L Millonig's 缓冲液(pH 7.6)、NaCl 溶液、2.5%戊二醛溶液、润洗液、树脂(Spurr)，配制方法如下：

①40 g/L 锇酸溶液。将 1 g 锇酸安瓿瓶去掉标签，洗液浸泡 24 h 后冲洗干净。用酒精

棉球擦净干燥后，砂轮切掉瓶口，立即投入干净玻璃瓶内并加入 25 mL 双蒸水，迅速将玻璃瓶口封死。将溶液置于 4℃冰箱保存 24 h，24 h 内每隔 4 h 摇晃一次，使锇酸充分溶解，溶液性质均匀。此液作为储备液，于冰箱中密封保存，加入等量的双蒸水可配制成 20 g/L 的使用液。

②0. 2 mol/L Millonig's 缓冲液(pH 值 7. 6)。配置方法如下：

$NaH_2PO_4 \cdot 2H_2O$	12. 52 g
NaOH	2. 85 g

溶于 200 mL 双蒸水。此缓冲溶液对于多数体液来说是高渗溶液，适用于饱含水分的组织(如海洋生物类)。

③NaCl 溶液。0. 34 mol/L Nacl 溶液：1. 985 g NaCl 溶于 100 mL 双蒸水；0. 68 mol/L Nacl 溶液：7. 95 g NaCl 溶于 200 mL 双蒸水。

④2. 5%戊二醛溶液。80 mL 0. 34 mol/L NaCl 溶液+100 mL 0. 2 mol/L Millonig's 缓冲液+20 mL 25%戊二醛。

⑤润洗液。100 mL 0. 68 mol/L NaCl 溶液+100 mL 0. 2mol/L Millonig's 缓冲液。

⑥树脂(Spurr)。配方如下：

ERL4221	10 g
DER736	8 g
SA	25 g
DMAE	0. 3 g

4. 实验方法和步骤

①取材及戊二醛前固定。用刀片切取 1～2 mm^3 海绵组织，立即投入已标记和加入 2. 5%戊二醛溶液的样品瓶内，立即盖好瓶盖，固定 12～24 h。

②锇酸后固定。将样品瓶内戊二醛溶液用吸管吸出，用润洗液润洗 3 次，每次 3 min。吸出润洗液，立即加入 20 g/L 锇酸，固定 1 h。

③清洗。吸出锇酸，用蒸馏水清洗 3 次，每次 10 min。

④脱水。最后一次吸出蒸馏水后，开始用丙酮脱水，不同梯度丙酮用蒸馏水配制。50%丙酮，脱水 10 min；70%丙酮，脱水 10 min；80%丙酮，脱水 10 min，进行 2 次；90%丙酮，脱水 10 min，进行 2 次；95%丙酮，脱水 10 min，进行 3 次；100%丙酮，脱水 10 min，进行 3 次。

⑤浸树脂。脱水后，先后加入不同浓度树脂，将丙酮置换出来。树脂：丙酮=1：3，3~5 h；树脂：丙酮=2：2，6 h；树脂：丙酮=2：2，18 h；树脂：丙酮=3：1，7. 5 h；树脂：丙酮=3：1，15 h；纯树脂，24 h；纯树脂，2 h。

⑥包埋。最后一次加入纯树脂 2 h 后，即可进行包埋。先将标签打印，剪刀剪好，放入模具孔内，靠近平口的一侧。在模具孔内先加入适量树脂，再将固定好的组织用牙签拨到模具孔内梯形面一侧，再加入适量树脂使其液体鼓起形成凸面。全部包埋完毕，将模具放入 60~70℃烘箱干燥 2～3 d。完全干燥后，将树脂块从模具孔内取出，即可进行切片操作。

⑦ 超薄切片。切成 70~90 nm 薄片，再用醋酸双氧铀及柠檬酸铅染色。

⑧用透射电镜观察和拍照。

5. 注意事项

①20 g/L 锇酸使用时，将 40 g/L 锇酸母液用 0.2 mol/L Millonig's 缓冲液稀释一倍。加入锇酸时，速度要快，避免锇酸挥发。

②树脂：丙酮=2：2 浸透时间可以稍长一些，浸树脂步骤需要将样品瓶置于摇床上摇晃，使其内部树脂充分混匀。

③包埋时样品放入模具孔内避免接触孔内壁。在烘箱干燥过程中，避免移动。包埋时用的树脂应与最后一次浸树脂步骤中用的树脂为同批配制。

实验 9　常规植物组织超薄切片制备

1. 实验目的

掌握常规植物样品的超薄切片制备方法。

2. 实验原理

植物组织因其具有细胞壁、液泡等结构，固定液难以渗透，制备超薄切片的难度比动物组织大。因此，可以通过改变试剂种类和配方、样品处理时间等方法来获得良好的结果。

3. 实验准备

材料：植物叶片(以黄瓜叶片为例)(Wang et al.，2015)。

仪器及器材：透射电子显微镜、超薄切片机、体视显微镜、冰箱、分析天平、摇床、通风橱、手套、量筒、烧杯、玻璃棒、尖头镊子、刀片、吸管、玻璃试剂瓶等。

试剂：20 g/L 锇酸(OsO_4)溶液、0.2 mol/L 二甲砷酸钠缓冲液、双蒸水、2.5%戊二醛溶液、树脂(Spurr)，配制方法如下：

①20 g/L 锇酸溶液的配方同第 17 章实验 4。

②0.2 mol/L 二甲砷酸钠缓冲液。A 液：0.2 mol/L 二甲砷酸钠溶液。$Na(CH_3)_2AsO_2 \cdot 3H_2O$ 4.280 g/100 mL 或 $Na(CH_3)_2AsO_2$ 3.199 g/100 mL。B 液：0.2 mol/L HCl。HCl (36%~38%) 1.66 mL/100 mL。取 A 液 50 mL、B 液 4.2 mL 混合，加双蒸水至 100 mL，配成 pH 7.2 的 0.2 mol/L 二甲砷酸钠缓冲液。

③2.5%戊二醛溶液。40 mL 双蒸水+50 mL 0.2 mol/L 二甲砷酸钠缓冲液+10 mL 25%戊二醛。

④树脂(Spurr)。配方同第 17 章实验 8。

4. 实验方法和步骤

①取材及戊二醛前固定。从黄瓜植株上用镊子从叶柄处取下叶片，立即放在用冰块预冷的载玻片上，滴上数滴 4℃冰箱中预冷的 2.5%戊二醛固定液，用锋利的刀片切取 1 mm 宽、3~4 mm 长的小条，用牙签将叶片小条轻轻地拨入盛有 4℃预冷固定液的青霉素小瓶中。盖紧瓶塞后用注射器反复抽气至叶片沉落瓶底，在轻度真空下固定液渗透 30 min。弃

去浮在液面上或粘在瓶壁上的叶片，再在室温下固定 2 h，然后将样品瓶置于 4℃冰箱中固定过夜。

②清洗。吸出戊二醛溶液，用二甲砷酸钠缓冲液清洗 3 次，每次 15~30 min。

③锇酸后固定。在通风橱中，吸出缓冲液，立即加入 20 g/L 锇酸，固定 2~4 h。

④清洗。吸出锇酸，用 0.1 mol/L 二甲砷酸钠缓冲液清洗 4 次，每次 15~30 min。

⑤脱水。样品在不同梯度乙醇中脱水，不同梯度乙醇用蒸馏水配制。25%、50%乙醇各 20 min，75%乙醇 20 min 或过夜，95%乙醇 30 min，100%乙醇更换 2~3 次，每次 30 min。

⑥中间剂置换。环氧丙烷更换 3 次，每次 20 min。

⑦渗透包埋。环氧丙烷：Spurr 树脂=2：1，1~2 h；环氧丙烷：Spurr 树脂=1：1，1~4 h；环氧丙烷：Spurr 树脂=1：1，1~4 h；纯 Spurr 树脂，过夜；纯 Spurr 树脂，1~4 h。按配比将样品转移到环氧丙烷和 Spurr 树脂混合物中，直至将样品转移至纯 Spurr 树脂中渗透过夜。次日换新鲜纯包埋剂继续渗透 1~4 h，包埋板中包埋，于 70℃烘箱中聚合 1 d。

⑧超薄切片。5%醋酸双氧铀染色 30 min，柠檬酸铅染色 10 min，透射电镜观察。

5. 注意事项

①禾本科植物样品的制备。植物样品的超薄切片比动物样品难度要大，而在众多植物组织材料中，禾本科植物材料(如甘蔗、小麦、水稻、高粱、玉米等)的超薄切片尤其困难，主要由于该科植物质地非常坚硬，细胞壁存在角质化并充满硅质，固定液对其的渗透容易出现障碍。因此，可以通过延长固定时间、利用丙酮代替乙醇脱水以及使用低黏度环氧树脂(Spurr)包埋等方法来解决该类问题。而用钻石刀进行超薄切片时，为避免禾本科植物材料的硬度对钻石刀的损伤，务必在修块时保证截面平整，上下边平行，且标本面的面积尽可能小。这样切片时产生的压缩量小，更容易得到厚度适中而又连续的切片带(李宁宁等，2016)。

②植物果实类样品(果实维管束部分组织)的前固定方法。由于此类样品内部含水量较高，可适当提高戊二醛固定液的浓度，使用 4%戊二醛(0.1 mol/L 的磷酸缓冲液配制，pH 7.2)固定(赵阳阳等，2019)。

③固定液要在实验前预先配制，脱水剂现用现配。要在通风橱中完成锇酸固定，注意操作安全。

④包埋剂可在样品开始脱水时进行配制，但要保证室内空气相对湿度在 60%以下。

⑤铀染色剂要避光保存，铅染色液要现用现配。

实验 10 病毒负染色样品制备

1. 实验目的

掌握负染色的操作方法；了解负染色技术的特点及应用。

2. 实验原理

负染色又称阴性反差染色，是电镜生物样品制作中的一项操作简便、应用普遍的染色技术。负染色是通过增大标本外周密度而使生物标本显示负反差(区别于正染色形成的正反差)。通过用重金属盐类溶液在生物样品的外周形成均质的电子不透明的环境来增加反差。

负染色技术主要用于分散颗粒(<100 nm)的染色，如病毒、离体的细胞器、细胞碎片、胶原纤维、生物大分子等。在水生病毒学研究中，负染色技术在病毒鉴定、病毒结构与形态观察等方面，具有其他方法不可替代的作用。

水生病毒除寄生于水生动物体内的病毒外，还有存在于水域生态系统中的浮游病毒。目前，浮游病毒被普遍认为是水域微生物群落中丰富且重要的活性组分。它能调节水域中异养细菌、蓝藻和真核藻类的物种多样性和生物产量，影响生物地球化学循环，介导水域生态系统中微生物之间的基因转换，对水环境乃至整个生态系统都具有重要影响。

3. 实验准备

材料：水生动物病毒、水体中的浮游病毒。

仪器：离心机、超速离心机。

试剂：20 g/L 磷钨酸(pH 6.8~7.4)、20 g/L 醋酸双氧铀(PTA，pH 6.5)、5%戊二醛溶液。配制方法如下：

①20 g/L 磷钨酸水溶液。1 g 磷钨酸溶于 50 mL 双蒸水。配好的溶液是强酸性的(pH 1.0)，使用时用 1 mol/L NaOH 溶液将 pH 值调至 6.8~7.4，室温下可长期保存。

②20 g/L 醋酸双氧铀染液。2 g 醋酸双氧铀溶于 100 mL 双蒸水中，置棕色瓶，稍加振荡后于室温下放置 24 h，室温可保存两周。

③5%戊二醛溶液。30 mL 双蒸水+50 mL 0.2 mol/L 磷酸缓冲液+20 mL 25%戊二醛(进口)。

4. 实验方法和步骤

(1)用 20 g/L 磷钨酸负染的水生动物病毒负染色样品制备方法

以鲈鱼呼肠孤病毒(*Lateolabrax japonicas reovirus*，LJRV)为例(陈中元等，2012)。

①病毒增殖和提纯。按常规方法进行草鱼鳍条细胞系(grass carp fins，GCF)的培养。待细胞长成单层后，在培养瓶内接种鲈鱼呼肠孤病毒进行感染。待 80%的细胞出现病变后，收获病毒培养液，经差异离心和密度梯度离心后，将沉淀溶于 TE(10 mmol/L Tris-HCl，1 mmol/L EDTA，pH 7.4)缓冲溶液得到提纯病毒，进行电镜负染观察，其他置-20℃备用。

②负染色制样。提纯病毒经适当稀释，将稀释液滴到蜡板上后，再将铜网有支持膜的一面向下覆盖到病毒稀释液滴上。室温下 20 min 夹起铜网，用滤纸将残留液体吸掉，样品吸附在铜网上后用超纯水漂洗，然后用 20 g/L 磷钨酸染色 3~4 min，染液干后铜网过超纯水，干燥后进行透射电镜观察。

(2)用 20 g/L 醋酸双氧铀负染的水生动物病毒负染色样品制备方法

以中华鳖败血症病毒为例(胡广洲，2010)。

①病毒提纯-聚乙二醇沉淀法。取新鲜的患败血症中华鳖组织少许剪碎，匀浆至细胞碎裂。用漩涡振荡器间歇振荡使病毒释放，匀浆液经低速离心和 0.22 μm 混合纤维滤膜过滤，向滤液中加入终浓度 20 g/L NaCl 和 8%的聚乙二醇(PEG)6000 溶液，置于冰上孵育过夜。然后经 4℃，10 000 r/min 离心 1 h，弃上清，沉淀用少量 TE 缓冲溶液重悬，5000 g(离心力，g 为重力加速度)离心 10 min，经低速离心即得提纯的病毒溶液。

②负染色制样。取少量病毒液，加入等体积 5%戊二醛固定液固定，吸取一滴固定后病毒液置于封口膜上，然后将铜网覆盖于液滴上，放置 5 min。样品吸附在铜网上后用超纯水漂洗一下。20 g/L 醋酸双氧铀染色 3~5 min，染液干后铜网过超纯水，干燥后进行透射电镜观察和拍照。

(3) 水体中的浮游病毒负染色样品制备方法(袁秀平等，2007)

①固定。水样采集后立即加入 25%戊二醛(按体积比，水样：戊二醛=9：1，使之终浓度为 2.5%)进行固定，置于 4℃冰箱中保存备用。

②制样。水样经超速离心到铜网上。参照刘艳鸣等(2005)的方法，以 25 000 r/min 离心 3 h，使病毒沉淀到铜网上，弃去上清液，空气干燥。样品吸附在铜网上后用超纯水漂洗一下。

③染色。在蜡盘中滴加 20 g/L 的醋酸双氧铀，然后将铜网扣置漂浮在染液上染色 2~3 min，染液干后铜网过超纯水。

④干燥后进行透射电镜观察和拍照。

5. 注意事项

①使用超速离心机浓缩含浮游病毒的待测水样时，应选择适当的转速，如果转速过大，会使病毒的“尾巴”折断或损伤，而转速过小则难以将体积较小的病毒沉降到铜网上，不能全面真实地反映待检水体中浮游病毒的形态多样性及含量等情况。

②进行离心处理的待测水样体积要根据水样中浮游生物、其他悬浮颗粒物等组分的含量来确定，从而使离心到铜网上的样品分布均匀、数量适中，以获得较好的观察效果。

③病毒可以在活体状态下直接用磷钨酸进行染色，也可以经戊二醛固定后用醋酸双氧铀染色。磷钨酸染液与样品结合后只产生负染效果，当因样品中杂质多导致观察图像背景偏暗时，常难以观察到浮游病毒的精细结构。此外，由于染液与支持膜的黏附作用很弱，磷钨酸染色后的标本不能久置。醋酸双氧铀染液与样品结合后会产生较强的反差，并且可同时产生正染和负染两种效果，在铜网中杂质多、背景暗的区域可观察到浅色的病毒颗粒，在较明亮的背景下则可观察到深色的病毒颗粒。醋酸双氧铀与支持膜的黏附作用强，染色后的标本较稳定，利于保存。

实验 11 扫描电镜的结构和使用

1. 实验目的

了解扫描电镜的工作原理；掌握扫描电镜的结构组成；掌握扫描电镜的使用方法。

2. 实验原理

(1) 扫描电镜成像原理

扫描电镜是利用入射电子束照射在样品表面产生二次电子，从而对样品表面的结构细节进行放大成像的电子显微仪器。样品表面各处结构的凸凹程度不同，相应地产生二次电子的数量不同。这些二次电子进入二次电子检测器后，再以电压信号的形式传送到屏幕，最后在屏幕上呈现具有明暗反差的放大图像。

(2) 仪器结构

扫描电镜仪器组件如图 17-12 所示。

①电子光学系统。

电子枪：由阴极、第一阳极、第二阳极、电子枪合轴线圈组成。

聚光镜：由两级聚光镜、聚光镜定光阑、可动光阑组成。

物镜：由物镜、物镜光阑(四孔可调)、消像散线圈组成。

偏转系统：包括 3 组偏转线圈。

样品室：由样品平移、旋转、垂直、立体旋转等微动装置构成，配有预抽室。

②信号检测和显示系统。

检测器：收集极、闪烁体、光导管和光电倍增管组成。具有高位(上探头)和低位二次电子检测器(下探头)。

显示和记录系统：显示器、照相机、记录装置。

③电气系统。电子枪供电、透镜供电、偏转线圈供电、检测器和计算机供电、控制系统及其他供电。

④其他系统。真空系统及冷却系统、外稳压供电系统。

3. 实验准备

材料：常规制备的样品。

仪器：日立 Regulus 8100 型扫描电镜。

4. 实验方法和步骤

①开机。检查真空、循环水状态；开启“Display”电源；计算机启动后进入系统；电镜程序自动启动。

②样品放置、撤出和交换。将制备好的样品安装在样品台支架上，严格按照高度规定调整样品台高度；按下交换舱上“Air”键放气，蜂鸣器响后，旋转样品杆至“Lock”位，合上交换舱舱门，按下“Evac”键抽气，蜂鸣器响后按下“Open”键打开样品舱门，推入样品台，旋转样品杆至“Unlock”位后抽出，按下“Close”键。

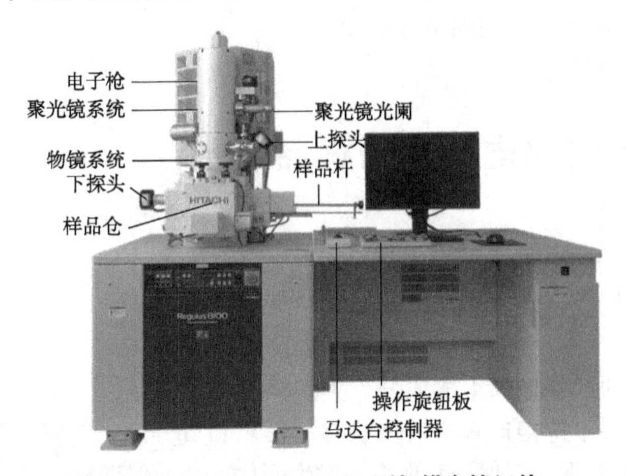

图 17-12　日立 Regulus 8100 型扫描电镜组件

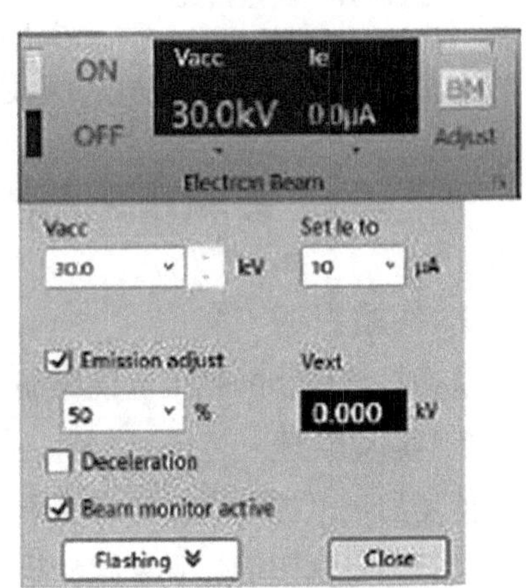

图 17-13　加速电压设定窗口

③观察与拍照。根据样品特性与观察要求，在操作面板上选择合适的加速电压与束流，按下“On”键加高压，如图 17-13 所示；用滚轮将样品台定位至观察点，

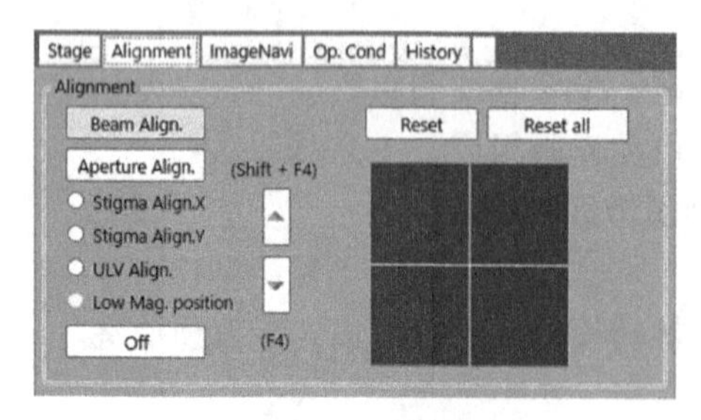

图 17-14　对中、消像散窗口

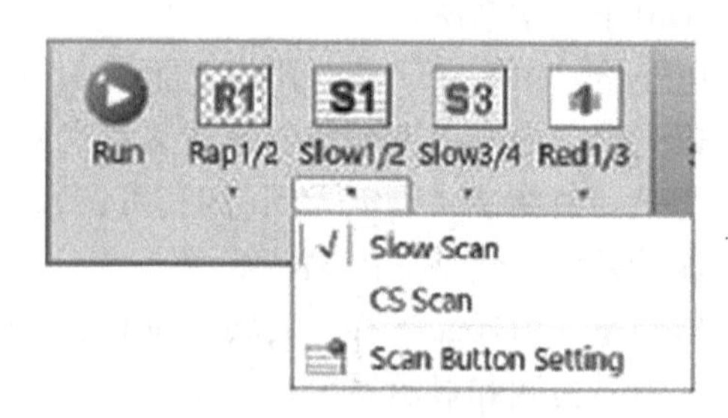

图 17-15　选择扫描模式

拧 *Z* 轴旋钮(3 轴马达台)；选择合适的放大倍数，点击控制板或操作界面上的“Align”键，调节旋钮盘，逐步调整电子束位置、物镜光阑，如图 17-14 所示；在“TV”或“Fast”扫描模式下定位观察区域，在“Red”扫描模式下聚焦、消像散，在“Slow”或“CS”扫描模式下拍照，如图 17-15 所示；选择合适的图像大小与拍摄方法，按“Capture”拍照，根据要求选择照片注释内容，保存照片，如图 17-16 所示。

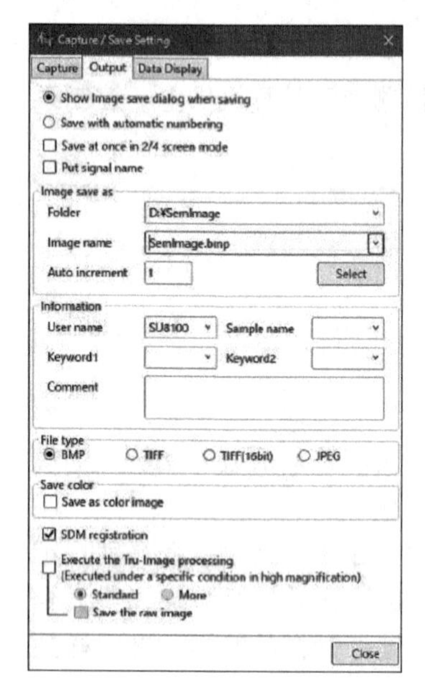

图 17-16　拍照模式

④关机。将样品台高度调回 8 mm；按下“Home”键使样品台回到初始状态；“Home”指示灯停止闪烁后，撤出样品台，合上样品舱舱门；退出程序，关闭计算机，关闭“Display”电源。

5. 注意事项

①每天第一次加高压后，做一次 Flashing。

②冷场发射电镜一般不断电，如遇特殊情况需要大关机时，依次关闭主机正面的“Stage”电源、“Evac”电源，0.5 h 后关闭离子泵开关和显示单元背面的 3 个空气开关，关闭循环水。开机时顺序相反。

③每隔 15 d 旋开空压机底阀放水一次。

实验 12　常规扫描电镜生物样品制备

1. 实验目的

掌握常规生物的扫描电镜样品制备方法。

2. 实验原理

使用扫描电镜能够获得样品表面的形貌像和组成成分。生物样品必须满足以下条件才能置入扫描电镜中进行观察和分析，并维持接近真实活体状态的形貌和成分：①对鲜活的生物组织要进行及时固定和无变形脱水处理，以保证其形态不发生变化。②为保证样品在电镜的真空工作环境中形貌不发生变化、损伤，样品要进行无变形的干燥处理。③为了便于

分析，固定前样品表面要处理干净、完全暴露，干燥后还要对样品表面进行导电处理以保证成像质量。即扫描电镜生物样品制备的主要要求可以总结为：尽可能使样品的表面结构保存好，没有变形和污染，样品干燥并且有良好导电性能。

3. 实验准备

材料：各种不需离心收集的生物体及其组织，以暗灰海蟑螂为例。

仪器及器材：扫描电子显微镜、冷冻干燥仪、冰箱、烘箱、分析天平、摇床、手套、量筒、烧杯、玻璃棒、尖头镊子、刀片、吸管、玻璃试剂瓶等。

试剂：双蒸水、20 g/L 锇酸溶液、0.2 mol/L 磷酸缓冲液、2.5%戊二醛溶液，配制方法同第 17 章实验 4。

4. 实验方法和步骤

(1) 取材、清洗及固定

解剖，将需要组织暴露，在组织原位用缓冲溶液冲洗组织表面。用剪刀将组织取出。在 2.5%戊二醛固定液液滴中用新手术刀片切取 3~5 mm^3 组织 5~8 块，立即置入已标记样品瓶内，加缓冲液冲洗两次。缓冲液倒掉后立即加入 4℃冰箱中预冷的 2.5%戊二醛溶液，盖好瓶盖，固定 2 h 以上。植物组织还需在盖紧瓶塞后用注射器反复抽气至组织沉落瓶底，在轻度真空下固定液渗透 30 min，具体方法同第 17 章实验 9。

(2) 清洗

吸出戊二醛，用 0.1 mol/L 磷酸缓冲溶液清洗 3 次，每次 10~15 min。

(3) 后固定

在通风橱中加入 10 g/L 锇酸固定液，室温下固定 2 h，吸出固定液，加入磷酸缓冲液漂洗 3 次，每次 15 min。

(4) 脱水

30%、50%、70%、80%、90%、95%、100%乙醇上行梯度脱水，各级梯度 15 min，再用 100%乙醇置换 3 次，每次 10 min。如样品块较小或含水量较低，可适当缩短脱水时间。脱水过程中防止样品脱离液面接触空气发生自然干燥。

(5) 干燥

①中间剂置换脱水剂。叔丁醇脱无水乙醇，在无水乙醇与叔丁醇体积比分别为 3 : 1、1 : 1、1 : 3 的混合溶液中分别脱水 15 min，纯叔丁醇置换 2 次，每次 15 min。处理好的样品放入标配的金属小烧杯中，金属小烧杯中放入尽可能少的 100%叔丁醇；将准备好的金属小烧杯(样品+叔丁醇)放入冰箱中冷冻备用。

②冷冻干燥。使用冷冻干燥仪。打开变压器电源，把样品放入样品室内；打开干燥仪电源，选择“AUTO”模式，确认后点击“AUTO START”，仪器自动开始运行，冷冻干燥 3 h；干燥结束后，恢复样品室内气压，取出样品，关闭仪器电源，关闭变压器电源。

(6) 粘贴样品

①载样金属片和样品台的处理。在粘样前，选择适用的载样金属片和样品台，先用抛光膏将载样金属片、样品台上的污渍擦拭干净，再用棉签蘸乙醇擦净抛光膏，晾干备用。

②粘样。用牙签将少量导电胶涂到样品台上，为避免掩盖所要观察的结构，胶面应稍

小于样品底面。用镊子轻夹样品侧面，保证观察面向上，贴牢在样品台上，也可以用碳导电胶带将样品粘在样品台上。干燥后的样品易碎，不能用力和反复夹持。粘贴后，待导电胶干透，才能进行镀膜和扫描电镜镜检。

如果要较长期保存样品，建议将样品粘贴于载样金属片上，然后将金属片粘到样品台上；颗粒状样品可以粘到较小的金属片，这样一个样品台上可粘多个样品。

(7) 离子溅射镀膜、扫描电镜观察

暗灰海蟑螂第6胸肢的扫描电镜结果如图17–17所示。

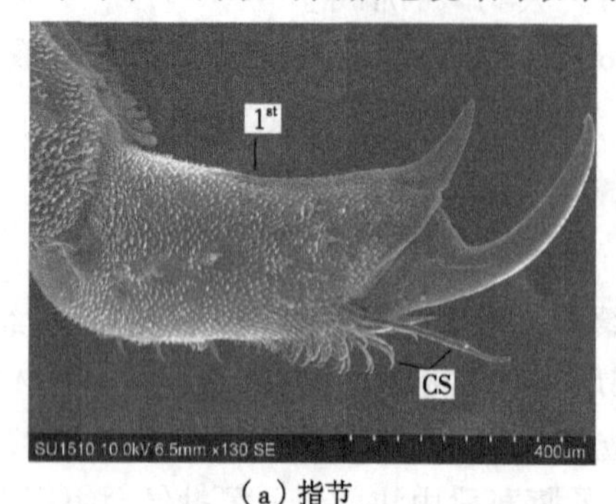

(a) 指节　　(b) 股节与坐节连接处

1st.指节；CS.丛毛；PLP.桨状突；HLP.毛状突。

图17–17　暗灰海蟑螂第6胸肢扫描电镜图

(孙静娴　提供)

5. 注意事项

①制样过程中每次换液都要全量换液，换液间隔时间要短，注意不能将样品长时间露空。

②要注意用碳导电双面胶将样品与样品台粘牢，并用导电胶将样品与样品台之间的空隙填满，保证导电的连续性。

③根据研究目的，在解剖镜下选取合适的方位将样品粘到样品台上，保证观察面朝上。

实验13　微生物及游离细胞扫描电镜样品制备

1. 实验目的

掌握微生物及游离细胞扫描电镜样品的制备方法。

2. 实验原理

游离细胞（培养细胞、血细胞、精子、卵等）和微生物粒子（如细菌、分离的细胞器、原生动物、显微藻类、寄生虫等）类的样品，呈分散颗粒状，在常规扫描电镜样品制备时需要反复离心收集，操作烦琐，样品易发生丢失、损伤，导致结果不具代表性甚至造成实验失败。因此，需对常规方法进行改进以尽量减少离心次数，简化操作，获得更好的结果。

3. 实验准备

材料：游离细胞（培养细胞、血细胞、精子、卵等）和微生物粒子（如细菌、分离的细胞器、原生动物、显微藻类、寄生虫等)。以杜氏藻和引起海水养殖鱼类、棘皮动物体表溃烂的致病性盾纤毛虫为例(高延奇等，2021)。

仪器及器材：扫描电子显微镜、冰箱、烘箱、离心机、分析天平、手套、量筒、烧杯、玻璃棒、盖玻片、载玻片、尖头镊子、吸管、1 mL 无菌注射器等。

试剂：20 g/L 锇酸溶液、0.2 mol/L 磷酸缓冲液、2.5%戊二醛溶液、双蒸水，配制方法同第 17 章实验 4。

4. 实验方法和步骤

(1) 固定、清洗

样品置于 1.5 mL 离心管中。固定、清洗时试剂配方、操作时间与常规方法相同，固定、清洗时要将离心管中样品打散混匀。更换液体时要离心。离心机转速和时间参照不同样品选择适宜的参数，以样品刚能被分离而不被过度挤压为宜。

(2) 静置沉降

在脱水之前，用缓冲溶液清洗样品两次。第三次清洗时加入约 0.5 mL 缓冲液，将样品打散，样品悬浮液置于事先准备好的洗净的盖玻片上，静置沉降 2 h。

(3) 脱水、干燥

经过静置，样品均匀沉降在盖玻片上，将盖玻片略略倾斜，用 1 mL 无菌注射器小心吸走上清液(缓冲液)，弃掉。采用叔丁醇冷冻干燥法，使用梯度浓度的叔丁醇作为脱水液。将脱水液加到样品上(从 50%叔丁醇开始)，静置 10 min，弃掉。如此反复操作，按照 50%、70%、80%、90%、95%、100%叔丁醇梯度上行脱水的方式，各级梯度脱水 10 min，再用 100%叔丁醇置换 3 次，每次 10 min。最后将盖玻片连同浸没在 100%叔丁醇中的样品置于冰盒上，片刻之后，样品冻结，置于真空抽滤瓶中抽真空，样品被干燥。

(4) 粘台、导电处理、扫描电镜观察分析

将附有样品的盖玻片用碳导电胶带粘到样品台上，经离子溅射仪喷金，扫描电镜观察分析。杜氏藻的扫描电镜结果如图 17-18 所示；引起海参体表溃烂的致病性盾纤毛虫的扫描电镜结果如图 17-19 所示。

图 17-18　杜氏藻的扫描电镜图

(孙静娴　提供)

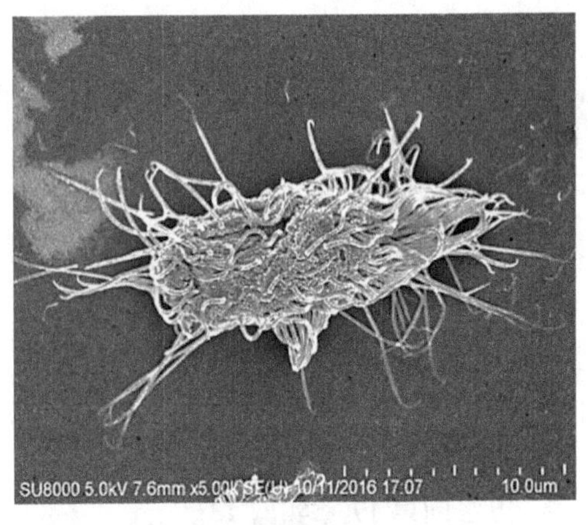

图 17-19　分离于刺参的盾纤毛虫 STI-3 的扫描电镜图(高延奇等，2021)

5. 注意事项

①制样过程中应将样品始终浸没在试剂中，注意避免发生因试剂挥发而使样品在空气中干燥的情况。

②应在解剖镜下选取样品分布均匀的区域进行裁切并粘到样品台上。

实验 14 刺参体腔细胞扫描电镜样品制备

1. 实验目的

了解刺参体腔细胞的形态和分类；掌握具有凝聚特性的游离细胞扫描电镜样品制备方法。

2. 实验原理

在海洋无脊椎动物免疫学研究中，棘皮动物的体腔细胞可能在机体免疫反应中发挥细胞免疫作用。由于海参、对虾、贝等海产无脊椎动物的体腔细胞具有极强的体外凝聚机能，即当体腔细胞离体后，体腔液中的凝血酶原被激活，将体腔液中的纤维蛋白原转变成不溶性的纤维蛋白，纤维蛋白粘连体腔细胞使其发生凝集(刘晓云等，2005)。因此，上述动物的体腔细胞需保持在游离状态下进行固定处理，避免发生凝聚作用使细胞凝聚成团，从而获得细胞分散良好的扫描电镜图。

3. 实验准备

材料：刺参体腔细胞。

仪器及器材：扫描电子显微镜、冰箱、烘箱、离心机、分析天平、摇床、手套、量筒、烧杯、玻璃棒、尖头镊子、1 mL 无菌注射器、吸管、玻璃试剂瓶等。

试剂：20 g/L 锇酸溶液、双蒸水、0.2 mol/L 磷酸缓冲液，配制方法同第 17 章实验 4；5%戊二醛溶液，配制方法同第 17 章实验 10。

4. 实验方法和步骤

(1) 取材、固定

在无菌注射器中先抽入 5%的戊二醛再抽入等量体积的体腔液，随后注入 1.5 mL 离心管中混匀、4℃冰箱中固定待用。

(2) 清洗

清洗时试剂配方、操作时间与常规方法相同，清洗时要将离心管中样品打散混匀。更换液体时，要用离心机离心。

(3) 静置沉降

方法同第 17 章实验 13。

(4) 脱水、干燥

方法同第 17 章实验 13。

(5) 粘台、导电处理、扫描电镜观察分析

方法同第 17 章实验 13。

5. 注意事项

①要按照在无菌注射器中先抽入 5%的戊二醛再抽入等量体积的体腔液的方式固定刺参体腔细胞。刺参体腔细胞在凝聚之前立即被固定，使细胞分散开，避免成团。有利于在扫描电镜下观察单个细胞的形貌。

②清洗时要将细胞充分打散。

复习思考题

1. 为什么要在铜网表面制备支持膜？
2. 请分别简述超薄切片样品和扫描电镜样品取材的基本要求。
3. 包埋块修块时，包埋块的顶面修成什么形状？为什么？
4. 如何用半薄切片来判断包埋块的质量和定位感兴趣的部位？
5. 如何通过超薄切片中提供的信息分析实验生物整体状况？
6. 微生物、游离细胞这类样品制备超薄切片时为什么要进行琼脂(糖)预包埋？
7. 作为包埋剂的 Spurr 树脂与 Epon812 树脂有什么区别？分别适用什么样品？
8. 植物组织前固定的操作方法与动物组织相比有什么不同？为什么如此操作？
9. 扫描电镜观察到的样品形貌具有什么特点？
10. 简述扫描电镜生物样品制备的要求。思考扫描电镜生物样品的制备流程与超薄切片法相比，有哪些类似之处？二者相似的处理步骤的处理目的是否相同？为什么？

参 考 文 献

白焕红，付洪兰，马淑芳. 琼脂铸模法制备透射电镜样品[J]. 电子显微学报，2001，20(1)：76-78.

常明山，蒋学建，吴耀军，等. 2 种胡蜂头部和触角表面感器扫描电镜观察[J]. 西部林业科学，2019，48(6)：59-65.

陈中元，朱蓉，张奇亚. 水生动物病毒的电镜和荧光显微镜观察[J]. 电子显微学报，2012，31(2)：190-193.

丁明孝，梁凤霞，洪健，等. 生命科学中的电子显微镜技术[M]. 北京：高等教育出版社，2021.

高尚，黄梦诗，杨振英，等. 扫描电镜中 X 射线能谱仪的技术进展[J]. 分析科学学报，2022，38(1)：115-121.

高延奇，王森，刘娟，等. 3 种宿主源盾纤毛虫的分离鉴定及体外培养研究[J]. 大连海洋大学学报，2021，36(2)：260-267.

洪涛，姚骏恩，李文镇，等. 生物医学超微结构与电子显微镜技术[M]. 北京：科学出版社，1980.

胡广洲. 中华鳖爆发性败血症的研究[D]. 宁波：宁波大学，2010.

金丽，浦德永，黄静，等. 生物显微技术实验教程[M]. 重庆：西南师范大学出版社，2019.

康莲娣. 生物电子显微技术[M]. 合肥：中国科学技术大学出版社，2003.

康云艳，宋爱婷，柴喜荣，等. 黄瓜幼苗茎段石蜡切片制作和番红染色实验方法改进[J]. 实验技术与管理，2022，39(1)：182-184.

李德雪，尹昕. 动物组织学彩色图谱[M]. 长春：吉林科学技术出版社，1995.

李斗星. 透射电子显微学的新进展 Ⅰ：透射电子显微镜及相关部件的发展及应用[J]. 电子显微学报，2004，23(3)：269-277.

李建奇. 透射电子显微学：上册[M]. 北京：高等教育出版社，2015.

李楠. 激光扫描共聚焦显术[M]. 北京：人民军医出版社，1997.

李宁宁，张俊霞，刘湘花，等. 常用生物材料超薄切片的制备体会[J]. 临床与实验病理学杂志，2016，32(8)：946-947.

李威，焦汇胜，李香庭. 扫描电子显微镜及微区分析技术[M]. 长春：东北师范大学出版社，2015.

李文秀，周艳辉，刘朴，等. 簇生凯文德菌的超微形态学研究[J]. 菌物学报，2020，39(7)：1-6.

李晓燕. 表面活性剂对 DNA 空间结构及其液晶态影响的研究[D]. 西安：西北大学，2018.

林钧安，高锦梁，洪健，等. 实用生物电子显微术[M]. 沈阳：辽宁科学技术出版社，1989.

凌诒萍，俞彰. 细胞超微结构与电镜技术——分子生物学基础[M]. 2 版. 上海：复旦大学出版社，2004.

刘爱平，王琦琛，郭振，等. 细胞生物学荧光技术原理和应用[M]. 合肥：中国科学技术大学出版社，2007.

刘晓云，范瑞青，谭金山，等. 刺参体腔细胞的电镜制样技术研究[J]. 中国海洋大学学报，2005，35(5)：839-842.

马文蔚，周雨青. 物理学[M]. 6 版. 北京：高等教育出版社，2014.

苗苗，徐彩煌，黄子惠，等. 传染性法氏囊病病毒结构的冷冻电镜初步分析[J]. 浙江大学学报(农业与生命科学版)，2019，45(4)：506-511.

乔利，张丽，秦道正，等. 小贯小绿叶蝉成虫触角感器及网粒体的超微形态[J]. 西北农业学报，2016，

25(3)：471-476.
秦健，吴荣富，杜荣，等. 胰岛素对雏鸡心肌发育及其超微结构的影响[J]. 中国兽医杂志，2012，45(4)：506-511.
秦利鸿，曹剑波. 微生物样品在扫描电镜观察中的特殊制备方法[J]. 湖北植保，2008(1)：35.
屈平平，田文儒，高善颂，等. 小鼠附植前胚胎超薄切片的琼脂糖预包埋制备方法[J]. 中国兽医科学，2008，38(3)：254-256.
施心路. 光学显微镜及生物摄影基础教程[M]. 北京：科学出版社，2002.
时金安，胡书广，夏艳，等. 单色球差校正扫描透射电子显微镜的实验室设计[J]. 电子显微学报，2020，39(6)：715-721.
孙静娴，陈仕友，王茂林，等. 裸盖鱼精子超微结构[J]. 广东海洋大学学报，2020，40(6)：1-6.
田宏哲，赵瑛博，胡睿，等. 联用分析技术在农业领域的应用[M]. 北京：化学工业出版社，2020.
王春梅. 激光共聚焦显微镜技术[M]. 西安：第四军医大学出版社，2004.
王萌，阮梦然，李婷，等. 透射电镜样本制备过程中前处理溶液温度对心肌细胞超微结构的影响[J]. 徐州医科大学学报，2019，39(9)：644-646.
王庆亚. 生物显微技术[M]. 北京：中国农业出版社，2010.
王少杰，顾牡，吴天刚. 新编基础物理学[M]. 北京：科学出版社，2019.
王伟. 石蜡切片技术及其作用[C]//中华医学会病理学分会. 2011 年全国病理技术新进展研讨会论文集，2011，53-56.
王晓东，汤乐民. 生物光镜标本技术[M]. 北京：科学出版社，2007.
王旭，孔妤，杨侃，等. 不同固定方式对贴壁细胞形态和超微结构的影响[J]. 电子显微学报，2020，39(1)：79-85.
王雨生，尚梦珊，陈海华. 重复韧化对普通玉米淀粉消化、理化性质和结构特性的影响[J]. 中国粮油学报，2022，37(7)：77-84.
吴百诗. 大学物理基础：上册[M]. 北京：科学出版社，2007.
武彩红，朱达文，胡新岗，等. 卵母细胞扫描电镜和透射电镜样本的制作[J]. 安徽农业科学，2010，38(1)：182-184.
徐柏森，杨静. 实用电镜技术[M]. 南京：东南大学出版社，2008.
许平. 荧光和免疫荧光染色技术及应用[M]. 北京：人民卫生出版社，1983.
仪器网. 偏光显微镜使用方法[EB/OL]. [2004-12-04]. https：//www. yiqi. com/daogou/detail _ 1753. html.
袁秀平，刘艳鸣，张奇亚. 浮游病毒的电镜观察[J]. 生命科学研究，2007，11(1)：48-51.
张德添，刘安生，朱衍勇，等. 电子显微技术的发展趋势及应用特点[J]. 现代科学仪器，2008(1)：6-10.
章效锋. 显微传——清晰的纳米世界[M]. 北京：清华大学出版社，2015.
赵刚，曾嘉，杨海贤. 培养细胞的超薄切片技术探讨[J]. 天津医科大学学报，2004，10(2)：168-172.
赵阳阳，郭雨潇，孙永江，等. 文冠果果实韧皮部及其周围薄壁细胞的超微结构观察及功能分析[J]. 西北植物学报，2019，39(9)：1581-1588.
郑国昌. 生物显微技术[M]. 北京：人民教育出版社，1978.
周晨明，朱艳，孟丽，等. 透射电镜样品取材和固定应注意的若干问题[J]. 医学理论与实践，2020，33(14)：2412，2416.
朱学军，刘志红，陈朝红，等. 吖啶橙-碘化丙啶染色法检测补体依赖的淋巴细胞毒活性[J]. 肾脏病与透析肾移植杂志，2001，10(6)：584-586.

AMSELLEM J, CLEMENT P. A simplified method for the preparation of rotifers for transmission and scanning electron microscopy[J]. Hydrobiologia, 1980, 73: 119-122.

BERUBE K A, DODGE T D, FORD T W. Effects of chronic salt stress on the ultrastructure of *Dunaliella bioculata*(Chlorophyta, Volvocales): BOENISCH T. Handbook: Immunochemical staining methods[M]. 3rd ed. Carpinteria: Dako Corporation, 2001.

CONN P M. 共聚焦显微镜技术[M]. 北京：科学出版社, 2012.

DANIEL W, NIANSHUANG W, KIZZMEKIA S C, et al. Cryo-EM structure of the 2019-nCoV spike in the prefusion conformation[J]. Science, 2020, 367(6483): 1260-1263.

FERNANDEZ-SEGURA E, WARLEY A. Electron probe X-ray microanalysis for the study of cell physiology[J]. Methods in Cell Biology, 2008, 88: 19-43.

FRANK J. Three-dimensional electron microscopy of macromolecular assemblies: Visualization of biological molecules in their native state[M]. Oxford: Oxford University Press, 2006.

GEIMER S, MELKONIAN M. The ultrastructure of the *Chlamydomonas reinhardtii* basal apparatus: Identification of an early marker of radial asymmetry inherent in the basal body[J]. Journal of Cell Science, 2004, 117: 2663-2674.

GOLDSTEIN J I, LYMAN C E, NEWBURY D E, et al. Scanning electron microscopy and X-ray microanalysis [M]. 3rd ed. Berlin: Springer, 2015.

GOODHEW P J, HUMPHREYS J, BEANLAND R. Electron microscopy and analysis[M]. 3rd ed. Oxford: Taylor & Francis Inc., 2001.

HAGUENAU F, HAWKES P W, HUTCHISON J L, et al. Key events in the history of electron microscopy[J]. Microscopy & Microanalysis, 2003, 9(2): 96-138.

HENDERSON R, BALDWIN J M, CESKA T A, et al. Model for the structure of bacteriorhodopsin based on high-resolution electron cryo-microscopy[J]. Journal of Molecular Biology, 1990, 213(4): 899-929.

HENDERSON R, UNWIN P N T. Three-dimensional model of purple membrane obtained by electron microscopy [J]. Nature, 1975, 257(5521): 28-32.

KLUG A. From virus structure to chromatin: X-ray diffraction to three-dimensional electron microscopy[J]. Annual review of biochemistry, 2010, 79(1): 1-35.

KOGURE K, SIMIDU U, TAGA N, et al. A tentative direct microscopic method for counting living marine bacteria[J]. Candian Journal of Microbiology. 1979, 25: 415-420.

MARTON L. Early application of electron microscopy to biology [J]. Ultramicroscopy, 1976, 1(3/4): 281-296.

PARSONS T R, MAITA Y, LALLI C M. A manual of chemical and biological methods for seawater analysis[M]. New York: Pergamon Press, 1984.

QIN JIAN, DU RONG, YANG YAQUN, et al. Effect of insulin on dexamethasone-induced ultrastructural changes in skeletal and cardiac muscle[J]. Biologia, 2012, 67(3): 602-609.

ROOMANS G M. Introduction to X-ray microanalysis in biology[J]. Journal of Electron Microscopy Technique, 1988, 9(1): 3-17.

RUSKA E. The development of electron-microscopy[J]. Bioscience Reports, 1987, 7(8): 607-629.

SPECTOR D L, GOLDMAN R D, LEINWAND L A. Cell: A laboratory manual[M]. New York: Cold Spring Harbor Laboratory Press, 1998.

STRAUSBAUCH P, ROBERSON L, SEHGAL N. Embedding of cell suspensions in ultra-low celling temperature agarose: improved specimen preparation for TEM[J]. Journal of Electron Microscopy Technique, 1985(2):

261-262.

SUN J X, HUANG Z Q, YOU R H, et al. Distribution and accumulation of Cd in Ligia cinerascens and its effect on ultrastructure of hepatopancreas[J]. Marine Biology Research, 2020, 16(6/7): 505-513.

TOLIVIA J, NAVARRO A, TOLIVIA D. Polychromatic staining of epoxy semithin sections: A new and simple method[J]. Histochemistry, 1994, 101: 51-55.

VILAS J L, CARAZO J M, SORZANO C O S. Emerging themes in CryoEM—Single particle analysis image processing[J]. Chemical Reviews, 2022, 122(17): 13915-13951.

WANG H J, DOU M M, LI J, et al. Expression patterns and correlation analyses of muscle-specific genes in the process of sheep myoblast differentiation[J]. In Vitro Cellular & Developmental Biology-Animal, SEP 2022, DOI10. 1007/s11626-022-00721-7.

WANG X Y, XU X M, CUI J. The importance of blue light for leaf area expansion, development of photosynthetic apparatus, and chloroplast ultrastructure of *Cucumis sativus* grown under weak light[J]. Photosynthetica, 2015, 53(2): 213-222.

WILLLAMS D B, CARTER C B. Transmission electron microscopy[M]. New York: Plenum Press, 1996.

WRAPP D, WANG N S, CORBETT K S, et al. Cryo-EM structure of the 2019-nCoV spike in the prefusion conformation[J]. Science, 2020, 367(6483): 1260-1263.

YAMAZAKI T, YAMAGUCHI H, OKAMOTO K, et al. Ultrastructural localization of argyrophilic substances in diffuse plaques of Alzheimer-type dementia demonstrated by methenamine silver staining[J]. Acta Neuropathol, 1991, 81: 540-545.

ZHANG Y, SUN B, FENG D, et al. Cryo-EM structure of the activated GLP-1 receptor in complex with a G protein[J]. Nature, 2017, 546(7657): 248-253.